KB215457

# 설비보전기사

## 필기 과년도 출제문제

설비보전시험연구회 엮음

일진사

PREFACE

# 머리말

산업 현장에서는 생산성 향상과 고품질 및 다기능화를 요구하며 안전이 우선되는 산업 현장으로 더욱 변화하고자 설비보전 관련 자격 검정의 출제 기준을 강화하여 센서, 용접 및 안전 관리에 대한 내용을 추가하였고, 이에 설비보전 자격 취득자의 임무가 산업 현장에서 혁신을 가져오게 될 것이다.

이에 따라 설비의 보전을 매우 중요하게 다루게 되었으며, 특히 프로세스화되어 있는 설비 업체 및 발전소 등이 대형화, 전문화되면서 신입 사원 선발 시 설비보전기사 자격 취득자에게 가산점을 주는 산업체가 늘어가고 있다. 뿐만 아니라 경력 사원들에게도 설비보전기사 자격 취득자에게 승진 기회를 주는 등 보전 팀의 자가 능력 향상을 강력하게 요구하고 있다.

이러한 흐름에 따라 이 책은 설비보전기사 필기 시험을 준비하는 수험생들의 합격에 도움이 되고자 새롭게 바뀐 국가기술 자격 시험 기준에 맞추어 다음과 같이 구성하였다.

**첫째,** **2025년**에 개정된 출제기준에 따라 공유압 및 자동 제어/용접 및 안전관리/기계 설비 일반/설비 진단 및 관리 과목에 맞춰 문제를 구성하였다.

**둘째,** 개정된 출제기준을 분석하여 CBT 대비 예상문제 20회와 2025년 복원문제를 함께 수록하였다.

**셋째,** CBT 대비 예상문제를 통해 자신의 실력을 스스로 점검하고 합격에 충분히 대비할 수 있도록 하였다.

이 책을 통하여 설비보전기사 자격을 취득하여 산업 사회의 유능한 기술인으로서의 소질을 기르고, 이 분야에 대한 지식과 기술의 발전에 이바지하기를 바란다. 끝으로 이 책을 출판하기까지 여러모로 도와주신 도서출판 **일진사** 관계자 여러분께 깊은 감사를 드린다.

저자 씀

# 설비보전기사 출제기준(필기)

| 직무 분야 | 기계 | 중직무 분야 | 기계장비 설비 · 설치 | 자격 종목 | 설비보전기사 | 적용 기간 | 2025.1.1. ~ 2028.12.31. |
|---|---|---|---|---|---|---|---|

○ **직무내용** : 생산시스템이나 설비(장치)의 설비보전에 관한 전문적인 지식을 가지고, 생산설비 등을 최적의 상태로 효율적으로 유지하기 위해 일상점검 및 정기점검을 통한 설비 진단을 하고 고장부위를 정비하거나 유지, 보수, 관리 및 운용 등을 수행하는 직무이다.

| 필기검정방법 | 객관식 | 문제수 | 80문제 | 시험시간 | 2시간 |
|---|---|---|---|---|---|

| 필기과목명 | 문제수 | 주요항목 | 세부항목 | 세세항목 |
|---|---|---|---|---|
| 공유압 및 자동 제어 | 20 | 1. 공유압 | 1. 공유압의 개요 | 1. 기초 이론<br>2. 공유압의 원리<br>3. 공유압의 특성 |
| | | | 2. 공기압 기기 | 1. 공기압 발생 장치<br>2. 공기압 제어 밸브<br>3. 공기압 액추에이터<br>4. 공기압 부속 기기 |
| | | | 3. 유압 기기 | 1. 유압 발생 장치<br>2. 유압 제어 밸브<br>3. 유압 액추에이터<br>4. 유압 부속 기기 |
| | | | 4. 공유압 기호 | 1. 공기압 기호 표시법<br>2. 유압 기호 표시법 |
| | | | 5. 공유압 회로 | 1. 공기압 회로<br>2. 유압 회로 |
| | | 2. 전기 전자 장치 조립 | 1. 전기 전자 장치 조립 | 1. 전기 전자 조립 공구와 장비<br>2. 전기 전자 부품 |
| | | | 2. 전기 전자 장치 기능 검사 | 1. 전류 · 전압 · 저항 측정 |
| | | | 3. 전기 전자 장치 안전성 검사 | 1. 전기 전자 장치 검사 방법<br>2. 계측 기기 유지 보수 |
| | | 3. 센서 활용 기술 | 1. 센서 선정 | 1. 센서의 종류와 특성 |
| | | | 2. 센서 회로 구성 | 1. 신호 변환, 전송, 처리, 출력 |
| | | | 3. 센서 신호 | 1. 센서 신호 측정 방법 |

| 필기과목명 | 문제수 | 주요항목 | 세부항목 | 세세항목 |
|---|---|---|---|---|
| | | | 4. 센서 관리 | 1. 센서 관리 |
| | | 4. 모터 제어 | 1. 제어 방식 설계 | 1. 모터 구조와 특성 |
| | | | 2. 제어 회로 구성 | 1. 모터 제어기 |
| | | | 3. 시험 운전 | 1. 제어기 간 상호 인터페이스 |
| | | | 4. 유지 보수 | 1. 모터 관리 |
| | | 5. 공정 제어 | 1. 제어의 기초 이론 | 1. 자동 제어의 기본 개념<br>2. 제어계의 전달 함수<br>3. 주파수 응답 |
| | | | 2. 계측 일반 | 1. 온도, 압력, 유량, 액면의 계측<br>2. 회전수의 계측<br>3. 전기의 계측 |
| | | | 3. 계측 제어 | 1. 센서와 신호 변환<br>2. 프로세스 제어 |
| 용접 및 안전관리 | 20 | 1. 용접 일반 이론 | 1. 아크 용접 | 1. 용접의 총론<br>2. 피복 금속 아크 용접<br>3. 서브머지드 아크 용접<br>4. 가스 · 텅스텐 아크 용접<br>5. 가스 · 금속 아크 용접<br>6. 플럭스 코어드 아크 용접<br>7. 기타 아크 용접 |
| | | 2. 용접 시공 | 1. 용접 시공 및 검사 | 1. 용접 이음과 결함의 종류<br>2. 용접 변형과 잔류 응력<br>3. 용접 결함의 생성과 특성 및 방지 대책 |
| | | 3. 비파괴 검사 | 1. 비파괴 검사 개요 | 1. 비파괴 검사의 원리<br>2. 비파괴 검사의 종류<br>3. 비파괴 검사의 특성 |
| | | 4. 안전관리 | 1. 작업 안전관리 | 1. 기계 작업 안전<br>2. 용접 작업 안전<br>3. 전기 취급 안전<br>4. 가스 및 위험물의 안전<br>5. 산업 시설 안전<br>6. 안전 보호구<br>7. 산업안전보건법령<br>8. 기계설비법령 |
| 기계 설비 일반 | 20 | 1. 도면 해독 | 1. 도면 해독 | 1. 치수 공차<br>2. 표면 거칠기<br>3. 기하 공차 해석 및 종류 |

| 필기과목명 | 문제수 | 주요항목 | 세부항목 | 세세항목 |
|---|---|---|---|---|
| | | 2. 기본 측정기 사용 | 1. 기본 측정기 사용 | 1. 측정기 선정<br>2. 기본 측정기 사용 |
| | | 3. 기계 가공법 | 1. 기계 가공 | 1. 공작 기계의 종류 및 용도<br>2. 절삭 가공의 종류 및 특징<br>3. 비절삭 가공의 종류 및 특징 |
| | | 4. 기계 재료 | 1. 기계 재료의 성질과 분류 | 1. 기계 재료의 개요<br>2. 기계 재료의 물성 및 재료 시험<br>3. 열처리 |
| | | 5. 기계 구동 장치 조립 | 1. 기계 구동 장치 조립 | 1. 조립 작업 계획<br>2. 설계도면 및 조립도면 해독<br>3. 공구 활용<br>4. 조립 측정 검사 |
| | | 6. 기계 장치 보전 | 1. 기계 요소 보전 | 1. 체결용 기계 요소<br>2. 축 기계 요소<br>3. 전동용 기계 요소<br>4. 제어용 기계 요소<br>5. 관계 기계 요소 |
| | | | 2. 기계 장치 보전 | 1. 밸브의 점검 및 정비<br>2. 펌프의 점검 및 정비<br>3. 송풍기의 점검 및 정비<br>4. 압축기의 점검 및 정비<br>5. 감속기의 점검 및 정비<br>6. 전동기의 점검 및 정비 |
| 설비 진단 및 관리 | 20 | 1. 설비 진동 및 소음 | 1. 설비 진단의 개요 | 1. 설비 진단의 개요<br>2. 소음 진동 개론 |
| | | | 2. 진동 및 측정 | 1. 진동의 물리적 성질<br>2. 진동 발생원과 특성<br>3. 진동 방지 대책<br>4. 진동 측정 원리 및 기기<br>5. 회전기기 진단 |
| | | | 3. 소음 및 측정 | 1. 소음의 물리적 성질<br>2. 소음 발생원과 특성<br>3. 소음 방지 대책<br>4. 소음 측정 원리 및 기기 |
| | | 2. 설비 관리 계획 | 1. 설비 관리 개론 | 1. 설비 관리의 개요<br>2. 설비의 범위와 분류 |
| | | | 2. 설비 계획 | 1. 설비 계획의 개요<br>2. 설비 배치 |

| 필기과목명 | 문제수 | 주요항목 | 세부항목 | 세세항목 |
|---|---|---|---|---|
| | | | | 3. 설비의 신뢰성 및 보전성 관리<br>4. 설비의 경제성 평가<br>5. 정비 계획 수립 |
| | | | 3. 설비 보전의 계획과 관리 | 1. 설비 보전과 관리 시스템<br>2. 설비 보전의 본질과 추진 방법<br>3. 공사 관리<br>4. 설비 보전 관리 및 효과 측정<br>5. 보전용 자재 관리 |
| | | 3. 종합적 설비 관리 | 1. 공장 설비 관리 | 1. 공장 설비 관리의 개요<br>2. 계측 관리<br>3. 치공구 관리<br>4. 공장 에너지 관리 |
| | | | 2. 종합적 생산 보전 | 1. 종합적 생산 보전의 개요<br>2. 설비 효율 개선 방법<br>3. 만성 로스 개선 방법<br>4. 자주 보전 활동<br>5. 품질 개선 활동 |
| | | 4. 윤활 관리의 기초 | 1. 윤활 관리의 개요 | 1. 윤활 관리와 설비 보전<br>2. 윤활 관리의 목적<br>3. 윤활 관리의 방법 |
| | | | 2. 윤활제의 선정 | 1. 윤활제의 종류와 특성<br>2. 윤활유의 선정 기준<br>3. 그리스의 선정 기준<br>4. 윤활유 첨가제 |
| | | 5. 윤활 방법과 시험 | 1. 윤활 급유법 | 1. 윤활유계의 윤활 및 윤활 방법<br>2. 그리스계의 윤활 및 윤활 방법 |
| | | | 2. 윤활 기술 | 1. 윤활 기술과 설비의 신뢰성<br>2. 윤활계의 운전과 보전<br>3. 윤활제의 열화 관리와 오염 관리<br>4. 윤활제에 의한 설비 진단 기술<br>5. 윤활 설비의 고장과 원인 |
| | | | 3. 윤활제의 시험 방법 | 1. 윤활유의 시험 방법<br>2. 그리스의 시험 방법 |
| | | 6. 현장 윤활 | 1. 윤활 개소의 윤활 관리 | 1. 압축기의 윤활 관리<br>2. 베어링의 윤활 관리<br>3. 기어의 윤활 관리<br>4. 유압 작동유 및 오염 관리 |

# 차례 CONTENTS

설비보전기사

# CBT 대비 실전문제

제1회 CBT 대비 실전문제
제2회 CBT 대비 실전문제
제3회 CBT 대비 실전문제
제4회 CBT 대비 실전문제
제5회 CBT 대비 실전문제
제6회 CBT 대비 실전문제
제7회 CBT 대비 실전문제
제8회 CBT 대비 실전문제
제9회 CBT 대비 실전문제
제10회 CBT 대비 실전문제
제11회 CBT 대비 실전문제
제12회 CBT 대비 실전문제
제13회 CBT 대비 실전문제
제14회 CBT 대비 실전문제
제15회 CBT 대비 실전문제
제16회 CBT 대비 실전문제
제17회 CBT 대비 실전문제
제18회 CBT 대비 실전문제
제19회 CBT 대비 실전문제
제20회 CBT 대비 실전문제
2025년 제1회 CBT 복원문제

# 제1회 CBT 대비 실전문제

## 1과목 공유압 및 자동 제어

**1. 국제단위계(SI 단위)의 기본 단위(basic unit)에 속하지 않는 것은?** [11-4, 16-2]

① ℃ ② m
③ mol ④ cd

해설 국제단위계의 기본 단위는 길이 m, 질량 kg, 시간 s, 전류 A, 열역학적 온도 K, 몰질량 mol, 광도 cd이다.

**2. 공유압 장치에서 압력 전달에 관한 것을 설명한 원리는?** [19-1]

① 연속 방정식 ② 오일러의 법칙
③ 파스칼의 방정식 ④ 베르누이의 법칙

해설 파스칼의 원리에서 압력은 $P=\frac{F}{A}$로 표현한다.

**3. 공기압 및 유압에 관한 설명으로 틀린 것은?** [14-4, 19-1, 21-2]

① 공기압은 인화나 폭발의 위험이 없다.
② 공기압은 공기 탱크에 에너지를 저장할 수 있다.
③ 유압은 위치 제어성이 우수하고, 이송 속도도 매우 빠르다.
④ 유압은 가스나 스프링 등을 이용한 축압기에 소량의 에너지 저장이 가능하다.

해설 유압은 위치 제어성이 우수하나, 이송 속도는 매우 느리다.

**4. 공기압 장치의 기본 구성 요소가 아닌 것은?** [15-2]

① 공기 탱크
② 공기 압축기
③ 애프터 쿨러(after cooler)
④ 어큐뮬레이터(accumulator)

해설 어큐뮬레이터(accumulator)는 유압 기기로서 유압 에너지를 저장하는 장치이다.

**5. 다음 중 압력 제어 밸브의 역할은?** [14-2]

① 일의 속도를 조절
② 일의 시간을 조절
③ 일의 방향을 조절
④ 일의 크기를 조절

해설 ㉠ 일의 속도 : 유량 제어 밸브
㉡ 일의 방향 : 방향 제어 밸브
㉢ 일의 크기 : 압력 제어 밸브

**6. 공압 센서의 특징으로 틀린 것은?** [16-2]

① 자장의 영향에 둔감하다.
② 높은 작동힘이 요구되는 곳에 사용된다.
③ 폭발 방지를 필요로 하는 장소에서도 사용된다.
④ 물체의 재질이나 색에 영향을 받지 않고 검출할 수 있다.

해설 공압 센서는 감지 신호가 저압이다.

**7. 유압 회로 중 최고 압력을 제한하여 회로 내의 과부하를 방지하는 유압 기기는?** [09-4, 13-4, 21-2]

① 셔틀 밸브

정답 1. ① 2. ③ 3. ③ 4. ④ 5. ④ 6. ② 7. ③

② 체크 밸브
③ 릴리프 밸브
④ 디셀러레이션 밸브

해설 릴리프 밸브는 최고 압력 설정 회로에 사용되는 압력 제어 밸브이다.

**8. 다음 중 축압기(accumulator)를 사용하는 목적이 아닌 것은?** [09-4, 22-1]

① 충격 완충
② 유압 펌프의 맥동 제거
③ 압력 보상
④ 유압 장치 온도 상승 방지

해설 축압기는 ㉠ 에너지 보조원, ㉡ 충격 압력 흡수용, ㉢ 맥동 흡수용, ㉣ 점진적인 압력 형성, ㉤ 특수 유체(독성, 유해성, 부식성 액체 등)의 이송을 위해 사용된다.

**9. 다음의 기호는 무엇인가?** [06-4]

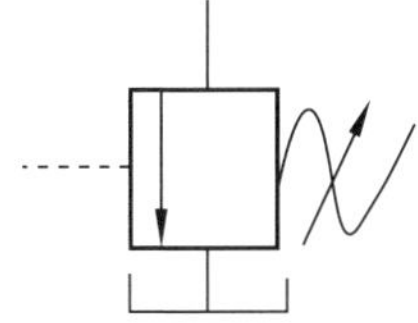

① 시퀀스 밸브
② 카운터 밸런스 밸브
③ 언로드 밸브
④ 리듀서 밸브

해설 ㉠ 시퀀스 밸브 :

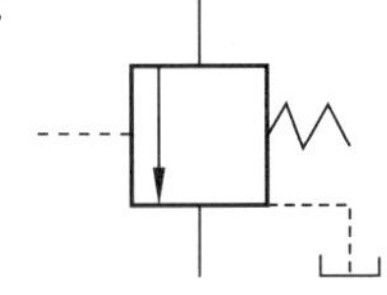

㉡ 카운터 밸런스 밸브 :

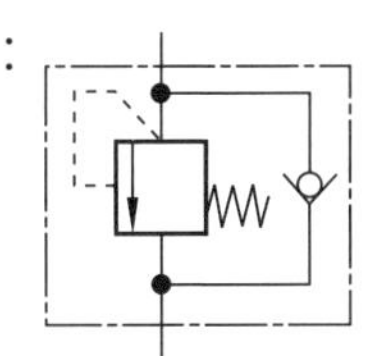

**10. 유압 실린더의 속도 조절 방식 중 외부에 유량 조절 밸브를 사용하지 않고 유압 실린더의 속도를 빠르게 하여 작업 속도를 단축하는 회로는?** [17-2]

① 차동 회로
② 미터 인 회로
③ 미터 아웃 회로
④ 블리드 오프 회로

해설 재생 회로(regenerative circuit, 차동 회로 differential circuit) : 전진할 때의 속도가 펌프의 배출 속도 이상으로 요구되는 것과 같은 특수한 경우에 사용된다.

**11. 전기 회로에서 수동 소자가 아닌 것은?**

① 저항 ② 자기 인덕턴스
③ 커패시턴스 ④ 정전압원

해설 정전압원은 가변 부하 저항의 양단에서 부하 전압이 거의 일정하게 유지되도록 작동시키는 전원이다.

**12. 다음 중 케이블 절연 진단 방법이 아닌 것은?**

① 교류 전류 시험
② 부분 방전 시험
③ 내전압 시험
④ 연동 시험

**13. 센서의 종류 중 용도에 따른 분류에 속하지 않는 센서는?**

① 제어용 센서 ② 감시용 센서
③ 검사용 센서 ④ 광학적 센서

해설 제어용, 감시용, 검사용은 용도에 따른 분류이고, 광학적은 변환 원리에 따른 분류이다.

정답 8. ④ 9. ③ 10. ① 11. ④ 12. ④ 13. ④

**14.** 2진 신호 8bit로 표현할 수 있는 신호의 최대 개수는?

① 4 ② 16 ③ 128 ④ 256

해설 8bit 사용 시 분해능 $=2^8=256$

**15.** 동기 전동기의 장점이 아닌 것은?

① 기동 시 조작이 용이하다.
② 부하의 변화로 속도가 변하지 않는다.
③ 높은 역률로 운전할 수 있다.
④ 전원 주파수가 일정하면 회전 속도도 일정하다.

해설 동기 전동기 : 교류 전동기의 일종으로서, 일정 주파수 하에서 부하에 상관없이 정해진 속도, 즉 동기 속도로 회전하는 정속 전동기
※ 기동 시 기동 토크가 작은 단점이 있다.

**16.** 다음 모터의 정·역회로에서 사용된 것은?

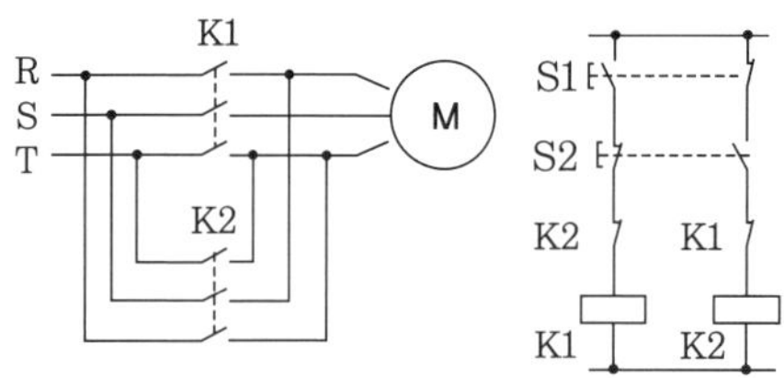


① 인터록 회로
② 시간 지연 회로
③ 양수 안전 회로
④ 자기 유지 회로

해설 문제에서 사용한 회로는 인터록 회로이다.

**17.** 제어량과 목표값을 비교하고 그들이 일치되도록 정정 동작을 하는 제어는? [09-4]

① 피드백 제어 ② 시퀀스 제어
③ 프로그램 제어 ④ 조건 제어

해설 피드백 제어 : 피드백에 의하여 제어량과 목표값을 비교하고 그들이 일치되도록 정정 동작을 하는 제어

**18.** 보드(bode) 선도의 횡축에 대하여 옳은 것은?

① 이득-균등 눈금
② 이득-대수 눈금
③ 주파수-균등 눈금
④ 주파수-대수 눈금

**19.** 다음 중 각도 검출용 센서가 아닌 것은? [16-4]

① 리졸버
② 포지셔너
③ 퍼텐쇼미터
④ 로터리 인코더

해설 포지셔너는 조절 신호를 설정값으로 하고 구동축의 위치를 측정값으로 하여 구동부에 출력을 조절하는 비례 조절기라고 볼 수 있다.

**20.** 다음 중 탄성 변형을 이용하는 변환기가 아닌 것은? [17-4, 21-4]

① 벨로스 ② 스프링
③ 부르동관 ④ 벤투리관

해설 탄성체 방식에는 다어어프램식, 벨로스식, 부르동관식, 스프링 등이 있다.

## 2과목 용접 및 안전관리

**21.** 용접 접합의 인력이 작용하는 원리가 되는 1옹스트롬(Å)의 크기는?

① $10^{-5}$cm ② $10^{-6}$cm
③ $10^{-7}$cm ④ $10^{-8}$cm

정답 14. ④ 15. ① 16. ① 17. ① 18. ④ 19. ② 20. ④ 21. ④

**해설** 용접의 원리는 금속 원자가 인력이 작용할 수 있는 거리(Å $=10^{-8}$cm)로 충분히 접근시켜 접합시키는 것이다.

## 22. 아크 용접 시 발생되는 유해한 광선에 해당되는 것은?

① X-선　② 자외선
③ 감마선　④ 중성자선

**해설** 아크광선은 가시광선, 자외선, 적외선 등으로 이루어진다.

## 23. 서브머지드 아크 용접의 장점에 해당하지 않는 것은?

① 용접 속도가 수동 용접보다 빠르고 능률이 높다.
② 개선각을 작게 하여 용접 패스수를 줄일 수 있다.
③ 콘택트 팁에서 통전되므로 와이어 중에 저항열이 적게 발생되어 고전류 사용이 가능하다.
④ 용접 진행 상태의 좋고 나쁨을 육안으로 확인할 수 있다.

**해설** 서브머지드 아크 용접은 아크가 보이지 않으므로 용접의 좋고 나쁨을 확인하면서 용접할 수 없다.

## 24. 다음은 TIG 용접의 특징과 용도를 설명한 것이다. 틀린 것은?

① MIG 용접에 비해 용접 능률은 뒤지나 용접부 결함이 적어 품질의 신뢰성이 비교적 높다.
② 작은 전류에서도 아크가 안정되어 후판의 용접에 적합하다.
③ 박판의 용접 시에는 용가재를 사용하지 않고 용접하는 경우도 있다.
④ 비용극식에는 전극으로부터의 용융 금속의 이행이 없어 아크의 불안정, 스패터의 발생이 없으므로 작업성이 매우 좋다.

**해설** TIG 용접법은 작은 전류에서도 아크가 안정되고 박판의 용접에 적합하여 주로 0.6~3.2mm의 범위의 판 두께에 많이 사용된다.

## 25. 불활성 가스 아크 용접법의 장점이 아닌 것은?

① 불활성 가스의 용접부 보호와 아르곤 가스 사용 역극성 시 청정 효과로 피복제 및 용제가 필요 없다.
② 산화하기 쉬운 금속의 용접이 용이하고 용착부의 모든 성질이 우수하다.
③ 저전압 시에도 아크가 안정되고 양호하며 열의 집중 효과가 좋아 용접 속도가 빠르고 또한 양호한 용입과 모재의 변형이 적다.
④ 두꺼운 판의 모재에는 용접봉을 쓰지 않아도 양호하고 언더컷(undercut)도 생기지 않는다.

**해설** 얇은 판의 모재에는 용접봉을 쓰지 않아도 양호하고 언더컷(undercut)도 생기지 않는다.

## 26. 가스 보호 플럭스 코어드 아크 용접의 특징 중 틀린 것은?

① 이중으로 보호한다는 의미로 듀얼 보호(dual shield) 용접이라고도 한다.
② 전자세 용접을 할 수 있는 방법이 개발되어 3.2mm 정도의 박판까지도 용접이 가능하다.
③ 용입 및 용착 효율이 다른 용접 방식에 비해 현저하게 높아 인건비를 절감할 수 있어 자동화에 맞추어 수요가 점차 증가하고 있다.
④ 용접의 큰 단점인 스패터 및 흄 가스의 발생으로 인한 용접 결함이 발생할 수 있다.

**정답** 22. ②　23. ④　24. ②　25. ④　26. ④

해설 용접의 큰 단점인 스패터 및 흄 가스의 발생으로 인한 용접 결함을 보완할 수 있는데 의의가 있다.

**27.** $CO_2$ 아크 용접에 대한 설명 중 틀린 것은?

① 전류밀도가 높아 용입이 깊고 용접 속도를 빠르게 할 수 있다.

② 용접 장치, 용접 전원 등 장치로서는 MIG 용접과 같은 점이 있다.

③ $CO_2$ 아크 용접에서는 탈산제로서 Mn 및 Si를 포함한 용접 와이어를 사용한다.

④ $CO_2$ 아크 용접에서는 차폐 가스로 $CO_2$에 소량의 수소 가스를 혼합한 것을 사용한다.

해설 혼합 가스로 $CO_2$ – 산소, $CO_2$ – 아르곤, $CO_2$ – 산소 – 아르곤 등을 사용한다.

**28.** 겹쳐진 2부재의 한쪽에 둥근 구멍 대신 좁고 긴 홈을 만들어 그곳을 용접하는 것은?

① 겹치기 용접 ② 플랜지 용접
③ T형 용접 ④ 슬롯 용접

해설 슬롯 용접 : 접합하기 위해 겹쳐 놓은 두 모재의 한쪽에 둥근 구멍 대신 좁고 긴 홈을 만들어 그곳에 용접하는 것

**29.** 용접에서 수축 변형의 종류가 아닌 것은?

① 횡 굴곡 ② 역 변형
③ 종 굴곡 ④ 좌굴 변형

해설 역 변형은 변형의 크기, 방향을 예측하여 용접 전 미리 반대로 변형시키는 방법이며 탄성, 소성 변형의 두 종류가 있다.

**30.** 피복 아크 용접 작업에서 아크 길이가 긴 경우 발생하는 용접 결함에 해당되지 않는 것은?

① 선상 조직 ② 스패터
③ 기공 ④ 언더컷

해설 선상 조직의 결함은 냉각 속도가 빠를 때, 모재에 C, S의 함량이 많을 때, $H_2$가 많을 때, 용접 속도가 빠를 때가 그 원인이다. 아크 길이가 길면 언더컷, 기공, 스패터 등의 결함이 발생된다.

**31.** 비파괴 검사의 목적이 아닌 것은?

① 금속 재료의 조직 검사
② 신뢰성의 향상
③ 제조 비용의 절감
④ 제조 기술의 향상

해설 비파괴 검사를 함으로써 제조 기술의 개량, 제조 원가의 절감, 신뢰성을 향상시킬 수 있다.

**32.** 표면에 열린 결함만을 검출할 수 있는 비파괴 검사는?

① 자분 탐상 검사 ② 침투 탐상 검사
③ 방사선 투과 검사 ④ 초음파 탐상 검사

해설 침투 탐상 검사(penetrant testing) : 금속, 비금속에 적용하여 표면의 개구 결함을 검출한다.

**33.** 침투 탐상의 기본 첫 단계는 무엇인가?

① 검사품을 관찰
② 도금 제거 후 세척
③ 높은 수압으로 세척
④ 부품 세척 후 도금 제거

**34.** 다음 중 위험점의 5요소에 해당되지 않는 것은?

① 함정 ② 행정
③ 충격 ④ 접촉

정답 27. ④ 28. ④ 29. ② 30. ① 31. ① 32. ② 33. ② 34. ②

**해설** 위험점의 5요소 : 함정(trap), 말림(얽힘), 충격(impact), 접촉(contact), 튀어나옴(ejection)

**35. 탱크 등 밀폐용기 속에서 용접 작업을 할 때 주의사항으로 적합하지 않은 것은?**

① 환기에 주의한다.
② 감시원을 배치하여 사고의 발생에 대처한다.
③ 유해 가스 및 폭발 가스 발생을 확인한다.
④ 위험하므로 혼자서 용접하도록 한다.

**해설** 밀폐용기 속에서 용접 작업을 할 때에는 반드시 감시원 1인 이상을 배치하여 사고를 예방하고 사고 발생 시 즉시 조치를 할 수 있도록 한다.

**36. 다음 중 누전 차단기의 사용 목적이 아닌 것은?**

① 단선 방지
② 감전으로부터 보호
③ 누전으로 인한 화재 예방
④ 전기 설비 및 전기 기기의 보호

**해설** 누전 차단기의 사용 목적
㉠ 감전 보호
㉡ 누전 화재 보호
㉢ 전기 설비 및 전기 기기의 보호
㉣ 기타 다른 계통으로의 사고 파급 방지

**37. 유독 가스에 의한 중독 및 산소 결핍 재해 예방 대책으로 틀린 것은?**

① 밀폐장소에서는 유독 가스 및 산소 농도를 측정 후 작업한다.
② 유독 가스 체류 농도를 측정 후 안전을 확인한다.
③ 산소 농도를 측정하여 16% 이상에서만 작업한다.
④ 급기 및 배기용 팬을 가동하면서 작업한다.

**해설** 산소 농도를 측정하여 18% 이상에서만 작업한다. ①, ②, ④ 외에 탱크 맨홀 및 피트 등 통풍이 불충분한 곳에서 작업할 때에는 긴급사태에 대비할 수 있는 조치를 취한 후 작업한다.
㉠ 외부와의 연락 장치(외부에 안전 감시자와 연락이 가능한 끈 같은 연락 등)
㉡ 비상용 사다리 및 로프 등 준비

**38. 밀폐된 장소 또는 환기가 극히 불량한 좁은 장소에서 행하는 용접 작업에 대해서는 다음 내용에 대한 특별 안전 보건 교육을 실시한다. 이 중 틀린 것은?**

① 작업 순서, 작업 자세 및 수칙에 관한 사항
② 용접 흄, 가스 및 유해광선 등의 유해성에 관한 사항
③ 환기 설비 및 응급처치에 관한 사항
④ 관련 MSDS(material safety data sheet : 물질 안전 보건 자료)에 관한 사항

**해설** ②, ③, ④ 외에 작업 순서, 작업 방법 및 수칙에 관한 사항, 작업 환경 점검 및 기타 안전 · 보건상의 조치가 있다.

**39. 다음 중 검정 대상 보호구가 아닌 것은?**

① 안전대 ② 안전모
③ 산소 마스크 ④ 안전화

**해설** 검정 대상 보호구 : 안전대, 안전모, 안전화, 귀마개, 보안경, 보안면, 안전 장갑, 방독 마스크, 방진 마스크

**40. 안전관리의 정의로 옳은 것은?**

① 인간 존중의 정신에 입각한 과학적이며 생산성 향상 활동
② 생산성 향상과 고품질을 최우선 목표로 하는 계획적인 활동

**정답** 35. ④ 36. ① 37. ③ 38. ① 39. ③ 40. ④

③ 사고로부터 인적, 물적 피해를 최소화하기 위한 계획적이고 체계적인 활동
④ 재해로부터 인간의 생명과 재산을 보호하기 위한 계획적이고 체계적인 제반 활동

해설 안전관리의 정의 : 비능률적인 요소인 재해가 발생하지 않는 상태를 유지하기 위한 활동, 즉 재해로부터 인간의 생명과 재산을 보호하기 위한 계획적이고 체계적인 제반 활동

## 3과목 기계 설비 일반

**41.** 위 치수 허용차와 아래 치수 허용차의 차이 값은 어느 것인가?

① 치수 공차　② 기준 치수
③ 치수 허용차　④ 허용 한계 치수

해설 치수 공차=공차

**42.** 다음 중 기하 공차를 분류한 것으로 틀린 것은?

① 모양 공차　② 자세 공차
③ 위치 공차　④ 치수 공차

해설 기하 공차 : 모양 공차, 자세 공차, 위치 공차, 흔들림 공차

**43.** 하이트 게이지의 사용 목적 중 틀린 것은?

① 실제 높이를 측정할 수 있다.
② 금긋기를 할 수 있다.
③ 다이얼 게이지를 붙여 비교 측정할 수 있다.
④ 안지름을 측정할 수 있다.

해설 하이트 게이지는 길이 측정기이며, 내경은 내측 마이크로미터, 보어 게이지, 홀 테스터 등으로 측정한다.

**44.** 베벨 기어 절삭기의 대표적인 것은?

① 펠로스 기어 셰이퍼
② 마그식 기어 셰이퍼
③ 기어 셰이빙 머신
④ 그리슨식 기어 절삭기

해설 그리슨식 기어 절삭기 : 창성법에 의하여 베벨 기어를 절삭하는 것으로서, 기어 소재는 크라운 기어에 물려서 돌아가는 세그먼트 기어 축에 장치되어 왕복 운동하는 커터에 의하여 절삭된다.

**45.** 경금속과 중금속의 구분점이 되는 비중은?

① 6　② 1　③ 5　④ 8

해설 비중이 5 이하인 것을 경금속이라 하고, 5 이상인 것을 중금속이라 한다.

**46.** 헬리컬 기어의 정면도에서 이의 비틀림 방향을 나타내는 선의 종류는? [13-4]

① 일점 쇄선　② 이점 쇄선
③ 가는 실선　④ 굵은 실선

**47.** 다음의 열처리는 무엇에 대한 설명인가? [12-4]

> "가공에 의한 영향을 제거하여, 결정입자를 미세하게 하며 그 기계적 성질을 향상시키기 위해 탄소강을 오스테나이트 조직으로 될 때까지 가열 후 공기 중에서 서랭시키는 열처리"

① 템퍼링(tempering)
② 노멀라이징(normalizing)
③ 어닐링(annealing)
④ 퀜칭(quenching)

정답 41. ①　42. ④　43. ④　44. ④　45. ③　46. ③　47. ②

해설 불림(normalizing)은 결정 조직의 균일화(표준화), 가공 재료의 잔류 응력 제거 목적의 열처리이다.

**48.** 파이프를 절단하는데 주로 사용하는 공구는?

① 오스터
② 파이프 커터
③ 리머
④ 플레어링 툴 세트

해설 파이프 커터(pipe cutter) : 파이프 절단용 공구

**49.** 축의 회전수가 1600 rpm일 때 센터링 기준값으로 적정한 것은?

① 원주 간 방향 0.03mm, 면간 차 0.01mm
② 원주 간 방향 0.06mm, 면간 차 0.03mm
③ 원주 간 방향 0.08mm, 면간 차 0.05mm
④ 원주 간 방향 0.10mm, 면간 차 0.08mm

해설 센터링 기준값

| A : 원주 간 방향<br>B : 면간 차<br>C : 면간 | 센터링 기준 | | |
|---|---|---|---|
| | RPM | 1800까지 | 3600까지 |
| | A | 0.06 mm/m | 0.03 mm/m |
| | B | 0.03 mm/m | 0.02 mm/m |
| | C | 3~5 mm/m | 3~5 mm/m |

**50.** 부러진 볼트를 빼려고 한다. 사용되는 공구와 구멍 지름과 볼트 지름과의 관계에 대한 것으로 맞는 것은? [07-4]

① 스크류 엑스트랙터 : 30% 정도
② 스크류 엑스트랙터 : 60% 정도
③ 오스터 : 30% 정도
④ 오스터 : 60% 정도

해설 볼트 직경의 60% 정도 되는 구멍을 뚫고 스크류 엑스트랙터로 제거한다.

**51.** 응력 집중에 의한 축의 파단 원인으로 가장 거리가 먼 것은? [11-4, 16-4]

① 키 홈의 마모
② 축의 가공 불량
③ 설계 형상의 오류
④ 커플링 중심내기 불량

해설 축의 파단 원인은 풀리, 기어, 베어링 등 끼워 맞춤 불량, 관련 부품의 맞춤 불량이며, 키 홈의 마모는 자연 열화이다.

**52.** 다음 기어의 손상 중 표면 피로에 의한 손상만으로 연결된 것은? [07-4, 20-3]

① 압연항복, 균열, 버닝
② 스폴링, 스코링, 리프링
③ 습동 마모, 피닝항복, 스코링
④ 초기 피팅, 파괴적 피팅, 스폴링

해설 표면 피로 : 반복 하중으로 인해 표면이 손상되는 현상

**53.** 다음 브레이크 중 화물을 올릴 때는 제동 작용을 하지 않고 화물을 내릴 때는 화물 자중에 의한 제동 작용을 하는 것은 어느 것인가? [10-4, 17-4, 20-4]

① 원판 브레이크(disc brake)
② 밴드 브레이크(band brake)
③ 블록 브레이크(block brake)
④ 나사 브레이크(screw brake)

해설 나사 브레이크를 자동 하중 브레이크라 한다.

정답 48. ② 49. ② 50. ② 51. ① 52. ④ 53. ④

**54. 신축 이음에서 열팽창을 고려하여야 개스킷 선정 등 올바른 정비를 수행할 수 있다. 다음 중 온도에 다른 축의 신축량 $\lambda$를 구하는 공식은? (단, $t$ : 온도차, $l$ : 길이, $\alpha$ : 열팽창계수이다.)** [12-4]

① $\lambda = 2\alpha tl$　　② $\lambda = \pi\alpha tl$

③ $\lambda = \dfrac{tl}{\alpha}$　　④ $\lambda = \alpha tl$

**55. 게이트 밸브라고도 하며 유체의 흐름에 대하여 수직으로 개폐하여 보통 전개, 전폐로 사용하는 밸브는?** [06-4, 18-1]

① 앵글 밸브　　② 체크 밸브

③ 글로브 밸브　　④ 슬루스 밸브

**56. 원심 펌프의 임펠러에 의해 유체에 가해진 속도 에너지를 압력 에너지로 변환되도록 하고 유체의 통로를 형성해 주는 역할을 하는 일종의 압력 용기를 무엇이라 하는가?** [18-4]

① 웨어링　　② 케이싱

③ 안내 깃　　④ 스터핑 박스

해설 케이싱 : 임펠러에 의해 유체에 가해진 속도 에너지를 압력 에너지로 변환되도록 하고 유체의 통로를 형성해 주는 역할을 하는 일종의 압력 용기로 볼(bowl) 케이싱과 벌류트(volute) 케이싱으로 크게 분류한다.

**57. 송풍기의 운전 중 점검사항에 관한 내용으로 틀린 것은?** [20-3]

① 운전 온도는 70℃ 이하로 한다.

② 댐퍼의 전폐 상태를 점검한다.

③ 베어링의 진동 및 윤활유의 적정 여부를 점검한다.

④ 베어링의 온도는 주위 공기 온도보다 40℃ 이상 높지 않게 한다.

해설 댐퍼는 운전 전 점검사항이다.

**58. 원심 압축기에서 발생할 수 있는 제 현상 중 초킹 현상을 바르게 설명한 것은 어느 것인가?** [07-4]

① 토출 측의 저항이 증대하면 풍량이 감소하여 압력 상승이 생겨 진동이 심하게 발생하는 현상

② 압축기의 안내 깃 감속 익렬의 압력 상승은 충격파를 발생시켜 압력과 유량이 상승하지 않는 현상

③ 흡입 관로의 흡입 기계의 고유 진동수와 압축기의 고유 진동수가 일치하는 현상

④ 일렬의 양각이 커지면서 실속을 일으켜 깃에서 실속이 발생하는 현상

**59. 기어 감속기의 유지 관리를 위한 요점이 아닌 것은?** [11-4, 17-2]

① 정확한 윤활의 유지

② 치면의 마모 상태 파악

③ 이상의 조기 발견

④ 소음이 발생하면 분해하여 기어를 교환

해설 소음 발생 시 소음의 원인을 먼저 파악한다.

**60. 단상 유도 전동기에서 무부하에서 기동하지만 부하를 걸면 과열되는 원인으로 옳지 않은 것은?** [13-4]

① 과부하(over load)

② 전압 강하

③ 단락 장치의 고장

④ 회전자 코일 단선

해설 회전자에는 코일이 없다.

정답 54. ④　55. ④　56. ②　57. ②　58. ②　59. ④　60. ④

## 4과목 설비 진단 및 관리

**61. 설비 진단의 개념으로 알맞지 않은 것은?** [08-4]

① 이상이나 결함의 원인 파악
② 신뢰성 및 수명의 예측
③ 단순한 점검의 계기화
④ 수리 및 개량법의 결정

해설 설비 진단 기술은 단순한 점검의 계기화나 고장 검출 기술이 아니다.

**62. 진동의 크기를 표현하는 방법으로 사용되는 용어의 설명 중 틀린 것은 어느 것인가?** [12-4, 15-2, 16-4, 19-2, 22-1]

① 평균값 : 진동량을 평균한 값이다.
② 피크값 : 진동량 절댓값의 최댓값이다.
③ 실효값 : 진동 에너지를 표현하는 것으로 정현파의 경우는 피크값의 2배이다.
④ 양진폭 : 전진폭이라고도 하며 양의 최댓값에서 부측의 최댓값까지의 값이다.

해설 실효값 : 진동 에너지를 표현하는데 적합하며, 피크값의 $\frac{1}{\sqrt{2}}(0.707)$배이다.

**63. 다음 그림은 설치대로부터 강체로 진동이 전달되는 1자유도 진동 시스템을 나타낸 것이다. 이때 변위 전달률을 바르게 나타낸 것은?** [13-4, 19-4]

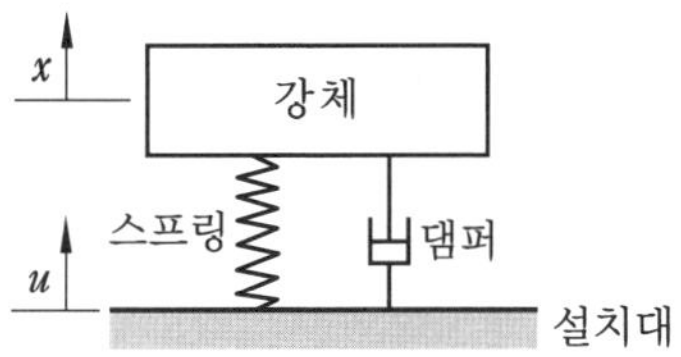


① 변위 전달률 = $\frac{\text{강체의 변위 진폭}}{\text{설치대의 변위 진폭}}$

② 변위 전달률 = $\frac{\text{설치대의 변위 진폭}}{\text{강체의 변위 진폭}}$

③ 변위 전달률 = $\frac{\text{스프링의 변위 진폭}}{\text{댐퍼의 변위 진폭}}$

④ 변위 전달률 = $\frac{\text{댐퍼의 변위 진폭}}{\text{스프링의 변위 진폭}}$

해설 변위 전달률 : 설치대로부터 기계로 진동이 전달되는 경우 설치대는 주위의 진동에 의해서 변위를 일으키며, 따라서 이 경우에 설치대의 변위에 대한 진동자의 변위의 비로서 정의된 변위 전달률에 의해서 진동의 전달을 해석한다.

**64. 소음의 물리적 성질에 대한 설명으로 틀린 것은?** [16-2, 16-4, 19-2, 19-4, 22-1]

① 파동은 매질의 변형 운동으로 이루어지는 에너지 전달이다.
② 파면은 파동의 위상이 같은 점들을 연결한 면이다.
③ 음선은 음의 진행 방향을 나타내는 선으로 파면에 수평이다.
④ 음파는 공기 등의 매질을 전파하는 소밀파(압력파)이다.

해설 음선 : 음의 진행 방향을 나타내는 선으로 파면에 수직이다.

**65. 설비 관리에 대한 설명으로 거리가 먼 것은?** [09-4]

① 설비의 일생을 통하여 설비를 잘 활용함으로써 기업이 목적하는 생산성을 높이게 하는 활동이다.
② 끊임없는 설비 개선을 통하여 설비의 자동화를 확대함으로써 설비의 가동률을 향상시켜 기업의 이익에 연계되도록 하는 활동이다.

정답 61. ③ 62. ③ 63. ① 64. ③ 65. ②

③ 설비 관리란 용어는 영어의 plant engineering을 의역한 것으로 설비의 적극적인 목적을 갖는 여러 활동과 관리 기술까지를 포함한 모든 것을 총칭하는 것으로 해석할 수 있다.
④ 설비의 대한 계획, 유지, 개선을 행함으로써 설비의 기능을 가장 효율적으로 활용하는 일체의 활동이다.

해설 설비 관리와 자동화는 관계가 없다.

**66. 신규 사업의 개발, 현존 사업의 혁신 및 확장에 따른 공장의 증설, 제품의 품종 · 설계 · 생산 규모를 변경할 경우에 항상 시행하는 것은?** [18-1]

① 예방 보전
② 구매 계획
③ 설비 계획
④ 공사 관리

해설 설비 계획은 새로운 사업의 개발, 제품의 품종 변경 또는 설계 변경이나 생산 규모를 변경할 경우에 항상 실시된다.

**67. 설비 배치의 궁극적인 목표는 생산 시스템의 효율 극대화이다. 이를 달성하기 위한 설비 배치 방법 설명 중 틀린 것은?** [06-4]

① 자재 흐름만을 최우선으로 고려하여 자재 창고를 가장 좋은 장소에 배치한다.
② 생산 시스템 내의 인적, 물적 이동을 최소화한다.
③ 작업 특성을 고려한 설비 배치가 되어야 한다.
④ 전체 가용 공간 및 작업 흐름에 따른 종합적인 계획이 필요하다.

해설 설비 배치는 공간의 경제적 사용과 배치 및 작업의 탄력성을 유지해야 한다.

**68. 설비 보전의 목적과 그것을 이루기 위한 방안이 서로 맞지 않는 것은?** [09-4]

① 생산성 향상 : 설비의 성능 저하 방지
② 품질 향상 : 설비로 인한 가공 불량 방지
③ 원가 절감 : 설비 개선에 의한 수율 향상 방지
④ 납기 관리 : 돌발 고장 방지

해설 원가 절감 : 설비 개선에 의한 수율 향상 도모

**69. 설비 성능 열화의 원인과 열화의 내용이 바르지 못한 것은?** [13-4, 17-2]

① 자연 열화–방치에 의한 녹 발생
② 노후 열화–방치에 의한 절연 저하 등 재질 노후화
③ 재해 열화–폭풍, 침수, 폭발에 의한 파괴 및 노후화 촉진
④ 사용 열화–취급, 반자동 등의 운전 조건 및 오조작에 의한 열화

해설 설비의 성능 열화에는 원인에 따라 크게 사용 열화, 자연 열화, 재해 열화가 있으며, 절연 열화 등 재질 노후화는 자연 열화에 기인한다.

**70. 설비 대장에 구비해야 할 조건으로 가장 거리가 먼 것은?** [12-4, 16-2, 17-4]

① 설비의 설치 장소
② 설비 구입자 및 설치자
③ 설비에 대한 개략적인 기능
④ 설비에 대한 개략적인 크기

해설 설비 대장 구비 조건
㉠ 설비에 대한 개략적인 크기
㉡ 설비에 대한 개략적인 기능
㉢ 설비의 입수 시기 및 가격
㉣ 설비의 설치 장소

정답 66. ③ 67. ① 68. ③ 69. ② 70. ②

**71. 다음 중 계측기 관리를 수행하기 위하여 준수해야 하는 사항과 거리가 먼 것은?** [12-4, 20-4]

① 관리 규정 ② 연구 개발
③ 선정 · 구입 ④ 검사 · 검정

해설 연구 개발은 계측기 개발에서 수행해야 할 조건이다.

**72. 만성 로스를 개선하기 위해 PM 분석으로 8단계를 추진할 경우 5단계는 어느 것인가?** [16-4]

① 조사 결과 판정
② 4M과의 관련성 검토
③ 조사 방법의 검토
④ 현상의 성립하는 조건 정리

해설 PM 분석의 단어 : '현상을 물리적으로(phenomena, physical)'에서 P, '메커니즘과 설비 · 사람 · 재료의 관련성(mechanism · machine · man · material)'에서 M이란 머리 글자를 따서 PM이라고 한다.

**73. TPM을 전개해 나가는 5가지 활동 중 설비에 강한 작업자를 육성하여 작업자의 보전체제를 확립하는 활동은 다음 중 어느 것인가?** [17-4]

① 필기 교육의 확립
② 계획 보전 체제 확립
③ 설비의 효율화를 위한 개선 활동
④ 작업자의 자주 보전 체제의 확립

해설 설비에 강한 작업자를 육성하여 작업자의 보전체제를 확립하는 것은 곧 작업자의 자주 보전이다.

**74. 윤활제의 사용 목적이 아닌 것은?** [15-2]

① 방청 작용
② 응력 분산 작용
③ 기계의 강도 증가
④ 마찰저항을 적게 하는 작용

해설 윤활제는 기계의 강도와는 관계 없고 응력 분산만 존재한다.

**75. 윤활 관리의 원칙과 가장 거리가 먼 것은?** [16-4, 21-1]

① 적정량을 결정한다.
② 적합한 급유 방법을 결정한다.
③ 적정한 장소에 공급하여 준다.
④ 기계가 필요로 하는 적정 윤활제를 선정한다.

해설 윤활 관리의 4원칙은 적유, 적기, 적량, 적법이다.

**76. 다음 중 윤활제를 형태에 따라 분류할 때 대분류가 가장 적절하게 구분되어진 것은?** [17-4, 22-1]

① 광유, 합성유, 지방유
② 합성유, 그리스, 고체 윤활제
③ 윤활유, 그리스, 고체 윤활유
④ 내연기관용 윤활유, 공업용 윤활유, 기타 윤활제

해설 윤활제는 액체 윤활제, 반고체 윤활제(그리스), 고체 윤활제로 나눈다.

**77. 다음은 그리스 윤활과 오일 윤활의 특성을 비교한 내용이다. 옳지 않은 것은 어느 것인가?** [07-4, 08-4, 14-4, 16-2, 19-2]

① 윤활제 누설은 오일 윤활에 비해 그리스 윤활이 많다.
② 냉각 효과는 오일 윤활에 비해 그리스 윤활이 좋지 않다.
③ 오염 방지는 오일 윤활에 비해 그리스 윤활이 용이하다.

정답 71. ② 72. ② 73. ④ 74. ③ 75. ③ 76. ③ 77. ①

④ 윤활제 교환은 그리스 윤활에 비해 오일 윤활이 용이하다.

**해설** 윤활유와 그리스 윤활의 비교

| 구분 | 윤활유 | 그리스 윤활 |
|---|---|---|
| 회전수 | 고 · 중속용 | 중 · 저속용 |
| 회전저항 | 작다 | 초기 저항이 크다 |
| 냉각 효과 | 크다 | 작다 |
| 누설 | 많다 | 적다 |
| 밀봉 장치 | 복잡하다 | 간단하다 |
| 순환 급유 | 용이하다 | 곤란하다 |
| 급유 간격 | 비교적 짧다 | 비교적 길다 |
| 먼지 여과 | 용이하다 | 곤란하다 |
| 세부의 윤활 | 용이하다 | 곤란하다 |
| 윤활제의 교환 | 용이하다 | 번잡하다 |

**78.** 윤활유의 점도에 대한 설명으로 틀린 것은? [16-2, 19-4]

① 동점도의 단위는 센티 스톡(cSt)이다.
② 액체가 유동할 때 나타나는 내부 저항이다.
③ 절대 점도는 동점도를 밀도로 나눈 것이다.
④ 기계의 윤활 조건이 동일하다면 마찰열, 마찰 손실, 기계 효율을 좌우한다.

**해설** 절대 점도＝동점도×밀도

**79.** 오일 분석법 중 채취한 시료유를 연소하여 그때 생긴 금속 성분 특유의 발광 또는 흡광 현상을 분석하는 것은? [20-4]

① SOAP법
② 페로그래피법
③ 클리브랜드법
④ 스폿테스트법

**해설** SOAP법(spectrometric oil analysis program) : 윤활유 속에 함유된 금속 성분을 분광 분석기에 의해 정량 분석하여 윤활부의 마모량을 검출하는 윤활 진단법

**80.** 왕복동 압축기에서 윤활상 문제로 발생하는 원인과 거리가 먼 것은? [10-4]

① 흡입 밸브 및 흡입 배관계에 카본 부착량의 증가
② 토출 배관계의 발화 및 폭발
③ 드레인 트랩의 작동 불량
④ 피스톤 링 및 실린더의 이상 마모

**해설** 왕복동 압축기의 흡입 관로에는 윤활을 하지 않으므로 윤활상 문제가 발생하지 않는다.

**정답** 78. ③ 79. ① 80. ①

# 제2회 CBT 대비 실전문제

## 1과목 공유압 및 자동 제어

**1. 파스칼의 원리를 이용한 유압잭의 원리에 대한 설명으로 옳은 것은?** [14-4]

① 파스칼의 원리는 힘을 증폭할 수 없다.
② 파스칼의 원리로 먼 곳으로 힘을 전달할 수 있다.
③ 압력의 크기는 면적에 비례한다.
④ 압력의 크기에 반비례하여 힘을 증폭한다.

**해설** 파스칼의 원리는 정지된 유체 내에서 압력을 가하면 이 압력은 유체를 통하여 모든 방향으로 일정하게 전달된다는 것이다.

**2. 출력이 가장 큰 제어 방식은?** [18-1]

① 기계 방식
② 유압 방식
③ 전기 방식
④ 공기압 방식

**해설** 유압은 속도가 느리지만 제어성이 우수하고 매우 큰 힘을 얻을 수 있다.

**3. 공기압 발생 장치의 설명 중 옳지 않은 것은?** [13-4]

① 압축기는 공기압 발생 장치로 사용된다.
② 압축기는 흡입 공기를 소정의 압력까지 압축하고, 이를 외부로 압출하는 2가지 기능을 해야 한다.
③ 압축기의 종류에는 피스톤식, 스크류식, 기어식 그리고 베인식이 있다.
④ 압축기는 통상적으로 사용 압력이 게이지 압력으로 1kgf/$cm^2$ 이상의 압축공기를 생산하는 것을 말한다.

**해설** 압축기에는 기어식이 사용되지 않는다.

**4. 공기압 솔레노이드 밸브에서 전압이 걸려 있는데 아마추어가 작동하지 않는 원인으로 적절하지 않은 것은?** [19-2]

① 전압이 너무 높다.
② 코일이 소손되었다.
③ 아마추어가 고착되었다.
④ 압축공기 공급 압력이 낮다.

**해설** 솔레노이드는 여자되어 있으나 동작되지 않는 것은 아마추어 고착, 고전압, 고온도 등으로 인한 코일 소손 및 저전압 공급 등이 원인이다.

**5. 케이싱으로부터 편심된 회전자에 날개가 끼워져 있는 구조이며 날개와 날개 사이에 발생하는 수압 면적 차에 의해 토크를 발생시키는 공압 모터는?** [16-4]

① 기어형
② 베인형
③ 터빈형
④ 피스톤형

**해설** 베인형은 케이싱 안쪽에 베어링이 있고 그 안에 편심 로터가 있으며 이 로터에는 가늘고 긴 홈(slot)이 있어서 날개(vane)를 안내하는 역할을 한다.

**정답** 1. ② 2. ② 3. ③ 4. ④ 5. ②

**6.** **유압 펌프는 송출량이 일정한 정용량형 펌프와 송출량을 변화시킬 수 있는 가변 용량형 펌프가 있다. 다음 중 정용량형과 가변 용량형 펌프를 모두 갖는 구조는 어느 것인가?** [10-4]

① 압력 평형식 베인 펌프
② 회전 피스톤식
③ 기어식
④ 나사식

**해설** 회전 플런저식은 정용량형과 가변 용량형 펌프가 있다. 이 중에서 가변 용량형은 플런저의 행정거리를 바꿀 수 있는 구조로서 유압용으로 많이 사용된다.

**7.** **일반적으로 유압 실린더에서 좌굴하중을 고려한 안전계수는?** [14-4, 19-1]

① 0.5～1　　② 1.5～2
③ 2.5～3.5　　④ 7～10

**해설** 이 안전계수는 경험 수치이다.

**8.** **조작하고 있는 동안만 열리는 접점으로 조작 전에는 항상 닫혀 있는 접점은?** [20-3]

① a접점　　② b접점
③ c접점　　④ d접점

**해설** ㉠ a접점 : 조작하고 있는 동안만 닫히는 접점
㉡ b접점 : 조작하고 있는 동안만 열리는 접점
㉢ c접점 : a, b접점을 동시에 가지고 있는 접점

**9.** **공유압 장치의 주요 점검 요소가 아닌 것은?** [21-4]

① 누유　　② 계기류
③ 노이즈　　④ 부하 상태

**해설** 노이즈란 잡음이다.

**10.** **다음 중 소형 분전반이나 배전반을 고정시키기 위하여 콘크리트에 구멍을 뚫어 드라이브 핀을 박는 공구는?**

① 드라이베이트 툴　　② 익스팬션
③ 스크루 앵커　　④ 코킹 앵커

**해설** 드라이베이트 툴(driveit tool)
㉠ 큰 건물의 공사에서 드라이브 핀을 콘크리트에 경제적으로 박는 공구이다.
㉡ 화약의 폭발력을 이용하기 때문에 취급자는 보안상 훈련을 받아야 한다.

**11.** **다음 그림과 같이 휘트스톤 브리지 회로가 구성되었다. 슬라이드 저항의 브러시 위치를 움직여 검류계 G가 0을 지시하고 브리지가 평형을 이루었을 경우의 관계식은?** [14-3]

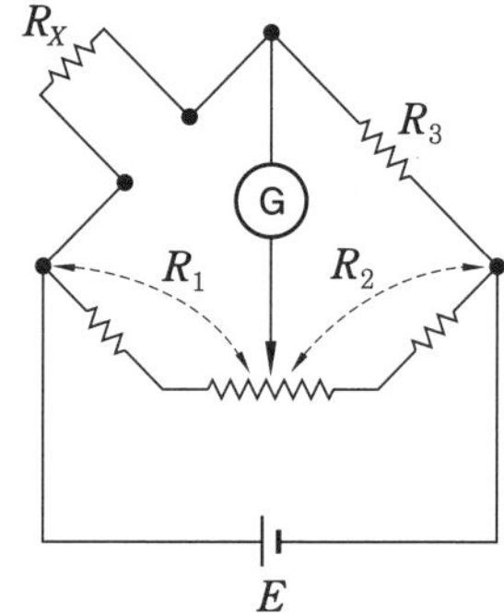


① $R_X R_2 = R_1 R_3$
② $R_1 R_2 = R_X R_3$
③ $R_X + R_2 = R_1 + R_3$
④ $R_1 + R_2 = R_X + R_3$

**12.** **계측계의 기본 구성 요소에 속하지 않는 것은?**

① 검출기　　② 전송기
③ 수신기　　④ 발신기

**해설** 계측계의 기본 구성 요소 : 검출기 → 전송기 → 수신기

**정답** 6. ② 7. ③ 8. ② 9. ③ 10. ① 11. ① 12. ④

**13.** **단방향(simplex) 통신을 하고 있는 것은 데이터 통신을 동시 전송은 불가능하지만 비동기식으로 양방향 전송이 가능하도록 변경하고자 할 때의 통신 방식은 무엇인가?**

① 병렬 통신(parallel－duplex)
② 반이중 통신(half－duplex)
③ 전이중 통신(full－duplex)
④ 유연 통신(flexible－duplex)

해설 반이중 통신은 데이터를 양방향으로 전송할 수 있지만 동시에는 전송이 불가능하고, 데이터의 전송 방향을 전환시키기 위해서는 송수신 반전 시간이라는 방향 전환을 위한 단절 시간이 필요하다.

**14.** **센서 시스템의 구성에서 신호 전달 순서가 대상으로부터 제어로 진행하는 과정이 맞는 것은?**

① 신호 전송 요소 → 신호 처리 요소 → 변환 요소 → 정보 출력 요소
② 변환 요소 → 신호 전송 요소 → 신호 처리 요소 → 정보 출력 요소
③ 신호 처리 요소 → 변환 요소 → 신호 전송 요소 → 정보 출력 요소
④ 신호 처리 요소 → 신호 전송 요소 → 변환 요소 → 정보 출력 요소

해설 센서 시스템의 구성 : 현상 → 변환 요소 → 신호 전송 요소 → 신호 처리 요소 → 정보 출력 요소 → 인간/컴퓨터 → 액추에이터 → 제어

**15.** **과전류 계전기가 트립된다면 그 원인은?**

① 과부하
② 퓨즈 용단
③ 시동 스위치 불량
④ 배선용 차단기 불량

해설 과전류 계전기(over－current relay) : 부하 전류가 규정치 이상 흘렀을 때 동작하여 전기 회로를 차단하고 기기를 보호하는 계전기

**16.** **3상 유도 전동기의 슬립을 구하는 식으로 옳은 것은?**

① $슬립 = \frac{동기\ 속도 + 전부하\ 속도}{동기\ 속도} \times 100\%$

② $슬립 = \frac{동기\ 속도 - 전부하\ 속도}{동기\ 속도} \times 100\%$

③ $슬립 = \frac{(전부하\ 속도 + 동기\ 속도)^2}{전부하\ 속도} \times 100\%$

④ $슬립 = \frac{(전부하\ 속도 - 동기\ 속도)^2}{전부하\ 속도} \times 100\%$

해설 $슬립 = \frac{회전자계의\ 속도 - 회전자의\ 속도}{회전자계의\ 속도} \times 100\%$

**17.** **다음과 같은 블록 선도에서 전달 함수로 알맞은 것은?**

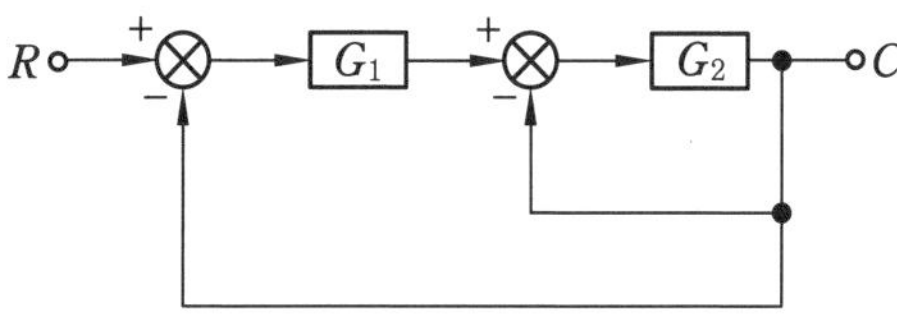


① $\frac{G_1G_2}{1+G_1G_2}$

② $\frac{G_1G_2}{1+G_1+G_2}$

③ $\frac{G_1G_2}{1+G_1+G_1G_2}$

④ $\frac{G_1G_2}{1+G_2+G_1G_2}$

정답 13. ② 14. ② 15. ① 16. ② 17. ④

**해설** 전달 함수의 기본 식

$$G(s)=\frac{\text{전향 경로}}{1-\text{피드백 요소}}$$

**18.** 압력을 측정하기 위한 센서가 아닌 것은? [14-4, 19-1]

① 압전형 센서
② 초음파형 센서
③ 정전 용량형 센서
④ 스트레인 게이지형 센서

**해설** 압력 센서의 종류 : 압전형, 정전 용량형, 반도체 왜형 게이지, 피라니 게이지, 열전자 진리 진공계, 스트레인 게이지, 로드 셀 등

**19.** 금속 전기 도체의 저항 크기를 좌우하는 요인들 중 옳지 않은 것은? [08-4, 12-4]

① 금속 전기 도체의 저항은 길이에 직접적 비례한다.
② 금속 전기 도체의 저항은 용도에 상관없이 일정하다.
③ 금속 전기 도체의 저항은 그 단면적에 반비례한다.
④ 금속 전기 도체의 저항은 금속의 종류에 따라 달라진다.

**20.** 프로세스 제어에서 온도 제어와 유량 제어에 대한 설명 중 옳은 것은? [16-2, 19-4]

① 유량 제어는 검출부의 응답 지연이 있다.
② 온도 제어는 전송부의 응답 지연이 없다.
③ 유량 제어는 전송부의 응답 지연이 있다.
④ 온도 제어는 검출부의 응답 지연이 있다.

**해설** 온도 제어는 검출부 및 전송부의 응답 지연이 있으나, 유량 제어는 응답 지연이 없다.

## 2과목 용접 및 안전관리

**21.** 아크 용접기 설치 시에 피해야 할 장소 중 틀린 것은?

① 휘발성 기름이나 가스가 있는 곳
② 수증기 또는 습도가 높은 곳
③ 옥외의 비바람이 치는 곳
④ 주위 온도가 10℃ 이하인 곳

**해설** 주위 온도가 -10℃ 이하인 곳은 피해서 설치(-10~40℃가 유지되는 곳이 적당하다)한다.

**22.** 피복 금속 아크 용접에 대한 설명으로 잘못된 것은?

① 전기의 아크열을 이용한 용접법이다.
② 모재와 용접봉을 녹여서 접합하는 비용극식이다.
③ 용접봉은 금속 심선의 주위에 피복제를 바른 것을 사용한다.
④ 보통 전기 용접이라고 한다.

**해설** 모재와 용접봉을 녹여서 접합하는 용극식이다.

**23.** 서브머지드 아크 용접법의 설명 중 잘못된 것은?

① 용접 속도와 용착 속도가 빠르며 용입이 깊다.
② 비소모식이므로 비드와 외관이 거칠다.
③ 모재 두께가 두꺼운 용접에 효율적이다.
④ 용접선이 수직인 경우 적용이 곤란하다.

**해설** 소모식이며 비드와 외관이 아름답다.

**24.** TIG 용접기의 일반적인 고장 방지 방법 중 틀린 것은?

**정답** 18. ② 19. ② 20. ④ 21. ④ 22. ② 23. ② 24. ③

① 1, 2차 전선의 결선 상태를 정확하게 체결하고 절연이 되도록 한다.
② 용접기의 용량에 맞는 안전 차단 스위치를 선택한다.
③ 용접기를 정격사용률 이하로 사용하고, 허용사용률을 초과해도 괜찮다.
④ 용접기 내부의 고주파 방전 캡, PCB 보드 등에 함부로 손대지 않도록 한다.

**해설** ①, ②, ④ 외에 다음과 같다.
㉠ 용접기를 정격사용률 이하로 사용하고, 허용사용률을 초과하지 않도록 한다.
㉡ 용접기 내부에 먼지 등의 이물질을 수시로 압축공기를 사용하여 제거한다.

**25.** MIG 용접법의 특징에 대한 설명으로 틀린 것은?

① 전자세 용접이 불가능하다.
② 용접 속도가 빠르므로 모재의 변형이 적다.
③ 피복 아크 용접에 비해 빠른 속도로 용접할 수 있다.
④ 후판에 적합하고 각종 금속 용접에 다양하게 적용시킬 수 있다.

**해설** MIG 용접법은 전자세 용접이 가능하다.

**26.** $CO_2$ 토치 부속 장치에 대한 설명 중 틀린 것은?

① 토치 바디는 토치가 흔들리지 않게 고정해 주는 역할을 한다.
② 가스 디퓨저의 가스 확산구에서 보호 가스가 노즐을 통해 모재까지 분사된다.
③ 일반적 팁은 40mm와 자동 용접 팁은 45mm로 나누어진다.
④ $CO_2$ 노즐은 350A로는 $\phi$16이 있으며 74~76mm가 있다.

**해설** 일반적 팁은 45mm와 자동 용접 팁은 40mm로 나누어진다.

**27.** 다음 그림과 같은 용접 이음의 명칭은?

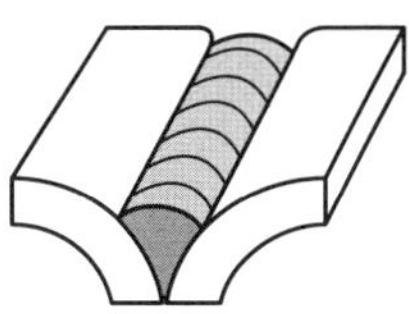

① 겹치기 용접　　② T형 용접
③ 플레어 용접　　④ 플러그 용접

**해설** 두 부재 사이의 휨 부분을 용접하는 플레어 용접이다.

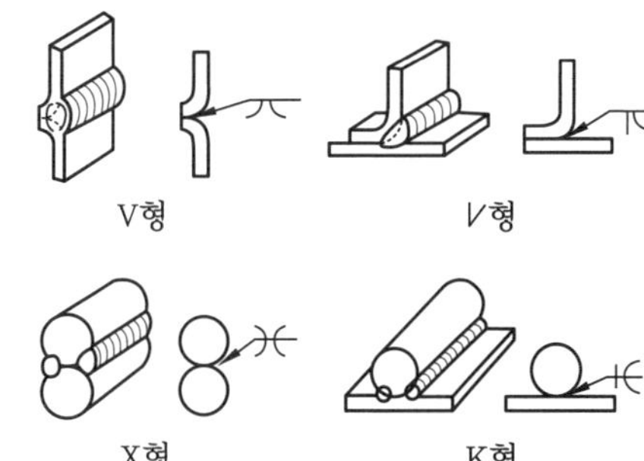


**28.** 용접 전후의 변형 및 잔류 응력을 경감시키는 방법이 아닌 것은?

① 억제법　　② 도열법
③ 역 변형법　　④ 롤러에 거는법

**해설** ㉠ 용접 작업 전 변형 방지법 : 억제법, 역 변형법
㉡ 용접 시공에 의한 방법 : 대칭법, 후퇴법, 교호법, 비석법
㉢ 모재로의 입열을 막는법 : 도열법
㉣ 용접부의 변형과 응력 제거 방법 : 응력 완화법, 풀림법, 피닝법 등
※ 롤러에 거는법은 변형 교정법이다.

**29.** 다음 중 기공의 원인으로 틀린 것은?

① 용접봉에 습기가 있을 때
② 용착부의 급랭
③ 아크 길이와 전류가 부적당할 때
④ 모재 속에 Mn이 많을 때

**정답** 25. ①　26. ③　27. ③　28. ④　29. ④

해설 모재 속에 황(S)이 많을 때 기공이 발생한다.

## 30. 다음 중 비파괴 시험법으로만 짝지어진 것은?

① 인장 시험, 굴곡 시험
② 압축 시험, 자기 탐상법
③ 방사선 탐상법, 자기 탐상법
④ 압축 시험, 크리프 시험, 방사선 투과 시험

## 31. 다음 중 얇은 시험체의 두께 측정이 가능한 비파괴 검사법은?

① 침투 탐상 검사
② 누설 검사
③ 음향 방출 검사
④ 와전류 탐상 검사

해설 와전류 탐상 검사는 결함 검출을 위한 탐상 시험뿐만 아니라 재질 시험, 두께 측정, 치수 측정 등에도 이용된다.

## 32. 침투 탐상 검사법의 장점이 아닌 것은?

① 시험 방법이 간단하다.
② 고도의 숙련이 요구되지 않는다.
③ 검사체의 표면이 침투제와 반응하여 손상되는 제품도 탐상할 수 있다.
④ 제품의 크기, 형상 등에 크게 구애받지 않는다.

해설 ㉠ 침투 탐상 검사의 장점
- 시험 방법이 간단하고 고도의 숙련이 요구되지 않는다.
- 제품의 크기, 형상 등에 크게 구애받지 않는다.
- 국부적 시험, 미세한 균열도 탐상이 가능하고 판독이 쉬우며 비교적 가격이 저렴하다.
- 철, 비철, 플라스틱, 세라믹 등 거의 모든 제품에 적용이 용이하다.

㉡ 침투 탐상 검사의 단점
- 시험 표면이 열려 있는 상태이어야 검사가 가능하며, 너무 거칠거나 기공이 많으면 허위 지시 모양을 만든다.
- 시험 표면이 침투제 등과 반응하여 손상을 입는 제품은 검사할 수 없고 후처리가 요구된다.
- 주변 환경, 특히 온도에 민감하여 제약을 받고 침투제가 오염되기 쉽다.

## 33. 기계와 기계의 간격은 최소한 얼마 이상으로 해야 하는가?

① 0.5m ② 0.8m
③ 1.2m ④ 1.4m

## 34. 공구 안전수칙이 아닌 것은?

① 실습장(작업장)에서 수공구를 절대 던지지 않는다.
② 사용하기 전에 수공구 상태를 늘 점검한다.
③ 손상된 수공구는 사용하지 않고 수리를 하여 사용한다.
④ 수공구는 각 사용 목적 이외에 다른 용도로 사용할 수 있다.

해설 공구 안전수칙
㉠ 실습장(작업장)에서 수공구를 절대 던지지 않는다.
㉡ 사용하기 전에 수공구 상태를 늘 점검한다.
㉢ 손상된 수공구는 사용하지 않고 수리를 하여 사용한다.
㉣ 수공구는 각 사용 목적 이외에 다른 용도로 사용하지 않는다(몽키 스패너를 망치로 사용하지 않는다).
㉤ 작업복 주머니에 날카로운 수공구를 넣고 다니지 않는다(수공구 보관주머니

정답 30. ③ 31. ④ 32. ③ 33. ② 34. ④

등 각 수공구 가방 안전벨트를 허리에 찬다).

ⓑ 공구 관리 대장을 만들어 수리나 폐기되는 내역을 기록하여 관리한다.

**35.** 다음 중 폭발 위험이 가장 큰 산소와 아세틸렌 가스의 혼합 비율은?

① 85 : 15 ② 75 : 25
③ 25 : 75 ④ 15 : 85

해설 산소 85%, 아세틸렌 15%일 때가 폭발의 위험이 가장 크다. 산소 40%, 아세틸렌 60%일 때가 가장 안전하다.

**36.** 다음은 가스 폭발을 방지하는 방법이다. 옳지 않은 것은?

① 점화 전에 노내를 환기시킨다.
② 점화 시에 공기 공급을 먼저 한다.
③ 연소량을 감소시킬 때 공기 공급을 줄이고 연료 공급을 감소시킨다.
④ 연소 중 불이 꺼졌을 경우 노내를 환기시킨 후 재점화한다.

해설 ㉠ 연소량을 증가시킬 때에는 먼저 공기 공급을 증대시킨 후 연료 공급을 증대시켜야 한다.
㉡ 연소량을 감소시킬 때에는 먼저 연료 공급을 감소시킨 후 공기 공급을 감소시켜야 한다.

**37.** 안전 색채의 선택 시 고려하여야 할 사항이 아닌 것은?

① 순백색을 사용한다.
② 자극이 강한 색은 피한다.
③ 안정감을 내도록 한다.
④ 밝고 차분한 색을 선택한다.

해설 작업장의 안전 색채 선택 시 순백색은 피한다.

**38.** 안전모를 쓸 때 모자와 머리끝 부분과의 간격은 몇 mm 이상이 되도록 조절해야 하는가?

① 20mm ② 22mm
③ 25mm ④ 30mm

해설 모체와 정부의 접촉으로 인한 충격 전달을 예방하기 위하여 안전 공극이 25mm 이상 되도록 조절하여 쓴다.

**39.** 기계 작업의 작업복으로서 적당하지 않은 것은?

① 계측기 등을 넣기 위해 호주머니가 많을 것
② 소매를 손목까지 가릴 수 있을 것
③ 점퍼형으로서 상의 옷자락을 여밀 수 있을 것
④ 소매를 오므려 붙이도록 되어 있는 것

**40.** 설비의 설계상 결함으로 산업재해가 발생하였을 때 재해 발생 원인 중 해당 요인은?

① 인적 요인
② 설비적 요인
③ 관리적 요인
④ 작업 · 환경적 요인

해설 재해 발생 원인
㉠ 인적 요인 : 무의식 행동, 착오, 피로, 연령, 커뮤니케이션 등
㉡ 설비적 요인 : 기계 · 설비의 설계상 결함, 방호 장치의 불량, 작업 표준화의 부족, 점검 · 정비의 부족 등
㉢ 작업 · 환경적 요인 : 작업 정보의 부적절, 작업 자세 · 동작의 결함, 작업 방법의 부적절, 작업환경 조건의 불량 등
㉣ 관리적 요인 : 관리 조직의 결함, 규정 · 매뉴얼의 불비 · 불철저, 안전 교육의 부족, 지도 감독의 부족 등

정답 35. ① 36. ③ 37. ① 38. ③ 39. ① 40. ②

## 3과목 기계 설비 일반

**41.** 주조, 압연, 단조 등으로 생산되어 제거 가공을 하지 않은 상태로 그대로 두고자 할 때 사용하는 지시 기호는?

①
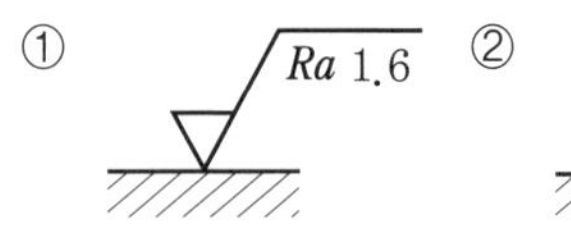

②

③
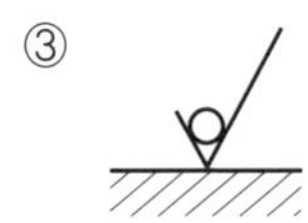
④
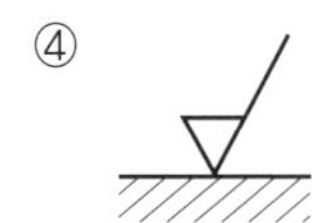

해설 ①, ④ 제거 가공을 필요로 한다는 것을 지시, ② 절삭 등 제거 가공의 필요 여부를 문제 삼지 않는 경우

**42.** 대량 생산된 기계 부품이 서로 잘 조립되려면 다음 중 무엇이 좋아야 하는가?

① 치수 ② 모양 ③ 평행도 ④ 호환성

해설 대량 생산 방식에 의해서 제작되는 기계 부품은 호환성을 유지할 수 있도록 가공되어야 한다.

**43.** 비절삭 가공법의 종류로만 바르게 짝지어진 것은?

① 선반 작업, 줄 작업
② 밀링 작업, 드릴 작업
③ 소성 작업, 용접 작업
④ 연삭 작업, 탭 작업

해설 비절삭 가공이란 절삭 가공에 의한 절삭 칩이 발생되지 않는 가공이다.

**44.** 속이 빈(주철관 등) 주물을 주조하는 가장 적합한 주조법은?

① 쉘 주조법(shell moulding process)
② 쇼 주조법(show process)
③ 인베스트먼트 주조법(investment process)
④ 원심 주조법(centrifugal casting process)

해설 원심 주조법 : 주형을 300~3000 rpm으로 고속 회전시킨 상태에서 용융된 금속을 주입하여 원심력에 의해 코어 없이 중공의 회전체 주물을 제작하는 주조법

**45.** 시험 자국이 나타나지 않아야 할 완성된 제품의 경도 시험에 적당한 방법은?

① 로크웰 경도 ② 쇼 경도
③ 비커스 경도 ④ 브리넬 경도

해설 쇼 경도는 추를 일정한 높이에서 낙하시켜 이때 반발한 높이로 측정한다.

**46.** 철강의 열처리 목적으로 틀린 것은?

① 내부의 응력과 변형을 증가시킨다.
② 강도, 연성, 내마모성 등을 향상시킨다.
③ 표면을 경화시키는 등의 성질을 변화시킨다.
④ 조직을 미세화하고 기계적 특성을 향상시킨다.

해설 철강의 열처리 목적은 내부 응력을 제거하고 변형을 감소시키는 것이다.

**47.** 조립 작업을 계획할 때 확인해야할 것 중 틀린 것은?

① 기초 공사 ② 작업 동선 관리
③ 산업 안전 ④ 제품 단가

해설 조립 순서 확인 : 기초 공사, 작업 동선 관리, 전기 장치, 기계 장치 입고, 산업 안전

**48.** 가는 실선의 용도가 아닌 것은? [18-1]

① 가상선 ② 치수선
③ 중심선 ④ 지시선

해설 가상선 : 2점 쇄선

정답 41. ③ 42. ④ 43. ③ 44. ④ 45. ② 46. ① 47. ④ 48. ①

**49.** 다음 중 배관용 공기구에 해당되지 않는 것은?

① 오스터
② 기어 풀러
③ 플레어링 툴 세트
④ 유압 파이프 벤더

해설 기어 풀러는 분해용 공구이다.

**50.** 어떤 볼트를 조이기 위해 50 kgf · cm 정도의 토크가 적당하다고 할 때 길이 10 cm의 스패너를 사용한다면 가해야 하는 힘은 약 얼마 정도가 적정한가?

① 5 kgf ② 10 kgf
③ 50 kgf ④ 100 kgf

해설 $T=FL$

$$\therefore F=\frac{T}{L}=\frac{50}{10}=5\,\text{kgf}$$

**51.** 너트의 일부를 절삭하여 미리 내측으로 변형을 준 후 볼트에 체결할 때 나사부가 압착하게 되는 이완 방지법은 어느 것인가? [09-4, 14-4, 17-4]

① 절삭 너트에 의한 방법
② 로크 너트에 의한 방법
③ 특수 너트에 의한 방법
④ 분할핀 고정에 의한 방법

해설 이 방법은 반복 사용에 의해 마모되어 압착력이 약해지므로 풀림 방지 효과가 감소된다.

**52.** 두 축이 만나는 각이 수시로 변화하는 경우 사용되는 커플링으로 공작기계, 자동차 등의 축 이음에 많이 사용되는 것은? [16-2]

① 유니버셜 조인트
② 마찰 원통 커플링
③ 플랜지 플렉시블 커플링
④ 그리드 플렉시블 커플링

해설 자재 이음 또는 만능 이음이라고도 한다.

**53.** 기어를 이용한 동력 전달 시 언더컷에 의해 기어가 파손되는 경우가 많이 발생하는데 언더컷의 설명 중 틀린 것은? [11-4]

① 전위 기어를 사용하면 언더컷을 방지할 수 있다.
② 기어의 이 강도는 표준 기어가 전위 기어보다 크다.
③ 표준 기어에서는 잇수가 많을 때 언더컷이 일어난다.
④ 전위계수가 크면 이 두께가 크게 된다.

해설 표준 기어에서는 잇수가 적을 때 언더컷이 일어난다.

**54.** 다음 중 브레이크의 용량 결정과 관련된 사항으로 가장 거리가 먼 것은? [08-4, 15-4, 19-1]

① 마찰계수
② 마찰 면적
③ 브레이크의 중량
④ 브레이크 패드의 압력

해설 브레이크 용량 : 브레이크 드럼의 원주 속도를 $v$(m/s), 브레이크 블록과 브레이크 드럼 사이의 압력을 $W$(N), 브레이크 블록의 접촉 면적을 $A$(mm$^2$)라 하면 다음 식이 성립한다.

$$W_t=\frac{\mu W \cdot v}{A}=\mu p v$$

**55.** 공기압 장치 및 배관에서 응축수가 고이기 쉬운 곳이 아닌 것은? [13-4]

① 공기 탱크의 하부
② 오목상 배관의 상부

정답 49. ② 50. ① 51. ① 52. ① 53. ③ 54. ③ 55. ②

③ 분지관의 취출 하부
④ 구배를 둔 관의 말단부

해설 응축수는 하부에 고인다.

**56.** 유량 교축용 밸브에 속하지 않는 것은 어느 것인가? [12-4]

① 버터플라이 밸브
② 글로브 밸브
③ 니들 밸브
④ 체크 밸브

해설 체크 밸브는 역지 밸브이다.

**57.** 펌프 운전 시 압력계가 정상보다 높게 나오는 원인으로 틀린 것은? [19-2]

① 파이프의 막힘
② 안전 밸브의 불량
③ 밸브를 너무 막을 때
④ 실양정이 설계 양정보다 낮을 때

해설 실양정이 설계 양정보다 낮을 때는 압력계가 낮게 나타나고, 진동 및 소음이 발생하며 유량이 적어진다.

**58.** 송풍기에 진동이 많이 발생하는 원인이 아닌 것은? [09-4]

① 임펠러의 불균형
② 기초 볼트의 이완
③ 임펠러 이물질 부착
④ 송풍기 벨트 이완

해설 벨트가 이완되면 효율이 저하된다.

**59.** 압축기의 크로스 헤드 조립 방법으로 옳지 않는 것은? [16-2]

① 급유 홀은 깨끗한 압축공기로 청소한다.
② 크로스 헤드의 양단 구배 부분은 깨끗이 청소하여 조립한다.
③ 핀 볼트의 양단에 사용하는 동판 와셔는 기름의 누설 방지용이다.
④ 크로스 헤드와 크랭크 케이스 가이드와의 틈새는 1.7~2.54mm가 적당하다.

해설 크로스 헤드와 크랭크 케이스 가이드와의 틈새는 0.17~0.254mm가 적당하다.

**60.** 단상 유도 전동기에서 과열되는 원인으로 옳지 않은 것은? [20-3]

① 냉각 불충분
② 빈번한 기동
③ 서머 릴레이 작동
④ 과부하(overload) 운전

해설 과열의 원인 : 3상 중 1상의 접촉 불량, 베어링 부위에 그리스 과다 충진, 과부하 운전, 빈번한 기동과 정지, 냉각 불충분, 베어링부에서의 발열 등

## 4과목 설비 진단 및 관리

**61.** 소음과 진동에 대한 용어 설명 중 잘못된 것은? [09-4]

① 소음과 진동은 본질적으로 동일한 물리 현상이며 측정 방법이 동일하였다.
② 소음과 진동은 진행 과정에서 상호 교환 발생이 가능하다.
③ 소음은 주로 대기, 진동은 주로 고체를 통하여 전달된다.
④ 소음과 진동은 매질 탄성에 의해서 초기 에너지가 매질의 다른 부분으로 전달되는 현상이다.

해설 소음은 소음 측정기로 비접촉, 진동은 진동 측정기로 접촉과 비접촉 두 가지 방법으로 한다.

정답 56. ④ 57. ④ 58. ④ 59. ④ 60. ③ 61. ①

**62. 앨리어싱(aliasing) 현상과 관련된 사항이 아닌 것은?** [15-2]

① 앨리어싱 현상이란 주파수 반환 현상을 말한다.
② 샘플링 시간이 큰 경우, 높은 주파수 성분의 신호를 낮은 주파수 성분으로 인지할 수 있다.
③ 앨리어싱 현상을 제거하기 위해서는 샘플링 시간을 나이퀴스트(Nyquist) 샘플링 이론에 의하여 $\Delta t \le \frac{1}{2f_{max}}$ 로 한다.(이때 $f_{max}$는 데이터에 내포된 가장 높은 주파수)
④ 앨리어싱 현상을 방지하는데 저역 통과 필터인 안티 앨리어싱 필터를 샘플러와 A/D 변환기 뒤에 설치하여 측정 신호의 주파수 범위를 한정시키고 있다.

해설 샘플링 주파수 100kHz의 A/D 변환기를 갖는 FFT 분석기는 50kHz 이하의 성분은 정확히 분석된다. 그러나 그 이상의 주파수 성분은 앨리어싱에 의하여 저주파로 반환하게 된다. 샘플링 주파수(100kHz)의 절반 주파수(50kHz)에서 직각으로 감쇠하는 이상적인 저역 통과 필터는 불가능하다.

**63. 다음의 그림은 변위 검출용 센서에서 어떤 원리를 이용한 것인가?** [07-4]

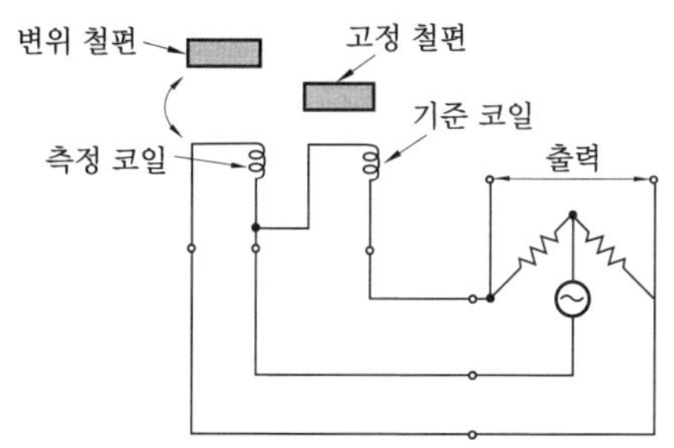


① 차동 변압기의 원리
② 가동 철편식의 원리
③ 와전류식의 원리
④ 정전 용량식의 원리

**64. 두 물체의 고유 진동수가 같을 때, 한쪽을 울리면 다른 쪽도 울리는 현상은 무엇인가?** [07-4, 16-2, 18-2, 19-4]

① 공명 ② 고체음
③ 맥동음 ④ 난류음

해설 공명 : 2개의 진동체의 고유 진동수가 같을 때 한쪽을 울리면 다른 쪽도 울리는 현상

**65. 베어링 소음의 발생원에 따른 특성 주파수의 관계식이 잘못된 것은? (단, $r_1$=내륜의 반경, $r_2$=외륜의 반경, $r_B$=볼(ball) 또는 롤러(roller)의 반경, $r_n$=볼(ball) 또는 롤러(roller)의 수, $n_r$=내륜의 회전 속도(rps)이다.)** [08-4]

① 베어링의 편심 또는 불균형에 의한 회전 소음 주파수($f_r$) : $f_r = n_r$
② 볼, 롤러 또는 케이스 표면의 불균일에 의한 소음 주파수($f_c$) : $f_c = n_r \times \frac{r_1}{(r_1 \times r_2)}$
③ 볼 또는 롤러의 자체 회전에 의한 소음 주파수($f_B$) : $f_B = \frac{r_2}{r_B} \times n_r \times \frac{r_1}{(r_1 + r_2)}$
④ 내륜 표면의 불균일에 의한 소음 주파수 ($f_1$) : $f_1 = n_r \times \frac{r_1}{(r_1 + r_2)} \times r_n$

해설 내륜 표면의 불균일에 의한 소음 주파수 : $f_1 = n_r\left(1 - \frac{r_1}{r_1 + r_2}\right)$

**66. 다음은 설비 관리 조직 중에서 어떤 형태의 조직인가?** [11-4, 19-4]

정답 62. ④ 63. ② 64. ① 65. ④ 66. ①

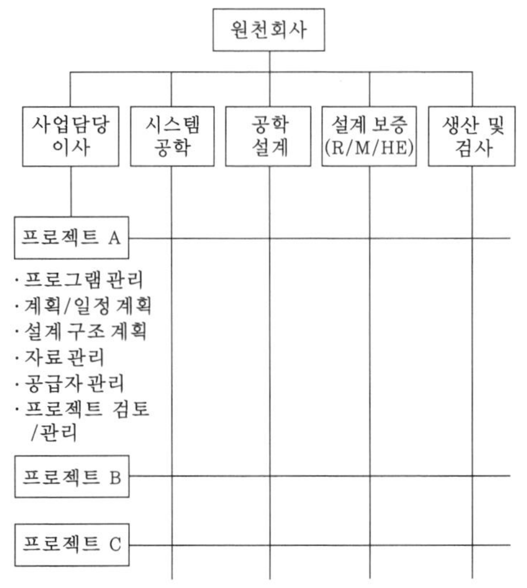


① 설계 보증 조직
② 제품 중심 조직
③ 기능 중심 매트릭스 조직
④ 제품 중심 매트릭스 조직

해설 보전성 공학팀이 프로젝트 책임자와 설계 보증 책임자의 동시 감독을 받게 되는 설계 보증 조직이다.

**67.** 특정 환경과 운전 조건하에서 주어진 시점 동안 규정된 기능을 성공적으로 수행할 확률을 나타내는 것은? [18-4, 21-4]

① 고장률(failure)
② 신뢰도(reliability)
③ 가동률(operating ratio)
④ 보전도(maintainability)

해설 신뢰성(reliability) : '어떤 특정 환경과 운전 조건하에서 어느 주어진 시점 동안 명시된 특정 기능을 성공적으로 수행할 수 있는 확률'이다. 이것을 쉽게 말하면 '언제나 안심하고 사용할 수 있다', '고장이 없다', '신뢰할 수 있다'라는 것으로 이것을 양적으로 표현할 때는 신뢰도라고 한다.

**68.** 다음 중 활동 기준 원가(ABC : activity-based cost)의 구성 요소로 옳지 않은 것은? [12-4]

① 활동 ② 자원
③ 활동 원가(비용) ④ 제조 직접비

해설 활동 기준 원가의 구성 요소 : 활동, 활동 원가, 원가 유발 원인, 자원

**69.** 공사의 완급도에 대한 내용이다. 다음에서 설명하는 공사의 명칭은? [21-1]

| 당 계절에 착수하는 공사로, 전표를 제출할 여유가 있고 여력표에 남기지 않는다. |
|---|

① 계획 공사 ② 긴급 공사
③ 준급 공사 ④ 예비 공사

**70.** 설비의 보전 효과를 측정하는 방법은 여러 가지가 있다. 다음 보전 효과 측정 방법 중 틀린 것은? [07-4]

① 평균 수리 시간(MTTR) $= \dfrac{\text{고장 수리 시간}}{\text{정지 횟수}}$

② 평균 가동 시간(MTBF) $= \dfrac{\text{가동 시간}}{\text{고장 횟수}}$

③ 고장 빈도(회수)율 $= \dfrac{\text{고장 시간}}{\text{가동 시간}} \times 100$

④ 설비 가동률 $= \dfrac{\text{가동 시간}}{\text{부하 시간}} \times 100$

해설 고장률($\lambda$) $= \dfrac{\text{고장 횟수}}{\text{총 가동 시간}}$

**71.** 치공구 관리 기능 중 계획 단계에서 행해지는 것으로 가장 적합한 것은? [19-2, 20-3, 20-4]

① 공구의 검사
② 공구의 연구 시험

정답 67. ② 68. ④ 69. ③ 70. ③ 71. ②

③ 공구의 보관과 대출
④ 공구의 제작 및 수리

해설 계획 단계
㉠ 공구의 설계 및 표준화
㉡ 공구의 연구 시험
㉢ 공구 소요량의 계획, 보충

**72.** **설비 효율화 저해 손실에 해당하는 것은?** [09-4, 15-4]

① 고장 손실 ② 관리 손실
③ 에너지 손실 ④ 보수 유지 손실

해설 고장 로스는 효율화를 저해하는 최대 요인으로 돌발적 또는 만성적으로 발생한다.

**73.** **자주 보전을 효과적으로 완성하기 위한 자주 보전 전개 스텝이 있다. 추진 방법의 절차로 옳은 것은?** [15-2, 17-2, 20-3]

① 총 점검 → 초기 청소 → 발생원 곤란 개소 대책 → 점검 · 급유 기준 작성 → 자주 점검 → 자주 보전의 시스템화 → 자주 관리의 철저
② 자주 점검 → 발생원 곤란 개소 대책 → 점검 · 급유 기준 작성 → 초기 청소 → 총 점검 → 자주 보전의 시스템화 → 자주 관리의 철저
③ 총 점검 → 초기 청소 → 점검 · 급유 기준 작성 → 발생원 곤란 개소 대책 → 자주 점검 → 자주 보전의 시스템화 → 자주 관리의 철저
④ 초기 청소 → 발생원 곤란 개소 대책 → 점검 · 급유 기준 작성 → 총 점검 → 자주 점검 → 자주 보전의 시스템화 → 자주 관리의 철저

**74.** **ISO VG 32와 320에 대한 설명 중 옳지 않은 것은?** [09-4]

① ISO VG 32는 점도 등급을 나타낸 것이다.
② 32는 동점도의 중심값을 나타낸 것이다.
③ 점도 등급의 32와 320 중에서 32가 고점도 오일이다.
④ 동점도 단위는 $mm^2/s$를 사용한다.

해설 VG 32와 VG 320 중 32는 저점도 오일이다.

**75.** **그리스 충전 방법에 관한 내용으로 틀린 것은?** [06-4]

① 저속 베어링일수록 그리스의 충전량은 적게 한다.
② 나트륨 그리스와 리튬 그리스의 혼합 충전을 피한다.
③ 베어링의 하중이 클수록 최소 적정량으로 관리한다.
④ 일반적으로 베어링 하우징의 공간에 1/3 내지 1/2을 충전한다.

해설 ㉠ 허용 회전수의 50% 이하의 회전 : 공간 용적의 1/2~2/3 충진
㉡ 허용 회전수의 50% 이상의 회전 : 공간 용적의 1/3~1/2 충진

**76.** **윤활유에서 발생되는 트러블 현상에 대한 원인이 잘못 연결된 것은?** [18-4]

① 수분 증가-고체 입자 혼입
② 인화점 감소-저점도유 혼입
③ 동점도 증가-고점도유의 혼입
④ 외관 혼탁-수분이나 고체의 혼입

해설 윤활유의 트러블과 대책

| 트러블 현상 | 원인 | 대책 |
| --- | --- | --- |
| 동점도 증가 | • 고점도유 혼입<br>• 산화로 인한 열화 | • 다른 윤활유 순환계통 점검<br>• 동점도 과도 시 윤활유 교환 |

정답 72. ① 73. ④ 74. ③ 75. ① 76. ①

| 동점도 감소 | • 저점도유 혼입<br>• 연료유 혼입에 의한 희석 | • 다른 윤활유 순환계통 점검<br>• 연료계통 누유 상태 점검 |
|---|---|---|
| 수분 증가 | • 공기 중의 수분 응축<br>• 냉각수 혼입 | • 수분 제거<br>• 수분 혼입원의 점검 |
| 외관 혼탁 | • 수분이나 고체의 혼입 | • 점검 후 윤활유 교환 |
| 소포성 불량 | • 고체 입자 혼입<br>• 부적합 윤활유 혼입 | • 윤활유 교환 |
| 전산가 증가 | • 열화가 심한 경우<br>• 이물질 혼입 | • 열화 원인 파악<br>• 이물질 파악 및 교환 |
| 인화점 증가 | • 고점도유 혼입 | • 점검 후 윤활유 교환 |
| 인화점 감소 | • 저점도유 혼입<br>• 연료유 혼입 | • 점검 후 윤활유 교환 |

**77.** **윤활유의 간이 측정에 의한 열화 판정에 대한 설명으로 틀린 것은?** [13-4, 18-2]

① 냄새를 맡아보고 판단한다.

② 기름을 방치 후 색상 변화로 수분 혼입 상태를 판단한다.

③ 손으로 기름을 찍어보고 경험으로 점도의 대소를 판단한다.

④ 기름과 물을 같은 양으로 넣고 심하게 교반 후 방치하여 항유화성을 판단한다.

해설 시험관 중에 적당량의 기름을 넣고 그의 선단부를 110℃ 정도로 가열해서 함유 수분의 존재를 물이 튀는 소리로 듣는다.

**78.** **다음 중 베어링 윤활의 목적이 아닌 것은?** [19-1]

① 마찰열의 방출

② 피로-수명의 감소

③ 마찰 및 마모의 감소

④ 베어링 내부에 이물질의 침입 방지

해설 베어링 윤활의 목적

㉠ 베어링의 수명 연장

㉡ 베어링 내부에 이물질 침입 방지

㉢ 마찰열의 방출, 냉각

㉣ 피로 수명의 연장

**79.** **윤활유의 점도는 온도에 의해서 변하므로 일정 온도를 유지하는 것이 중요하다. 유압 작동유 탱크(oil tank)의 최고 온도는 몇 ℃ 이내로 관리하여야 하는가?** [19-2]

① 30℃ ② 55℃

③ 75℃ ④ 90℃

해설 오일의 교환 주기는 일반적으로 양호한 환경이며 운전 온도 50℃ 이하인 경우 1년에 1번 정도 교환한다. 그러나 온도가 100℃ 정도 되는 경우에는 3개월마다 또는 그 이전에 교환한다.

**80.** **윤활유로 베어링을 윤활하고자 할 때 일반적으로 고려할 사항으로 가장 거리가 먼 것은?** [07-4, 11-4, 18-2]

① 하중

② 침전가

③ 운전 속도

④ 적정 점도

해설 윤활 시 중요하게 고려할 사항 : 온도, 하중, 속도, 점도

정답 77. ② 78. ② 79. ② 80. ②

# 제3회 CBT 대비 실전문제

## 1과목 공유압 및 자동 제어

**1. 오리피스(orifice)에 관한 설명으로 옳은 것은?** [06-4, 11-4, 18-2, 21-4]

① 길이가 단면 치수에 비해 비교적 긴 교축이다.
② 유체의 압력 강하는 교축부를 통과하는 유체 온도에 따라 크게 영향을 받는다.
③ 유체의 압력 강하는 교축부를 통과하는 유체 점도의 영향을 거의 받지 않는다.
④ 유체의 압력 강하는 교축부를 통과하는 유체 점도에 따라 크게 영향을 받는다.

해설 ①, ②, ④항은 초크(choke)에 대한 설명이다.

**2. 다음 공유압의 원리 설명 중 옳지 않은 것은?** [07-4]

① 여러 대의 유압 장치를 구동하는 경우 공동의 펌프로 유압 에너지를 제공한다.
② 가압 유체의 흐름의 방향을 제어하는 곳에 방향 제어 밸브를 사용한다.
③ 가압 유체의 속도 조절에는 유량 제어 밸브를 사용한다.
④ 가압 유체의 에너지 변환에는 액추에이터를 사용한다.

해설 여러 대의 공압 장치를 구동하는 경우 공동의 압축기로 공기압 에너지를 제공하지만, 유압은 여러 대의 유압 장치를 구동하는 경우 각각의 펌프로 유압 에너지를 제공해야 한다.

**3. DC 솔레노이드를 사용할 때는 스파크가 발생되지 않도록 스파크 방지 회로를 채택해 주어야 한다. 그 방법이 아닌 것은?** [16-4]

① 모터를 이용하는 방법
② 저항을 이용하는 방법
③ 다이오드를 이용하는 방법
④ 저항과 콘덴서를 이용하는 방법

해설 이외에 바리스터를 이용하는 방법, 제너 다이오드를 이용하는 방법이 있다.

**4. 요동형 실린더가 아닌 것은?** [21-1]

① 베인형 실린더 ② 피스톤형 실린더
③ 스크류형 실린더 ④ 로킹 암 실린더

해설 로킹 암 실린더는 존재하지 않는다.

**5. 다음 중 공기압 파이프 이음 방법이 아닌 것은?** [16-2]

① 나사 이음 ② 용접 이음
③ 플레어 이음 ④ 플랜지 이음

해설 공기압 파이프 이음에서는 반영구 이음인 용접 이음법을 사용하지 않는다.

**6. 유압 제어 밸브의 사용 목적이 아닌 것은?** [07-4]

① 힘의 제어가 용이하다.
② 속도 제어가 용이하다.
③ 큰 에너지의 축적이 용이하다.
④ 운전 방향의 전환이 용이하다.

해설 유압 장치에서 에너지 저장은 축압기에서만 가능하다.

정답 1. ③ 2. ① 3. ① 4. ④ 5. ② 6. ③

**7. 유압 시스템에서 축압기(accumulator)의 사용 목적으로 적합하지 않은 것은 어느 것인가?** [06-4, 11-4, 19-4]

① 충격 압력을 흡수하는 경우
② 맥동 흡수용으로 사용하는 경우
③ 압력 증대용으로 사용하는 경우
④ 에너지 보조원으로 사용하는 경우

**해설** 축압기는 ㉠ 에너지 보조원, ㉡ 충격 압력 흡수용, ㉢ 맥동 흡수용, ㉣ 점진적인 압력 형성, ㉤ 특수 유체(독성, 유해성, 부식성 액체 등)의 이송을 위해 사용된다.

**8. 다음 압력 제어 밸브 기호의 명칭은?** [10-4, 19-1]

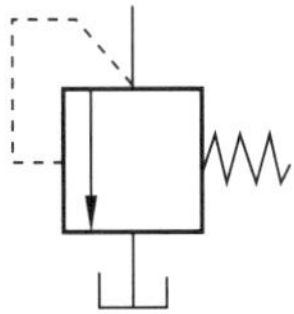

① 분류 밸브 ② 릴리프 밸브
③ 무부하 밸브 ④ 시퀀스 밸브

**해설** 릴리프 밸브는 정상 상태 닫힘형이다.

**9. 유압 실린더에서 부하가 일정하고 정부하인 경우 손실이 가장 적은 속도 제어는?**

① 미터 인 회로 [09-4]
② 미터 아웃 회로
③ 블리드 오프 회로
④ 로크 회로

**해설** 블리드 오프 회로(bleed-off circuit) : 이 회로는 작동 행정에서의 실린더 입구의 압력 쪽 분기 회로에 유량 제어 밸브를 설치하여 실린더 입구 측의 불필요한 압유를 배출시켜 일정량의 오일을 블리드 오프하고 있어 작동 효율을 증진시킨 회로이다.

**10. 전기 타임 릴레이의 구성 요소 중 공압의 체크 밸브와 같은 기능을 가지고 있는 것은?**

① 접점 ② 가변저항
③ 다이오드 ④ 커패시터

**해설** 공압의 체크 밸브와 같이 역류 방지 기능을 가지고 있는 것은 다이오드이다.

**11. 측정하려고 하는 전압원에 계측기를 접속하면, 전압원의 내부 저항으로 실제 전압보다 낮은 전압이 측정되는 현상을 무엇이라 하는가?**

① 표피 효과 ② 제어백 효과
③ 압전 효과 ④ 부하 효과

**해설** 계측기 접속에 의한 부하 효과라 한다. 이 같은 오차를 줄이기 위해서는 계측기나 측정기를 입력 임피던스가 큰 것으로 사용해야 한다.

**12. 다음 중 화학 센서에 해당하는 것은?**

① 가속도 센서 ② 자기 센서
③ 가스 센서 ④ 변위 센서

**해설** 화학 센서 : 효소 센서, 미생물 센서, 면역 센서, 가스 센서, 습도 센서, 매연 센서, 이온 센서 등

**13. 연속적인 물리량인 온도를 측정하는 열전대의 출력 신호의 형태는?**

① 2진 신호
② 전류 신호
③ 디지털 신호
④ 아날로그 신호

**해설** 열전대의 출력 신호는 아날로그 전압 신호이다.

**정답** 7. ③ 8. ② 9. ③ 10. ③ 11. ④ 12. ③ 13. ④

**14.** **회전 방향을 바꿀 수 없고 기동 토크와 효율이 낮으나 구조가 간단하여 전자 밸브, 녹음기 및 가정용 전동기에 많이 사용되는 것은?**

① 반발 기동형 전동기
② 셰이딩 코일형 전동기
③ 콘덴서 기동형 전동기
④ 분상 기동형 전동기

해설 셰이딩 코일형 전동기는 코일의 방향이 고정되게 설치되어 자계의 방향도 고정되어 발생하므로 회전 방향이 고정되어 있고 또한 단상 교류를 사용하므로 회전 방향을 바꿀 수 없다.

**15.** **전자 계전기를 사용할 때 주의사항이 아닌 것은?**

① 계전기의 설치 높이를 확인한다.
② 정격 전압 및 정격 전류를 확인한다.
③ 본체 취부 시 확실히 고정하여야 한다.
④ 2개 이상의 계전기를 사용할 때 적당한 간격을 유지하여야 한다.

해설 전자 계전기는 계전기의 위치에 무관하다.

**16.** **외란의 영향에 대하여 이를 제거하기 위한 적절한 조작을 가하는 제어는?** [19-2]

① 동기 제어 ② 비동기 제어
③ 시퀀스 제어 ④ 폐회로 제어

해설 폐회로 제어 : 외란에 의해서 발생되는 오차를 계속 수정하여 목표값에 도달한다.

**17.** **블록 선도에서 블록을 잇는 선은 무엇을 표시하는가?**

① 변수의 흐름 ② 상의 흐름
③ 공정의 흐름 ④ 신호의 흐름

해설 블록 선도 : 입출력 사이의 전달 특성을 나타내는 신호 전달 요소로 4각의 블록과 화살표 선을 가지고 있다.

**18.** **잔류 편차를 제거하기 위해 사용하는 제어계는?**

① 비례 제어 ② ON · OFF 제어
③ 비례 적분 제어 ④ 비례 미분 제어

**19.** **코일 간의 전자 유도 현상을 이용한 것으로서 발신기와 수신기로 구성되어 있으며, 회전 각도 변위를 전기 신호로 변환하여 회전체를 검출하는 수신기는?**

① 싱크로(synchro) [10-4, 19-1, 22-1]
② 리졸버(resolver)
③ 퍼텐쇼미터(potentiometer)
④ 앱솔루트 인코더(absolute encoder)

해설 회전각을 전달할 때 수신기를 구동하는 에너지를 발신기에서 공급하는 것을 토크용 싱크로라 한다. 또한 수신기를 서보에 의하여 구동하기 위해서 발신기와 수신기의 회전 각도의 차를 전압 신호로서 꺼내는 것을 제어용 싱크로라 한다.

**20.** **다음 중 노이즈 대책에 대한 설명으로 알맞은 것은?**

① 실드에 의한 방법은 자기 유도를 제거할 수 있다.
② 관로를 사용하면 정전 유도를 제거할 수 있다.
③ 연선을 사용하면 자기 유도를 제거할 수 있다.
④ 필터를 사용하면 접지와 라인 사이에서 나타나는 일반 모드(common mode)의 노이즈를 제거할 수 있다.

정답 14. ② 15. ① 16. ④ 17. ④ 18. ③ 19. ① 20. ③

**해설** 연선을 사용하면 자기 유도가 제거되고 케이블의 접속 부분은 2in 정도가 적당하다.

## 2과목 용접 및 안전관리

**21.** 용접을 기계적 이음과 비교할 때 그 특징에 대한 설명으로 틀린 것은?

① 이음 효율이 대단히 높다.
② 응력 집중이 생기지 않는다.
③ 수밀, 기밀을 얻기 쉽다.
④ 재료의 중량을 절약할 수 있다.

**해설** 용접은 제품의 변형 및 잔류 응력이 발생 및 존재한다.

**22.** 피복 아크 용접 작업에서 용접 조건에 관한 설명으로 틀린 것은?

① 아크 길이가 길면 아크가 불안정해져 용융 금속의 산화나 질화가 쉽게 일어난다.
② 좋은 용접 비드를 얻기 위해서 원칙적으로 긴 아크로 작업한다.
③ 용접 전류가 너무 낮으면 오버랩이 발생한다.
④ 용접부의 강도가 크다.

**해설** 좋은 용접 비드를 얻기 위해서는 아크 길이를 약 3mm 이하로 하고, 짧은 아크를 사용하는 것이 유리하다.

**23.** 모재 표면 위로 전극 와이어보다 앞에 미세한 입상의 용제를 살포하면서 이 용제 속에 용접봉을 연속적으로 공급하여 용접하는 방법은?

① 서브머지드 용접
② 불활성 가스 용접
③ 탄산가스 아크 용접
④ 플러그 용접

**해설** 서브머지드 아크 용접 : 용제 속으로 전극 심선을 연속적으로 공급하여 용접하는 자동 용접으로 아크나 발생 가스가 용제 속에 잠겨 보이지 않으므로 잠호 용접이라고도 한다.

**24.** 텅스텐 전극봉을 사용하는 용접법은?

① TIG 용접
② MIG 용접
③ 피복 아크 용접
④ 산소-아세틸렌 용접

**해설** TIG 용접은 텅스텐 전극봉을 사용하는 용접법이다.

**25.** 불활성 가스 금속 아크 용접의 특징 설명으로 틀린 것은?

① TIG 용접에 비해 용융 속도가 느리고 박판 용접에 적합하다.
② 각종 금속 용접에 다양하게 적용할 수 있어 응용 범위가 넓다.
③ 보호 가스의 가격이 비싸 연강 용접의 경우에는 부적당하다.
④ 비교적 깨끗한 비드를 얻을 수 있고 $CO_2$ 용접에 비해 스패터 발생이 적다.

**해설** TIG 용접에 비해 반자동, 자동으로 용접 속도와 용융 속도가 빠르며 후판 용접에 적합하다.

**26.** 다음은 플럭스 코어드 아크 용접에 대한 설명이다. 틀린 것은?

① 전자세의 용접이 가능하고 탄소강과 합금강의 용접에 가장 많이 사용된다.
② 전류밀도가 낮아 용착 속도가 빠르며 위보기 자세에는 탁월한 성능을 보인다.

**정답** 21. ② 22. ② 23. ① 24. ① 25. ① 26. ②

③ 일부 금속에 제한적(연강, 합금강, 내열강, 스테인리스강 등)으로 적용되고 있다.
④ 용접 중에 흄의 발생이 많고 복합 와이어는 가격이 같은 재료의 와이어보다 비싸다.

해설 전류밀도가 높아 필릿 용접에서는 솔리드 와이어에 비해 10% 이상 용착 속도가 빠르고 수직이나 위보기 자세에서는 탁월한 성능을 보인다.

**27.** $CO_2$ **용접의 장점 중 틀린 것은?**

① 전류밀도가 높아 용입이 낮고 용접 속도를 빠르게 할 수 있다.
② 용착 금속 중 수소량이 적으며, 내균열성 및 기계적 성질이 우수하다.
③ 단락 이행에 의하여 박판도 용접이 가능하며 전자세 용접이 가능하다.
④ 적용되는 재질이 철 계통으로 한정되어 있다.

해설 전류밀도가 높아 용입이 깊고 용접 속도를 빠르게 할 수 있다.

**28. V형에 비해 홈의 폭이 좁아도 작업성이 좋으며 한쪽에서 용접하여 충분한 용입을 얻으려 할 때 사용하는 이음 형상은?**

① U형 ② I형 ③ X형 ④ K형

해설 U형의 홈은 두꺼운 판의 양면 용접을 할 수 없는 경우에 가공하는 방법으로 V형에 비해 홈의 폭이 좁아도 되고, 루트 간격을 0으로 해도 작업성과 용입이 좋으며, 용착 금속의 양도 적으나 홈 가공이 다소 어렵다.

**29. 용접 변형의 종류 중 박판을 사용하여 용접하는 경우 다음 그림과 같이 생기는 물결 모양의 변형으로 한 번 발생하면 교정하기 힘든 변형은?**

① 좌굴 변형
② 회전 변형
③ 가로 굽힘 변형
④ 가로 수축

해설 좌굴 변형은 면의 변형으로 교정이 거의 불가능하다.

**30. 다음 중 산소에 의해 발생할 수 있는 가장 큰 용접 결함은?**

① 은점 ② 헤어 크랙
③ 기공 ④ 슬래그

해설 탄소강 중에 산소가 함유되면 페라이트 중에 고용되는 것 외에 FeO, MnO, $SiO_2$ 등의 산화물로 존재하여 기계적 성질을 저하시키고 적열 취성, 또는 수소와 함께 기공의 원인이 된다.

**31. 다음 중 비파괴 검사 시험은?**

① 경도 시험 ② 부식 시험
③ 누설 시험 ④ 굽힘 시험

해설 경도 시험, 부식 시험, 굽힘 시험은 파괴 검사 방법이다.

**32. 액체 침투 탐상으로 쉽게 찾을 수 있는 결함은?**

① 표면 결함
② 표면 하의 결함
③ 내부 결함
④ 내부 기공

해설 결함 검출
㉠ 내부 : 방사선 투과 시험, 초음파 탐상 시험
㉡ 표층부 : 자분 탐상 시험, 침투 탐상 시험, 전자 유도 시험

정답 27. ① 28. ① 29. ① 30. ③ 31. ③ 32. ①

**33. 침투 시간을 단축하기에 가장 적합한 방법은?**

① 시험체를 냉각시킨다.
② 침투제를 가열한다.
③ 많은 침투액을 사용한다.
④ 침투제를 세게 뿌린다.

해설 용제를 세척한 후에는 가열시키지 않는다.

**34. 밀링 커터를 바꿀 때의 주의사항으로 옳은 것은?**

① 밑에 걸레를 깔고 바꾼다.
② 밑에 종이를 깔고 바꾼다.
③ 그냥 바꾼다.
④ 밑에 목재 받침을 깔고 바꾼다.

**35. 피복 아크 용접 시 안전 홀더를 사용하는 이유로 옳은 것은?**

① 고무장갑 대용
② 유해가스 중독 방지
③ 용접 작업 중 전격 예방
④ 자외선과 적외선 차단

해설 용접 작업 중이나 휴식 시간에도 전격(감전) 예방을 위해 노출부가 절연되어 있는 안전 홀더를 사용한다.

**36. 다음 중 누전 차단기 설치 방법으로 틀린것은?**

① 전동 기계, 기구의 금속제 외피 등 금속 부분은 누전 차단기를 접속한 경우에 가능한 접지한다.
② 누전 차단기는 분기 회로 또는 전동 기계, 기구마다 설치를 원칙으로 할 것. 다만 평상시 누설 전류가 미소한 소용량 부하의 전로에는 분기 회로에 일괄하여 설치할 수 있다.
③ 서로 다른 누전 차단기의 중성선은 누전 차단기의 부하 측에서 공유하도록 한다.
④ 지락 보호 전용 누전 차단기(녹색 명판)는 반드시 과전류를 차단하는 퓨즈 또는 차단기 등과 조합하여 설치한다.

해설 서로 다른 누전 차단기의 중성선이 누전 차단기의 부하 측에서 공유되지 않도록 한다.

**37. $CO_2$ 가스 취급 시 유의사항으로 틀린 것은?**

① 용기 밸브를 열 때에는 반드시 압력계의 정면에 서서 용기 밸브를 연다.
② 용기 밸브를 열기 전에 조정 핸들을 반드시 되돌려 놓아 주어 가스가 급격히 흘러 들어가지 않도록 한다.
③ 사고 발생 즉시 밸브를 잠가 가스 누출을 막을 수 있도록 밸브를 잠그는 핸들과 공구를 항상 주위에 준비한다.
④ 고압가스 저장 또는 취급 장소에서 화기를 사용해서는 안 된다.

해설 용기 밸브를 열 때에는 정면을 피해 서서히 연다. 급속히 여는 것은 압력계 폭발 사고의 원인이 되어 매우 위험하므로 절대 급속히 개방하는 일이 없도록 한다.

**38. 다음 중 그림과 같은 '수리중'의 표식판 색깔은?**

① 녹색 바탕에 빨간 글씨
② 흰 바탕에 흰 글씨
③ 청색 바탕에 흰 글씨
④ 빨간 바탕에 청색 글씨

정답 33. ② 34. ④ 35. ③ 36. ③ 37. ① 38. ③

**39.** 보호구의 사용을 기피하는 이유에 해당되지 않는 것은?

① 지급 기피
② 이해 부족
③ 위생품
④ 사용 방법 미숙

해설 비위생적이거나 불량품인 경우에도 사용을 기피하게 된다.

**40.** 안전 교육의 3단계에 해당하지 않는 것은?

① 지식 교육 ② 기능 교육
③ 반복 교육 ④ 태도 교육

해설 안전 교육의 3단계
㉠ 제1단계－지식 교육 : 강의, 시청각 교육 등을 통한 지식의 전달과 이해
㉡ 제2단계－기능 교육 : 시범, 실습, 현장 실습 교육 등을 통한 경험 체득과 이해
㉢ 제3단계－태도 교육 : 생활지도, 작업 동작지도 등을 통한 안전의 습관화

## 3과목 기계 설비 일반

**41.** 축의 지름이 $\phi 50^{+0.025}_{-0.020}$일 때 공차는?

① 0.025 ② 0.02
③ 0.045 ④ 0.005

해설 최대 허용 한계 치수와 최소 허용 한계 치수의 차를 공차라고 하며, 50.025－49.980＝0.045이다.

**42.** 다음 그림에서 면의 지시 기호에 대한 각 지시사항의 기입 위치 중 $e$에 해당되는 것은?

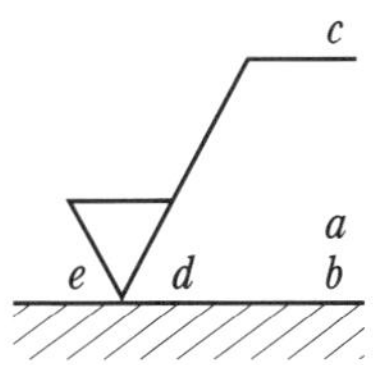


① 표면의 결 요구사항
② 제작 방법
③ 표면의 무늬결
④ 기계 가공 여유

해설 $a$, $b$ : 표면의 결 요구사항, $c$ : 제작 방법, $d$ : 표면의 무늬결과 자세

**43.** 데이텀(datum)의 도시 방법으로 맞는 것은?

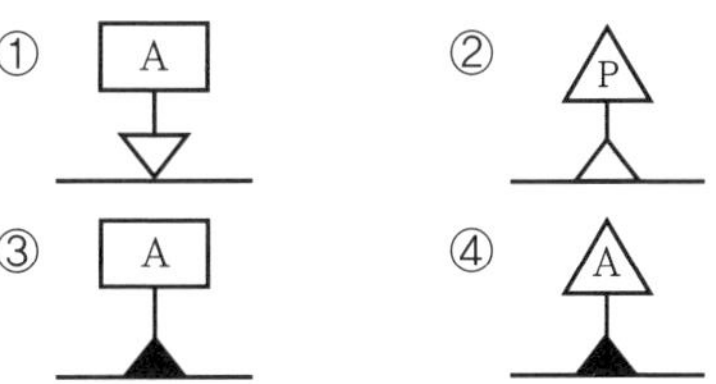


해설 ㉠ 데이텀(datum)을 직접 표시하는 경우 :

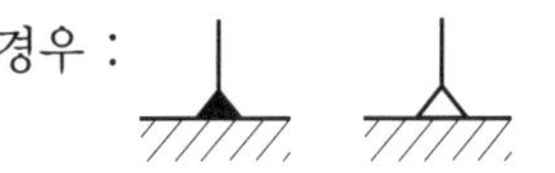

㉡ 데이텀(datum)을 문자 기호에 의하여 표시하는 경우 :

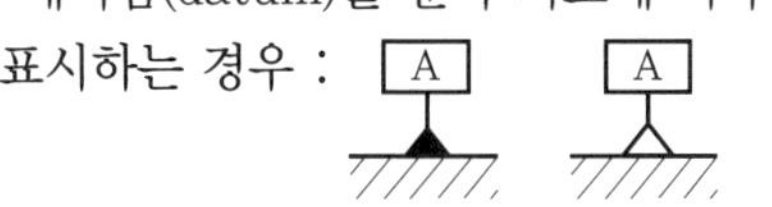


**44.** 주위 온도나 압력 등의 영향, 계기의 고정 자세 등에 의한 오차에 해당되는 것은? [21－1]

① 개인 오차 ② 과실 오차
③ 이론 오차 ④ 환경 오차

해설 ㉠ 이론 오차 : 측정 원리나 이론상 발생되는 오차
㉡ 계기 오차 : 측정기 본래의 기차(器差)에 의한 것과 히스테리시스 차에 의한 것이 있다.

정답 39. ③ 40. ③ 41. ③ 42. ④ 43. ③ 44. ④

ⓒ 개인 오차 : 눈금을 읽거나 계측기를 조정할 때 개인차에 의한 오차
ⓔ 환경 오차 : 주위 온도, 압력 등의 영향, 계기의 고정 자세 등에 의한 오차로서 일반적으로 불규칙적이다.
ⓜ 과실 오차 : 계측기의 이상이나 측정자의 눈금 오독 등에 의한 오차

**45. 버니어캘리퍼스의 크기를 나타낼 때 기준이 되는 것은?**

① 아들자의 크기
② 어미자의 크기
③ 고정 나사의 피치
④ 측정 가능한 치수의 최대 크기

**해설** 버니어캘리퍼스의 호칭 크기는 측정 가능한 치수의 최대 크기가 기준이 된다.

**46. 선반에서 일감이 1회전하는 동안, 바이트가 길이 방향으로 이동하는 거리는?**

① 회전력 ② 주분력
③ 피치 ④ 이송

**해설** 선반에서 이송량이 작을수록 매끄러운 가공면을 얻을 수 있다.

**47. 주물사의 구비 조건 중 틀린 것은?**

① 적당한 강도를 가질 것
② 내화성이 클 것
③ 통기성이 좋을 것
④ 열 전도성이 좋을 것

**해설** 주물사의 구비 조건
ⓐ 주형의 제작이 쉽고 성형성이 좋으며, 쇳물 주입 시에도 형상을 그대로 유지해야 한다.
ⓑ 쇳물의 압력이나 충격에 견딜 수 있어야 한다.
ⓒ 쇳물과 화학 반응을 일으키지 않아야 하며 내열성이 좋아야 한다.
ⓔ 주형 내의 가스 및 공기가 잘 배출되도록 통기성이 좋아야 한다.
ⓜ 내화성이 있으며, 쇳물이 잘 응고되지 않도록 하여 유동성을 향상시켜야 한다.
ⓑ 반복 사용이 가능하며, 여러 번 사용해도 노화되지 않아야 한다.
ⓢ 가격이 저렴하고 구입이 쉬워야 한다.

**48. 금속의 변태에서 온도의 변화에 따라 원자 배열의 변화, 즉 결정격자가 바뀌는 것은?**

① 자기 변태 ② 동소 변태
③ 동소 변화 ④ 자기 변화

**해설** 동소 변태 : 고체 내에서 원자 배열이 변하는 것

**49. 인장 시험으로 알 수 없는 것은?**

① 충격치 ② 인장강도
③ 항복점 ④ 연신율

**해설** 인장 시험으로 항복점, 영률(세로 탄성계수), 인장강도, 연신율, 내력 등을 알 수 있다.

**50. 열처리에서 재질을 경화시킬 목적으로 강을 오스테나이트 조직의 영역으로 가열한 후 급랭시키는 열처리는?**

① 뜨임 ② 풀림
③ 담금질 ④ 불림

**해설** 담금질 : 강을 $A_3$ 변태 및 $A_1$선 이상의 30~50℃로 가열한 후 수랭 또는 유랭으로 급랭시키는 방법으로 경도와 강도를 증가시킨다.

**정답** 45. ④ 46. ④ 47. ④ 48. ② 49. ① 50. ③

**51. 배관의 도시법에 대한 설명으로 틀린 것은?** [21-4]

① 관 내 흐름의 방향은 관을 표시하는 선에 붙인 화살표의 방향으로 표시한다.
② 관은 원칙적으로 1줄의 실선으로 도시하고, 동일 도면 내에서는 같은 굵기의 선을 사용한다.
③ 관은 파단하여 표시하지 않도록 하며, 부득이하게 파단할 경우 2줄의 평행선으로 도시할 수 있다.
④ 표시 항목은 관의 호칭 지름, 유체의 종류 · 상태, 배관계의 식별, 배관계의 시방, 관의 외면에 실시하는 설비 · 재료 순으로 필요한 것을 글자 · 글자 기호를 사용하여 표시한다.

해설 관을 파단할 경우 1줄의 파단선으로 도시한다.

**52. 베어링 체커의 사용에 대한 설명으로 맞는 것은?** [08-4, 11-4, 19-2]

① 회전을 정지시키고 사용한다.
② 그라운드 잭은 지면에 연결한다.
③ 동력 전달 상태를 알 수 있다.
④ 입력 잭을 베어링에서 제일 가까운 곳에 접촉시킨다.

해설 베어링 체커는 베어링의 그리스 양을 측정하는 것으로 회전 중에 그라운드 잭은 기계의 몸체에, 입력 잭은 축에 접촉시켜 사용한다.

**53. 축이 휘었을 경우 짐 크로(jim crow)로 수정을 가할 수 있다. 이 짐 크로에 의한 일반적인 축의 수정 한계는 얼마인가?**

① 0.01~0.02mm ② 0.1~0.2mm
③ 0.05~0.1mm ④ 0.5~1mm

해설 짐 크로(jim crow) : 500rpm 이하로 사용되던 길이 2m의 축의 수정법으로 철도 레일을 굽히기 위한 방법이었으며, 신중히 하면 0.1~0.2mm 정도까지 수정할 수 있다.

**54. 축 고장 시 설계 불량의 직접 원인이 아닌 것은?** [06-4, 15-4, 17-2, 17-4, 18-4]

① 재질 불량 ② 치수강도 부족
③ 끼워 맞춤 불량 ④ 형상 구조 불량

해설 설계 불량 요인

| 직접 원인 | 주요 원인 |
|---|---|
| 재질 불량 | 마모, 휨은 단시간에 피로 파괴 발생 |
| 치수강도 부족 | |
| 형상 구조 불량 | 노치 또는 응력 집중에 의한 파단 |
| | 한쪽으로 치우침, 발열 파단 |

**55. 원판 브레이크의 제동력을 $T$라고 할 때, 틀린 설명은?** [15-2]

① 원판의 수량($Z$)에 비례
② 접촉면의 마찰계수($\mu$)에 비례
③ 원판 브레이크의 평균 반지름($R$)에 비례
④ 축의 수직 방향으로 가해지는 힘($P$)에 비례

해설 축 방향으로 가해지는 힘($P$)에 비례

**56. 관과 관을 연결시키고, 관과 부속 부품과의 연결에 사용되는 요소를 관 이음쇠라고 한다. 다음 중 관 이음쇠의 기능이 아닌 것은?** [19-2]

① 관로의 연장 ② 관로의 분기
③ 관의 상호 운동 ④ 관의 온도 유지

정답 51. ③ 52. ④ 53. ② 54. ③ 55. ④ 56. ④

해설 관 이음쇠의 기능
㉠ 관로의 연장 ㉡ 관로의 곡절
㉢ 관로의 분기 ㉣ 관의 상호 운동
㉤ 관 접속의 착탈

**57. 다음 중 역류 방지 밸브가 아닌 것은?**

① 코크 밸브(cock valve) [17-2, 19-4]
② 플랩 밸브(flap valve)
③ 체크 밸브(check valve)
④ 반전 밸브(reflex valve)

해설 역류 방지 밸브의 종류 : 스윙형 체크 밸브, 리프트형 체크 밸브, 듀얼 플레이트 체크 밸브, 경사 디스크 체크 밸브, 플랩 밸브, 반전 밸브 등

**58. 공기의 유량과 압력을 이용한 장치 중 송풍기의 사용 압력을 올바르게 나타낸 것은?** [17-2, 20-4]

① 0.1kgf/cm$^2$ 이하 ② 0.1~1kgf/cm$^2$
③ 1~10kgf/cm$^2$ ④ 10kgf/cm$^2$ 이상

해설 10kPa 이상 100kPa 미만의 것은 송풍기(blower), 10kPa 미만의 것은 팬(fan), 100kPa 이상의 압력을 발생시키는 것은 압축기이다.

**59. 기어 감속기의 분류에서 평행축형 감속기로만 짝지어진 것은?** [14-2, 18-1, 20-4]

① 스퍼 기어, 헬리컬 기어
② 웜 기어, 하이포이드 기어
③ 웜 기어, 더블 헬리컬 기어
④ 스퍼 기어, 스트레이트 베벨 기어

해설 두 축이 평행한 경우 : 스퍼 기어, 헬리컬 기어, 2중 헬리컬 기어, 래크, 헬리컬 래크, 내접 기어

**60. 전동기의 기동 불능 현상에 대한 원인이 아닌 것은?** [09-4, 19-1]

① 단선
② 기계적 과부하
③ 서머 릴레이 작동
④ 코일 절연물의 열화

해설 모터 기동 불능 고장 원인 : 퓨즈 용단, 서머 릴레이 작동, 노 퓨즈 브레이크 등의 작동, 단선, 기계적 과부하, 전기기기 종류의 고장, 운전 조작 잘못

## 4과목 설비 진단 및 관리

**61. 설비 진단 기술에 관한 설명으로 틀린 것은?** [21-1]

① 설비의 열화를 검출하는 기술이다.
② 설비의 생산량 증가 방법을 찾는 기술이다.
③ 설비의 성능을 평가하고, 수명을 예측하는 기술이다.
④ 현재 설비 상태를 파악하고, 고장 원인을 찾는 기술이다.

해설 설비의 생산량 증가 방법은 공정 관리와 로스 관리에 있다.

**62. 그림의 정현파 신호에서 ㉠, ㉡의 명칭은?** [17-4]

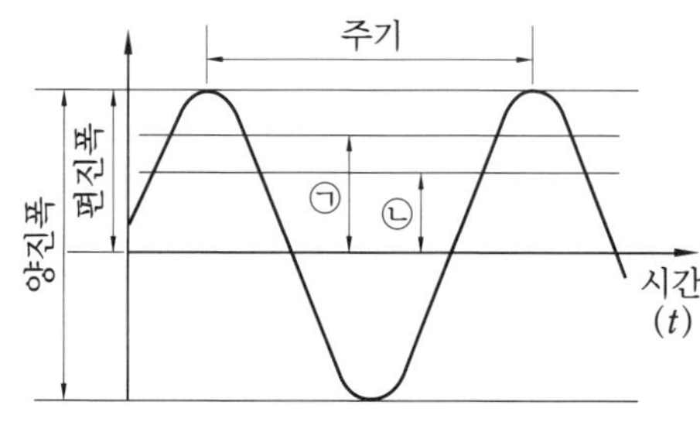


정답 57. ① 58. ② 59. ① 60. ④ 61. ② 62. ①

① 실효값, 평균값
② 실효값, 최댓값
③ 최댓값, 평균값
④ 평균값, 최댓값

**63. 진동의 발생과 소멸에 필요한 3대 요소는 무엇인가?** [10-4, 20-3]

① 질량, 위상, 감쇠
② 질량, 감쇠, 속도
③ 질량, 강성, 감쇠
④ 질량, 강성, 위상

해설 일반적으로 진동계는 위치 에너지를 저장하기 위한 요소인 탄성과 운동 에너지를 저장하기 위한 요소인 질량 및 에너지를 소멸시키는 요소인 감쇠로 구성된다.

**64. 음의 발생에 대한 설명 중 틀린 것은 어느 것인가?** [14-4, 15-2, 17-2, 19-2, 21-4]

① 기체 본체의 진동에 의한 소리는 이차 고체음이다.
② 음의 발생은 크게 고차음과 기체음 두 가지로 분류할 수 있다.
③ 선풍기 또는 송풍기 등에서 발생하는 음은 난류음이다.
④ 기류음은 물체의 진동에 의한 기계적 원인으로 발생한다.

해설 ㉠ 기류음 : 직접적인 공기의 압력 변화에 의한 유체역학적 원인에 의해 발생한다. 나팔 등의 관악기, 폭발음, 음성 등
㉡ 난류음 : 선풍기, 송풍기 등의 소리
㉢ 맥동음 : 압축기, 진공 펌프, 엔진의 배기음 등

**65. 소음계의 사용 시 유의사항으로 틀린 것은?** [14-4]

① 마이크로폰의 연결선은 너무 긴 경우 전선의 저항으로 오차가 커지므로 1.5m 이하로 한다.
② 마이크로폰은 소음계 본체에서 분리 삼각대에 장착하여 연장 코드를 사용한다.
③ 마이크로폰이 소음계에 부착된 것은 측정자의 인체 반사음에 영향을 받아 오차가 발생하기 쉽다.
④ 소음계 본체에 너무 가까이 접근하면 지시에 오차가 발생하기 때문에 주의해야 한다.

해설 마이크로폰과 소음계는 1.5m 떨어져야 한다.

**66. 다음 [보기]의 내용과 가장 관계가 깊은 것은?** [20-3]

| 보기 |
증기 발생 장치, 발전 설비, 수처리 시설, 공업용 원수, 취수 설비, 냉각탑 설비

① 판매 설비 ② 사무용 설비
③ 유틸리티 설비 ④ 연구 개발 설비

해설 유틸리티 설비 : 증기 발생 장치 및 배관 설비, 발전 설비, 공업용 원수 · 취수(原水取水) 설비, 수처리 시설(식수용 등), 냉각탑 설비, 펌프 급수 설비 및 주 배분관 설비, 냉동 설비 및 주 배분관 설비, 질소 발생 설비, 연료 저장 · 수송 설비, 공기 압축 및 건조 설비 등

**67. 다음 중 기능별(공정별) 배치에 관한 설명으로 틀린 것은?** [16-2]

① 다품종 소량 생산에 알맞은 배치 형식이다.
② 동일 공정 또는 기계가 한 장소에 모여진 형태이다.
③ 작업 흐름이 거의 없고, 생산 기간이 길어

정답 63. ③ 64. ④ 65. ① 66. ③ 67. ③

재고 발생이 많다.
④ 절차 계획, 일정 계획, 재고 관리, 운반 관리 등의 지원이 필요하다.

해설 작업 흐름의 유형은 제품에 따라 모두 상이한 작업 흐름 및 작업 순서로 흐르고, 다품종 소량의 원자재 재고 및 재고품 발생이 있을 수 있으나 많지 않다.

**68.** **설비의 투자 결정에서 발생되는 기본 문제에 고려할 사항이 아닌 것은?** [15-4]

① 대상은 수익 수준에 큰 차이가 없는 조건인 설비 교체에 사용한다.
② 자금의 시간적 가치는 현재의 자금이 미래 자금보다 가치가 높아야 한다.
③ 미래의 불확실한 현금 수익을 비교적 명백한 현금 지출에 관련시켜 평가한다.
④ 투자의 경제적 분석에 있어서 미래의 기대액은 그 금액과 상응되는 현재의 가치로 환산되어야 한다.

해설 설비 투자 결정의 고려사항
㉠ 미래의 불확실한 현금 유입을 비교적 명백한 현금 지출에 관련시켜 평가해야 한다.
㉡ 자금의 시간적 가치는 현재의 자금이 동액의 미래 자금보다 가치가 높다.
㉢ 투자의 경제적 분석에 있어서 미래의 기대액은 그 금액과 상응되는 현재의 가치로 환산되어야 한다.

**69.** **생산 보전 활동 중 최적 보전 계획을 위해서 활용되는 방법은?** [07-4]

① 수학적 해법
② MTBF법
③ MTTR법
④ PM 분석법

해설 최적 보전 계획을 위해 활용되는 방법 : 수학적 해법, 몬테카를로법, 모의실험

**70.** **수리 공사의 목적 분류 중 설비 검사에 의해서 계획하지 못했던 고장의 수리를 무엇이라 하는가?** [09-4, 16-4]

① 사후 수리 공사 ② 예방 수리 공사
③ 보전 개량 공사 ④ 돌발 수리 공사

해설 돌발 수리 공사 : 설비 검사에 의해서 계획하지 못했던 고장의 수리

**71.** **계측 관리를 하기 위하여 공정 흐름과의 관련을 객관적, 도식적으로 표현하여 관계자의 관점을 계통적으로 표현한 기술 양식은?** [07-4, 14-2]

① 공정 명세표
② 작업 표준서
③ 공정 일정표
④ 프로세서 흐름도

해설 공정 명세표 : 제작 공업이나 장치 공업에서도 똑같이 적용할 수 있는 기본적인 것이다. 생산 공정을 'KS A 3002 공정 도시 기호'에 따라서 공정(계통)도(flow sheet)에 표시한다.

**72.** **연소 목적에 맞도록 연료, 설비, 부하, 작업 방법 등에 대해서 기술적, 경제적으로 가장 효과를 올릴 수 있도록 관리하는 것은?** [10-4, 15-4]

① 연료 관리
② 연소 관리
③ 열 폐기 관리
④ 배열 회수 관리

해설 열 관리의 방법 중 연소 관리에 대해 설명한 것이다.

정답 68. ① 69. ① 70. ④ 71. ① 72. ②

**73.** 자주 보전을 설명한 것 중 틀린 것은 어느 것인가? [08-4]

① 불량을 제거하여 불량이 발생되지 않는 조건을 설정하여 적절히 유지하면서 불량이 발생하지 않도록 한다.
② 운전 부문에서 행하는 자발적인 보전 활동이다.
③ "초기 청소-발생원 곤란 개소 대책-점검·급유 기준 작성-총 점검-자주 점검-자주 보전의 시스템화-자주 관리의 철저"와 같이 7단계를 거쳐 전개된다.
④ 운전자가 참여하는 소집단 활동을 중심으로 운전자 스스로 전개하는 하나의 보전 활동이다.

해설 자주 보전은 제품에 대한 것이 아니며, 설비에 대한 보전을 실시하는 것이다.

**74.** 윤활 관리의 목적으로 잘못된 것은? [20-4]

① 설비의 수명을 연장시킨다.
② 설비의 부식을 최대화시킨다.
③ 설비의 유지비를 절감시킨다.
④ 기계 설비의 가동률을 증대시킨다.

해설 설비의 부식을 억제시킨다.

**75.** SAE 엔진유 점도 분류에서 동점도가 가장 높은 분류 기호는? [16-4]

① 10W ② 20W
③ 20 ④ 50

해설 SAE 엔진유 점도 분류에서 숫자가 커질수록 점도가 커진다. 10W는 4.1cSt, 20W는 5.6cSt, 20은 5.6cSt, 50은 16.3cSt이다.

**76.** 산화에 의하여 금속 표면에 붙어 있는 슬러지나 탄소 성분을 녹여 기름 중의 미세한 입자 상태로 분산시켜 내부를 깨끗이 유지하는 역할을 하는 윤활제의 첨가제는? [19-1]

① 소포제
② 청정 분산제
③ 유성 향상제
④ 유동점 강하제

해설 청정 분산제(detergent and dispersant) : 산화에 의하여 금속 표면에 붙어 있는 슬러지나 탄소 성분을 녹여 기름 중의 미세한 입자 상태로 분산시켜 내부를 깨끗이 유지하는 역할을 한다.

**77.** 그리스 윤활법에 대한 설명으로 틀린 것은? [12-4]

① 베어링 온도가 높을수록 급지 주기를 짧게 조정한다.
② 그리스 급유법으로는 그리스 건에 의한 수동 급유법, 펌프 급유법, 기계식 및 집중 급유법 등이 있다.
③ 고속 회전일수록 그리스 주입량을 많게 한다.
④ 용도가 다른 그리스를 혼용하여 사용하지 않아야 한다.

해설 ㉠ 허용 회전수의 50% 이하의 회전 : 공간 용적의 1/2~2/3 충진
㉡ 허용 회전수의 50% 이상의 회전 : 공간 용적의 1/3~1/2 충진

**78.** 윤활유의 열화에 미치는 인자로서 가장 거리가 먼 것은? [20-4]

① 산화(oxidation)
② 동화(assimilation)
③ 탄화(carbonization)
④ 유화(emulsification)

정답 73. ① 74. ② 75. ④ 76. ② 77. ③ 78. ②

해설 윤활유의 열화에 미치는 인자 : 산화(oxidation), 탄화(carbonization), 희석(dilution)

**79. 윤활유를 SOAP 분석 방법 중 플라스마를 이용하여 분석하는 방식은 어느 것인가?** [19-1, 21-2]

① ICP법
② 회전 전극법
③ 원자 흡광법
④ 페로그래피(ferrography)법

해설 ㉠ ICP법 : 플라스마(7000~9000℃)
㉡ 회전 전극법 : 고압 방전(약 15000V)
㉢ 원자 흡광법 : 아세틸렌 불꽃(약 2000℃)
㉣ 페로그래피법 : 채취한 오일 샘플링을 용제로 희석하고, 자석에 의하여 검출된 마모 입자의 크기, 형상 및 재질을 분석

**80. 다음은 왕복동 압축기 윤활과 관련된 내용이다. 옳지 않은 것은?** [09-4]

① 압축기용 윤활유는 탄화 경향이 적고 압축가스에 대해 안정해야 한다.
② 카본 및 슬러지는 윤활 방해, 밸브 작동 이상을 일으키며, 압축 효율을 감소시킨다.
③ 압축기용 윤활유는 점도가 너무 높으면 내부 저항이 작아지고 윤활유의 탄화 경향도 작아진다.
④ 흡입 공기의 고온도와 오염도는 토출 공기의 온도 상승과 카본 퇴적을 촉진시킨다.

해설 점도가 높으면 내부 저항이 커진다.

정답 79. ① 80. ③

# 제4회 CBT 대비 실전문제

## 1과목 공유압 및 자동 제어

**1.** SI 단위계에서 압력을 나타내는 기호는? [19-1, 22-2]

① 줄(J)
② 뉴턴(N)
③ 와트(W)
④ 파스칼(Pa)

해설 SI 단위에서 압력은 Pa, kPa, MPa을 주로 사용한다.

**2.** 유압과 비교하여 공압 장치의 단점으로 가장 거리가 먼 것은? [15-2]

① 배기 소음이 크다.
② 에너지 축적이 곤란하다.
③ 큰 힘을 얻을 수 없다.
④ 응답성이 떨어진다.

해설 공압은 압축성 에너지로 공기 탱크에 많은 에너지 저장이 가능하다.

**3.** 다음 설명에 해당되는 특성은? [19-1]

| 압력 제어 밸브의 조정 핸들을 조작하여 압력을 설정한 후 압력을 변화시켰다가 다시 핸들을 조작하여 원래의 설정값에 복귀시켰을 때 최초의 압력값과는 오차가 발생된다. |
|---|

① 유량 특성
② 릴리프 특성
③ 압력 조절 특성
④ 히스테리시스 특성

해설 히스테리시스 특성 : 동일 측정량에 대한 출력 또는 지시의 차로서 나타나는 현상

**4.** 행정 거리가 200mm와 300mm인 두 개의 복동 실린더로 다위치 제어 실린더를 구성하여 부품을 핸들링하려고 한다. 다음 중 다위치 제어 실린더로 구현할 수 없는 위치는? [15-2]

① 200mm ② 300mm
③ 500mm ④ 600mm

해설 행정 거리가 200mm와 300mm인 두 개의 복동 실린더로 다위치 제어 실린더를 구성하여 구현할 수 있는 위치는 0, 200, 300, 500(200+300)mm의 4위치이다.

**5.** 공기압 파이프 연결기가 아닌 것은? [21-1]

① 나사 연결기 ② 링형 연결기
③ 플랜지 연결기 ④ 클램프형 연결기

해설 ㉠ 파이프 연결기 : 링형 연결기, 클램프 링 연결기, 블록형 연결기, 플랜지형 연결기
㉡ 호스 연결기 : 소켓형, 플러그형 연결기
㉢ 튜브 연결기 : 나사 연결기, 가시 나사 연결기, 플라스틱용 급속 연결기, CS 연결기

정답 1. ④ 2. ② 3. ④ 4. ④ 5. ①

**6.** 다음 중 220bar 이상의 고압에 주로 이용되는 펌프는? [11-4, 19-2]

① 기어 펌프 ② 나사 펌프
③ 베인 펌프 ④ 피스톤 펌프

해설 펌프의 특징

| 베인 펌프 | 기어 펌프 | 피스톤 펌프 |
|---|---|---|
| 평균에서 높고, 고성능 베인 펌프이다(최대 175kg/cm$^2$). | 평균에서 낮다. 단, 최근에 일부 고압화 되어 있다(최대 270kg/cm$^2$). | 일반적으로 최고압이다. |

**7.** 포핏 밸브 중 디스크 시트 밸브에 대한 특징으로 틀린 것은? [16-2]

① 내구성이 좋다. ② 구조가 복잡하다.
③ 밀봉이 우수하다. ④ 반응 시간이 짧다.

해설 디스크 시트 밸브(disc seat valve)
㉠ 밀봉이 우수하며 간단한 구조로 되어 있고 작은 거리만 움직여도 유체가 통하기에 충분한 단면적을 얻을 수 있어 반응 시간이 짧다.
㉡ 이물질에 민감하지 않기 때문에 내구성이 좋으며, 배출 오버랩(exhaust overlap) 형태이나 구조가 간단한 디스크 시트가 하나로, 배출 오버랩이 일어나지 않는다.
㉢ 운동 속도가 작은 경우에도 유체 손실이 일어나지 않으며, 유니버설 플랜지(universal flange) 판에 조립 · 부착하면 각각의 모듈을 쉽게 교환할 수 있다.

**8.** 곧고 긴 유압 배관의 유동에 의한 압력 손실 수두를 계산하는 식은 다음 중 무엇인가? [13-4]

① 연속 방정식
② 프란틀(Prandtl) 식
③ 블라시우스(Blasius) 식
④ 달시-바이스바하(Darcy-Weisbach) 식

해설 달시-바이스바하(Darcy-Weisbach) 식은 곧고 긴 유압 배관의 유동에 의한 압력 손실 수두를 계산하는 식으로 다음과 같다.

$$H_L = f\frac{L}{D}\cdot\frac{v^2}{2g}$$

**9.** 다음 기호에 대한 설명이 틀린 것은? [17-4]

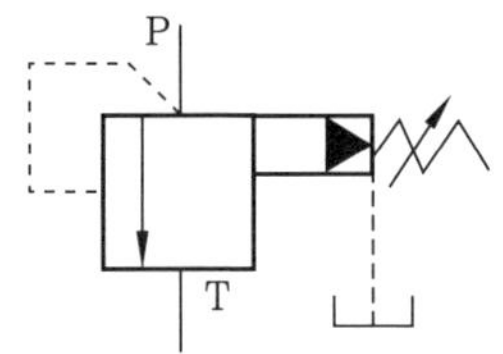


① 내부 드레인이다.
② 파일럿 작동형이다.
③ 정상 상태에서 닫혀 있다.
④ 1차 압력을 일정하게 한다.

해설 이 밸브는 파일럿 작동형 릴리프 밸브이다.

**10.** 다음 회로의 명칭으로 옳은 것은? [19-2]

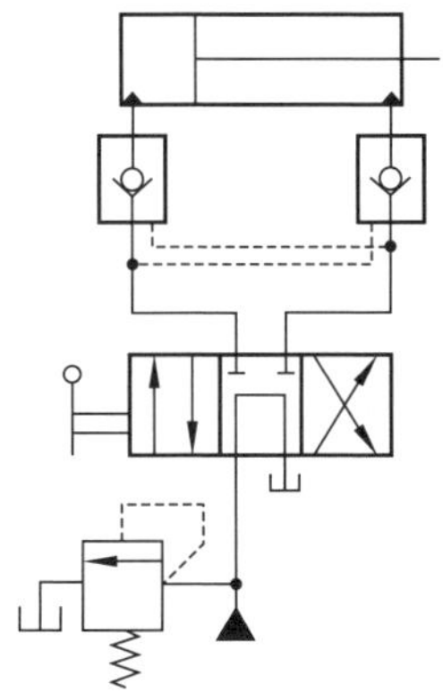

① 로크 회로 ② 중압 회로
③ 축압 회로 ④ 무부하 회로

정답 6. ④ 7. ② 8. ④ 9. ① 10. ①

해설 로크 회로 : 실린더 행정 중에 임의 위치에서, 혹은 행정 끝에서 실린더를 고정시켜 놓을 필요가 있을 때 피스톤의 이동을 방지하는 회로

## 11. 불순물 농도가 가장 큰 반도체는?

① 제너 다이오드 ② 터널 다이오드
③ FET ④ SC

해설 터널 다이오드(tunnel diode) : 도너 밀도를 매우 높게 하여 공핍층을 좁게 하고 전계의 세기를 증가하게 한 것이므로 응답 속도가 빠르다.

## 12. 절연저항 시험에서 인가하는 전기는 무엇인가?

① AC 전압 500V
② DC 전압 500V
③ AC 전압 10000V
④ DC 전압 10000V

해설 절연저항 시험(insulation test)에서는 DC 전압(500V, 또는 1000V)이 사용되며, 시험 결과를 [MΩ]으로 나타내어 누전 여부(감전 가능성 여부)를 알아보는 시험이다.

## 13. 역학 센서의 범주에 들지 않는 것은?

① 습도 센서 ② 길이 센서
③ 압력 센서 ④ 진동 센서

해설 습도 센서는 화학 센서의 일종이며, 역학 센서에는 ②, ③, ④ 외에 변위 센서, 진공 센서, 속도 센서, 가속도 센서, 하중 센서가 있다.

## 14. 메모리의 단위를 크기순으로 올바르게 나열한 것은? [11-3, 17-3]

① bit < kbyte < Mbyte < Gbyte
② kbyte < Mbyte < Gbyte < bit
③ Mbyte < Gbyte < byte < bit
④ Mbyte < bit < kbyte < Gbyte

## 15. 3상 유도 전동기의 동기 속도와 슬립을 나타내는 식으로 맞는 것은?

① $\text{동기 속도} = \frac{(120 \times \text{극수})}{\text{주파수}}$

$\text{슬립} = \left[\frac{(\text{동기 속도} - \text{전부하 속도})}{\text{동기 속도}}\right] \times 100\%$

② $\text{동기 속도} = \frac{(120 \times \text{주파수})}{\text{극수}}$

$\text{슬립} = \left[\frac{(\text{전부하 속도} - \text{동기 속도})}{\text{전부하 속도}}\right] \times 100\%$

③ $\text{동기 속도} = \frac{(120 \times \text{주파수})}{\text{극수}}$

$\text{슬립} = \left[\frac{(\text{동기 속도} - \text{전부하 속도})}{\text{동기 속도}}\right] \times 100\%$

④ $\text{동기 속도} = \frac{(120 \times \text{극수})}{\text{주파수}}$

$\text{슬립} = \left[\frac{(\text{전부하 속도} - \text{동기 속도})}{\text{전부하 속도}}\right] \times 100\%$

해설 4극 3상 유도 전동기의 실제 측정 회전수가 1690rpm이라면,

$\therefore \text{동기 속도} = \frac{(120 \times \text{주파수})}{\text{극수}}$

$= \frac{(120 \times 60)}{4} = 1800\,\text{rpm}$

$\therefore \text{슬립} = \left[\frac{(1800 - 1690)}{1800}\right] \times 100 = 6.1\%$

## 16. 스텝각 1.8°인 스테핑 모터에서 펄스당 이동량이 0.01mm일 때 2mm를 이동하려면 필요한 펄스수는?

정답 11. ② 12. ② 13. ① 14. ① 15. ③ 16. ②

① 100　　② 200
③ 300　　④ 400

**해설** 펄스수 $=\frac{2}{0.01}=200$

**17.** 시퀀스 제어의 동작을 기술하는 방식 중 조건과 그에 대응하는 조작을 매트릭스형으로 표시하는 방식은? [18-1]

① 논리 회로(logic circuit)
② 플로 차트(flow chart)
③ 동작 선도(motion diagram)
④ 디시전 테이블(decision table)

**해설** 디시전 테이블(decision table) : 복잡한 조건을 가진 문제의 해결을 위하여 취할 수 있는 모든 조건과 그에 따른 해결방안을 나열한 표

**18.** 그림과 같은 블록 선도가 의미하는 요소는?

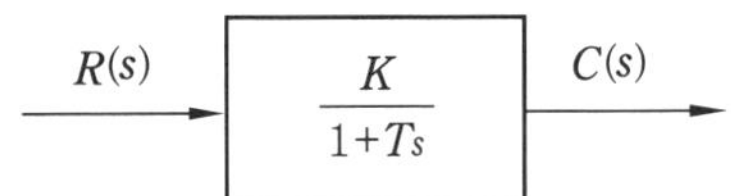


① 1차 빠른 요소　　② 미분 요소
③ 1차 지연 요소　　④ 2차 지연 요소

**해설** 1차 지연 요소의 전달 함수

$$G(s)=\frac{1}{1+Ts}$$

**19.** 회전체의 회전수를 측정하는 방법 중 자속밀도의 변화를 이용하여 펄스 모양의 전압 신호를 인출하는 것으로, 내구성이 우수하고 전원을 필요로 하지 않는 특징이 있는 측정법은? [07-4, 14-4, 19-4]

① 주파수 계수법
② 전자식 검출법
③ 광전식 검출법
④ 회전 주기 측정법

**해설** 회전체의 회전수에 비례한 전기 펄스수(주파수)의 신호를 인출하는 검출기를 펄스 출력형 검출기라 하며, 그 대표적인 검출 방식으로 전자식과 광전식이 있다. 전자식(電磁式) 검출법은 자성체인 기어 모양 원판의 회전에 따라서 철심과 기어의 치면 사이의 자기저항이 주기적으로 변화하므로 잇수에 비례한 펄스 모양의 전압 신호가 검출 코일에 발생한다. 정지에 가까운 저속에서는 출력 전압이 감소되므로 저속 회전의 검출은 할 수 없다.

**20.** 다음 검출기의 종류에서 열전쌍의 명칭과 측정 최고 온도를 올바르게 연결한 것은?

① 백금-백금 · 로듐(R형) : 1400℃
② 크로멜-알루멜(K형) : 300℃
③ 철-콘스탄탄(J형) : 1000℃
④ 구리-콘스탄탄(T형) : 600℃

**해설**
- R형 열전쌍 : 백금 87%와 로듐 13%의 합금으로 구성된 열전쌍으로, 내열성이 좋고 산화성, 불활성 분위기 중에서도 강하며 공기 중에서 1400℃ 이상으로 가열하면 재결정이 발생하기 시작하여 특성에 변화를 가져오므로 사용 한도를 1400℃로 정하고 있다.
- K형 열전쌍 : 크로멜(니켈, 크롬)과 알루멜(니켈, 알루미늄)의 합금으로 구성된 열전쌍으로, 기전력이 크며 1200℃ 이하로 정하고 있다.
- J형 열전쌍 : 철과 콘스탄탄(니켈, 구리)으로 구성된 열전쌍으로, 가격이 싸고 비교적 기전력이 크다. 사용 온도 범위의 상한을 600℃ 이하로 정하고 있다.
- T형 열전쌍 : 구리와 콘스탄탄(니켈, 구리)으로 구성된 열전쌍으로, 기전력

**정답** 17. ④　18. ③　19. ②　20. ①

이 안정되어 정밀도가 높은 것을 쉽게 구할 수 있다. 비교적 낮은 온도의 검출에 많이 이용되며 열전쌍의 사용 한도를 300℃로 정하고 있다.

## 2과목 용접 및 안전관리

**21. 용접법의 분류 중에서 융접에 해당하지 않는 것은?** [18-4, 21-2]

① 저항 용접
② 스터드 용접
③ 피복 아크 용접
④ 서브머지드 아크 용접

해설 저항 용접은 압접이다.

**22. 연강용 피복 아크 용접봉 중 저수소계(E 4316)에 대한 설명으로 틀린 것은?**

① 석회석($CaCO_3$)이나 형석($CaF_2$)을 주성분으로 하고 있다.
② 용착 금속 중의 수소 함유량이 다른 용접봉에 비해 $\frac{1}{10}$ 정도로 작다.
③ 용접 시점에서 기공이 생기기 쉬우므로 백 스텝(back step)법을 선택하면 해결할 수도 있다.
④ 작업성이 우수하고 아크가 안정하며 용접 속도가 빠르다.

해설 아크가 약간 불안하고 용접 속도가 느려 작업성이 별로 좋지 않다.

**23. 용접 결함 중 언더컷(under cut)의 발생 현상 중 틀린 것은?**

① 전류가 너무 높을 때
② 아크 길이가 너무 길 때
③ 용접 속도가 너무 늦을 때
④ 용접봉 선택 불량

해설 언더컷의 발생 원인
㉠ 아크 길이가 너무 긴 경우
㉡ 용접부의 유지 각도가 적당하지 않은 경우
㉢ 부적당한 용접봉을 사용한 경우
㉣ 전류가 너무 높을 때
㉤ 용접 속도가 적당하지 않을 때

**24. 서브머지드 아크 용접법의 특징으로 틀린 것은?**

① 유해광선 발생이 적다.
② 용착 속도가 빠르며 용입이 깊다.
③ 잔류밀도가 낮아 박판 용접이 용이하다.
④ 개선각을 작게 하여 용접의 패스수를 줄일 수 있다.

해설 열 에너지의 손실이 적어 후판 용접에 적합하다.

**25. TIG 용접법으로 판 두께 0.8mm의 스테인리스 강판을 받침판을 사용하여 용접 전류 90~140A로 자동 용접 시 적합한 전극의 지름은?**

① 1.6mm ② 2.4mm
③ 3.2mm ④ 6.4mm

해설 스테인리스 강판 0.8mm 자동 용접인 경우는 전극이 1.6mm이고 수동인 경우는 1~1.6mm를 사용하며, 용접 전류는 자동인 경우는 90~140A, 수동인 경우는 30~50A이다.

**26. 불활성 가스 금속 아크 용접에서 이용하는 와이어 송급 방식이 아닌 것은?**

① 풀 방식
② 푸시 방식

정답 21. ① 22. ④ 23. ③ 24. ③ 25. ① 26. ④

③ 푸시-풀 방식
④ 더블-풀 방식

해설 MIG나 MAG 용접에서 와이어 송급 방식에는 풀, 푸시, 푸시-풀 방식 3가지가 있다.

**27.** $CO_2$ 용접기에 1차 입력 케이블과 접지선을 연결하는 내용으로 틀린 것은?

① 배전판과 용접기 직전의 전원 스위치를 차단한 후 "수리중"이라는 명패를 붙이고, 필요하면 배전판을 잠근다.
② 용접기 용량에 맞는 1차 케이블의 한쪽에 압착 단자를 고정시켜 용접기 후면의 입력 단자에 단단히 체결한다.
③ 반대 측을 2상 주 전원 스위치에 연결한다.
④ 접지선의 한쪽 끝을 용접기 케이스의 접지 단자에 연결한다(전기 배선 시 접지 공사가 안 된 경우는 한쪽 끝을 지면에(지면은 150V) 접지시킨다(접지 공사는 제3종)).

해설 반대 측을 3상 주 전원 스위치에 연결한다.

**28.** 맞대기 용접 이음 홈의 종류가 아닌 것은?

① 양면 J형 ② C형
③ K형 ④ H형

해설 맞대기 용접 이음 홈 : I형, V형, ⅴ형, X형, U형, J형, 양면 J형, K형, H형 등

**29.** 용접 변형의 종류에서 면의 변형의 종류에 속하는 것은?

① 세로 굽힘 변형 ② 수축 변형
③ 좌굴 변형 ④ 비틀림 변형

해설 ㉠ 면 내 변형 : 수축 변형(가로 방향 수축, 세로 방향 수축), 회전 변형
㉡ 면 외 변형(디플렉션) : 굽힘 변형(가로 방향 굽힘 변형(각 변형), 세로 방향 굽힘 변형), 좌굴 변형, 비틀림 변형

**30.** 다음 중 균열의 원인이 아닌 것은?

① 용접부에 수소가 많을 때
② 낮은 전류, 과대 속도
③ C, P, S의 함량이 많을 때
④ 모재의 이방성

해설 균열의 원인
㉠ 모재의 이방성
㉡ 이음의 급랭 수축
㉢ 용접부에 수소가 많을 때
㉣ 전류가 높고, 용접 속도가 빠를 때
㉤ C, P, S의 함량이 많을 때
㉥ 용접부에 기공이 많을 때

**31.** 초음파 탐상법에 속하지 않는 것은?

① 펄스 반사법 ② 투과법
③ 공진법 ④ 관통법

해설 초음파 탐상법에는 펄스 반사법, 투과법, 공진법 등이 있다.

**32.** 다음 비파괴 검사법 중 맞대기 용접부의 내부 기공을 검출하는데 가장 적합한 것은? [22-1]

① 침투 탐상 검사
② 와류 탐상 검사
③ 자분 탐상 검사
④ 방사선 투과 검사

해설 방사선 투과 시험은 소재 내부의 불연속적인 모양, 크기 및 위치 등을 검출하는데 많이 사용된다. 금속, 비금속 및 그 화합물의 거의 모든 소재를 검사할 수 있다.

정답 27. ③ 28. ② 29. ② 30. ② 31. ④ 32. ④

**33. 선반 작업 시 일반적으로 심압축은 어느 정도 나와야 좋은가?**

① 10~20mm
② 30~50mm
③ 50~70mm
④ 50mm 이상

**34. 용접 작업자의 전기적 재해를 줄이기 위한 방법으로 틀린 것은?**

① 절연 상태를 확인한 후에 사용한다.
② 용접 안전 보호구를 완전히 착용한다.
③ 무부하 전압이 낮은 용접기를 사용한다.
④ 직류 용접기보다 교류 용접기를 많이 사용한다.

해설 교류 용접기는 직류 용접기보다 감전의 위험이 크다.

**35. 아크 용접 보호구가 아닌 것은?**

① 핸드 실드　② 용접용 장갑
③ 앞치마　④ 치핑 해머

해설 치핑 해머는 작업용 공구이다.

**36. 다음 중 연소의 3요소에 해당되지 않는 것은?**

① 가연물　② 점화원
③ 충진재　④ 산소 공급원

해설 연소의 3요소는 가연성 물질, 산소, 점화원으로 이것 중 한 가지라도 없으면 화재는 발생하지 않는다.

**37. 보건 표지의 색채에서 바탕은 노란색이고, 기본 모형, 관련 부호 및 그림은 검은색으로 되어 있는 표지판은 무슨 표지인가?**

① 금지 표지　② 경고 표지
③ 지시 표지　④ 안내 표지

해설 경고 표지(위험 장소 경고)

**38. 안전모가 내전압성을 가졌다는 말은 몇 볼트의 전압에 견디는 것을 말하는가?**

① 600V　② 720V
③ 1000V　④ 7000V

해설 내전압성이란 7000V 이하의 전압에 견디는 것을 말한다.

**39. 다음 용어에 대한 정의가 틀린 것은?**

① 도급이 여러 단계에 걸쳐 체결된 경우에 각 단계별로 도급받은 사업주 전부를 "관계도급인"이라고 한다.
② 건설공사를 도급하는 자로서 건설공사의 시공을 주도하여 총괄 · 관리하지 아니하는 자를 "건설공사발주자"라고 한다.
③ 산업재해 중 사망 등 재해 정도가 심하거나 다수의 재해자가 발생한 경우로서 고용노동부령으로 정하는 재해를 "중대재해"라 한다.
④ 노무를 제공하는 사람이 업무에 관계되는 건설물 · 설비 · 원재료 · 가스 · 증기 · 분진 등에 의하거나 작업 또는 그 밖의 업무로 인하여 사망 또는 부상하거나 질병에 걸리는 것을 "산업재해"라고 한다.

해설 ㉠ "도급"이란 명칭에 관계없이 물건의 제조 · 건설 · 수리 또는 서비스의 제공, 그 밖의 업무를 타인에게 맡기는 계약을 말한다.
㉡ "관계수급인"이란 도급이 여러 단계에 걸쳐 체결된 경우에 각 단계별로 도급받은 사업주 전부를 말한다.

정답 33. ② 34. ④ 35. ④ 36. ③ 37. ② 38. ④ 39. ①

**40. 위험물 안전관리 법령상 위험물의 운반에 관한 기준으로 틀린 것은?**

① 고체 위험물은 운반 용기 내용적의 95% 이하의 수납률로 수납할 것
② 액체 위험물은 운반 용기 내용적의 98% 이하의 수납률로 수납할 것
③ 기계로 하역하는 금속제 운반 용기의 수납은 2.5년 이내에 실시한 기밀 시험에서 이상이 없을 것
④ 액체 위험물을 수납하는 경우에는 55℃의 온도에서 증기압이 160kPa 이하가 되도록 수납할 것

해설 ㉠ 위험물은 운반 용기에 다음 기준에 따라 수납하여 적재하여야 한다.
- 고체 위험물은 운반 용기 내용적의 95% 이하의 수납률로 수납할 것
- 액체 위험물은 운반 용기 내용적의 98% 이하의 수납률로 수납하되, 55℃의 온도에서 누설되지 않도록 충분한 공간 용적을 유지하도록 할 것
- 액체 위험물을 수납하는 경우에는 55℃의 온도에서의 증기압이 130kPa 이하가 되도록 수납할 것

㉡ 기계에 의하여 하역하는 구조로 된 운반 용기에 대한 수납 중 금속제의 운반 용기, 경질 플라스틱제의 운반 용기 또는 플라스틱 내 용기 부착의 운반 용기에 있어서는 다음에 정하는 시험 및 점검에서 누설 등 이상이 없을 것
- 2년 6개월 이내에 실시한 기밀 시험(액체의 위험물 또는 10kPa 이상의 압력을 가하여 수납 또는 배출하는 고체의 위험물을 수납하는 운반 용기에 한한다)

## 3과목 기계 설비 일반

**41. 허용 한계 치수에서 기준 치수를 뺀 값을 무엇이라 하는가?**

① 실치수 ② 치수 허용차
③ 치수 공차 ④ 틈새

해설 치수 허용차 : 허용 한계 치수에서 기준 치수를 뺀 값

**42. 기하 공차의 분류 중 적용하는 형체가 관련 형체에 속하지 않는 것은?**

① 자세 공차 ② 모양 공차
③ 위치 공차 ④ 흔들림 공차

해설 관련 형체 : 자세 공차, 위치 공차, 흔들림 공차

**43. 다음 그림의 화살표로 지시한 버니어 캘리퍼스 측정값은 얼마인가?** [12-4, 16-2]

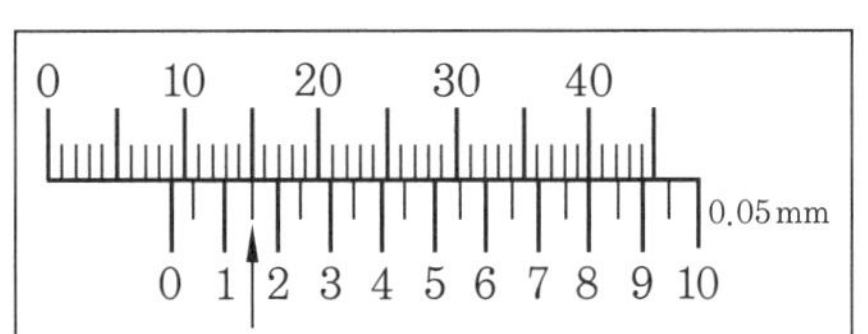


① 9mm ② 9.1mm
③ 9.15mm ④ 15mm

해설 측정값=9+0.15=9.15mm

**44. 다음 중 선반의 기본적인 가공(절삭) 방법에 속하지 않는 것은?** [18-1]

① 외경 절삭
② 널링 가공
③ 수나사 절삭
④ 더브테일 가공

해설 더브테일 가공은 밀링 가공법이다.

정답 40. ④ 41. ② 42. ② 43. ③ 44. ④

**45.** 다음 비철 재료 중 비중이 가장 가벼운 것은?

① Cu ② Ni ③ Al ④ Mg

해설 Cu : 8.96, Ni : 8.9, Al : 2.7, Mg : 1.7

**46.** 재료의 강도는 무엇으로 표시하는가?

① 인장강도 ② 비례한도
③ 항복점 ④ 탄성한도

해설 인장강도(tensile strength) : 인장 시험에서 인장하중을 시험편 평행부의 원 단면적으로 나눈 값으로 재료의 강도를 표시할 때 사용된다.

**47.** 담금질하여 경화된 강을 변태가 일어나지 않도록 $A_1$점(온도) 이하에서 가열한 후 서랭 또는 공랭하는 열처리 방법으로 재료에 인성을 부여하는 작업을 무엇이라 하는가? [08-4, 13-4, 15-4, 17-4, 22-1, 22-2]

① 뜨임 ② 불림 ③ 풀림 ④ 질화

해설 뜨임(tempering) : 담금질된 강을 $A_1$ 변태점 이하로 가열 후 냉각시켜 담금질로 인한 취성을 제거하고 강도를 떨어뜨려 강인성을 증가시키기 위한 열처리이다.

**48.** 적합한 조립 계획 수립에 필요하지 않은 것은?

① 작업 지시서
② 기계 조립도면
③ 기계 장치 리스트
④ 작업자 인적사항

해설 적합한 조립 계획의 수립에는 작업 지시서, 기계 조립도면, 전기 · 전자 조립도면, 유공압 장치 관련 도면, 기계 장치 리스트 등이 필요하다.

**49.** 다음 단면도 중 주로 대칭인 물체의 중심선을 기준으로 내부 모양과 외부 모양을 동시에 표시하는 것은? [18-1]

① 온 단면도
② 계단 단면도
③ 부분 단면도
④ 한쪽 단면도

**50.** 배관용 파이프에 나사를 가공하기 위하여 사용하는 공구는?

① 오스터(oster)
② 파이프 벤더(pipe bender)
③ 파이프 렌치(pipe wrench)
④ 플레어링 툴 셋(flaring tool set)

해설 오스터 : 금속관 끝에 나사를 내는 공구

**51.** 축 정렬 작업 시 사용하는 심 플레이트(shim plate)의 용도는?

① 축의 직진도를 측정하는 게이지이다.
② 양 커플링 사이에 삽입하여 축의 간격 조정에 사용한다.
③ 커플링 면간을 측정하는 틈새 게이지의 일종이다.
④ 기초 볼트에 삽입하여 기계 등의 높낮이 조정에 사용한다.

해설 심 플레이트는 기계 등의 높낮이를 맞추거나 부품 사이의 간격을 채우는 용도이며, ㄷ자 형식으로 제작한다.

**52.** 나사로 체결된 부품이 나사가 풀려서 손상되는 경우가 발생한다. 나사의 자립 상태를 유지할 수 있는 나사의 효율은? [17-4]

① 50% 미만
② 60% 이상
③ 70% 이하
④ 80% 이상

정답 45. ④ 46. ① 47. ① 48. ④ 49. ④ 50. ① 51. ④ 52. ①

**53.** **축에서 가장 많이 발생하는 고장의 진행 형태를 순서대로 열거한 것은?** [15-2]

① 끼워 맞춤 불량 → 풀림 발생 → 미동 마모 → 기어 마모 → 치명적인 고장
② 끼워 맞춤 불량 → 풀림 발생 → 기어 마모 → 미동 마모 → 치명적인 고장
③ 풀림 발생 → 끼워 맞춤 불량 → 미동 마모 → 기어 마모 → 치명적인 고장
④ 끼워 맞춤 불량 → 미동 마모 → 풀림 발생 → 기어 마모 → 치명적인 고장

**54.** **기어에서 이의 간섭에 대한 방지책으로 틀린 것은?** [18-2]

① 압력각을 크게 한다.
② 이끝을 둥글게 한다.
③ 이의 높이를 크게 한다.
④ 피니언의 이뿌리면을 파낸다.

**해설** 이의 높이를 낮게 해야 한다.

**55.** **블록 브레이크의 제동력 기능 저하 방지 대책으로 틀린 것은?** [16-4]

① 작동유 유압 시스템의 누설부를 점검한다.
② 브레이크 블록의 손상 및 탈락을 점검한다.
③ 브레이크 블록과 드럼부에 이물질 유입이 없도록 덮개를 씌운다.
④ 장기간 휴지 시 브레이크 드럼부에 녹 방지를 위해 방청유를 도포한다.

**해설** 어떤 경우라도 브레이크 드럼부에 방청유 등 오일을 도포하지 않는다.

**56.** **배관용 재료에 대한 설명으로 틀린 것은?** [20-3]

① 스테인리스강 강관의 최고 사용 온도는 650℃~800℃ 정도이다.
② 합금강 강관은 주로 고온용으로 150℃~650℃ 정도에서 사용한다.
③ 동관은 고온에서 강도가 약하다는 결점이 있어 200℃ 이하에서 사용한다.
④ 고압 배관용 탄소강관은 고온에서도 강도가 유지되므로 800℃ 이상에서 사용한다.

**해설** 고압 배관용 탄소강관(SPPH) : 350℃ 이하에서 사용 압력이 높은 배관에서 사용하는 것으로 일반적으로 9.8 MPa ($100\,kgf/cm^2$) 이상의 암모니아 합성용 배관, 내연기관의 연료 분사관, 화학 공업용 고압 배관 등에 주로 사용된다.

**57.** **토출관이 짧은 저양정(전양정 약 10 m 이하) 펌프의 토출관에 설치하는 역류 방지 밸브로 적당한 것은?** [12-2, 16-2]

① 체크 밸브　② 푸트 밸브
③ 반전 밸브　④ 플랩 밸브

**해설** 플랩 밸브 : 토출관이 짧은 저양정 펌프에 사용되는 역류 방지 밸브

**58.** **다음 중 펌프는 기동하지만 물이 나오지 않는 원인으로 틀린 것은?** [17-4]

① 스트레이너가 막혀 있다.
② 흡입양정이 지나치게 높다.
③ 임펠러의 회전 방향이 반대이다.
④ 베어링 케이스에 그리스를 가득 충진하였다.

**해설** 베어링 케이스에 그리스를 가득 충진하면 발열이 생긴다.

**59.** **풍량의 변화에 대한 축 동력의 변화가 가장 큰 송풍기는 어느 것인가?** [13-4]

① 터보 팬　② 레이디얼 팬
③ 다익 팬　④ 에어포일 팬

**정답** 53. ① 54. ③ 55. ④ 56. ④ 57. ④ 58. ④ 59. ①

**해설** 터보 팬(turbo fan)
㉠ 후향 베인 방향이다.
㉡ 압력은 350~500mmHg이며, 효율이 가장 좋다.

**60.** 감속기의 양호한 조립 상태를 유지하기 위한 조치로 적절하지 못한 것은? [12-4]

① 정확한 윤활의 유지
② 이면의 마모 상태 파악
③ 빈번한 분해 수리 실시
④ 이상의 조기 발견

**해설** 감속기의 상태는 정기적으로 점검하여야 한다.

## 4과목 설비 진단 및 관리

**61.** 정현파에 대한 다음 그림의 내용 중 틀린 것은? [10-4]

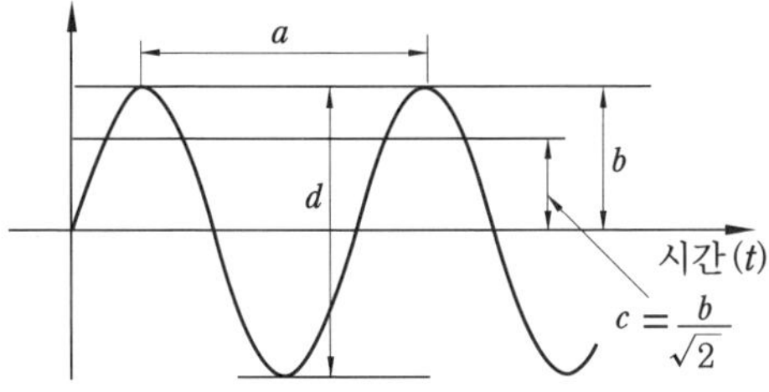


① $a$는 주기 ② $\frac{1}{a}$은 주파수
③ $b$는 진폭 ④ $c$는 진폭의 평균치

**해설** $c$는 평균치가 아닌 실효치(RMS)이다.

**62.** 진동의 측정 단위로 적절하지 않은 것은? [12-4, 19-1, 21-4]

① m ② m/s
③ $m/s^2$ ④ $m^2/s^2$

**해설** m는 변위, m/s는 속도, $m/s^2$는 가속도의 단위이다.

**63.** 댐핑 처리를 하는 경우 효과가 적은 진동 시스템은? [15-4]

① 시스템이 고유 진동수를 변경하고자 하는 경우
② 시스템이 충격과 같은 힘에 의해서 진동되는 경우
③ 시스템이 많은 주파수 성분을 갖는 힘에 의해 강제 진동되는 경우
④ 시스템이 자체 고유 진동수에서 강제 진동을 하는 경우

**해설** 진동 시 고유 진동수에서 자유 진동이나 강제 진동이 생길 경우 진동값이 최대가 된다.

**64.** 다음 판정 기준 중 동일 부위를 정기적으로 측정한 값을 시계열로 비교하여 정상인 경우의 값을 초깃값으로 하여 그 값의 몇 배로 되었는가를 보고 판정하는 방법은? [17-2]

① 절대 판정 기준 ② 상용 판정 기준
③ 상대 판정 기준 ④ 상호 판정 기준

**해설** ㉠ 절대 판정 기준 : 동일 부위(주로 베어링상)에서 측정한 값을 판정 기준과 비교해 양호/주의/위험으로 판정
㉡ 상대 판정 기준 : 동일 부위를 정기적으로 측정하여 정상인 경우의 값을 초깃값으로 하여 그 값의 몇 배로 되었는가를 보아 판정
㉢ 상호 판정 기준 : 기준 동일 기종의 기계가 여러 대 있을 경우 그들을 각각 동일 조건 하에서 측정하여 상호 비교함으로써 판정

**정답** 60. ③ 61. ④ 62. ④ 63. ① 64. ③

**65.** 소음계에 관한 다음 설명에서 맞지 않는 것은? [14-2, 15-4]

① 보통 소음계의 검정 공차는 2dB이다.
② 보통 소음계에서 주파수 범위는 31.5Hz~8000Hz이다.
③ 간이 소음계에서 주파수 범위는 70.0Hz~6000Hz이다.
④ 정밀 소음계에서 주파수 범위는 10.0Hz~15000Hz이다.

해설 소음계의 종류와 적용 규격

| 종류 | 적용 규격 | 검정 공차 | 주파수 범위 | 용도 |
|---|---|---|---|---|
| 간이 소음계 | KS C 1503 | − | 70~6000Hz | − |
| 보통 소음계 | KS C 1502 | ±2dB | 31.5~8000Hz | 일반용 |
| 정밀 소음계 | KS C 1505 | ±1dB | 20~12500Hz | 정밀 측정 |

**66.** 제조 능력의 요인은 크게 외적 요인과 내적 요인으로 나눌 수 있다. 다음 중 외적 요인(제약 요인)에 해당되지 않는 것은 어느 것인가? [14-2, 17-4, 20-3]

① 자재 ② 노동 ③ 설비 ④ 자금

해설 외적 요인 : 자재, 노동, 자금, 시장

**67.** 다음 그림에서 '제품의 종류 P>생산량 Q'일 때 해당하는 구역과 설비 배치는? [16-4, 20-4]

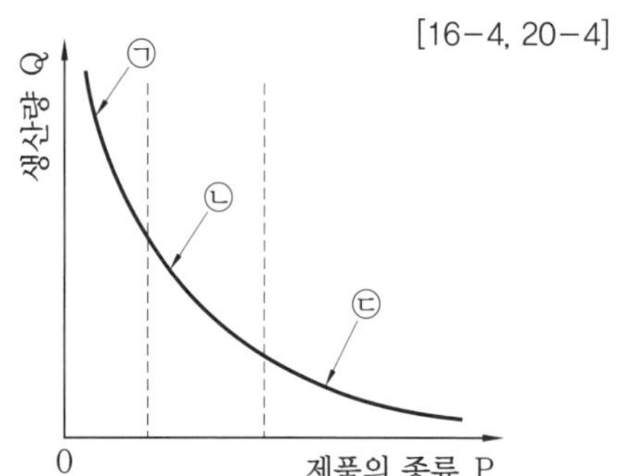


① ㉠ 구역 : GT 설비 배치
② ㉡ 구역 : 공정별 배치
③ ㉢ 구역 : 제품별 배치
④ ㉢ 구역 : 기능별 배치

해설 • ㉠ 구역 : 제품별 배치(라인별 배치), Q>P
• ㉡ 구역 : GT 설비 배치, Q=P
• ㉢ 구역 : 기능별 배치(공정별 배치), P>Q

**68.** 부품의 최적 대체법 중 일정 기간이 되어도 파손되지 않는 부품만을 신품과 대체하는 방식은? [19-1]

① 각개 대체
② 일제 대체
③ 개별 사전 대체
④ 최적 수리 주기 대체

해설 ㉠ 각개 대체(사후 대체) : 부품이 파손되면 신품과 대체하는 방식
㉡ 개별 사전 대체 : 일정 기간만큼 경과하여도 파손되지 않은 부품만을 신품과 대체하는 방식
㉢ 일제 대체 : 일정 기간만큼 경과했을 때 모든 부품을 신품과 대체하는 방식

**69.** 열 관리 영역에서 열에너지 흐름에 따른 분류에 해당되지 않는 것은? [17-4, 20-4]

① 배기 관리
② 연료의 관리
③ 연소의 관리
④ 열 사용의 관리

해설 배기 관리는 대기 오염 방지 영역이다.

**70.** 다음 중 TPM의 목표로 가장 적당한 것은? [16-2]

정답 65. ④ 66. ③ 67. ④ 68. ③ 69. ① 70. ④

① 고장 제로
② 불량 제로
③ 예방 보전
④ 현장 체질 개선

해설 TPM의 목표
㉠ 맨-머신 시스템을 극한까지 높일 것
㉡ 현장의 체질을 개선할 것

**71.** **품질 불량은 설비, 가공 조건 및 인적 요소에 의해 발생한다고 볼 수 있는데 이러한 불량을 '0'으로 달성하기 위한 접근 방법이 아닌 것은?** [08-4, 14-4]

① 교육 훈련 철저
② 설비 개량 능력 개발
③ 설비 등급에 따른 보전 방식 결정
④ 설비의 유연성으로 설비 능력 확보

해설 보전 방식은 현상 파악 후 그 데이터에 따라 목표 설정 후 원인 분석을 하고 이것에 따라 보전 방식을 결정한다.

**72.** **다음 직무 중 간단하고 단순하여 작업자에게 대행하게 하여도 되는 것은?** [16-2]

① 적정 유종 선정
② 윤활제 교환 주기 결정
③ 기계 설비 일상 점검 및 급유
④ 윤활 대장 및 각종 기록 정리, 보고

해설 기계 설비 일상 점검 및 급유는 작업자의 숙련도에 따라 품질에 큰 차이가 없다.

**73.** **$C_nH_{2n+2}$의 직렬 쇄상 구조이며 연소성이 양호한 원유는?** [15-4]

① 나프텐계 ② 방향족계
③ 올레핀계 ④ 파라핀계

해설 나프텐계에 비해 파라핀계가 연소성이 양호하며, 나프텐계의 주성분은 $C_nH_{2n}$이다.

**74.** **EP유라고도 하며 큰 하중을 받는 베어링의 경우 유막이 파괴되기 쉬우므로 이를 방지하기 위해 사용되는 윤활유의 첨가제는?** [20-4]

① 극압제
② 청정 분산제
③ 산화 방지제
④ 점도 지수 향상제

해설 윤활유의 극압제로는 일반적으로 염소(Cl), 유황(S), 인(P) 등을 사용한다.

**75.** **윤활유의 산화를 촉진하는 인자로 가장 거리가 먼 것은?** [13-4, 21-1]

① 산소
② 온도
③ 금속 촉매
④ 표면장력의 저하

해설 표면장력의 저하는 산화를 촉진하는 인자가 아니고 결과이다.

**76.** **작동유의 수명을 결정하는 성상으로 오일의 산화로 생성된 슬러지가 밸브나 오리피스관 등을 막히게 하거나 마찰 부위를 마모시키는 원인이 되는 것은?** [17-2]

① 전단 안정성 ② 산화 안정성
③ 마모 방지성 ④ 청정 분산성

해설 윤활유 사용 시 공기 중의 산소를 흡수하여 화학적 반응을 일으키는 현상을 산화(oxidation)라 한다. 산화 안정성은 이러한 산화를 방지하는 성질을 말한다.

정답 71. ③ 72. ③ 73. ④ 74. ① 75. ④ 76. ②

**77. 윤활의 운동 형태 측면에서 굴림 운동 혹은 미끄럼 운동으로 나눠 볼 수 있다. 기계 요소 측면에서 미끄럼 및 굴림 운동 모두에 해당하는 것이 아닌 것은?** [07-4]

① 헬리컬 기어
② 하이포드 기어
③ 베벨 기어
④ 유압 실린더

**해설** 유압 실린더는 미끄럼 운동만 발생한다.

**78. 그리스를 장기간 사용하지 않고 저장할 경우 또는 사용 중에 그리스를 구성하고 있는 기름이 분리되는 현상을 무엇이라고 하는가?** [17-2, 18-2, 19-1, 20-3, 20-4, 21-1]

① 주도 ② 이유도
③ 적하점 ④ 황산회분

**해설** 그리스를 장기간 보존해 두면 오일이 점차로 분리되어 그리스 표면에 스며 나오는 것을 볼 수 있다. 이러한 현상을 이유(離油) 현상 또는 유분리(油分離) 현상이라고 하며, 그리스의 저장 안정성(storage stability)이라고도 한다.

**79. 기어 윤활의 제반 조건에 따른 그 대책을 잘못 설명한 것은?** [12-4]

① 온도 상승에 따른 점도 저하 및 열화 대책-주위 온도에 따라 적정 점도 및 유량의 조정
② 하중 충격에 의한 기어의 소부 마모-극압 첨가제가 첨가된 기어유 사용
③ 치면 접촉 불균일에 의한 소부 이상 마모-운전 초기 하중을 많이 걸고 충분한 길들이기 운전 실시
④ 적정 개소에 적정량의 윤활유 급유 부족에 의한 소부 이상 마모-사용 조건을 고려하여 적정 급유 방식의 선정

**해설** 기계적 요구사항 중 치면 접촉 불균일에 의한 소부 이상 마모일 때는 운전 초기 하중을 적게 걸고 충분한 길들이기 운전을 실시한다.

**80. 유압 작동유가 갖추어야 할 성질로서 틀린 것은?** [18-4]

① 난연성일 것
② 체적 탄성계수가 작을 것
③ 전단 안정성, 유화 안정성이 클 것
④ 캐비테이션이 잘 일어나지 않을 것

**해설** 체적 탄성계수는 응력과 변형률 간의 관계를 나타내는 값이며, 유압 작동유는 압축률이 작아야 한다.

**정답** 77. ④ 78. ② 79. ③ 80. ②

# 제5회 CBT 대비 실전문제

## 1과목 공유압 및 자동 제어

**1. 다음 설명에 해당되는 것은?** [19-4]

> 비압축성 유체를 밀폐된 공간에 담아 유체의 한쪽에 힘을 가하여 압력을 증가시키면, 유체 내의 압력은 모든 방향에 같은 크기로 전달된다.

① 레이놀즈 수
② 연속 방정식
③ 파스칼의 원리
④ 베르누이의 정리

해설 파스칼의 원리는 정지된 유체 내에서 압력을 가하면 이 압력은 유체를 통하여 모든 방향으로 일정하게 전달된다는 것이다.

**2. 다음은 윤활기에 대한 설명이다. 맞는 것은?** [16-2]

① 윤활기는 파스칼의 원리를 적용한 것이다.
② 과도하게 윤활의 양이 많아도 부품들의 동작에 영향이 없다.
③ 직경이 125mm 이상인 실린더를 사용하는 경우 윤활이 필요하다.
④ 윤활된 공기는 실린더 운동에 소모되어 환경오염에 영향이 없다.

해설 ㉠ 윤활기는 가능한 한 실린더 가까이에 설치한다.
㉡ 극히 고속의 왕복 운동일 때 윤활이 필요하다.
㉢ 윤활기의 용기는 트리클로로에틸렌으로 세척해서는 안 되며, 광물성 기름으로 세척해야 한다.

**3. 실린더의 설치 시 요동이 허용되는 방법은?** [20-3]

① 풋형 ② 나사형
③ 플랜지형 ④ 트러니언형

해설 축심 요동형에는 트러니언형과 클레비스형, 볼형이 있다.

**4. 트로코이드(trochoid) 유압 펌프에 대한 설명으로 옳은 것은?** [11-4, 14-4, 17-4]

① 폐입 현상이 크게 발생된다.
② 고속 초고압용으로 적합하다.
③ 초승달 모양의 스페이서가 있다.
④ 내측 로터의 이의 수보다 외측 로터의 이의 수가 1개 더 많다.

해설 트로코이드 펌프 : 내접 기어 펌프와 비슷한 모양으로 안쪽 기어 로터가 전동기에 의하여 회전하면 바깥쪽 로터도 따라서 회전하며, 안쪽 로터의 잇수가 바깥쪽 로터보다 1개 적으므로, 바깥쪽 로터의 모양에 따라 배출량이 결정된다.

**5. 감압 밸브와 릴리프 밸브에 대한 설명으로 틀린 것은?** [11-4, 19-1]

① 감압 밸브는 평상시 열려 있고, 릴리프 밸브는 평상시 닫혀 있다.

정답 1. ③ 2. ③ 3. ④ 4. ④ 5. ③

② 감압 밸브는 출구 측 압력에 의해 제어되고, 릴리프 밸브는 입구 측 압력에 의해 제어된다.
③ 릴리프 밸브는 출구 측에서 입구 측으로의 역방향 흐름이 가능하고 감압 밸브는 불가능하다.
④ 릴리프 밸브는 압력계가 입구 측에 설치되어 있고, 감압 밸브는 압력계가 출구 측에 설치되어 있다.

해설 릴리프 밸브는 유압 회로의 상류 압력을 조정하고 감압 밸브는 하류 압력을 조정한다.

**6. 유압 피스톤의 직경이 50mm이고 사용압력이 60kgf/cm$^2$일 때 실린더가 낼 수 있는 추력은? (단, 실린더의 효율은 무시한다.)** [21－4]

① 296kgf ② 589kgf
③ 1178kgf ④ 1500kgf

해설 ㉠ $A=\frac{\pi d^2}{4}=\frac{\pi\times 5^2}{4}=19.625\,\text{cm}^2$

㉡ $P=\frac{F}{A}$,

$F=A\times P=19.625\times 60=1178\,\text{kgf}$

**7. 다음 중 미세 필터에 사용되는 재료로 부적합한 것은?** [15－4]

① 금속망 ② 규소물
③ 유리 섬유 ④ 플라스틱 섬유

해설 여과 입도 : 보통의 유압 장치는 20~25$\mu$m, 미끄럼면에 정밀한 공차가 있는 곳은 10$\mu$m이나 금속망은 25$\mu$m 이상이므로 미세 필터에는 부적당하다.

**8. 다음 중 공 · 유압 회로도를 보고 알 수 없는 것은?** [16－4]

① 관로의 실제 길이
② 유체 흐름의 방향
③ 유체 흐름의 순서
④ 공 · 유압기기의 종류

해설 공 · 유압 회로도에서는 관로의 길이를 알 수 없다.

**9. 공압을 이용한 시퀀스 제어에서 발생하는 신호의 간섭을 제거할 수 있는 방법으로 틀린 것은?** [07－4, 15－4]

① 공압 타이머를 이용한 방법
② 압력 조절 밸브를 이용한 방법
③ 오버 센터를 이용한 방법
④ 방향성 롤러 레버를 이용한 방법

해설 신호 제거 회로에는 오버 센터 장치(over center device)를 이용한 기계적인 신호 제거 방법, 방향성 리밋 스위치 사용법, 정상 상태 열림형 시간 지연 밸브 사용법이 있다.

**10. 다음의 그림에서 버니어 캘리퍼스의 측정값은 얼마인가?** [12－1]

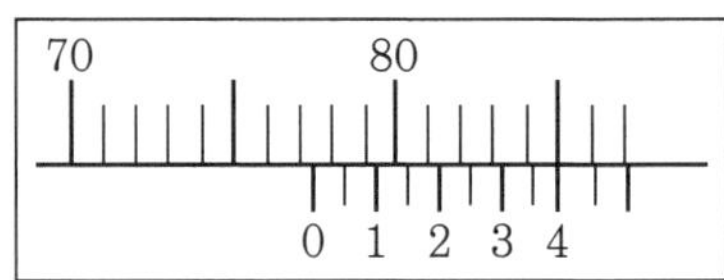


① 77.0mm ② 77.4mm
③ 7.04mm ④ 77.14mm

해설 측정값$=77+0.4=77.4$mm

**11. 다음 중 전원 선을 분리하지 않고 전류를 측정할 수 있는 계기는?**

① 디지털 멀티미터
② 오실로스코프
③ 후크 미터
④ 변류기

정답 6. ③ 7. ① 8. ① 9. ② 10. ② 11. ③

**해설** 후크 미터 : 전원 선을 분리하지 않고 활선(전기가 흐르고 있는) 상태에서 전류를 측정할 수 있으므로 현장에서 널리 사용되는 계기이다.

**12.** 검출 물체가 센서의 작동 영역(감지 거리 이내)에 들어올 때부터 센서의 출력 상태가 변화하는 순간까지의 시간 지연을 무엇이라 하는가?

① 동작 주기 ② 복귀 시간
③ 응답 시간 ④ 초기 지연

**해설** 응답 시간 : 입력이 가해진 뒤에 출력이 표시될 때까지의 시간

**13.** 전자 유도에 의한 잡음 대책인 것은?

① 편조 케이블을 사용한다.
② 실드 케이블을 사용한다.
③ 트위스트 케이블을 사용한다.
④ 습기나 수분을 제거한다.

**해설** 노이즈 대책

| 노이즈 대책 | 효과 |
|---|---|
| 실드 사용 | 정전 유도 제거 |
| 관로 사용 | 자기 유도 제거 |
| 연선 사용 | 자기 유도 제거 |
| 저임피던스 신호원 사용 | CMNR의 증대 |
| 신중한 배선 | 유도 장애의 경감 |
| 필터의 사용 | 정상 모드 노이즈의 제거 |

**14.** 저항 변화형 센서가 아닌 것은?

① 스트레인 게이지 ② 리드 스위치
③ 서미스터 ④ 퍼텐쇼미터

**해설** 리드 스위치는 자기 센서이다.

**15.** 전동기의 직입 기동에 속하지 않는 것은?

① 기동 버튼 ② 전자 접촉기
③ 배선용 차단기 ④ 집적 회로

**해설** 집적 회로(集積回路, integrated circuit) : 특정의 복잡한 기능을 처리하기 위해 많은 소자를 하나의 칩 안에 집적화한 전자 부품

**16.** 단상, 삼상 전동기의 고장 중 기동 불능일 때, 다음 중 그 원인으로 가장 거리가 먼 것은? [16-4]

① 퓨즈 단락 ② 베어링 고착
③ 전압의 부적당 ④ 내부 결손 오류

**해설** 전압이 높으면 고속, 낮으면 저속으로 회전한다.

**17.** 시스템의 특성을 나타내는 라플라스 변환식에서 입력과 출력의 관계를 나타내는 것은? [06-4]

① 전달 함수 ② 도함수
③ 피드백 ④ 블리드 오프

**해설** 신호 전달 요소를 표현하는 것으로서 보통 전달 함수(transfer function)가 사용되며 라플라스 변환에 의해 정의된다.

**18.** 다음 중 관로에서의 유량 측정 방법이 아닌 것은? [12-2, 15-2]

① 노즐(nozzle)
② 오리피스(orifice)
③ 피에조 미터(piezometer)
④ 벤투리 미터(venturi meter)

**해설** ㉠ 플로우 노즐 장점
- 오리피스에 비해 고형물이 포함된 유량 측정이 가능하다.

**정답** 12. ③ 13. ③ 14. ② 15. ④ 16. ③ 17. ① 18. ③

- 오리피스에 비해 차압 손실이 적으나 벤투리관보다는 크다.
- 오리피스에 비해 마모가 정도에 미치는 영향이 적다.
- 고온, 고압, 고속 유체에도 측정이 가능하다.
- 같은 사양의 오리피스에 비해 유량계수가 크다.

㉡ 플로우 노즐 단점
- 오리피스와 같은 직경일 경우 적용 범위가 작다.
- 유량 측정 범위 변경 시 교환이 오리피스에 비해 어렵고, 고가이다.

㉢ 오리피스의 장점
- 구조가 간단하고 가격이 저렴하다.
- 사용 조건에 따라 다르나 거의 반영구적이다.
- 측정 유량 범위 변경 시 플레이트 변경만으로 가능하다.
- 액체, 가스, 증기의 유량 측정이 가능하고 광범위한 온도, 압력에서의 유량 측정이 가능하다.

㉣ 오리피스의 단점
- 충분한 직관부가 필요하다.
- 벤투리관에 비해 압력 손실이 크다.
- 적은 적용 범위로 통상 4 : 1이다.
- 측정 유체 중에 고형물 포함을 피해야 한다.

㉤ 벤투리관의 장점
- 고형물이 포함된 유량 측정이 가능하나 차압 검출구의 막힘이 발생하므로 퍼지 등의 대책이 필요하다.
- 노즐, 오리피스에 비해 압력 손실이 적다.
- 유체 체류부가 없어 마모에 의한 내구성이 좋다.
- 대유량 측정이 가능하다.

㉥ 벤투리관의 단점
- 적은 적용 범위를 가진다.
- 유량 측정 범위 변경 시 교환이 어렵다.
- 노즐이나 오리피스에 비해 고가이다.
- 취부 범위가 크다.
- 같은 크기의 오리피스에 비해 발생 차압이 작다.

※ 피에조 미터는 정압 측정 장치이다.

**19. 다음 중 옴의 법칙으로 맞는 것은 어느 것인가?** [06-4, 15-4, 18-2]

① 전류($I$) = 전압($V$) + 저항($R$)
② 전압($V$) = 전류($I$) × 저항($R$)
③ 저항($R$) = 전압($V$) × 전류($I$)
④ 전류($I$) = 전압($V$) × 저항($R$)

**20. 작동 시퀀스의 형태에 따른 분류에 해당하지 않는 것은?** [21-1]

① 기억 제어(memory control)
② 이벤트 제어(event control)
③ 프로그램 제어(program control)
④ 타임 스케줄 제어(time schedule control)

## 2과목 용접 및 안전관리

**21. 다음 용접 방법 중 전기적 에너지에 의한 용접 방법이 아닌 것은?** [10-4, 5-4]

① 아크 용접 ② 저항 용접
③ 테르밋 용접 ④ 플라즈마 용접

**해설** 테르밋 용접은 용접법 분류에서 융접에 속한다.

**22. 지름이 3.2mm인 피복 아크 용접봉으로 연강판을 용접하고자 할 때 가장 적합한**

정답 19. ② 20. ② 21. ③ 22. ①

아크의 길이는 몇 mm 정도인가?

① 3.2　② 4.0
③ 4.8　④ 5.0

해설 피복 아크 용접봉의 적합한 아크 길이는 용접봉 심선의 지름과 같거나 그 이하로 한다.

**23.** 실내 종류에 따른 시간당 환기 횟수 중에 틀린 것은?

① 일반 공장 : 5~15
② 기계 공장 : 10~20
③ 용접 공장 : 30~40
④ 도장 공장 : 30~100

해설 용접 공장의 환기 횟수는 15~25회이다.

**24.** 서브머지드 아크 용접은 수동(피복 아크 용접) 용접보다 몇 배의 용접 속도의 능률을 갖는가?

① 2~3배　② 5~7배
③ 2~10배　④ 10~20배

해설 서브머지드 아크 용접은 용접 속도가 피복 아크 용접보다 10~20배, 2~3배의 용입이 커진다.

**25.** TIG 용접에서 교류 전원 사용 시 발생하는 직류 성분을 없애기 위하여 용접기 2차 회로에 삽입하는 것 중 틀린 것은?

① 정류기　② 직류 콘덴서
③ 축전지　④ 컨덕턴스

해설 교류에서 발생되는 불평형 전류를 방지하기 위해서 2차 회로에 직류 콘덴서(condenser), 정류기, 리액터, 축전지 등을 삽입하여 직류 성분을 제거하며, 이것은 평형 교류 용접기이다.

**26.** 불활성 가스 아크 용접으로 용접을 하지 않는 것은?

① 알루미늄　② 스테인리스강
③ 마그네슘 합금　④ 선철

해설 불활성 가스 아크 용접에 해당되는 금속은 연강 및 저합금강, 스테인리스강, 알루미늄과 합금, 동 및 동 합금, 티타늄(Ti) 및 티타늄 합금 등이며, 선철은 용접하지 않는다.

**27.** $CO_2$ 용접기를 설치할 때 맞지 않는 것은?

① 가연성 표면 위나 $CO_2$ 용접기 주변에 다른 장비를 설치하지 않는다.
② 습기와 먼지가 적은 곳에 설치한다.
③ 벽이나 다른 장비로부터 30cm 이상 떨어져 설치한다.
④ 주위 온도는 −10~70℃를 유지하여야 한다.

해설 주위 온도는 −10~40℃를 유지하여야 한다.

**28.** 용접 이음 설계상 주의사항으로 옳지 않은 것은?

① 용접 순서를 고려해야 한다.
② 용접선이 가능한 집중되도록 한다.
③ 용접부에 되도록 잔류 응력이 발생되지 않도록 한다.
④ 두께가 다른 부재를 용접할 경우 단면의 급격한 변화를 피하도록 한다.

해설 용접선은 분산되어야 한다.

**29.** 맞대기 이음 용접부의 굽힘 변형 방지법 중 부적당한 것은?

① 스트롱 백(strong back)에 의한 구속

정답 23. ③　24. ④　25. ④　26. ④　27. ④　28. ②　29. ④

② 주변 고착
③ 이음부에 역각도를 주는 방법
④ 수냉각법

해설 ㉠ 용접 전후의 변형 및 잔류 응력을 제거하는 응력 제거법 : 노내 풀림법, 국부 풀림법, 저온 응력 완화법, 기계적 응력 완화법, 피닝법 등
㉡ 용접 작업 전 변형 방지법 : 억제법, 역 변형법
㉢ 용접 시공에 의한 방법 : 대칭법, 후퇴법, 교호법, 비석법
㉣ 모재로의 입열을 막는 방법 : 도열법

**30.** 용접부의 기공 검사는 어느 시험법으로 가장 많이 하는가?

① 경도 시험
② 인장 시험
③ X선 시험
④ 침투 탐상 시험

해설 비파괴 시험으로 X선 투과 시험은 균열, 융합 불량, 슬래그 섞임, 기공 등의 내부 결함 검출에 사용된다.

**31.** 비파괴 검사의 역할에 대한 설명으로 틀린 것은?

① 제조 공정을 합리화할 수 있다.
② 제조 원가의 절감이 가능하다.
③ 재료의 손실을 줄일 수 있다.
④ 결함이 존재하는 재료를 항상 폐기할 수 있다.

**32.** 봉재의 길이 방향의 결함을 위한 자화 방법은?

① 전류 관통법 ② 축 통전법
③ 극간법 ④ 코일법

해설 축 통전법은 원형 자화에 속한다.

**33.** 비파괴 검사에서 과잉 세척을 방지하기 위해 사용되는 것은 무엇인가?

① 유화제 ② 침투제
③ 현상제 ④ 자외선

해설 유화제 : 침투액을 물로 제거할 수 있도록 침투액과 침투액의 막을 혼합시키는 데 사용되는 것

**34.** 선반 바이트에 있는 안전 장치는 다음 중 어느 것인가?

① 칩 브레이커 ② 경사각
③ 여유각 ④ 절삭각

해설 초경 합금으로 연강을 고속 절삭할 때는 칩의 처리가 곤란하다. 즉, 연속적으로 생성되는 칩을 적당한 길이로 절단하기 위하여 바이트의 경사면에 칩 브레이커를 설치한다.

**35.** 아크 용접을 할 때 작업자에게 가장 위험한 부분은?

① 배전관
② 용접봉 홀더 노출부
③ 용접기
④ 케이블

해설 용접 작업 중 용접봉 홀더에 노출부가 있으면 작업자가 감전될 수 있다.

**36.** 200V 3상 6HP 전동기의 표준 퓨즈 용량은?

① 20A ② 30A
③ 40A ④ 50A

해설 퓨즈는 주석, 납의 합금으로 정격 전류의 2배 이상이면 끊어지도록 되어 있다.

즉, $P=EI$에서 $I=\frac{P}{E}$이다.

정답 30. ③ 31. ④ 32. ② 33. ① 34. ① 35. ② 36. ③

$P=0.746\text{kW}\times 6=4.476\text{kW},\ E=200\text{V},$

$I=\frac{4.476\text{kW}}{200\text{V}}=\frac{4476\text{W}}{200\text{V}}\fallingdotseq 22\text{A}$

$\therefore\ 22\text{A}\times 2$배$=44\text{A}$

여기서, 1HP=0.746kW

**37. 공기 중의 탄산가스의 농도가 몇 %이면 중독 사망을 일으키는가?**

① 30% ② 35%
③ 25% ④ 20%

해설 이산화탄소가 인체에 미치는 영향
㉠ 3~4% : 두통, 뇌빈혈
㉡ 15% 이상 : 위험 상태
㉢ 30% 이상 : 극히 위험

**38. 작업자의 통로 구획 표시에 쓰이는 색깔은 무엇인가?**

① 흑색 ② 녹색
③ 적색 ④ 백색

해설 통로 구획은 백색 실선으로 표시한다. 황색을 쓰는 경우도 있다.

**39. 산업안전보건법령상 중대 재해가 아닌 것은?**

① 사망자가 2명 발생한 재해
② 부상자가 동시에 10명 발생한 재해
③ 직업성 질병자가 동시에 5명 발생한 재해
④ 3개월의 요양이 필요한 부상자가 동시에 3명 발생한 재해

해설 중대 재해의 범위
㉠ 사망자가 1명 이상 발생한 재해
㉡ 3개월 이상의 요양이 필요한 부상자가 동시에 2명 이상 발생한 재해
㉢ 부상자 또는 직업성 질병자가 동시에 10명 이상 발생한 재해

**40. 로봇의 운전으로 인한 근로자의 위험을 방지하기 위하여 일반적으로 설치하여야 하는 울타리의 높이는 얼마 이상인가?**

① 1.3m ② 1.5m
③ 1.8m ④ 2.1m

해설 사업주는 로봇의 운전으로 인하여 근로자에게 발생할 수 있는 부상 등의 위험을 방지하기 위하여 높이 1.8m 이상의 울타리(로봇의 가동 범위 등을 고려하여 높이로 인한 위험성이 없는 경우에는 높이를 그 이하로 조절할 수 있다)를 설치하여야 한다.

## 3과목 기계 설비 일반

**41. IT 기본 공차에 대한 설명으로 틀린 것은?**

① IT 기본 공차는 치수 공차와 끼워 맞춤에 있어서 정해진 모든 치수 공차를 의미한다.
② IT 기본 공차의 등급은 IT01부터 IT18까지 20등급으로 구분되어 있다.
③ IT 공차 적용 시 제작의 난이도를 고려하여 구멍에는 ITn−1, 축에는 ITn을 부여한다.
④ 끼워 맞춤 공차를 적용할 때 구멍일 경우 IT6~IT10이고, 축일 때에는 IT5~IT9이다.

해설 구멍에는 ITn, 축에는 ITn−1을 부여한다.

**42. 다음의 표면 거칠기 기호에서 2.5가 의미하는 거칠기 값의 종류는?**

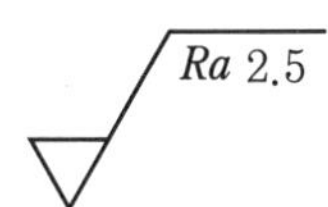


정답 37. ① 38. ④ 39. ③ 40. ③ 41. ③ 42. ①

① 산술 평균 거칠기
② 최대 높이 거칠기
③ 10점 평균 거칠기
④ 최소 높이 거칠기

**43.** "6구멍"과 같이 형체의 공차에 연관시켜 지시할 때 올바른 기입 방법은?

①
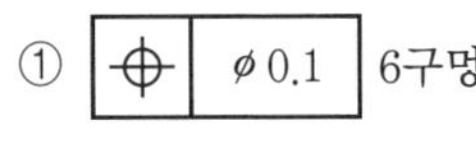


②
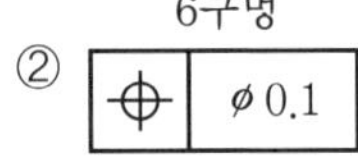


③ ⌖ | ϕ0.1
6구멍

④ 6구멍 ⌖ | ϕ0.1

**44.** 측정 오차에 해당되지 않는 것은?

① 측정 기구의 눈금, 기타 불변의 오차
② 측정자(測定者)에 기인하는 오차
③ 조명도에 의한 오차
④ 측정 기구의 사용 상황에 따른 오차

**해설** ①, ②, ④ 이외에도 확대 기구의 오차, 온도 변화에 따른 오차 등이 존재한다.

**45.** 부품을 마이크로미터로 측정하여 69.840 mm의 측정값을 얻었다. 사용한 측정기에 $-16\mu m$의 오차가 있다고 하면 실제값은 얼마인가?

① 69.856 mm ② 69.824 mm
③ 69.834 mm ④ 69.848 mm

**해설** 실제값 = 측정값 − 오차
= 69.840 − (−0.016) = 69.856 mm

**46.** 다음 공작 기계의 종류 중 절삭 방향이 다른 3개와 상이한 것은?

① 드릴링 가공 ② 플레이너 가공
③ 셰이퍼 가공 ④ 슬로팅 가공

**해설** 플레이너만 공구 고정 공작물 이송이고, 나머지는 공구 운동, 공작물 고정이다.

**47.** 다음 절삭 저항 중 가장 큰 분력은?

① 주분력 ② 횡분력
③ 이송 분력 ④ 배분력

**해설** 절삭 저항 : 배분력과 이송 분력(횡분력)보다 주분력이 현저히 크며 공구 수명과 관계가 깊다.

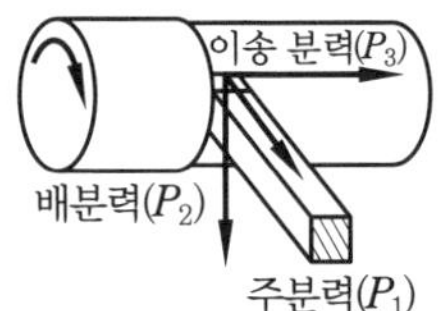


**48.** 체심 입방 격자의 귀속 원자수는 몇 개인가?

① 1개 ② 2개 ③ 3개 ④ 4개

**해설** 귀속 원자수는 면심 입방 격자는 4개, 체심과 조밀 육방 격자는 2개이다.

**49.** 일반적인 고주파 담금질의 특징으로 틀린 것은? [19−1]

① 직접 가열하므로 열 효율이 높다.
② 열처리 불량이 적고 변형 보정을 필요로 하지 않는다.
③ 가열 시간이 길어서 경화면의 탈탄이나 산화가 많이 발생한다.
④ 직접 부분 담금질이 가능하므로 필요한 깊이만큼 균일하게 경화된다.

**해설** 고주파 담금질은 고주파 유도 전류에 의하여 바라고자 하는 소요 깊이까지 급가열하여 급랭 경화하는 방법으로 신속한 작업 처리가 가능하다.

**정답** 43. ② 44. ③ 45. ① 46. ② 47. ① 48. ② 49. ③

**50.** 축의 도시 방법으로 틀린 것은? [09-4]

① 축이나 보스의 끝 구석 라운드 가공부는 필요시 확대하여 기입하여 준다.
② 축은 일반적으로 길이 방향으로 절단하지 않으며 필요시 부분 단면은 가능하다.
③ 긴 축은 단축하여 그릴 수 있으나 길이는 실제 길이를 기입한다.
④ 원형축의 일부가 평면일 경우 일점 쇄선을 대각선으로 표시한다.

해설 원형축의 일부가 평면일 경우 가는 실선을 대각선으로 표시한다.

**51.** 축 정렬 작업을 위하여 다음 그림과 같이 다이얼 게이지를 설치하고 두 축을 동시에 회전시켜 상, 하(0°, 180°)를 측정하였더니 10μm 눈금의 차이가 발생했다면 두 축의 상, 하 편심량은?

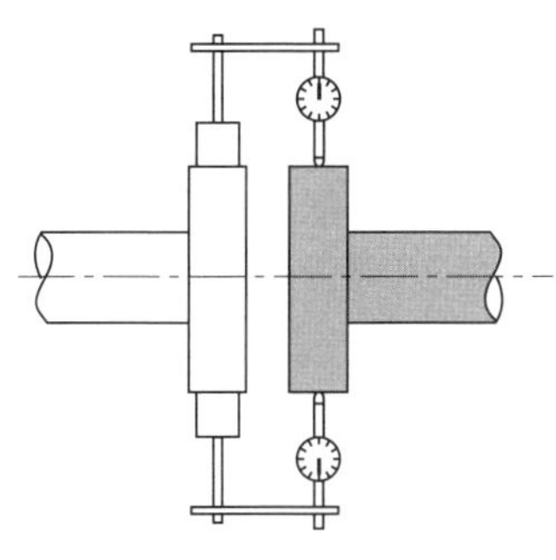

① 0μm ② 5μm
③ 10μm ④ 20μm

해설 편심량$=\frac{10\mu m}{2}=5\mu m$

**52.** 너트의 풀림 방지용으로 사용되는 와셔로 적당하지 않은 것은? [19-1]

① 사각 와셔 ② 이붙이 와셔
③ 스프링 와셔 ④ 혀붙이 와셔

해설 사각 와셔는 목재용이다.

**53.** 축의 굽음(bending) 측정용으로 적합한 측정 공기구는? [15-2]

① 블록 게이지
② 다이얼 게이지
③ 외경 마이크로미터
④ 내경 마이크로미터

해설 축의 굽음 측정은 다이얼 게이지로 한다.

**54.** 기어 전동 장치에서 두 축이 평행한 기어는? [09-4, 19-2, 20-3]

① 웜(worm) 기어
② 스큐(skew) 기어
③ 스퍼(spur) 기어
④ 베벨(bevel) 기어

해설 ㉠ 두 축이 평행한 경우 : 스퍼, 헬리컬, 2중 헬리컬, 래크, 내접 기어
㉡ 두 축의 중심선이 만나는 경우 : 베벨, 크라운 기어
㉢ 두 축이 평행하지도 않고 만나지도 않는 경우 : 스크류, 하이포이드, 웜 기어

**55.** 운동 제어용 기계 요소로 래칫 휠(ratchet wheel)의 역할 중 가장 거리가 먼 것은? [14-4]

① 역전 방지 작용
② 조속 작용
③ 나눔 작용
④ 완충 작용

해설 완충 작용은 스프링이 한다.

**56.** 관은 그 속에 흐르는 유체의 온도 변화에 따라 수축, 팽창을 일으키는데 이러한 관의 신축 장해를 제거하기 위한 신축 이음쇠의 종류가 아닌 것은? [11-4]

정답 50. ④ 51. ② 52. ① 53. ② 54. ③ 55. ④ 56. ④

① 벨로우즈형(bellows type)
② 슬리브형(sleeve type)
③ 스위블형(swivel type)
④ 플랜지형(flange type)

해설 플랜지형은 관 지름이 크고 고압관일 때 사용하는 관 이음쇠이다.

**57. 수평 배관용으로 사용되며 유체의 역류를 방지하는 밸브로 맞는 것은?** [19-2]

① 스윙 체크 밸브
② 글로브 체크 밸브
③ 나비형 체크 밸브
④ 파일럿 조작 체크 밸브

해설 스윙 체크 밸브 : 가장 널리 사용되는 형식으로 T형, Y형, 웨이퍼(wafer)형이 있으며 대부분 T형이 사용된다. 수직, 수평 배관에 설치할 수 있으나 수직 설치 시 열림 상태를 유지하려는 경향이 있으므로 디스크의 자중에 편심을 주어 낮은 압력에서도 쉽게 작동되도록 해준다.

**58. 유압용 펌프에서 진동, 소음의 발생 원인으로 거리가 가장 먼 것은?** [20-4]

① 임펠러 파손
② 볼 베어링 손상
③ 캐비네이션 발생
④ 그리스 과다 주입

해설 그리스 과다 주입은 발열의 원인이 된다.

**59. 다음 압축기의 종류 중 용적형 압축기에 속하는 것은?** [08-4, 18-1]

① 축류 압축기 ② 왕복 압축기
③ 터보 압축기 ④ 원심식 압축기

해설 왕복식 압축기의 장단점
㉠ 고압 발생이 가능하다.
㉡ 설치 면적이 넓다.
㉢ 기초가 견고해야 한다.
㉣ 윤활이 어렵다.
㉤ 맥동 압력이 있다.
㉥ 소용량이다.

**60. 다음 중 전동기의 과열 원인과 가장 거리가 먼 것은?** [18-4]

① 과부하 운전
② 빈번한 기동, 정지
③ 베어링부에서의 발열
④ 로터와 스테이터의 접촉

해설 진동 현상의 원인 : 베어링의 손상, 커플링, 풀리 등의 마모, 냉각 팬, 날개 바퀴의 느슨해짐, 로터와 스테이터의 접촉 등

## 4과목 설비 진단 및 관리

**61. 설비 진단 기술 도입의 일반적인 효과가 아닌 것은?** [09-2, 16-2]

① 경향 관리를 실행함으로써, 설비의 수명을 예측하는 것이 가능하다.
② 중요 설비, 부위를 상시 감시함에 따라 돌발적인 중대 고장 방지가 가능해진다.
③ 정밀 진단을 통해서 설비 관리가 이루어지므로 오버홀(overhaul)의 횟수가 증가하게 된다.
④ 점검원의 경험적인 기능과 진단기기를 사용하면 보다 정량화할 수 있어 누구라도 능숙하게 되면 설비의 이상 판단이 가능해진다.

해설 정밀 진단을 통해서 설비 관리가 이루어지므로 오버홀(overhaul)의 횟수가 감소하게 된다.

정답 57. ① 58. ④ 59. ② 60. ④ 61. ③

**62. 다음 중 진동의 종류별 설명으로 틀린 것은?** [06-4, 14-2, 21-4]

① 선형 진동-진동의 진폭이 증가함에 따라 모든 진동계가 운동하는 방식이다.
② 자유 진동-외란이 가해진 후에 계가 스스로 진동을 하고 있는 경우이다.
③ 비감쇠 진동-대부분의 물리계에서 감쇠의 양이 매우 적어 공학적으로 감쇠를 무시한다.
④ 규칙 진동-기계 회전부에 생기는 불평형, 커플링부의 중심 어긋남 등의 원인으로 발생하는 진동이다.

해설 ㉠ 선형 진동 : 기본 요소(스프링, 질량, 감쇠기)가 선형 특성일 때 발생하는 진동
㉡ 비선형 진동 : 기본 요소 중의 하나가 비선형적일 때 발생하는 진동으로 진동의 진폭이 증가함에 따라 모든 진동계가 운동하는 방식

**63. 진동 진폭의 파라미터로서 진동 변위 $D$(μm), 진동 속도 $V$(mm/s), 진동 주파수를 $f$(Hz)라 할 때 진동 변위와 진동 속도 관계를 올바르게 표현한 것은?** [10-4, 18-4]

① $V=2\pi fD\times10^{-3}$ ② $V=2\pi fD$
③ $V=\frac{D}{2\pi f}\times10^{-3}$ ④ $V=\frac{D}{2\pi f}$

해설 $D$의 단위는 μm이고, $V$의 단위는 mm/s이므로 $V=2\pi fD\times10^{-3}$이다.

**64. 음파가 한 매질에서 타 매질로 통과할 때 구부러지는 현상은?** [14-2, 19-4, 22-1]

① 음의 굴절 ② 음의 회절
③ 맥놀이(beat) ④ 도플러 효과

해설 음의 굴절 : 음파가 한 매질에서 다른 매질로 통과할 때 구부러지는 현상을 말한다. 각각 서로 다른 매질을 음이 통과할 때 그 매질 중의 음속은 서로 다르게 된다.

**65. 공장 내의 소음 중 특히 저주파 소음을 방지할 수 있는 방법은?** [20-4]

① 재료의 강성을 높인다.
② 재료의 무게를 늘인다.
③ 재료의 무게를 줄인다.
④ 재료의 내부 댐핑을 줄인다.

해설 저주파 소음 발생이 되는 큰 패널을 작은 부분으로 나눔으로써 소음을 감소시킬 수 있다. 또한 패널에 구멍을 뚫어서 패널 양쪽으로 공기의 흐름을 분산시키면 저주파 소음 발생을 방지할 수 있다.

**66. 소음계로 소음 측정 시 주의사항으로 틀린 것은?** [08-4, 21-4]

① 청감 보정 회로를 사용한다.
② 반사음 영향에 대한 대책을 세운다.
③ 암소음 영향에 대한 보정값을 고려한다.
④ 변동이 적은 소음은 fast에, 변동이 심한 소음은 slow에 놓고 측정한다.

해설 변동이 적은 소음은 slow에, 변동이 심한 소음은 fast에 놓고 측정한다.

**67. 설비 관리 업무의 요원 대책이 아닌 것은?** [08-4, 11-4]

① 최고 부하를 없앤다.
② OSR(on stram repair)은 위험하기 때문에 피한다.
③ OSI(on stram inspection)은 피크를 피하고자 하는 것이다.
④ 유닛 방식을 최대한 활용한다.

해설 OSR과 OSI는 운전 중에 실시한다.

정답 62. ① 63. ① 64. ① 65. ① 66. ④ 67. ②

**68.** **부하 시간에 대한 가동 시간의 비율을 나타낸 것은?** [18-1]

① 속도 가동률 ② 실질 가동률
③ 성능 가동률 ④ 시간 가동률

해설 시간 가동률(%)

$$= \frac{\text{부하 시간} - \text{정지시간}}{\text{부하 시간}} \times 100$$

$$= \frac{\text{가동 시간}}{\text{부하 시간}} \times 100$$

**69.** **평균 이자법 산출 시 연간 비용을 구하는 식으로 옳은 것은?** [18-2, 19-4, 21-4]

① 총 자본비+회수 금액+투자액
② 총 자본비+회수 금액+가동비
③ 상각비+평균 이자+가동비
④ 상각비+평균 이자+투자액

해설 비용 비교법의 평균 이자법에서 연간 비용=상각비+평균 이자+가동비로 구한다.

**70.** **공장의 모든 보전 요원을 한 사람의 관리자 밑에서 조직하여 제조 부문과의 교류나 연결성은 적어지지만 독자적으로 중점적인 인원 배치나 보전 기술 향상책을 취하고 관리를 하기 쉬운 보전 조직은 무엇인가?** [17-2]

① 절충 보전형 ② 집중 보전형
③ 부문 보전형 ④ 지역 보전형

**71.** **공사 기간을 단축하기 위하여 활용되는 기법이 아닌 것은?** [18-2, 19-2]

① GT(group technology)법
② LP(linear programming)법
③ MCX(minimum cost expediting)법
④ SAM(siemens approximation method)법

해설 공사 기간 단축법 : SAM(siemens approximation method), LP(linear programming), MCX(minimum cost expediting)

**72.** **공장 계측 관리에서 계측화의 목적이 아닌 것은?** [16-2, 19-2]

① 자주 보전
② 설비 보전, 안전관리
③ 공정 작업의 기술적 관리
④ 생산 공정의 기술적 해석

해설 계측화의 목적 : 생산 공정의 기술적 해석, 공정 작업의 기술적 관리, 시험 검사, 기업의 경제면을 관리, 설비 보전, 안전관리, 위생관리, 조사 연구

**73.** **설비의 종합 효율을 산출하기 위한 공식으로 맞는 것은?** [10-4, 15-2, 19-2]

① 종합 효율=시간 가동률×성능 가동률×양품률
② 종합 효율=속도 가동률×실질 가동률×양품률
③ 종합 효율$= \frac{\text{속도 가동률} \times \text{성능 가동률}}{\text{양품률}}$
④ 종합 효율$= \frac{\text{시간 가동률} \times \text{실질 가동률}}{\text{양품률}}$

해설 종합 효율은 시간 가동률, 성능 가동률, 양품률을 곱해 준다.

**74.** **프로세스형 설비의 로스에 대한 설명으로 틀린 것은?** [18-1]

① 고장 로스는 생산 준비, 수주 및 조정에 의한 생산 계획상의 로스이다.
② 공구 교환 로스는 품목 변화 시 설비 공구 등의 교환에 의하여 발생되는 로스이다.

정답 68. ④ 69. ③ 70. ② 71. ① 72. ① 73. ① 74. ①

③ 속도 저하 로스는 이론 사이클 시간과 실제 사이클 시간과의 차이의 로스이다.
④ 계획 정지 로스는 연간 보전 계획에 의한 예방 보전 또는 정기 보전에 의한 휴지 시간에 의한 로스이다.

해설 고장 로스 : 효율화를 저해하는 최대 요인으로 돌발적 또는 만성적으로 발생한다.

**75.** 목표를 설정할 때 이용되는 QC 수법으로 가장 거리가 먼 것은? [15-2, 22-1]

① 체크 시트에 의한 방법
② 막대그래프에 의한 방법
③ 히스토그램에 의한 방법
④ 레이더 차트에 의한 방법

해설 체크 시트는 현상 파악에 사용되는 수법이며, 목표를 설정할 때 이용되는 QC 수법에는 레이더 차트에 의한 방법, 막대그래프에 의한 방법, 꺾은선 그래프에 의한 방법, 히스토그램에 의한 방법 등이 있다.

**76.** 다음 윤활 중 완전 윤활 또는 후막 윤활이라고도 하며, 가장 이상적인 유막에 의해 마찰면이 완전히 분리되는 것은 어느 것인가? [12-4, 19-2]

① 경계 윤활 ② 극압 윤활
③ 유체 윤활 ④ 혼합 윤활

해설 유체 윤활 : 완전 윤활 또는 후막 윤활이라고도 하며, 이것은 가장 이상적인 유막에 의해 마찰면이 완전히 분리되어 베어링 간극 중에서 균형을 이루게 된다. 이러한 상태는 잘 설계되고 적당한 하중, 속도, 그리고 충분한 상태가 유지되면 이때의 마찰은 윤활유의 점도에만 관계될 뿐 금속의 성질에는 거의 무관하여 마찰계수는 0.01~0.05로서 최저이다.

**77.** 윤활 관리를 실시하는 목적 중 가장 거리가 먼 것은? [08-4, 09-4, 17-4, 20-3]

① 설비의 수명 연장
② 기계 설비의 가동률 증대
③ 동력비의 절감과 생산량 증대
④ 설비의 성능 향상과 윤활비 증대

해설 설비의 성능 향상과 윤활비 감소

**78.** 윤활 관리 조직의 체계는 윤활 관리 부서와 윤활 실시 부서로 구분할 때 윤활 관리 부서에서 실시하는 업무로 가장 적합한 것은? [17-4, 21-2]

① 오일의 교환 주기 결정
② 급유 장치의 예비품 관리
③ 윤활 대장 및 각종 기록 작성
④ 윤활제 선정 및 열화 기준의 판정

해설 ①, ②, ③은 윤활 실시 부서 업무이다.

**79.** 액체 윤활에 비해 그리스 윤활의 장점으로 옳은 것은? [12-4, 18-1]

① 누설이 많다.
② 냉각 작용이 크다.
③ 급유 간격이 짧다.
④ 밀봉 효과가 좋아 먼지 등의 침입이 적다.

해설 그리스 윤활은 유 윤활에 비해 누설이 적고, 급유 간격은 길지만 냉각 작용이 작다.

**80.** 다음 중 윤활유의 점도와 온도의 관계를 지수로 나타내는 실험값으로 옳은 것은? [07-4, 14-2, 19-1]

① 색 ② 유동점
③ 점도 지수 ④ 인화점 및 연소점

해설 점도 지수 : 온도의 변화에 따른 윤활유의 점도 변화를 나타내는 수치

정답 75. ① 76. ③ 77. ④ 78. ④ 79. ④ 80. ③

# 제6회 CBT 대비 실전문제

## 1과목 공유압 및 자동 제어

**1.** 단위 질량당 유체의 체적을 무엇이라 하는가? [16-4, 18-4]

① 밀도 ② 비중
③ 비체적 ④ 비중량

해설 비체적은 단위 질량인 물체가 차지하는 부피로 밀도의 역수이다.

**2.** 다음 중 유압 장치의 특징으로 틀린 것은? [08-4, 10-4, 15-2]

① 소형 장치로 큰 출력을 얻을 수 있다.
② 무단 변속이 가능하고 정확한 위치 제어를 시킬 수 있다.
③ 전기, 전자의 조합으로 자동 제어가 가능하다.
④ 인화의 위험성이 없다.

해설 유압유는 인화점이 작아 화재 발생의 위험이 있다.

**3.** 솔레노이드 밸브에 전압은 가해져 있는데 아마추어가 작동하지 않고 있을 때 원인으로 가장 적합한 것은? [15-4]

① 스러스트 하중이 작용
② 배기공이 막혀 배압이 발생
③ 실링 시트, 스프링 손상으로 스위칭이 오동작
④ 아마추어 고착, 고전압, 고온도 등으로 인한 코일 소손 및 저전압 공급

해설 솔레노이드의 아마추어가 고착되거나 코일이 소손되면 솔레노이가 작동 불능 상태로 된다.

**4.** 공유압 변환기의 사용 시 주의사항으로 적절한 것은? [16-2, 21-2]

① 수평 방향으로 설치한다.
② 발열 장치 가까이 설치한다.
③ 반드시 액추에이터보다 낮게 설치한다.
④ 액추에이터 및 배관 내의 공기를 충분히 뺀다.

해설 공유압 변환기의 사용상의 주의점
㉠ 액추에이터보다 높은 위치에 수직 방향으로 설치한다.
㉡ 액추에이터 및 배관 내의 공기를 충분히 뺀다.
㉢ 열원 가까이에서 사용하지 않는다.

**5.** 다음 밸브의 명칭과 역할은? [22-1]

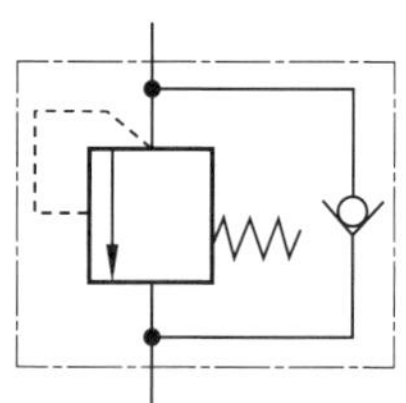

① 감압 밸브 : 실린더 전진 시 압력 제어
② 릴리프 밸브 : 회로의 압력을 일정하게 유지
③ 일방향 유량 제어 밸브 : 실린더 후진 속도 제어
④ 카운터 밸런스 밸브 : 실린더 자중에 의한 낙하 방지

정답 1. ③ 2. ④ 3. ④ 4. ④ 5. ④

**해설** 카운터 밸런스 밸브는 자중에 의해 낙하되는 경우, 즉 인장하중이 발생되는 곳에 배압을 발생시켜 이를 방지하기 위한 것으로 릴리프 밸브와 체크 밸브를 내장한다.

**6. 다단 튜브형 로드를 갖고 있어서 긴 행정 거리를 얻을 수 있는 실린더는?** [20-4]

① 격판 실린더
② 탠덤 실린더
③ 양로드형 실린더
④ 텔레스코프형 실린더

**해설** 텔레스코프형 실린더 : 짧은 실린더 본체로 긴 행정 거리를 필요로 하는 경우에 사용할 수 있는 다단 튜브형 로드를 가진 실린더로 실린더의 내부에 또 하나의 다른 실린더를 내장하고 유체가 유입하면 순차적으로 실린더가 이동하도록 되어 있으며, 후진 시 출력 및 속도를 크게 하거나 길게 하는데 가장 적합한 실린더는 단동 텔레스코프 실린더이다.

**7. 유압 에너지를 저장할 수 있는 유압기기는?** [12-4, 16-4, 18-2]

① 압축기 ② 기름 탱크
③ 저장 탱크 ④ 어큐뮬레이터

**해설** 유압 에너지를 축적할 수 있는 유압기기는 어큐뮬레이터이다.

**8. 캐스케이드 회로에 대한 설명으로 틀린 것은?** [13-4, 19-1]

① 제어에 특수한 장치나 밸브를 사용하지 않고 일반적으로 이용되는 밸브를 사용한다.
② 작동 시퀀스가 복잡하게 되면 제어 그룹의 개수가 많아지게 되어 배선이 복잡하고, 제어 회로의 작성도 어렵게 된다.
③ 작동에 방향성이 없는 리밋 스위치를 이용하고, 리밋 스위치가 순서에 따라 작동되어야만 제어 신호가 출력되기 때문에 높은 신뢰성을 보장할 수 있다.
④ 캐스케이드 밸브가 많아지게 되면 제어 에너지의 압력 상승이 발생되어 제어에 걸리는 스위칭 시간이 짧아지는 단점이 있다.

**해설** 캐스케이드 밸브가 많아지게 되면 캐스케이드 밸브는 직렬로 연결되어 있기 때문에 제어 에너지의 압력 강하가 발생되어 제어에 걸리는 스위칭 시간이 길어지는 단점이 있다.

**9. 유압 액추에이터의 속도를 제어하기 위한 방법이 아닌 것은?** [13-4]

① 미터 인 ② 미터 아웃
③ 급속 배기 ④ 블리드 오프

**해설** 유압은 배기하지 않는다.

**10. 변압기의 무부하 시험, 단락 시험에서 구할 수 없는 것은?**

① 동손 ② 철손
③ 절연 내력 ④ 전압 변동률

**해설** ㉠ 무부하 시험 – 철손
㉡ 단락 시험 – 동손, 전압 변동률, % 전압 강하
㉢ 무부하 시험 · 단락 시험 – 변압기 효율

**11. 그림과 같은 반전 증폭기의 입력 전압과 출력 전압의 비, 즉 전압 이득을 바르게 표현한 식은?**

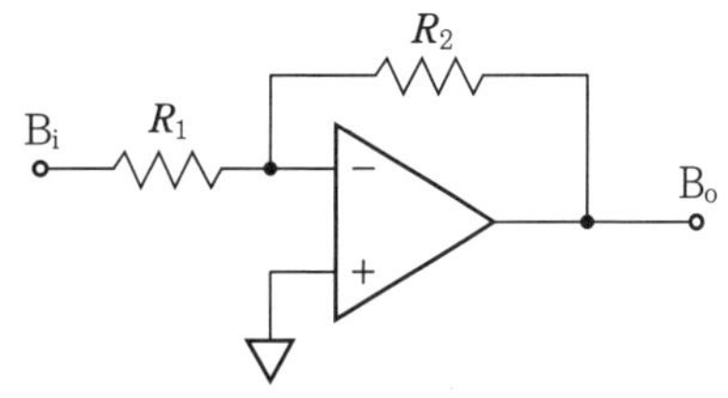


**정답** 6. ④ 7. ④ 8. ④ 9. ③ 10. ③ 11. ②

① $\frac{R_2}{R_1}$　　② $-\frac{R_2}{R_1}$

③ $\left(1+\frac{R_2}{R_1}\right)$　　④ $\left(1-\frac{R_2}{R_1}\right)$

**해설** 반전 증폭기 : 출력 극성 위상이 입력 극성(위상)과 반대로 되는 증폭기로 이득은 $A_V=\frac{V_o}{V_i}=\frac{R_2}{R_1}$이다. 즉, 증폭기의 이득은 두 저항의 비로 정해지며 극성은 반대로 된다.

**12.** 다음 공구 중 조립용 공구가 아닌 것은?

① 드라이버　　② 기어 풀러
③ 스패너　　④ 파이프 렌치

**해설** 기어 풀러는 분해용 공구이다.

**13.** 다음 중 각도 검출용 센서가 아닌 것은?

① 퍼텐쇼미터(potentiometer)
② 싱크로(synchro)
③ 로드 셀(load cell)
④ 리졸버(resolver)

**해설** 각도 검출용 센서 : 퍼텐쇼미터, 싱크로, 리졸버, 로터리 인코더 등

**14.** 8비트의 2진 신호로 표현되는 0~10V의 아날로그 값의 최소 범위는? [15-3]

① 0.039V　　② 0.042V
③ 0.045V　　④ 0.048V

**해설** ㉠ 8bit 사용 시 분해능$=2^8=256$

㉡ 0~10V의 최소 범위$=\frac{10}{256}=0.039$V

**15.** 유도 기전력을 설명한 것으로 틀린 것은?

① 자속밀도에 비례한다.
② 도선의 길이에 비례한다.
③ 도선이 움직이는 속도에 비례한다.
④ 도체를 자속과 평행으로 움직이면 기전력이 발생한다.

**해설** 유도 기전력의 발생은 도체를 자속과 직각으로 두고 도체를 움직여 자속을 끊으면 그 도체에서 기전력이 발생한다.

**16.** 직류 전동기에서 저항 기동을 하는 목적으로 가장 옳은 것은?

① 전압을 제어한다.
② 저항을 제한한다.
③ 속도를 제어한다.
④ 기동 전류를 제한한다.

**해설** 직류 전동기는 여자의 전류를 가감하여 자기극의 세기를 변화시켜 전동기의 회전 속도를 바꿀 수 있어 속도 제어가 용이하며 효율 또한 높다. 그리고 회전 방향과 가속 토크를 임의적으로 선택할 수 있다.

**17.** 제어(control)에 관한 정의로 옳지 않은 것은? [21-4]

① 작은 에너지로 큰 에너지를 조절하기 위한 시스템을 말한다.
② 사람이 직접 개입하지 않고 어떤 작업을 수행시키는 것을 말한다.
③ 기계의 재료나 에너지의 유동을 중계하는 것으로 수동인 것이다.
④ 기계나 설비의 작동을 자동으로 변화시키는 구성 성분의 전체를 의미한다.

**해설** 제어(control) : "시스템 내의 하나 또는 여러 개의 입력 변수가 약속된 법칙에 의하여 출력 변수에 영향을 미치는 공정"으로 제어를 정의하며 개회로 제어 시스템(open loop control system) 특징을 갖는다.

**정답** 12. ② 13. ③ 14. ① 15. ④ 16. ④ 17. ③

**18.** 다음 설명 중 틀린 것은?

① 오버슈트는 응답 중에 생기는 입력과 출력 사이의 편차량을 말한다.
② 지연 시간(delay time)이란 응답이 최초로 희망값의 30% 진행되는데 요하는 시간이다.
③ 상승 시간(rise time)이란 응답이 희망값의 10%에서 90%까지 도달하는데 요하는 시간이다.
④ 정정 시간(settling time)은 응답의 최종값 허용 범위가 5~10% 내에 안정되기까지 요하는 시간이다.

해설 지연 시간(delay time)이란 응답이 최초 희망값의 50% 진행되는데 요하는 시간이다.

**19.** 회전 축에 설치한 슬릿 원판을 광원과 수광기 사이에 회전시키고 슬릿 사이로 통과하는 빛을 감지하여 서보 모터의 회전각을 측정할 때 사용되는 것은? [13-4]

① 인코더(encoder)
② 포지셔너(positioner)
③ 서보형 센서
④ 포토(photo) 다이오드

해설 인코더는 회전각 측정용 센서이다.

**20.** 전기 자기적 현상들 중에 변위를 전압으로 변환시켜주는 현상을 무엇이라 하는가? [10-4]

① 압전 효과
② 제벡 효과
③ 광기전력 효과
④ 광도전 효과

해설 석영과 같은 일부 크리스탈은 변위차에 의해 압력을 받으면 전압이 발생한다. 이를 압전 효과라 한다.

## 2과목 용접 및 안전관리

**21.** 다음 중 용접의 장점이 아닌 것은?

① 두께의 제한이 없다.
② 기밀성, 수밀성, 유밀성이 우수하다.
③ 재질의 변형 및 잔류 응력이 존재하지 않는다.
④ 공정 수가 감소되고 시간이 단축된다.

해설 재질의 변형과 잔류 응력이 존재한다.

**22.** 석회석($CaCO_3$) 등의 염기성 탄산염을 주성분으로 하고 용착 금속 중에 수소 함유량이 다른 종류의 피복 아크 용접봉에 비교하여 약 1/10 정도로 현저하게 적은 용접봉은?

① E 4303 ② E 4311
③ E 4316 ④ E 4324

해설 E 4316(저수소계)은 석회석($CaCO_3$)이 주성분이며, 용착 금속 중의 수소량이 다른 용접봉에 비해서 1/10 정도로 현저하게 적다.

**23.** 서브머지드 아크 용접에서 와이어 돌출 길이는 와이어 지름의 몇 배 전후가 적당한가?

① 2배 ② 4배 ③ 6배 ④ 8배

해설 와이어 돌출 길이는 팁 선단에서부터 와이어 선단까지의 거리로 이 길이가 길면 와이어의 저항열이 많아져 와이어 용융량이 증가하고 용입은 불균일에, 다소 감소하므로 와이어 지름의 8배 전후가 좋다.

**24.** MIG 용접 제어 장치에서 용접 후에도 가스가 계속 흘러나와 크레이터 부위의 산화를 방지하는 제어 기능은?

정답 18. ② 19. ① 20. ① 21. ③ 22. ③ 23. ④ 24. ①

① 가스 지연 유출 시간(post flow time)
② 번 백 시간(burn back time)
③ 크레이터 충전 시간(crate fill time)
④ 예비 가스 유출 시간(preflow time)

해설 ㉠ 번 백 시간 : 크레이터 처리 기능에 의해 낮아진 전류가 서서히 줄어들면서 아크가 끊어지는 기능으로 이면 용접부가 녹아내리는 것을 방지한다.
㉡ 크레이터 처리 시간 : 크레이터 처리를 위해 용접이 끝나는 지점에서 토치 스위치를 다시 누르면 용접 전류와 전압이 낮아져 크레이터가 채워짐으로써 결함을 방지하는 기능이다.
㉢ 예비 가스 유출 시간 : 아크가 처음 발생되기 전 보호 가스를 흐르게 하여 아크를 안정되게 함으로써 결함 발생을 방지하기 위한 기능이다.

**25.** 가스 보호 플럭스 코어드 아크 용접의 장점 중 틀린 것은?

① 용착 속도가 빠르며 전자세 용접이 불가능하다.
② 용입이 깊기 때문에 맞대기 용접에서 면취 개선 각도를 최소 한도로 줄일 수 있고, 용접봉의 소모량과 용접 시간을 현저하게 줄일 수 있다.
③ 용접성이 양호하며 사용하기 쉽고, 스패터가 적으며, 슬래그 제거가 빠르고 용이하다.
④ 용착 금속은 균일한 화학 조성 분포를 가지며, 모재 자체보다 양호하게 균일한 분포를 갖는 경우도 있다.

해설 용착 속도가 빠르며 전자세 용접이 가능하다.

**26.** 다음 중 탄산가스 아크 용접 장치에 해당되지 않는 것은?

① 제어 케이블
② 보호 가스 설비
③ 용접봉 건조로
④ 와이어 송급 장치

해설 탄산가스 아크 용접은 용접봉을 사용하지 않는다.

**27.** 주로 상하 부재의 접합을 위하여 한편의 부재에 구멍을 뚫어 이 구멍 부분을 채우는 형태의 용접법은?

① 필릿 용접　　② 맞대기 용접
③ 플러그 용접　　④ 플래시 용접

해설 모재에 구멍을 뚫은 후 용접하는 것은 플러그 용접이다.

필릿 용접

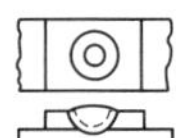
플러그 용접

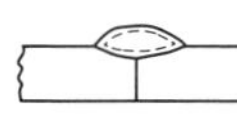
비드 용접

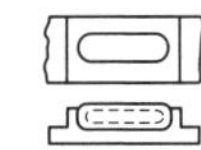
슬롯 용접

**28.** 피닝(peening)의 목적으로 가장 거리가 먼 것은?

① 수축 변형의 증가
② 잔류 응력의 완화
③ 용접 변형의 방지
④ 용착 금속의 균열 방지

해설 피닝법 : 치핑 해머로 용접부를 연속적으로 타격하여 용접 표면상에 소성 변형을 주는 방법으로 잔류 응력을 완화하여 변형을 줄이고 용접 금속의 균열을 방지하는 효과가 있다.

**29.** 용접 결함 중 기공의 발생 원인으로 틀린 것은?

① 용접 이음부가 서랭할 경우
② 아크 분위기 속에 수소가 많을 경우
③ 아크 분위기 속에 일산화탄소가 많을 경우

정답 25. ① 26. ③ 27. ③ 28. ① 29. ①

④ 이음부에 기름, 페인트 등 이물질이 있을 경우

**해설** 기공이 발생하는 원인

㉠ 아크 분위기 속에 수소가 많을 경우
㉡ 아크 분위기 속에 일산화탄소가 많을 경우
㉢ 이음부에 이물질이 있을 경우
㉣ 용접부가 급랭될 경우
㉤ 과대 전류 사용 시
㉥ 용접 속도가 빠를 때

**30. 용접부의 검사법 중 비파괴 검사(시험)법에 해당되지 않는 것은?**

① 외관 검사 ② 침투 검사
③ 화학 시험 ④ 방사선 투과 시험

**해설** 화학 시험은 파괴 시험으로 부식 시험 등을 한다.

**31. 내부 결함의 표면으로부터의 깊이와 위치를 손쉽게 판별할 수 있는 시험법은 어느 것인가?**

① 침투 탐상 시험
② 방사선 투과 시험
③ 초음파 탐상 시험
④ 자분 탐상 시험

**해설** 결함의 깊이와 위치를 알 수 있는 것은 초음파 탐상이다.

**32. 침투 탐상 시험의 순서가 바르게 나열된 것은? (단, 침투액은 수세성 형광, 현상제는 습식을 사용)**

① 전처리 – 현상 – 침투 – 세정 – 건조 – 관찰
② 전처리 – 침투 – 세정 – 현상 – 건조 – 관찰
③ 전처리 – 침투 – 세정 – 건조 – 현상 – 관찰
④ 전처리 – 침투 – 현상 – 세정 – 건조 – 관찰

**33. 연삭 숫돌 바퀴에 부시를 끼울 때 주의해야 할 점 중 틀린 것은?**

① 부시의 구멍과 숫돌의 바깥둘레는 동심원이어야 한다.
② 부시의 구멍은 축 지름보다 1mm 크게 해야 한다.
③ 부시의 측면과 숫돌의 측면은 일치해야 한다.
④ 부시의 빌릿 두께가 고른 것을 사용한다.

**해설** 연삭기의 숫돌을 축에 고정할 때 숫돌의 안지름은 축의 지름보다 0.05 ~ 0.15mm 크게 한다.

**34. 아크 용접 시 사용되는 차광 유리의 규정 중 차광도 번호 13~14의 경우는 몇 A에 쓰이는가?**

① 100 ② 200 ③ 300 ④ 400

**해설** 번호 13은 300~400A, 14번은 400A 이상에 사용한다.

**35. 연소 가스의 폭발이 발생되는 가장 큰 원인은?**

① 물이 지나치게 많을 때
② 증기 압력이 지나치게 높을 때
③ 중유가 불완전 연소할 때
④ 연소실 내에 미연소 가스가 충만해 있을 때

**36. 암모니아 누설 검지법이 아닌 것은?**

① 유황초 사용
② 리트머스 시험지 사용
③ 네슬러 시약 사용
④ 핼라이드 토치 사용

**해설** 핼라이드 토치는 프레온 누설 검지용으로 누설 시에 불꽃은 초록색으로 변색된다.

**정답** 30. ③ 31. ③ 32. ② 33. ② 34. ④ 35. ④ 36. ④

**37.** 작업장과 외부의 온도차는?

① 3℃ ② 7℃
③ 12℃ ④ 15℃

**38.** 다음 중 보호구를 사용하지 않아도 무방한 작업은 어느 것인가?

① 보일러를 수선하는 작업
② 유해물을 취급하는 작업
③ 유해 방사선에 쬐는 작업
④ 증기를 발산하는 장소에서 행하는 작업

**39.** 고용노동부장관이 실시하는 안전 및 보건에 관한 직무교육을 반드시 받아야 하는 대상자는?

① 사업주
② 설계직 종사자
③ 안전관리자
④ 생산직 종사자

해설 산업안전보건법 제32조(관리책임자 등에 대한 교육)
다음 각 호의 자는 고용노동부장관이 실시하는 안전 · 보건에 관한 직무교육(이하 "직무교육"이라 한다)을 받아야 한다.
1. 관리책임자, 제15조에 따른 안전관리자 및 제16조에 따른 보건관리자
2. 재해예방 전문지도기관의 종사자

**40.** 압력 용기에 파열판을 설치할 경우가 아닌 것은?

① 정변위 압축기
② 안지름이 100mm인 압력 용기
③ 반응 폭주 등 급격한 압력 상승 우려가 있는 경우
④ 운전 중 안전 밸브에 이상 물질이 누적되어 안전 밸브가 작동되지 아니할 우려가 있는 경우

해설 파열판의 설치
㉠ 반응 폭주 등 급격한 압력 상승 우려가 있는 경우
㉡ 급성 독성 물질의 누출로 인하여 주위의 작업 환경을 오염시킬 우려가 있는 경우
㉢ 운전 중 안전 밸브에 이상 물질이 누적되어 안전 밸브가 작동되지 아니할 우려가 있는 경우
㉣ 압력 용기(안지름이 150mm 이하인 압력 용기는 제외하며, 압력 용기 중 관형 열 교환기의 경우에는 관의 파열로 인하여 상승한 압력이 압력 용기의 최고 사용 압력을 초과할 우려가 있는 경우만 해당)
㉤ 정변위 압축기
㉥ 정변위 펌프(토출 축에 차단 밸브가 설치된 것만 해당)
㉦ 배관(2개 이상의 밸브에 의하여 차단되어 대기 온도에서 액체의 열팽창에 의하여 파열될 우려가 있는 것으로 한정)
㉧ 그 밖의 화학 설비 및 그 부속 설비로서 해당 설비의 최고 사용 압력을 초과할 우려가 있는 것

## 3과목 기계 설비 일반

**41.** 표와 같은 구멍과 축에서 최소 틈새는 얼마가 되는가?

| 구분 | 구멍 | 축 |
|---|---|---|
| 최대 허용 치수 | 30.05 | 29.975 |
| 최소 허용 치수 | 30.00 | 29.950 |

① 0.05 ② 0.025
③ 0.01 ④ 0.075

해설 30.00－29.975＝0.025

정답 37. ② 38. ① 39. ③ 40. ② 41. ②

**42.** 다음과 같이 특정한 가공 방법을 지시하려고 한다. 가공 방법의 지시 기호 위치로 옳은 것은?

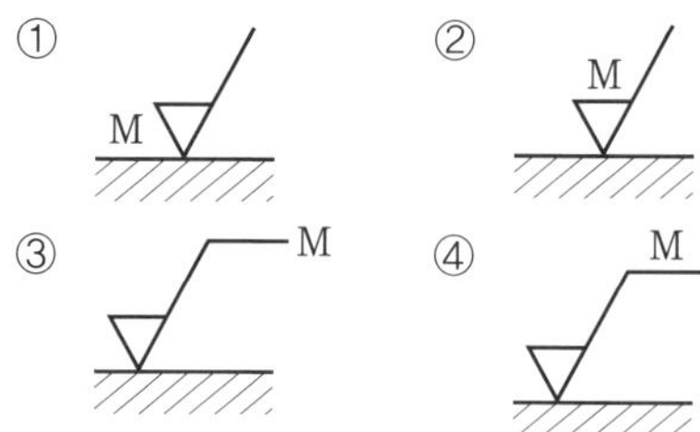

**43.** 다음 중 대칭도 공차를 나타내는 기호는?

① ⌯ ② ◎
③ ⌖ ④ //

해설 ② : 동축도, ③ : 위치도, ④ : 평행도

**44.** 측정하려고 하는 양의 변화에 대응하는 측정기구의 지침의 움직임이 많고 적음을 가리키며 일반적으로 측정기의 최소 눈금으로 표시하는 것은? [07-4, 15-4, 20-3]

① 감도 ② 정밀도
③ 정확도 ④ 우연 오차

**45.** KS 규격에서 게이지 블록의 교정 등급과 거리가 가장 먼 것은? [21-1]

① K급 ② 3급
③ 2급 ④ 1급

해설 게이지 블록의 등급과 용도 및 검사 주기

| 등급 | 용도 | 검사 주기 |
|---|---|---|
| K급<br>(참조용, 최고 기준용) | 표준용 게이지 블록의 참조, 정도 점검, 연구용 | 3년 |
| 0급(표준용) | 검사용 게이지, 공작용 게이지의 정도 점검, 측정기구의 정도 점검용 | 2년 |
| 1급(검사용) | 기계 공구 등의 검사, 측정기구의 정도 조정 | 1년 |
| 2급(공작용) | 공구, 날공구의 정착용 | 6개월 |

**46.** 공작기계의 절삭 운동과 이송 운동에 대한 설명으로 옳은 것은? [18-2]

① 선반 가공은 공구를 회전시키고, 공작물이 직선 운동을 하며, 가공하는 작업이다.
② 밀링 가공은 공구를 회전시키고, 공작물이 이송 운동을 하며, 가공하는 작업이다.
③ 원통 연삭 가공은 공작물을 회전시키고, 공구는 직선 운동을 하며, 가공하는 작업이다.
④ 플레이너 가공은 공구를 회전시키고, 공작물이 직선 운동을 하며, 나사 가공하는 작업이다.

해설 ㉠ 선반 가공은 공작물을 회전시키고, 공구는 직선 운동
㉡ 원통 연삭 가공은 공작물, 공구 둘 다 회전시키고, 공구는 직선 운동
㉢ 플레이너 가공은 공구는 정지시키고, 공작물이 직선 운동하며 평삭 가공

**47.** 선반 가공에서 발생하는 구성 인선을 방지하기 위한 방법으로 틀린 것은 어느 것인가? [17-4, 22-2]

① 절삭 깊이를 적게 한다.
② 절삭 속도를 느리게 한다.
③ 공구의 경사각을 크게 한다.
④ 윤활성이 좋은 절삭 유제를 사용한다.

정답 42. ④ 43. ① 44. ① 45. ② 46. ② 47. ②

해설 공작기계의 회전 속도가 낮을 경우 이송을 크게 해야 구성 인선 발생이 억제된다.

**48.** 전단 가공의 분류에 속하지 않는 것은?

① 피어싱(piercing)
② 세이빙(shaving)
③ 엠보싱(embossing)
④ 노칭(notching)

해설 엠보싱은 전단 원리의 소성 가공이 아니다.

**49.** 다음 금속 중 경금속이 아닌 것은?

① Al ② Mg ③ Ti ④ Pb

해설 납은 중금속이다.

**50.** 기계적 성질 중 부서지기 쉬운 성질은?

① 전성 ② 인성 ③ 소성 ④ 취성

해설 취성(brittlness) : 물체가 약간의 변형에도 견디지 못하고 파괴되는 성질로서 인성에 반대된다.

**51.** 다음 중 재료의 강도와 경도를 증가시키기 위하여 실시하는 열처리로 가장 적합한 것은? [17-2]

① 풀림 ② 불림 ③ 뜨임 ④ 담금질

해설 담금질한 강의 기계적 성질은 경도 증가를 위함이다.

**52.** 축계 기계 요소의 도시 방법으로 옳지 않은 것은? [22-1]

① 축은 길이 방향으로 단면 도시를 하지 않는다.
② 긴 축은 중간을 파단하여 짧게 그리지 않는다.
③ 축 끝에는 모따기 및 라운딩을 도시할 수 있다.
④ 축에 있는 널링의 도시는 빗줄로 표시할 수 있다.

해설 긴 축은 중간을 파단하여 짧게 그린다.

**53.** 다음 배관용 공기구 중 파이프를 구부리는 공구로 가장 적합한 것은? [19-4]

① 오스터 ② 파이프 커터
③ 파이프 바이스 ④ 파이프 벤더

해설 파이프 벤더(pipe bender) : 파이프를 구부리는 공구로 180° 이상도 벤딩이 가능하다.

**54.** 표면 거칠기 측정법으로 틀린 것은?

① 수준기를 사용하는 법
② 광 절단식 표면 거칠기 측정법
③ 비교용 표준편과 비교 측정하는 법
④ 촉침식 측정기 사용법

해설 ②, ③, ④ 외에 현미 간섭식 표면 거칠기 측정법이 있다.

**55.** 키 맞춤의 기본적인 주의사항 중 틀린 것은? [08-4, 13-4, 19-2]

① 키는 측면에 힘을 받으므로 폭, 치수의 마무리가 중요하다.
② 키 홈은 축과 보스를 기계 가공으로 축심과 완전히 직각으로 깎아낸다.
③ 키의 치수, 재질, 형상, 규격 등을 참조하여 충분한 강도의 규격품을 사용한다.
④ 키를 맞추기 전에 축과 보스의 끼워 맞춤이 불량한 상태인 경우 키 맞춤을 할 필요가 없다.

해설 키 홈은 축심과 평행으로 절삭한다.

정답 48. ③ 49. ④ 50. ④ 51. ④ 52. ② 53. ④ 54. ① 55. ②

**56.** 다음 원통 커플링 중 주철제 원통 속에 두 축을 맞대어 끼워 키로 고정한 축 이음으로, 주로 축 지름과 하중이 작은 경우에 쓰이며 인장력이 작용하는 축 이음에 부적합 것은? [20-3]

① 머프 커플링 ② 클램프 커플링
③ 반겹치기 커플링 ④ 마찰 원통 커플링

**57.** 다음 브레이크 재료 중 허용 압력이 가장 큰 것은? [16-4, 19-2]

① 황동 ② 주철
③ 목재 ④ 파이버

해설 주철의 허용 압력 : 9.5~17.5kgf/cm$^2$

**58.** 조름 밸브라고 하며 밸브 판을 회전시켜 유량을 조절하는 밸브는? [15-2]

① 감압 밸브 ② 앵글 밸브
③ 나비형 밸브 ④ 슬루스 밸브

해설 나비형 밸브 : 원형 밸브판의 지름을 축으로 하여 밸브판을 회전함으로써 유량을 조절하는 밸브

**59.** 다음 중 통풍기 및 송풍기의 분류 중 용적형은 어느 것인가? [14-2, 18-1]

① 터보 팬 ② 다익 팬
③ 축류 블로어 ④ 루츠 블로어

해설 ①, ②, ③은 터보형과 관련 있다.

**60.** 다음 중 사이클로이드 감속기의 특성이 아닌 것은? [13-4]

① 평기어 감속기에 비해 경량이다.
② 평기어 감속기에 비해 소음이 적다.
③ 평기어 감속기에 비해 효율이 높다.
④ 평기어 감속기보다 감속비가 낮다.

해설 소형, 경량으로 감속비가 크다.

## 4과목 설비 진단 및 관리

**61.** 회전기계의 질량 불평형 상태의 스펙트럼에서 가장 크게 나타나는 주파수 성분은? [20-3]

① 1X ② 2X
③ 3X ④ 1.5X~1.7X

해설 질량 불평형은 수평 방향에서 1X 성분이 크게 나타난다.

**62.** 시스템을 구성하는 기본적 요소로 ㉠에 들어갈 내용으로 적합한 것은? [18-1]

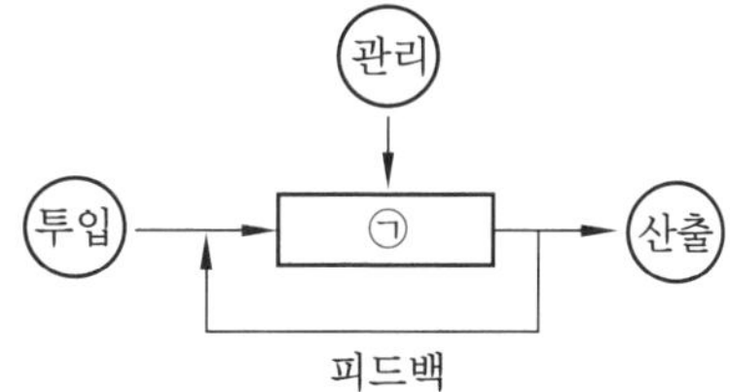


① 연산기구 ② 제어기구
③ 중앙기구 ④ 처리기구

해설 처리기구는 설비를 말한다.

**63.** 다음 중 설비 계획의 목적이 아닌 것은? [07-2, 15-2]

① 전체 생산 시간의 최소화
② 자재 운반 비용의 최소화
③ 설비에 대한 투자의 최대화
④ 종업원의 편리, 안전을 제공함

해설 합리적 투자 : 설비의 갱신이나 개조에 의한 경비 절감을 목적으로 한다.

**64.** 시스템의 잠재적 결함을 조직적으로 규명 및 조사하는 설계기법의 하나로 설비 사용자에게도 설비의 지속적인 평가와 개선을 실시할 수 있게 하는 분석 방법은 무엇인가? [14-4, 18-1]

정답 56. ① 57. ② 58. ③ 59. ④ 60. ④ 61. ① 62. ④ 63. ③ 64. ④

① QM 분석　　② PM 분석
③ FTA 분석　　④ FMECA 분석

해설 FMECA(failure mode, effect and criticality analysis) : 고장 유형, 영향 및 심각도 분석

**65.** **다음 그림과 같이 사용 중에 성능 저하는 별로 되지 않으나 돌발 고장에 의한 정지가 발생하며 부분적 교환, 교체에 의하여 복구되는 열화의 형태는?** [18-1]

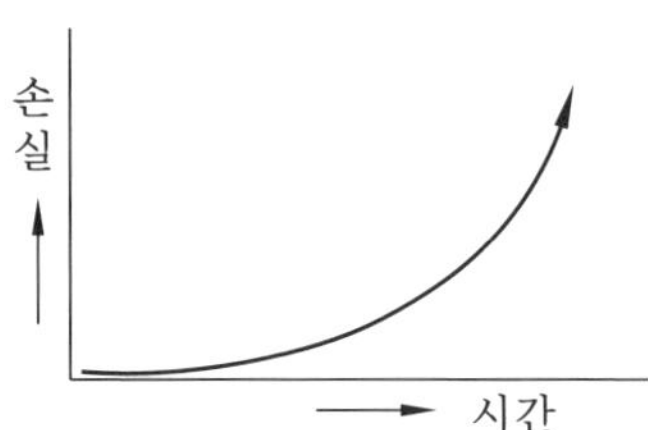


① 기능 저하형　　② 기능 정지형
③ 성능 저하형　　④ 성능 증가형

해설 이 그래프는 성능 저하(기능 저하)나 돌발 고장에 의한 정지가 발생하며 부분적 교환, 교체에 의하여 복구되는 열화는 돌발 고장형(기능 정지)이다.

**66.** **설비 보전에 대한 효과로 볼 수 없는 것은?** [17-4]

① 보전비가 감소한다.
② 고장으로 인한 납기 지연이 적어진다.
③ 제작 불량이 적어지고 가동률이 향상된다.
④ 예비 설비의 필요성이 증가되어 자본 투자가 많아진다.

해설 설비 보전 효과
㉠ 설비 고장으로 인한 정지 손실 감소(특히 연속 조업 공장에서는 이것에 의한 이익이 크다.)
㉡ 보전비 감소
㉢ 제작 불량 감소
㉣ 가동률 향상
㉤ 예비 설비의 필요성이 감소되어 자본 투자 감소
㉥ 예비품 관리가 좋아져 재고품 감소
㉦ 제조 원가 절감
㉧ 종업원의 안전, 설비의 유지가 잘 되어 보상비나 보험료 감소
㉨ 고장으로 인한 납기 지연 감소

**67.** **상비품의 발주 방식 중 최고 재고량을 정해 놓고, 사용할 때마다 사용량만큼을 발주해서 언제든지 일정량을 유지하는 방식은?** [10-4, 19-2]

① 정량 발주 방식
② 정기 발주 방식
③ 사용고 발주 방식
④ 불출 후 발주 방식

해설 사용고 발주 방식 : 최고 재고량을 일정량으로 정해 놓고, 사용할 때마다 사용량만큼을 발주해서 언제든지 일정량을 유지하는 방식

**68.** **공장 설비 관리에서 설비를 관리할 때 각종 기호법을 사용하게 된다. 다음 중 뜻이 있는 기호법의 대표적인 것으로 기억이 편리하도록 항목의 첫 글자나 그 밖의 문자를 기호로 사용하는 것은?** [20-3, 20-4]

① 기억식 기호법
② 순번식 기호법
③ 세구분식 기호법
④ 십진 분류 기호법

해설 기억식 기호법 : 뜻이 있는 기호법의 대표적인 것으로서 기억이 편리하도록 항목의 이름 첫 글자라든가, 그 밖의 문자를 기호로 한다.

정답 65. ② 66. ④ 67. ③ 68. ①

**69.** **지그와 고정구(jig and fixture), 금형, 절삭 공구, 검사구(gauge) 등 각종의 공구를 통칭하는 용어는?** [18-4, 21-4]

① 치공구 ② 계측 공구
③ 공작기계 ④ 제작 공구

해설 치공구란 원래 지그와 고정구를 뜻하나 금형, 절삭 공구, 검사구 등 각종 공구를 통칭한다.

**70.** **연소 관리에서 연소율을 적당히 유지하기 위해 부하가 과소한 경우의 대책으로 옳은 것은?** [19-1]

① 연소실을 크게 한다.
② 연료의 품질을 저하시킨다.
③ 이용할 노상 면적을 크게 한다.
④ 연도를 개조하여 통풍이 잘 되게 한다.

해설 부하가 과소한 경우의 대책
㉠ 이용할 노상 면적을 작게 한다.
㉡ 연료의 품질을 저하시킨다.
㉢ 연소 방식을 개선한다.
㉣ 연소실의 구조를 개선한다.

**71.** **자주 보전 전개 스탭 7단계 중 제6단계에 속하는 것은?** [06-4, 15-4, 16-4, 19-4]

① 자주 점검
② 자주 관리의 철저
③ 자주 보전의 시스템화
④ 발생원 곤란 개소

해설 ㉠ 제1단계 : 초기 청소
㉡ 제2단계 : 발생 원인 · 곤란 개소 대책
㉢ 제3단계 : 점검 · 급유 기준의 작성과 실시
㉣ 제4단계 : 총 점검
㉤ 제5단계 : 자주 점검
㉥ 제6단계 : 자주 보전의 시스템화
㉦ 제7단계 : 자주 관리의 철저

**72.** **KS M 2129는 유압 작품유 KS 규격이다. 이 규격에서 종류(정도 등급) 15, 22, 32, 46, 68, 100, 150, 220은 다음 중 어떤 등급을 따른 것인가?** [12-4]

① NLGI ② ISO VG
③ SEA ④ ISO

해설 유압 작동유의 종류는 정도 등급을 구분한 것이며, 정도 등급은 ISO VG(ISO Viscosity Grade)이다.

**73.** **120~230℃ 정도의 적점을 지니고 있으며, 섬유 구조로 안정성이 높아 고온 특성은 좋은 편이지만, 내수성이 나쁜 특성을 가진 그리스는?** [17-4, 19-1, 21-2, 21-4]

① 칼슘 그리스 ② 바륨 그리스
③ 나트륨 그리스 ④ 알루미늄 그리스

해설 비누기에서 내수성이 나쁜 것은 나트륨 비누기, 비비누기에서는 실리카 겔이다.

**74.** **다음 중 그리스 윤활의 장점이 아닌 것은?** [14-2, 17-4, 20-3]

① 유동성이 나쁘기 때문에 누설이 적다.
② 냉각 효과가 커서 온도 상승 제어가 쉽다.
③ 흡착력이 강하므로 고하중에 잘 견딘다.
④ 기계의 설계가 간편하고 비용이 적게 든다.

해설 그리스는 유 윤활유에 비해 냉각 효과가 작다.

**75.** **무단 변속기에 사용되는 윤활유가 가져야 할 윤활 조건 중 가장 거리가 먼 것은 어느 것인가?** [15-2, 18-2, 20-4]

① 기포가 적을 것
② 내하중성이 클 것
③ 점도 지수가 낮을 것
④ 산화 안정성이 좋을 것

정답 69. ① 70. ② 71. ③ 72. ② 73. ③ 74. ② 75. ③

해설 모든 윤활유의 점도는 적당하고, 점도 지수는 높아야 한다.

**76. 커플링의 기계적 특성은 사용 윤활제의 종류나 윤활 방법과 중요한 관계를 갖고 있다. 모든 기계적 유형의 커플링 윤활제 선택 조건에서 적합하지 않은 것은?** [11-4]

① 커플링을 위한 윤활제는 온도와 하중을 고려하여 선택되어야 한다.
② 유동성은 최고 예상 온도 이상에서도 반드시 유지되어야 한다.
③ EP오일은 매우 낮은 온도에서 요구되는 저점도용으로도 사용될 수 있다.
④ 지나친 어긋남과 고속의 상태에서는 저온에서 저점도 오일이 요구되며 고온 상태 하에서는 점도의 감소 현상이 일어난다.

해설 유동성은 최고 예상 온도에서는 유지되지 않는다.

**77. 다음은 유 분석을 위한 시료 채취 시 주의사항이다. 옳지 않은 것은?** [07-4, 17-2]

① 시료는 가동 중인 설비에서 채취한다.
② 탱크 바닥에서 채취한다.
③ 필터 전, 기계 요소를 거친 지점에서 채취한다.
④ 샘플링 line이나 밸브, 채취기구는 샘플링 전에 충분히 flushing을 한다.

해설 탱크 바닥과 유면의 중간 지점에서 시료를 채취한다.

**78. 공기 압축기에서 윤활에 큰 영향을 미치는 요소로 맞는 것은?** [13-4, 17-2, 20-3]

① 첨가제
② 열과 물
③ 압력과 용량
④ 유동점과 인화점

해설 공기 압축기에서 윤활에 큰 영향을 미치는 요소는 물과 온도이다.

**79. 마찰열로 인한 베어링의 고착 등을 방지하기 위해 유막을 형성하여 주는 윤활유의 작용은?** [19-2, 21-2]

① 감마 작용
② 청정 작용
③ 방청 작용
④ 응력 분산 작용

해설 감마 작용 : 마모를 감소시키는 작용

**80. 기어의 성능을 증대시키고 윤활유 성능과 기어의 사용 수명에 영향을 미치는 요인과 거리가 먼 것은?** [06-4, 10-4]

① 윤활유의 품질
② 윤활유의 점도
③ 미끄럼과 구름 속도
④ NLGI#2 그리스

해설 NLGI#2 그리스는 주도 2로 일반적으로 사용되는 그리스를 말한다.

정답 76. ② 77. ② 78. ② 79. ① 80. ④

# 제7회 CBT 대비 실전문제

## 1과목 공유압 및 자동 제어

**1.** 압력의 단위가 아닌 것은? [06-4]

① $N/m^2$ ② $kgf/cm^2$
③ dyne/cm ④ psi

해설 압력은 단위 면적당 하중이다.

**2.** 공기압의 특징으로 옳은 것은? [09-2]

① 응답성이 우수하다.
② 윤활 장치가 필요 없다.
③ 과부하에 대하여 안전하다.
④ 균일한 속도를 얻을 수 있다.

해설 공압은 압축성 등의 이유로 과부하에 대한 안정성이 보장된다.

**3.** 다음 중 공기압 발생 장치의 원리가 다른 것은 ? [06-2, 16-2]

① 베인 압축기 ② 터보 압축기
③ 나사형 압축기 ④ 피스톤 압축기

해설 ①, ③, ④는 체적 변화의 원리이고, ②는 공기 유동의 원리이다.

**4.** 다음 중 용적형 유압 펌프가 아닌 것은 어느 것인가? [15-4, 16-2, 20-3, 20-4]

① 기어 펌프 ② 베인 펌프
③ 터빈 펌프 ④ 왕복동 펌프

해설 벌류트 펌프, 터빈 펌프는 물 펌프이다.

**5.** 유압 모터의 토크를 구하는 식으로 옳은 것은? (단, $T$ : 유압 모터의 출력 토크[kgf · cm], $q$ : 유압 모터의 1회전당 배출량[$cm^3$/rev], $P$ : 작동유의 압력[$kgf/cm^2$]이다.) [18-1]

① $T=\frac{qP}{2\pi}$ ② $T=\frac{2\pi}{qP}$
③ $T=\frac{qP}{2\pi N}$ ④ $T=\frac{2\pi N}{qP}$

**6.** 다음 기호 중에서 공압 필터를 나타내는 것은? [10-4]

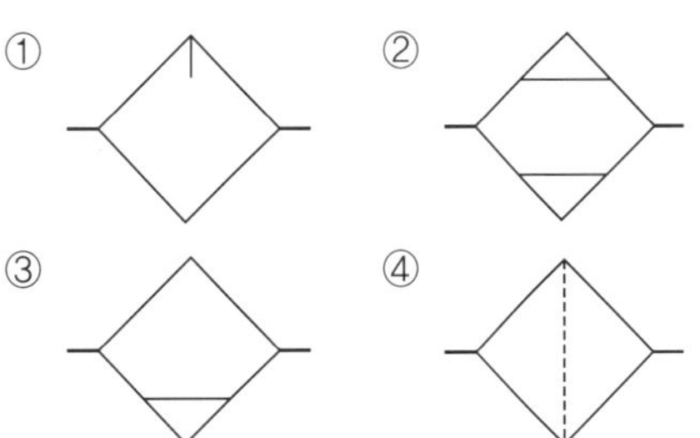


해설 ①은 윤활기, ②는 건조기, ③은 드레인 배출기 (KS B 0045)

**7.** 미리 정해진 순서에 따라 동일한 유압원을 이용하여 여러 가지 기계 조작을 순차적으로 수행하는 회로는 어느 것인가? [12-4, 16-4, 21-3]

① 증압 회로
② 시퀀스 회로
③ 언로드 회로
④ 카운터 밸런스 회로

정답 1. ③ 2. ③ 3. ② 4. ③ 5. ① 6. ④ 7. ②

**해설** 두 개 이상의 실린더를 제어하거나 정해진 순서에 의해 작업을 진행할 때 앞 작업의 종료를 확인하고 다음 작업을 지속적으로 진행하는 회로를 시퀀스 회로라 한다.

**8.** 마이크로미터에 관한 설명 중 옳은 것은? [16-2]

① 측정 범위는 0~150mm, 0~300mm 등 150mm씩 증가한다.
② 본척의 어미자와 부척의 아들자를 이용하여 길이를 측정한다.
③ 심블을 이용하여 측정 압력을 일정하게 하여 균일한 측정이 되도록 한다.
④ 외측 마이크로미터는 앤빌과 스핀들 사이에 측정물을 대고 길이를 측정한다.

**해설** 외측 마이크로미터는 아베의 원리에 적용되는 측정기로 앤빌과 스핀들 사이에 측정물을 접촉시켜 길이를 측정한다.

**9.** 다음 중 FET(field effect transistor) 기호를 나타내는 것은?

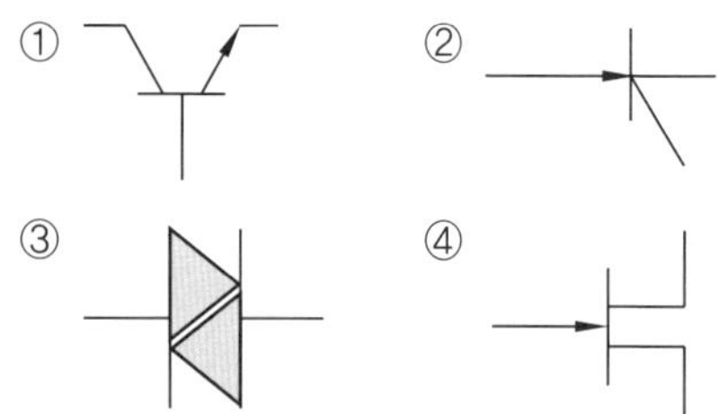


**해설** JFET의 기호

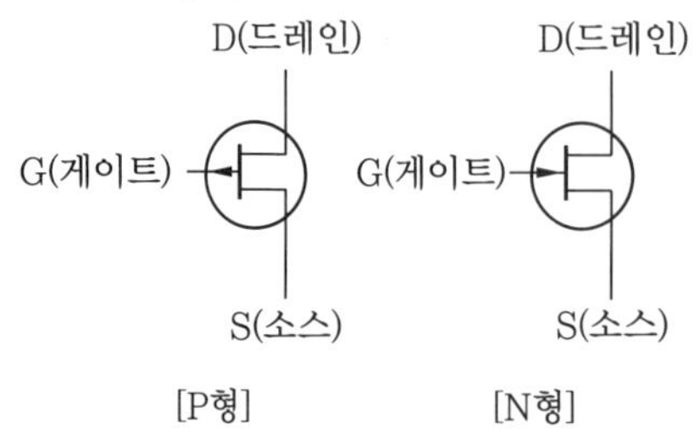


**10.** 다음 (    )에 알맞은 것으로 나열한 것은? [07-3, 13-1]

> 전류의 측정 범위를 늘리기 위하여 ( ㉠ )와 ( ㉡ )로 저항을 접속하여 사용한다. 이때 사용되는 저항을 ( ㉢ )라 한다.

① ㉠ : 전압계, ㉡ : 직렬, ㉢ : 배율기
② ㉠ : 전류계, ㉡ : 병렬, ㉢ : 분류기
③ ㉠ : 전압계, ㉡ : 병렬, ㉢ : 배율기
④ ㉠ : 전류계, ㉡ : 직렬, ㉢ : 분류기

**해설** ㉠ 배율기(multiplier) : 전압계에 직렬로 접속
㉡ 분류기(shunt) : 전류계에 병렬로 접속

**11.** 절연 내력 시험 중 권선의 층간 절연 시험은?

① 충격 전압 시험 ② 무부하 시험
③ 가압 시험 ④ 유도 시험

**해설** 유도 시험 : 변압기의 층간 절연을 시험하기 위하여 권선의 단자 사이에 정상 유도 전압의 2배가 되는 전압을 유도시켜 유도 절연 시험을 실시한다.

**12.** 다음 중 온도 변환기에 요구되는 기능으로 옳은 것은?

① mA 레벨 신호를 안정하게 낮은 레벨까지 증폭할 수 있을 것
② 입력 임피던스(impedance)가 높고 장거리 전송이 가능할 것
③ 입출력 간은 교류적으로 절연되어 있을 것
④ 온도와 출력 신호의 관계를 비직선화시킬 수 있을 것

**해설** 온도 변환기의 요구 기능
㉠ 낮은 신호를 안정하게 높은 레벨까지 증폭할 수 있을 것

**정답** 8. ④ 9. ④ 10. ② 11. ④ 12. ②

㉡ 입력 임피던스가 높고 장거리 전송이 가능할 것
㉢ 외부의 노이즈 영향을 받지 않을 것
㉣ 입출력 간은 직류적으로 절연되어 있을 것

**13. 신호 처리 중 최근 DSP(digital signal processing) 기술의 발달로 음향기기, 통신, 제어 계측 등의 분야에 응용되는 신호 형태는?**

① 계수 신호(counting signal)
② 연속 신호(coutinuous signal)
③ 아날로그 신호(analog signal)
④ 이산 시간 신호(discrete-time signal)

해설 이산 시간 신호 : 아날로그 신호를 일정한 간격의 표본화를 통하여 정보를 얻을 수 있으며, 시간은 불연속, 정보는 연속적인 신호이다.

**14. 일반적으로 센서가 갖추어야 하는 조건이 아닌 것은?** [09-2]

① 선형성, 응답성이 좋을 것
② 안정성과 신뢰성이 높을 것
③ 외부 환경의 영향을 적게 받을 것
④ 가격이 비싸며 취급성이 우수할 것

해설 가격이 저렴해야 한다.

**15. 열동 계전기의 문자 기호로 알맞은 것은?**

① TDR ② THR
③ TLR ④ TR

해설 ㉠ 시연 계전기(time delay relay)
㉡ 열동 계전기(thermal heter relay)
㉢ 한시 계전기(time lag relay)
㉣ 온도 계전기(temperature relay

**16. 직류 전동기가 회전 시 소음이 발생하는 원인으로 틀린 것은?**

① 정류자 면의 높이 불균일
② 정류자 면의 거칠음
③ 전동기의 무부하 운전
④ 축받이의 불량

해설 전동기가 무부하 운전 상태가 되면 소음이 감소되며 소음의 원인은 다음과 같다.
㉠ 베어링 불량
㉡ 정류자 면의 거침
㉢ 정류자 면의 높이 불균일

**17. 계측계의 동작 특성 중 정특성이 아닌 것은?** [17-4, 18-4]

① 감도
② 직선성
③ 시간 지연
④ 히스테리시스 오차

해설 정특성에는 감도, 직선성, 히스테리시스 오차가 있고, 동특성에는 시간 지연, 과도 특성이 있다.

**18. 두 개의 다른 금속이 연결되어 있는 부위에 온도차가 주어지면 열기전력이 발생한다. 이것을 무슨 효과라고 하는가?** [18-1]

① 압전 효과(piezoelectric effect)
② 광기전력 효과(photovoltaic effect)
③ 제벡 효과(seebeck effect)
④ 광도전 효과(photo-conductive effect)

해설 서로 다른 두 가지 금속의 양단을 접합하면 양접합점에는 접촉 전위차 불평형이 발생하여 열전류가 저온 측에서 고온 측 접합부로 이동하여 단자 사이에 기전력이 발생된다. 이것을 열기전력(thermo electromotive force)이라 하고, 그 현상을 제베크 효과(seebeck effect)라 한다.

정답 13. ④ 14. ④ 15. ② 16. ③ 17. ③ 18. ③

**19.** 저항 측정에서 주로 사용되는 회로는?

① 열전대 회로 [09-2, 16-2]
② 퍼텐쇼미터 회로
③ 휘트스톤 브리지 회로
④ 부자식 레벨 센서 회로

해설 휘트스톤 브리지 : 직류 브리지 중에서 대표적인 것으로, 검류계의 전류가 영(zero)이 되도록 평형시키는 영위법을 이용하여 측정 소자의 저항을 구하는 방법

**20.** 프로세스 제어계에서 제어량을 검출부에서 검지하여 조절부에 가하는 신호를 무엇이라 하는가? [10-3, 14-2, 16-3, 19-1]

① 설정값 SV(setting value)
② 변량 PV(process variable)
③ 제어 편차 DV(differential variable)
④ 조작 신호 MV(manipulate variable)

## 2과목 용접 및 안전관리

**21.** 일반적인 용접의 특징으로 틀린 것은?

① 작업 공정 수가 적어 경제적이다.
② 재료가 절약되고, 중량이 가벼워진다.
③ 품질 검사가 쉽고, 변형이 발생되지 않는다.
④ 소음이 적어 실내에서의 작업이 가능하며 복잡한 구조물의 제작이 쉽다.

해설 품질 검사가 곤란하고, 제품의 변형 및 잔류 응력이 발생 및 존재한다.

**22.** 피복 아크 용접에서 자기 불림(magnetic blow)의 방지책으로 틀린 것은?

① 교류 용접을 한다.
② 접지점을 2개로 연결한다.
③ 접지점을 용접부에 가깝게 한다.
④ 용접부가 긴 경우는 후퇴 용접법으로 한다.

해설 접지점을 멀리하고 모재의 양쪽에 엔드탭을 연결한다.

**23.** 연강용 피복 아크 용접봉의 종류에서 E 4303 용접봉의 피복제 계통은?

① 특수계 ② 저수소계
③ 일루미나이트계 ④ 라임티타니아계

해설 E 4303은 산화타이타늄을 3% 이상 함유한 슬래그 생성제로 피복이 다른 용접봉에 비해 두꺼운 것이 특징이며 비드의 외관이 곱고 작업성이 좋다.

| 종류 | 피복제 계통 | 용접 자세 |
|---|---|---|
| E 4301 | 일미나이트계 | F, V, O, H |
| E 4303 | 라임티타니아계 | F, V, O, H |
| E 4311 | 고셀룰로오스계 | F, V, O, H |
| E 4313 | 고산화티탄계 | F, V, O, H |
| E 4316 | 저수소계 | F, V, O, H |
| E 4324 | 철분산화티탄계 | F, H-Fil |
| E 4326 | 철분저수소계 | F, H-Fil |
| E 4327 | 철분산화철계 | F, H-Fil |
| E 4340 | 특수계 | AP 또는 어느 한 자세 |

**24.** 다음은 서브머지드 아크 용접의 용접 속도에 관한 것이다. 틀린 것은?

① 용접 속도를 작게 하면 큰 용융지가 형성되고 비드가 편평하게 된다.
② 용접 속도를 작게 하면 여성(餘盛) 부족이 되기 쉽다.
③ 용접 속도가 과대하면 오버랩이 발생한다.
④ 용접 속도가 과대하면 용착 금속이 적게 된다.

정답 19. ③ 20. ② 21. ③ 22. ③ 23. ④ 24. ③

**해설** 용접 속도가 과대하면 언더컷이 발생하고 용착 금속이 적게 된다.

**25.** TIG 용접 토치의 내부 구조에 가스 노즐 또는 가스 컵이라고도 부르는 세라믹 노즐의 재질의 종류가 아닌 것은?

① 세라믹 노즐 ② 금속 노즐
③ 석영 노즐 ④ 티타늄 노즐

**해설** 가스 노즐은 재질에 따라 세라믹 노즐, 금속 노즐, 석영 노즐 등이 있다.

**26.** MIG 용접 시 사용되는 전원은 직류의 무슨 특성을 사용하는가?

① 수하 특성 ② 동전류 특성
③ 정전압 특성 ④ 정극성 특성

**해설** MIG 용접은 직류 역극성을 이용한 정전압 특성의 직류 용접기를 사용한다.

**27.** $CO_2$ 용접기의 특성으로 적합한 것은?

① 수하 특성 ② 부특성
③ 정전압 특성 ④ 정전류 특성

**해설** $CO_2$ 용접기는 일반적으로 직류 정전압 특성(DC constant voltage characteristic)이나 상승 특성(rising characteristic)의 용접 전원이 사용된다.

**28.** 용접 이음을 설계할 때 주의사항으로 틀린 것은?

① 위보기 자세 용접을 많이 하게 한다.
② 강도상 중요한 이음에서는 완전 용입이 되게 한다.
③ 용접 이음을 한 곳으로 집중되지 않게 설계한다.
④ 맞대기 용접에는 양면 용접을 할 수 있도록 하여 용입 부족이 없게 한다.

**해설** 용접 이음을 설계할 때에는 아래보기 용접을 많이 하도록 하고, 필릿 용접을 가능한 피하고 맞대기 용접을 하며 용접부에 잔류 응력과 열 응력이 한 곳에 집중하는 것을 피하고, 용접 이음부가 한 곳에 집중되지 않도록 한다.

**29.** 용접 변형의 경감 및 교정 방법에서 용접부에 구리로 된 덮개판을 두거나 뒷면에 용접부를 수랭시키고 또는 용접부 주변에 물기 있는 석면, 천 등을 두고 모재에 용접 입열을 막음으로써 변형을 방지하는 방법은?

① 롤링법 ② 피닝법
③ 도열법 ④ 억제법

**해설** 도열법 : 용접부에 구리 덮개판을 대거나 용접부 주위에 물을 적신 천 등을 덮어 용접열이 모재에 흡수되는 것을 방해하여 변형을 방지하는 방법

**30.** 용접 금속에 수소가 침입하여 발생하는 것이 아닌 것은?

① 은점 ② 언더컷
③ 헤어 크랙 ④ 비드 밑 균열

**해설** 용접 금속에서 수소의 영향은 비드 밑 균열, 은점, 수소 취성, 미세 균열, 선상 조직 등이다.

**31.** 비파괴 검사를 적용한 다음 내용 중 가장 부적절한 것은?

① 직경 100mm, 두께 6mm, 길이 6mm인 배관 2개를 용접하여 방사선 투과 검사를 하고 내부는 침투 탐상 검사를 하였다.

**정답** 25. ④ 26. ③ 27. ③ 28. ① 29. ③ 30. ② 31. ①

② 직경 50mm, 두께 6mm인 강관의 용접 부위 홈면을 침투 탐상 검사와 자분 탐상 검사를 하였다.
③ 저장 탱크를 만들기 위해 구입한 평판(plate)을 초음파 탐상 검사를 하였다.
④ 직경 100mm인 축(shaft)을 초음파 탐상 검사를 하였다.

해설 침투 탐상 검사는 표면에 연결된 개구부의 결함만 검출이 가능하다.

**32.** 시험체에 자력선을 흐르게 하고 철분 등의 자분을 적용하는 시험 방법은?

① 자기 기록 탐상법
② 자분 탐상법
③ 와전류 탐상
④ 자장 측정 탐상

해설 자분 탐상법은 강자성체에 적용한다.

**33.** 다음 중 라미네이션(lamination)을 검출할 수 있는 것은?

① 방사선 투과　② 초음파 탐상
③ 침투 탐상　④ 자분 탐상

해설 라미네이션 결함 : 압연 강재에 있는 내부 결함, 비금속 개재물, 기포 또는 불순물 등이 압연 방향을 따라 평행하게 늘어나 층상 조직이 된 것으로 평행하게 층 모양으로 분리된 것은 이중 판 균열이라고도 부른다.

**34.** 드릴 머신에서 얇은 판에 구멍을 뚫을 때 가장 좋은 방법은?

① 손으로 잡는다.
② 바이스에 고정한다.
③ 판 밑에 나무를 놓는다.
④ 테이블 위에 직접 고정한다.

해설 얇은 판에 구멍을 뚫을 때 밑에 나무를 놓고 뚫으면 판이 갈라지거나 회전하는 일이 적다.

**35.** 가스 절단기 및 토치의 사용에 관한 설명으로 옳지 않은 것은?

① 토치의 점화는 토치 점화용 라이터를 사용한다.
② 토치에 기름이나 그리스를 바르지 않는다.
③ 팁을 청소할 때에는 반드시 팁 클리너를 사용한다.
④ 토치가 가열되었을 때는 산소를 잠그고 아세틸렌만 분출시킨 상태로 물에 식힌다.

해설 토치가 가열되었을 때는 아세틸렌을 잠그고 산소만 분출시킨 상태로 물에 식힌다.

**36.** 가스 용접에서 충전 가스 용기의 도색을 표시한 것으로 틀린 것은?

① 산소-녹색
② 수소-주황색
③ 프로판-회색
④ 아세틸렌-청색

해설 아세틸렌은 황색, 탄산가스는 청색, 아르곤은 회색, 암모니아는 백색, 염소는 갈색이다.

**37.** 다음 중 재해 발생 빈도가 가장 낮은 온도는?

① 10~12℃　② 14~17℃
③ 18~22℃　④ 23~26℃

**38.** 가죽제 안전화의 구비 조건으로 맞지 않는 것은?

정답 32. ② 33. ② 34. ③ 35. ④ 36. ④ 37. ③ 38. ④

① 신는 기분이 좋고 작업이 쉬울 것
② 잘 구부러지고 신축성이 있을 것
③ 가능한 가벼울 것
④ 디자인, 색상 등은 고려하지 말 것

**해설** 기능이 편하고 가벼운 디자인으로 고려한다.

**39.** **중대 재해가 발생할 경우 사업주가 재해 발생 상황을 관할 지방고용노동관서의 장에게 전화, 팩스 등으로 보고하여야 할 시기는?**

① 지체 없이 ② 24시간 이내
③ 72시간 이내 ④ 7일 이내

**해설** 산업안전보건법 시행규칙 제67조(중대재해 발생 시 보고)
사업주는 중대재해가 발생한 사실을 알게 된 경우에는 법 제54조제2항에 따라 지체 없이 다음 각 호의 사항을 사업장 소재지를 관할하는 지방고용노동관서의 장에게 전화·팩스 또는 그 밖의 적절한 방법으로 보고해야 한다.
1. 발생 개요 및 피해 상황
2. 조치 및 전망
3. 그 밖의 중요한 사항

**40.** **안전 검사 대상 기계의 안전 검사 주기가 틀린 것은?**

① 곤돌라 : 최초 설치일부터 3년, 이후 2년마다
② 건설용 크레인 : 최초 설치일부터 6개월마다
③ 컨베이어 : 최초 설치일부터 3년, 이후 2년마다
④ 공정 안전 보고서를 제출하여 확인받은 압력 용기 : 3년마다

**해설** 안전 검사의 주기와 합격 표시 및 표시 방법
㉠ 크레인(이동식 크레인은 제외), 리프트(이삿짐 운반용 리프트는 제외) 및 곤돌라 : 사업장에 설치가 끝난 날부터 3년 이내에 최초 안전 검사를 실시하되, 그 이후부터 2년마다(건설 현장에서 사용하는 것은 최초로 설치한 날부터 6개월마다) 실시
㉡ 이동식 크레인, 이삿짐 운반용 리프트 및 고소 작업대 : 신규 등록 이후 3년 이내에 최초 안전 검사를 실시하되, 그 이후부터 2년마다 실시
㉢ 프레스, 전단기, 압력 용기, 국소 배기 장치, 원심기, 롤러기, 사출 성형기, 컨베이어 및 산업용 로봇 : 사업장에 설치가 끝난 날부터 3년 이내에 최초 안전 검사를 실시하되, 그 이후부터 2년마다(공정 안전 보고서를 제출하여 확인을 받은 압력 용기는 4년마다) 실시

## 3과목 기계 설비 일반

**41.** **표면 거칠기의 표시법에서 산술 평균 거칠기를 표시하는 기호는?**

① *Rz* ② *Wz*
③ *Ra* ④ *Rxmax*

**해설** ㉠ *Ra* : 산술 평균 거칠기
㉡ *Rz* : 최대 높이 거칠기

**42.** **기하 공차의 종류에서 위치 공차인 것은?**

① 평면도 ② 원통도
③ 동심도 ④ 직각도

**정답** 39. ① 40. ④ 41. ③ 42. ③

해설 위치 공차 : 위치도 공차, 동축도 공차 또는 동심도 공차, 대칭도 공차

**43.** 기계 가공한 금형 부품의 정밀 측정 시 표준 온도는 몇 ℃인가?

① 10℃ ② 15℃ ③ 20℃ ④ 25℃

**44.** 키 맞춤을 위해 보스의 구멍 지름을 포함한 홈의 깊이를 측정할 때 적합한 측정기는 무엇인가?

① 강철자 ② 마이크로미터
③ 틈새 게이지 ④ 버니어 캘리퍼스

**45.** 금속 재료의 냉간 가공에 따른 성질 변화 중 옳지 않은 것은? [07-4]

① 인장강도 증가 ② 경도 증가
③ 연신율 감소 ④ 인성 증가

해설 냉간 가공은 가공 경화에 의해 강도는 증가하지만 연신율은 감소한다.

**46.** 공작기계에서 절삭 가공 작업 중 발생하는 구성 인선을 방지하기 위한 방법으로 틀린 것은? [11-4]

① 공구의 경사각을 크게 한다.
② 절삭 속도를 느리게 한다.
③ 윤활성이 좋은 절삭 유제를 사용한다.
④ 절삭 깊이를 적게 한다.

해설 공작기계의 회전 속도가 낮을 경우 이송을 크게 해야 구성 인선 발생이 억제된다.

**47.** 일반적인 줄 작업에 대한 설명 중 틀린 것은? [09-4, 14-2, 19-1, 21-4]

① 오른손 팔꿈치를 옆구리에 밀착시키고 팔꿈치가 줄과 수평이 되게 한다.
② 보통 줄의 사용 순서는 중목 → 황목 → 세목 → 유목의 순으로 작업한다.
③ 왼손은 줄의 균형을 유지하기 위해 손목을 수평으로 하고 손바닥으로 줄 끝을 가볍게 누르거나 손가락으로 싸준다.
④ 줄을 앞으로 밀 때 힘을 가하고 뒤로 당길 때 힘을 주지 않는다.

해설 보통 줄의 사용 순서는 황목 → 중목 → 세목 → 유목의 순으로 작업한다.

**48.** 고용체에서 공간격자의 종류가 아닌 것은?

① 치환형 ② 침입형
③ 규칙 격자형 ④ 면심 입방 격자형

해설 고용체에서 공간격자로 치환형, 침입형, 규칙 격자형이 있다.

**49.** 재료의 인장 실험 결과 얻어진 응력-변형률 선도에서 응력을 증가시키지 않아도 변형이 연속적으로 갑자기 커지는 것을 무엇이라 하는가?

① 비례 한도 ② 탄성 변형
③ 항복 현상 ④ 극한 강도

해설 비례 한도는 직선부로 하중의 증가와 함께 변형이 비례적으로 증가하는 것이고, 탄성 변형은 응력을 제거했을 때 변형이 없어지는 한도를 말한다.

**50.** 구름 베어링 6206 P6을 설명한 것 중에서 틀린 것은? [06-4]

① 6-베어링 형식
② 2-사용한 윤활유의 점도
③ 06-베어링 안지름 번호
④ P6-등급 번호

해설 2-베어링 계열 기호

정답 43. ③ 44. ④ 45. ④ 46. ② 47. ② 48. ④ 49. ③ 50. ②

**51.** 노치(notch) 붙음 둥근 나사 체결용으로 적합한 것은?

① 훅 스패너
② 더블 오프셋 렌치
③ 몽키 스패너
④ 기어 풀러

해설 훅 스패너(hook spanner) : 둥근 너트 등 원주면에 홈이 파져 있는 부분을 체결할 때 사용하는 공구

**52.** 두 축을 동시에 센터링 작업 시 측정 준비사항으로 틀린 것은?

① 커플링의 외면을 세척한다.
② 다이얼 게이지의 오차 및 편차를 구한다.
③ 커플링 볼트 1개를 체결한다.
④ 면간을 블록 게이지로 측정 기록한다.

해설 면간(面間)을 틈새 게이지 또는 테이퍼 게이지(taper gauge)로 측정 기록한다.

**53.** 다음 중 나사 체결 방법으로 옳지 않은 것은? [13-4]

① 나사 체결 전 볼트의 강도 등급을 확인한다.
② 볼트 체결 방법은 토크법, 너트 회전각법, 가열법, 장력법이 있다.
③ 큰 장력으로 조일 수 있는 적절한 체결 방법은 텐셔너(장력법)를 이용하는 방법이다.
④ 토크법은 나사면의 마찰계수 불균형을 무시할 수 있다.

해설 실제의 죔에서는 죔 면이나 나사부의 마찰 저항 혹은 나사 형상에 의한 효율 등을 생각해서 볼트의 적정한 죔의 힘을 가해야 한다.

**54.** 다음 [보기]는 V벨트 제품의 호칭을 나타낸 것이다. "2032"가 의미하는 것은 무엇인가? [19-2]

| 보기 |
|---|
| 일반용 V벨트 A 80 또는 2032 |

① 명칭　② 종류
③ 호칭 번호　④ V벨트의 길이

해설 A는 V벨트의 종류인 단면 크기, 80은 호칭 번호, 2032는 벨트의 유효 길이를 뜻한다.

**55.** 긴 관로나 유체기기의 가까이 설치하여 분해, 정비를 용이하게 할 수 있는 배관 이음쇠는? [14-2, 20-4]

① 니플(nipple)　② 엘보(elbow)
③ 소켓(socket)　④ 유니언(union)

해설 유니언

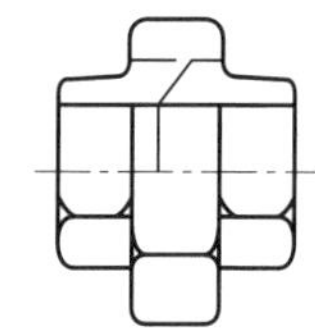

**56.** 밸브의 종류와 용도를 짝지어 놓은 것 중 잘못된 것은? [20-3]

① 글로브 밸브－주로 교축용으로 사용한다.
② 슬루스 밸브－전개, 전폐용으로 사용한다.
③ 나비형 밸브－차단용으로 많이 사용한다.
④ 플랩 밸브－스톱 밸브 또는 역지 밸브로 사용한다.

해설 나비형 밸브는 유량 조절 밸브이며, 기밀을 완전하게 하는 차단용으로는 곤란하다.

**57.** 다음 중 수격 현상의 방지 방법으로 틀린 것은? [14-4]

정답 51. ① 52. ④ 53. ④ 54. ④ 55. ④ 56. ③ 57. ①

① 펌프의 흡입 수두를 낮춘다.
② 플라이 휠 장치를 설치한다.
③ 관로 유속을 저하시킨다.
④ 서지 탱크를 설치한다.

해설 펌프의 흡입 수두를 높인다.

**58. 다음 중 송풍기의 흡입 방법에 의한 분류에 포함되지 않는 것은?** [11-4, 17-4]

① 편 흡입형 ② 풍로 흡입형
③ 흡입관 취부형 ④ 실내 대기 흡입형

해설 송풍기의 흡입 방법에 의한 분류 : 실내 대기 흡입형, 흡입관 취부형, 풍로 흡입형

**59. 다음 중 왕복 공기 압축기의 토출 압력 저하가 발생하는 원인이 아닌 것은?** [10-4]

① 사용량의 과대
② 모터 회전수 증가
③ 실린더 헤드 개스킷 파손
④ 밸브의 상태가 나쁨

해설 모터의 회전수가 증가하면 토출 압력이 높아진다.

**60. 웜 기어 감속기의 경우 웜 휠의 이닿기면을 웜의 중심에서 출구 쪽으로 약간 어긋나게 하는 이유로 옳은 것은?** [15-2, 19-2]

① 감속비를 높이기 위하여
② 백래시를 없애기 위하여
③ 접촉각을 조정하기 위하여
④ 윤활유의 공급이 잘 되게 하기 위하여

해설 웜 휠의 이 간섭 면을 중심에 대해 약간 어긋나게 해둔다. 이것은 웜이 회전해서 웜 기어에 미끄러져 들어갈 때 윤활유가 쐐기 모양으로 들어가기 쉽게 하기 위한 이유이다.

## 4과목 설비 진단 및 관리

**61. 설비 진단 기술 도입의 일반적인 효과가 아닌 것은?** [14-2]

① 고장의 정도를 정량화할 수 있어 누구라도 능숙하게 되면 동일 레벨의 이상 판단이 가능해진다.
② 경향 관리를 실행함으로써 설비의 수명 예측이 가능하다.
③ 간이 진단을 실행하여 설비의 열화 부위와 내용을 알 수 있기 때문에 오버홀이 필요하다.
④ 중요 설비, 부위를 상시 감시함에 따라 돌발적인 고장을 방지하는 것이 가능하다.

해설 오버홀의 횟수가 감소한다.

**62. 다음 안정도 판별법에 관한 설명에서 (   ) 안에 들어갈 알맞은 값은?** [20-4]

| 안정도 판별법에 있어서의 이득 여유(gain margine)는 위상이 (   )가 되는 주파수에서 이득이 1에 대하여 어느 정도 여유가 있는지를 표시하는 값이다. |
|---|

① 180° ② 360° ③ −180° ④ −360°

해설 주파수 전달 함수의 크기가 1일 때 측간에 형성되는 사잇각은 −180°보다 작아야 한다.

**63. 다음 중 푸리에(Fourier) 변환의 특징을 설명한 것으로 틀린 것은?** [18-1]

① FFT 분석에서는 항상 양 부호(positive)의 주파수 성분이 나타난다.
② 충격 신호와 같은 임펄스 신호(impulse signal)는 푸리에 변환이 불가능하다.

정답 58. ① 59. ② 60. ④ 61. ③ 62. ③ 63. ②

③ 시간 대역이나 주파수 대역에서 유한한 신호는 다른 대역(주파수나 시간)에서 무한한 폭을 갖는다.

④ 어떤 대역에서 주기성을 갖는 규칙적인 신호라 할지라도 다른 대역에서는 불규칙적 신호로 나타날 수 있다.

**해설** 푸리에 변환은 충격 신호와 같은 임펄스 신호에서도 가능하다.

**64.** **그림과 같이 스프링을 설치하였을 경우 합성 스프링 상수 $k$를 구하는 식으로 옳은 것은? (단, $k_1$과 $k_2$는 각각의 스프링 상수이다.)** [15-4, 18-2, 22-2]

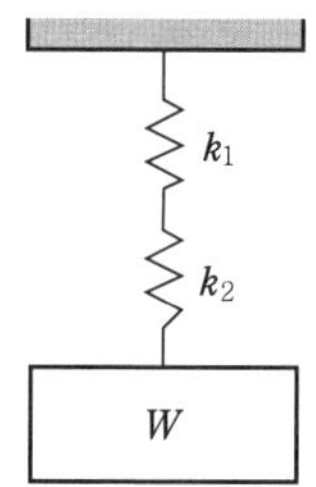


① $k=k_1+k_2$

② $k=k_1\times k_2$

③ $k=\dfrac{1}{k_1+k_2}$

④ $k=\dfrac{1}{\dfrac{1}{k_1}+\dfrac{1}{k_2}}$

**해설** ㉠ 직렬 : $k=\dfrac{1}{\dfrac{1}{k_1}+\dfrac{1}{k_2}}$

㉡ 병렬 : $k=k_1+k_2$

**65.** **음(소음)의 발생과 특성에 관한 분류 중 옳은 것은?** [14-4, 19-1]

① 난류음-타악기, 스피커음

② 맥동음-압축기, 진공 펌프, 엔진 배기음

③ 일차 고체음-기계 본체의 진동에 의한 소리

④ 이차 고체음-기계의 진동에 지반 진동을 수반하여 발생하는 소리

**해설** ㉠ 난류음 : 선풍기, 송풍기 등의 소리

㉡ 일차 고체음 : 기계의 진동에 지반 진동을 수반하여 발생하는 소리

㉢ 이차 고체음 : 기계 본체의 진동에 의한 소리

**66.** **소음계의 측정 감도를 보정하는 기기로서 발생음의 주파수와 음압도의 표시가 되어 있으며, 발생음의 오차가 ±1dB 이내인 장치는?** [09-2]

① 방풍망

② 표준음 발생기

③ 주파수 분석기

④ 동특성 조절기

**해설** 표준음 발생기 : 환경 소음 · 진동 공정 시험 방법에 따라 발생음의 주파수와 음압도를 표시함으로써 소음 측정기의 자극에 대한 반응 정도를 점검하는 기기로 발생음의 오차는 ±1dB 이내이어야 한다.

**67.** **다음은 설비 관리 조직 중에서 어떤 형태의 조직인가?** [08-4, 18-2]

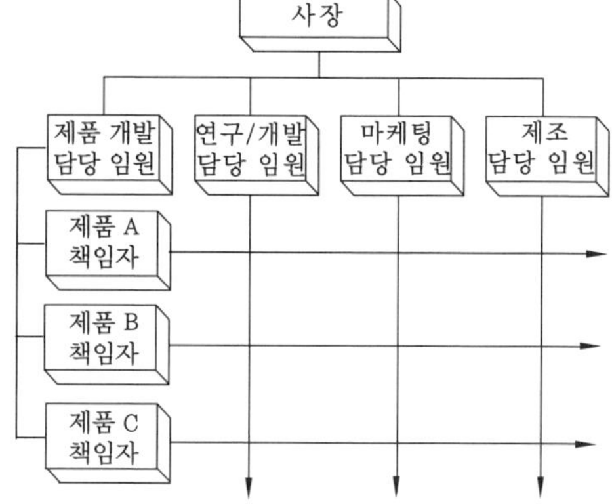


① 설계 보증 조직

② 제품 중심 조직

③ 기능 중심 매트릭스 조직

④ 제품 중심 매트릭스 조직

**정답** 64. ④ 65. ② 66. ② 67. ④

해설 매트릭스 조직을 제품별 중심으로 한 조직이다.

**68. 컴퓨터를 이용한 설비 배치안을 작성하는 방법 중 기존의 배치안을 개선하는 기법은?** [14-2]

① CRAFT ② PLANET
③ CORELAP ④ ALDEP

해설 CRAFT는 설비의 배치안을 개선하는 기법이다.

**69. 간접비의 변화를 정확히 추적하기 위해 제품 생산에 수행되는 활동들 또는 공정에 초점을 두고 원가를 추정하는 방법은?** [10-4, 16-4, 21-1]

① 기회 원가
② 제조 원가
③ 총 원가
④ 활동 기준 원가

해설 제품 생산을 위하여 수행되는 활동들 또는 공정에 초점을 두고 원가를 추정하는 방법은 활동 기준 원가(ABC : actjvity-based cost)이다.

**70. 공사 관리를 위한 PERT 기법에서 공사의 평균치($t_e$)를 구하기 위한 식은? (단, $a$는 낙관적 시간, $b$는 비관적 시간, $m$은 전형적 시간이다.)** [14-2]

① $t_e=\frac{a+4m+b}{6}$

② $t_e=\frac{a-4m-b}{6}$

③ $t_e=\frac{a+4m-b}{6}$

④ $t_e=\frac{a-4m+b}{6}$

**71. 다음 설명에서 (  ) 안에 해당하는 측정 방식의 종류는?** [21-4]

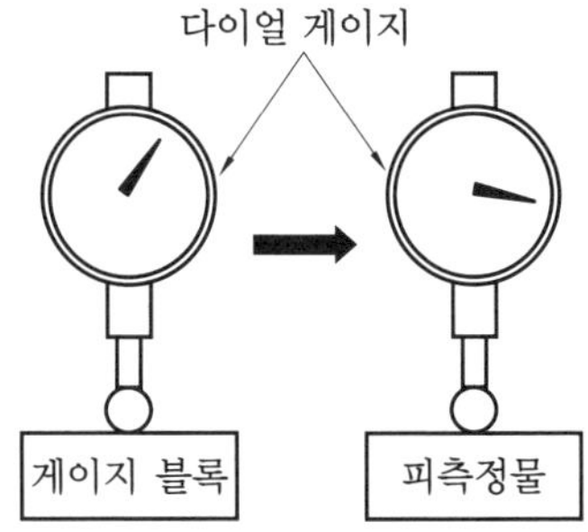


> 그림과 같이 다이얼 게이지를 이용하여 길이를 측정할 때 게이지 블록에 올려 놓고 측정한 값과 피측정물로 바꾸어 측정한 값의 차를 측정하고, 사용한 게이지 블록의 높이를 알면 피측정물의 높이를 구할 수 있다. 이처럼 이미 알고 있는 양으로부터 측정량을 구하는 방법을 (  )이라 한다.

① 편위법 ② 영위법
③ 치환법 ④ 보상법

해설 치환법(substitution method) : 이미 알고 있는 양으로부터 측정량을 아는 방법을 치환법이라 한다.

**72. 현상 파악에 사용되는 수법 중 공정이 정상 상태인지, 이상 상태인지를 판독하기 위한 방법은?** [11-4, 18-2]

① 관리도
② 체크 시트
③ 파레토도
④ 히스토그램

해설 관리도 : 품질은 산포하고 있으므로 공정에서 시계열적으로 변화하는 산포의 모습을 보고 공정이 정상 상태인가 이상 상태인가를 판독하기 위한 수법

정답 68. ① 69. ④ 70. ① 71. ③ 72. ①

**73.** 다음 중 윤활 관리의 목적과 가장 거리가 먼 것은? [06-4, 15-2, 19-1]

① 설비 수명 연장
② 윤활 비용 감소
③ 고장 도수율 증대
④ 설비 가동률 증대

해설 윤활 관리의 목적
㉠ 설비 가동률 증가
㉡ 유지비 절감
㉢ 설비 수명 증가
㉣ 윤활비 절감
㉤ 동력비의 절감 등을 통해 제조 원가 절감 및 생산량의 증대

**74.** 다음 중 윤활유의 분류법에 속하지 않는 것은? [10-4]

① SAE 분류법
② API 분류법
③ SAE 신분류법
④ ASNT 분류법

해설 윤활유의 분류법에는 SAE 분류법, API 분류법, SAE 신분류법, AGMA이며, ASNT는 미국 비파괴검사학회이다.

**75.** 온도 변화에 따른 점도의 변화를 적게 하기 위하여 사용되는 첨가제는 무엇인가? [14-4, 17-4, 18-4, 21-4]

① 청정 분산제
② 산화 방지제
③ 유동점 강화제
④ 점도 지수 향상제

해설 온도 변화에 따른 점도 변화의 비율을 적게 하기 위하여 점도 지수(VI) 향상제를 사용한다.

**76.** 일반적으로 윤활유의 적정 점도를 선정하는 기준으로 틀린 것은? [14-4]

① 윤활유의 점도를 선정할 때는 주로 운전 온도, 하중, 운전 속도를 고려한다.
② 하중이 클수록 고점도유를 사용한다.
③ 운전 속도(주위 온도)가 높을수록 고점도유를 사용한다.
④ 운전 속도가 느릴수록 저점도유를 사용한다.

해설 고속일수록, 경하중일 때, 저온일 때 저점도유를 사용한다.

**77.** NAS 10등급은 입경 5~15$\mu$m 기준으로 이물질이 몇 개이어야 하는가? [11-4]

① 6000개 초과 32000개 이하
② 32000개 초과 64000개 이하
③ 64000개 초과 128000개 이하
④ 128000개 초과 256000개 이하

해설 00등급 125개, 0등급 250개, 1등급 500개, ……, 10등급 256000개 등 등급이 높아짐에 따라 이물질의 개수가 배수로 증가한다.

**78.** 플러싱(flushing) 시기로 적절하지 않은 것은? [12-4, 16-4, 18-2, 19-1, 22-1]

① 윤활유 보충 시
② 기계 장치의 신설 시
③ 윤활계의 검사 시
④ 윤활 장치의 분해 보수 시

해설 플러싱 실시 시기
㉠ 기계 장치의 신설 시
㉡ 윤활유 교환 시
㉢ 윤활 장치의 분해 시
㉣ 윤활계의 검사 시
㉤ 운전 개시 시

정답 73. ③ 74. ④ 75. ④ 76. ④ 77. ④ 78. ①

**79. 그리스류의 동판에 대한 부식성을 시험하는 방법으로 옳은 것은?** [15-4]

① 연마한 동판을 그리스 속에 넣고, 실온(A법) 또는 100℃(B법)에서 12h 유지한 후, 동판의 변색 유무를 조사한다.
② 연마한 동판을 그리스 속에 넣고, 실온(A법) 또는 100℃(B법)에서 24h 유지한 후, 동판의 변색 유무를 조사한다.
③ 연마한 동판을 그리스 속에 넣고, 실온(A법) 또는 125℃(B법)에서 24h 유지한 후, 동판의 변색 유무를 조사한다.
④ 연마한 동판을 그리스 속에 넣고, 25℃(A법) 또는 100℃(B법)에서 24h 유지한 후, 동판의 변색 유무를 조사한다.

해설 동판 부식 시험은 기름 중에 함유되어 있는 유리 유황 및 부식성 물질로 인한 금속의 부식 여부에 관한 시험이다. 시험 방법은 잘 연마된 동판을 시료에 담그고 24시간, 실온(A법) 또는 100℃(B법) 온도로 유지한 후 이것을 꺼내어 세정하고 동판 부식 표준편과 비교하여 시료의 부식성을 판정한다.

**80. 유압 작동유가 갖추어야 할 성질이 아닌 것은?** [21-2]

① 체적 탄성계수가 클 것
② 캐비테이션이 잘 일어날 것
③ 산화 안전성 및 유화 안정성이 클 것
④ 온도 변화에 따른 점도 변화가 적을 것

해설 캐비테이션이 발생하지 않아야 한다.

정답 79. ② 80. ②

# 제8회 CBT 대비 실전문제

## 1과목 공유압 및 자동 제어

**1.** 다음 압력의 단위 중 그 크기가 다른 것은? [10-4, 17-4]

① 1bar
② 100kPa
③ 1.2kgf/cm²
④ 7.50062×10²mmHg

해설 $1\,\text{bar} = 100\,\text{kPa} = 1.01972\,\text{kgf/cm}^2 = 750\,\text{Torr} = 750\,\text{mmHg}$

**2.** 다음 중 동력 전달 비용이 1kw당 가장 높은 것은? [21-1]

① 유압식
② 전기식
③ 공기압식
④ 기계 · 유압식

해설 공기압식은 사용 유체를 대기에 방출시키기 때문에 효율이 가장 낮고, 운전 비용도 가장 높다.

**3.** 다음 중 공압기기에 관한 설명으로 틀린 것은? [16-4, 20-3]

① 감압 밸브 : 2차 측의 압력을 일정하게 한다.
② 셔틀 밸브 : 안전 장치, 검사 기능, 연동 제어에 사용된다.
③ 압력 스위치 : 공기 압력 신호를 전기 신호로 변환한다.
④ 시퀀스 밸브 : 액추에이터의 동작을 정해진 순서에 따라 작동시킨다.

해설 셔틀 밸브는 두 개의 입구와 한 개의 출구를 가지고 있다. 서로 다른 위치에 있는 신호 밸브(signal valve)로부터 나오는 신호를 분류하고, 제2의 신호 밸브로 공기가 빠져나가는 것을 방지해 주기 때문에 OR 요소라고도 한다. 만약 실린더나 밸브가 두 개 이상의 위치로부터 작동되어야만 할 때는 이 셔틀 밸브(OR 밸브)를 꼭 사용하여야 한다.

**4.** 실린더의 이론 출력을 계산하기 위해 필요한 요소가 아닌 것은? [15-4]

① 공기 압력
② 실린더 행정 거리
③ 실린더 튜브 내경
④ 피스톤 로드 내경

해설 실린더의 이론 출력

㉠ $F_1 = \dfrac{\mu_1 \rho \pi D_1^{\,2}}{4}$

㉡ $F_2 = \dfrac{\mu_2 \rho \pi (D_1^{\,2} - D_2^{\,2})}{4}$

여기서, $F_1$ : 밀 때의 실린더 출력(kgf)
$F_2$ : 당길 때의 실린더 출력(kgf)
$\rho$ : 사용 공기 압력(kgf/cm²)
$D_1$ : 실린더 안지름(cm)
$D_2$ : 로드 지름(cm)
$\mu_1$ : 미는 쪽의 추력 효율
$\mu_2$ : 당기는 쪽의 추력 효율

정답 1. ③ 2. ③ 3. ② 4. ②

**5. 많은 공압 기기를 사용하는 공장의 주 관로에 대한 공압 배관 방법으로 올바른 것은?** [08-4]

① 주 관로는 압력 강하를 보상하기 위하여 스트레이트로 편도 배관을 한다.
② 주 관로는 보수의 용이성을 고려하여 플렉시블한 고무 호스로 배관을 한다.
③ 주 관로 크기를 결정할 때 소요 공기량 산출 기준은 모든 액추에이터의 체적으로 나누어 결정한다.
④ 주 관로는 1~2% 정도의 기울기를 주고, 가장 낮은 곳에 드레인 자동 배수 밸브를 설치한다.

해설 주 관로는 가장 낮은 곳에 드레인 자동 배수 밸브를 설치하여 응축수 등을 배출시킨다.

**6. 밸브의 오버랩에 대한 설명으로 옳은 것은?** [15-4, 19-2]

① 방향 제어 밸브는 일반적으로 제로 오버랩을 갖는다.
② 밸브의 작동 시 포지티브 오버랩 밸브는 서지 압력이 발생할 수 있다.
③ 밸브의 전환 시 모든 연결구가 순간적으로 연결되는 형태가 제로 오버랩이다.
④ 포지티브 오버랩에서 밸브의 전환 시 액추에이터는 부하에 종속된 움직임을 갖는다.

해설 밸브의 오버랩

㉠ 포핏 밸브는 네거티브 오버랩만 발생하여 네거티브 오버랩을 사용할 경우 카운터 밸런스 밸브나 파일럿 작동 체크 밸브를 같이 사용한다.
㉡ 제로 오버랩은 주로 서보 밸브에서 사용된다.
㉢ 네거티브 오버랩은 슬라이드 밸브에서 사용된다.

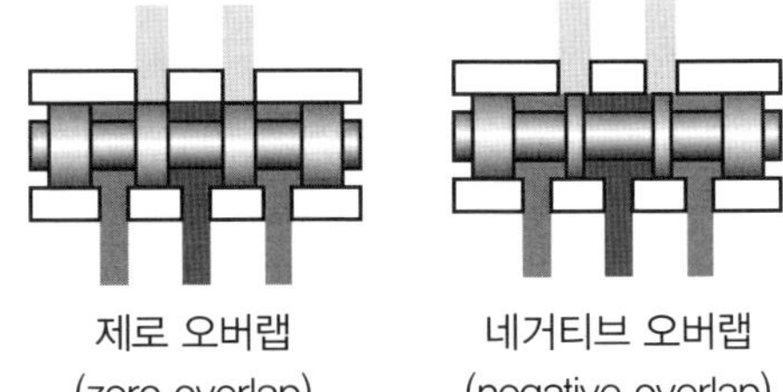

제로 오버랩 (zero overlap)　　네거티브 오버랩 (negative overlap)

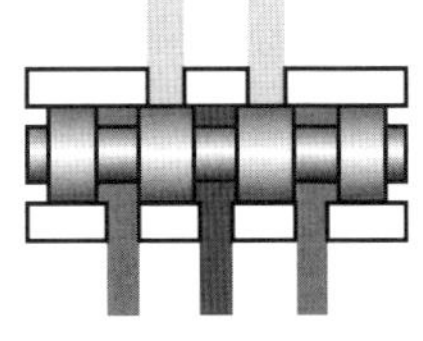

포지티브 오버랩 (positive overlap)

**7. 노즐 플래퍼형 서보 유압 밸브에서 전기 신호를 기계적 변위로 바꾸어 주는 역할을 하는 것은?** [11-4, 20-4]

① 노즐
② 플래퍼
③ 토크 모터
④ 플래퍼 스프링

해설 토크 모터는 원래 수압 프레스에 이용되던 것으로 현재는 대형 프레스에 이용된다.

**8. 다음 중 일반적인 단동 실린더의 속도 제어에 적합한 방법은?** [17-2]

① 재생 제어
② 미터 인 제어
③ 미터 아웃 제어
④ 블리드 오프 제어

해설 공압은 반드시 미터 아웃, 유압은 미터 인 또는 미터 아웃의 두 가지를 모두 적용하지만, 단동 실린더는 후진할 때 배기량 또는 드레인량을 조절할 수 없어 미터 인 제어만 가능하다.

정답 5. ④　6. ②　7. ③　8. ②

**9.** 연산 증폭기에 계단파 입력(step function)을 인가하였을 때 시간에 따른 출력 전압의 최대 변화율을 무엇이라 하는가?

① 옵셋(offset)
② 드리프트(drift)
③ 슬루율(slew rate)
④ 대역폭(bandwidth)

해설 슬루율 : 증폭기에서 방형과 계단 신호 입력에 대해 출력 전압이 변하는 비율의 최댓값

**10.** 개폐기 특성 시험으로 알 수 없는 것은?

① 상간 개리차
② 개방 시 접점의 바운스 정도
③ 미소 공극 유무
④ 투입 후 발생되는 오버트래블(overtravel) 정도

해설 미소 공극 유무는 유전 정접(tan$\delta$) 시험에서 알 수 있다.

**11.** 계측계의 동작 특성 중 다음 그림과 같이 시간 지연에 의해 임의의 순간에 입력 신호값과 출력 신호값의 차($E$)가 발생하는 동특성은? (단, $I$ : 입력 신호, $M$ : 출력 신호)

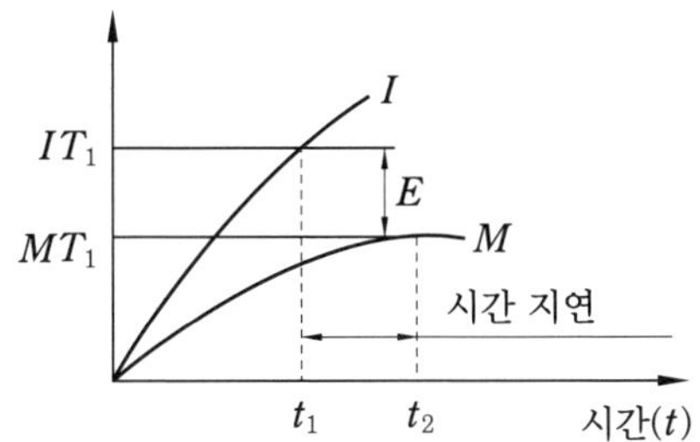


① 시간 지연과 동오차
② 시간 지연과 정오차
③ 히스테리시스 오차
④ 입출력 신호의 직선성

해설 동오차 : 임의의 순간에 참값과 지싯값 사이의 차

**12.** 비접촉식 검출 요소(센서, 스위치)가 아닌 것은?

① 광전 스위치 ② 리밋 스위치
③ 유도형 센서 ④ 용량형 센서

해설 리밋 스위치는 접촉식 센서이다.

**13.** 출력 측의 한쪽을 부하와 연결하고 다른 쪽 단자(공통 단자)를 0V에 접지시키는 센서는? (단, 센서 작동 시 (+)전압 출력됨)

① NP형 ② PN형
③ NPN형 ④ PNP형

해설 PNP형의 출력은 (+), NPN형의 출력은 (−)이다.

**14.** 다음 중 일반적으로 아날로그 신호로 사용되지 않는 것은? [11-3]

① AC 0~24V
② DC −10V~+10V
③ DC 0~+10V
④ 4~20mA

해설 아날로그 신호는 일반적으로 DC 1~5V, DC 0~5V, DC 0~10V, DC −10~10V, DC 4~20mA을 사용한다.

**15.** 광범위하고 높은 정밀도의 속도 제어가 요구되는 장소에 적합한 전동기의 종류로 맞는 것은? [11-4]

① 유도 전동기
② 동기 전동기
③ 정류자 전동기
④ 직류 전동기

정답 9. ③ 10. ③ 11. ① 12. ② 13. ④ 14. ① 15. ④

**16.** 회전하고 있는 전동기를 역회전되도록 접속을 변경하면 급정지한다. 압연기의 급정지용으로 이용되는 제동 방식은?

① 플러깅 제동 ② 회생 제동
③ 다이나믹 제동 ④ 와류 제동

해설 플러깅 제동을 역상 제동이라 한다.

**17.** 다음 제어 방식 중 의미가 다른 하나는?

① 궤환 제어 [19-2]
② 개루프 제어
③ 폐루프 제어
④ 피드백 제어

해설 제어, 오픈 루프 제어, 개회로 제어, 개루프 제어는 같은 용어이고, 피드백 제어, 폐루프 제어, 궤환(되먹임) 제어 등은 자동 제어이다.

**18.** 그림과 같이 응답이 나타나는 전달 요소는 어느 것인가?

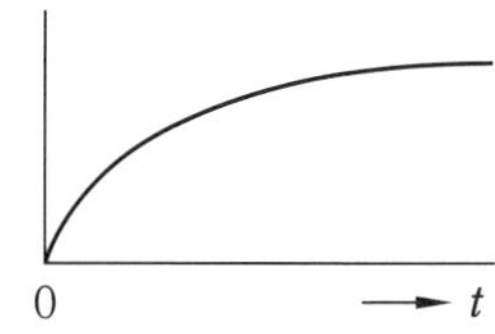


① 비례 요소
② 1차 지연 요소
③ 적분 요소
④ 미분 요소

해설 1차 지연 요소 : 제어계의 응답이 지수 함수적으로 증가한다

**19.** 근접 센서의 종류가 아닌 것은? [08-4]

① 유도 브리지(bridge)형
② 자기형
③ 정전 용량형
④ 로터리 인코더(rotary encoder)형

**20.** 다음 중 저항, 용량 또는 인덕턴스 등에 임피던스 소자를 이용하여 입력 신호를 전압, 전류로 변조 변환하는 방법이 아닌 것은? [15-4, 19-2]

① 전류 변환 ② 저항 변환
③ 인덕턴스 변환 ④ 정전 용량 변환

해설 변조 변환 : 임피던스 소자가 들어 있는 전기 회로에 일정 전압 또는 전류를 공급하여 이것을 입력 신호에 따른 임피던스 변화에 의해 변조함으로써 입력 신호에 비례한 전압 · 전류의 변화로 변환한다. 종류에는 저항 변환, 정전 용량 변환, 인덕턴스 변환, 자기 변환이 있다.

## 2과목 용접 및 안전관리

**21.** 테르밋 용접법의 특징을 설명한 것이다. 맞는 것은?

① 전기가 필요하다.
② 용접 작업 후의 변형이 작다.
③ 용접 작업의 과정이 복잡하다.
④ 용접용 기구가 복잡하여 이동이 어렵다.

해설 테르밋 용접은 열원을 외부에서 가하는 것이 아니라 테르밋 반응에 의해 생기는 열을 이용한다.

**22.** 필터 유리(차광 유리) 앞에 일반 유리(보호 유리)를 끼우는 주된 이유는?

① 가시광선을 적게 받기 위하여
② 시력의 장애를 감소시키기 위하여
③ 용접 가스를 방지하기 위하여
④ 필터 유리를 보호하기 위하여

해설 차광 유리를 보호하기 위해 앞뒤로 끼우는 유리를 보호 유리라 한다.

정답 16. ① 17. ② 18. ② 19. ④ 20. ① 21. ② 22. ④

**23.** 다음 중 서브머지드 아크 용접에서 두 개의 와이어를 똑같은 전원에 접속하며 비드의 폭이 넓고 용입이 깊은 용접부가 얻어져 능률이 높은 다전극 방식은?

① 횡직렬식 ② 종직렬식
③ 횡병렬식 ④ 탠덤식

해설 횡직렬식(series transuerse process) : 두 개의 와이어에 전류를 직렬로 흐르게 하여 아크 복사열에 의해 모재를 가열 용융시켜 용접하는 방식

**24.** 가용접 위치와 길이의 선정 시 틀린 것은?

① 가용접의 간격은 판 두께의 15~30배 정도로 하는 것이 좋다.
② 판 두께가 3.2mm 이하는 30mm로 한다.
③ 판 두께가 3.2~25mm까지는 50mm로 한다.
④ 판 두께가 25mm 이상은 50mm 이상의 길이로 해주어야 한다.

해설 가용접의 길이는 판 두께가 3.2mm 이하는 30mm, 3.2~25mm까지는 40mm, 25mm 이상은 50mm 이상의 길이로 해주어야 한다.

**25.** MIG 용접에 사용되는 실드 가스가 아닌 것은?

① 아르곤+헬륨
② 아르곤+탄산가스
③ 아르곤+수소
④ 아르곤+산소

해설 MIG 용접에 사용되는 실드 가스로 아르곤+(헬륨, 탄산가스, 산소, 탄산가스+산소)의 혼합 가스를 이용한다.

**26.** 일반적인 탄산가스 아크 용접의 특징으로 틀린 것은?

① 용접 속도가 빠르다.
② 전류밀도가 높아 용입이 깊다.
③ 가시 아크 용접이므로 용융지의 상태를 보면서 용접을 할 수 있다.
④ 후판 용접은 단락 이행 방식으로 가능하고 비철 금속 용접에 적합하다.

해설 단락 이행에 의하여 박판도 용접이 가능하고 전자세 용접이 가능하지만 비철 금속은 불가능하다.

**27.** 용접 변형을 최소화하기 위한 대책 중 잘못된 것은?

① 용착 금속량을 가능한 적게 할 것
② 용접부의 구속을 작게 하고 용접 순서를 일정하게 할 것
③ 포지셔너 지그를 유효하게 활용할 것
④ 예열을 실시하여 구조물 전체의 온도가 균형을 이루도록 할 것

해설 용접 변형의 방지 대책
용접 전 그 발생을 경감시키는 조치가 필요하다. 일반적으로 면내 변형에 대한 대책은 용이하지만 면외 변형 방지는 곤란한 경우가 많다. 구속력을 크게 하고 변형을 저지하는 것이 가장 효과적이지만 이것에 의해 잔류 응력이 크게 되고 용접 균열이 발생된다.
㉠ 용접 작업 전 변형 방지법 : 억제법, 역 변형법
㉡ 용접 시공에 의한 방법 : 대칭법, 후퇴법, 스킵법, 스킵 블록법
㉢ 모재로의 입열을 막는법 : 도열법
㉣ 용접부의 변형과 응력 제거 방법 : 응력 완화법, 풀림법, 피닝법 등

정답 23. ③ 24. ③ 25. ③ 26. ④ 27. ②

**28.** **아크 용접 시 용접 이음의 용융부 밖에서 아크를 발생시킬 때 모재 표면에 결함이 발생하는 것은?**

① 아크 스트라이크 ② 언더필
③ 스캐터링 ④ 은점

**해설** 아크 스트라이크(arc strike) : 용접 이음 부위 밖에서 아크를 발생시킬 때 아크 열로 인해 모재에 결함이 생기는 것

**29.** **용접부의 파괴 시험법 중에서 화학적 시험법이 아닌 것은?**

① 함유 수소 시험 ② 비중 시험
③ 화학 분석 시험 ④ 부식 시험

**해설** 화학 시험의 종류에는 부식 시험, 화학 분석 시험, 함유 수소 시험 등이 있으며, 비중 시험은 물리적 시험이다.

**30.** **KS 규격에서 용접부 비파괴 시험 기호의 설명으로 틀린 것은?**

① RT : 방사선 투과 시험
② PT : 침투 탐상 시험
③ LT : 누설 시험
④ PRT : 변형도 측정 시험

**해설** PRT 시험은 내압 또는 변형률 측정 시험으로 시험체에 하중을 가해 변형의 정도에 의해 응력 분포의 상태를 조사하는 비파괴 시험이다.

**31.** **중공재의 축 방향과 직각인 결함을 쉽게 검출할 수 있는 것은?**

① 전류 통전법 ② 코일법
③ 자속 관통법 ④ 전류 관통법

**해설** 자속 관통법 : 구멍이 뚫린 시편에 철심을 넣고 그 철심에 전자석 등의 전류를 흐르게 하여 자장의 직각 방향으로 결함을 검출하는 방법이다.

**32.** **초음파의 주파수를 결정하는 것은?**

① 펄스 전압 ② 수신 전압
③ 진동자 크기 ④ 탐촉자 크기

**해설** 펄스 전압 : 초음파 탐상기에서 탐촉자로부터 송 · 수신하는 것이다.

**33.** **연삭 작업을 할 때 유의하여야 할 사항으로 옳지 않은 것은?**

① 연삭 작업은 숫돌의 측면에 서서 한다.
② 연삭기에는 반드시 안전 덮개를 설치하여야 한다.
③ 숫돌 바퀴와 받침대 사이의 간격은 8mm 이내로 한다.
④ 연삭 숫돌의 회전 속도는 규정 이상으로 빠르게 하지 않는다.

**해설** 숫돌 바퀴와 받침대 사이의 간격은 1~3mm 이내로 한다.

**34.** **가스 용접 시 사용하는 가스 집중 장치는 화기를 사용하는 설비로부터 얼마의 간격을 유지하여야 하는가?**

① 약 5m 이상 ② 약 4m 이상
③ 약 3m 이상 ④ 약 2m 이상

**35.** **인력 운반 작업에 있어서 작업 동작으로 인한 재해의 원인으로 거리가 먼 것은?**

① 무리한 자세
② 작업 규율 무시
③ 기계의 사용 방식 무시
④ 작업 환경이 좋지 않음

**해설** 무리한 힘이 가해지지 않도록 취급 중량물의 규모 제한과 작업 방법 및 작업 자세를 개선하여 재해를 방지할 수 있다.

**정답** 28. ① 29. ② 30. ④ 31. ③ 32. ① 33. ③ 34. ① 35. ④

**36.** 작업장의 벽에는 어느 색이 좋은가?

① 연초록색 ② 노란색
③ 파란색 ④ 검은색

해설 작업장의 색은 경우에 따라 다르나 다음 기준에 맞추는 것이 좋다.
㉠ 벽 : 황색, 상아색, 연초록색
㉡ 천장 : 흰색
㉢ 기계 : 플레임에는 회색 또는 녹색, 중요한 부분에는 밝은 회색

**37.** 다음 중 고무장화를 사용하여야 할 작업장은 어디인가?

① 열처리 공장 ② 화학약품 공장
③ 조선 공장 ④ 기계 공장

해설 화학약품 공장에서는 고무장화를 착용함으로써 약품이 신발 속으로 스며드는 것을 막아주어야 한다.

**38.** 다음 중 방진 마스크 선택상의 유의사항으로서 옳지 못한 것은?

① 여과 효율이 높을 것
② 흡기, 배기저항이 낮을 것
③ 시야가 넓을 것
④ 흡기저항 상승률이 높을 것

해설 방진 마스크를 사용함에 따라 흡·배기저항이 커지며, 따라서 호흡이 곤란해지므로 흡기저항 상승률이 낮을수록 좋다.
㉠ 여과 효율(분진 포집률)이 좋을 것
㉡ 중량이 작은 것(직결식의 경우 120g 이하)
㉢ 안면의 밀착성이 좋은 것
㉣ 안면에 압박감이 되도록 적은 것
㉤ 사용 후 손질이 용이한 것
㉥ 사용적(死容積)이 적은 것
㉦ 시야가 넓은 것(하방 시야 50° 이상)

**39.** 안전 점검표(check list)에 포함되어야 할 사항이 아닌 것은?

① 점검 항목 ② 점검 시기
③ 판정 기준 ④ 점검 비용

해설 안전 점검표에는 점검 대상, 점검 부분, 점검 항목, 점검 시기, 판정 기준, 조치사항 등이 포함되어야 한다.

**40.** 안전 인증 대상 기계에 해당하는 것은?

① 리프트 ② 연마기
③ 분쇄기 ④ 밀링

해설 ㉠ 안전 인증 대상 기계 및 설비 : 프레스, 전단기 및 절곡기(折曲機), 크레인, 리프트, 압력 용기, 롤러기, 사출성형기(射出成形機), 고소(高所) 작업대, 곤돌라
㉡ 자율 안전 확인 대상 기계 및 설비 : 연삭기(研削機) 또는 연마기(휴대형은 제외), 산업용 로봇, 혼합기, 파쇄기 또는 분쇄기, 식품 가공용 기계(파쇄·절단·혼합·제면기만 해당), 컨베이어, 자동차 정비용 리프트, 공작기계(선반, 드릴기, 평삭·형삭기, 밀링만 해당), 고정형 목재 가공용 기계(둥근톱, 대패, 루터기, 띠톱, 모떼기 기계만 해당), 인쇄기

## 3과목 기계 설비 일반

**41.** 축의 치수 $\phi 100^{+0.02}_{+0.01}$ 와 구멍의 치수 $\phi 100^{-0.02}_{-0.01}$ 의 최대 죔새와 최소 죔새 값은?

① 최대 죔새 : 0.05, 최소 죔새 : 0.02
② 최대 죔새 : 0.04, 최소 죔새 : 0.02

정답 36. ① 37. ② 38. ④ 39. ④ 40. ① 41. ②

③ 최대 죔새 : 0.04, 최소 죔새 : 0.00
④ 최대 죔새 : 0.05, 최소 죔새 : 0.00

해설 ㉠ 최대 죔새 : 100.02－99.98＝0.04
㉡ 최소 죔새 : 100.01－99.99＝0.02

**42. IT 기본 공차에서 주로 축의 끼워 맞춤 공차에 적용되는 공차의 등급은?**

① IT01~IT5 ② IT6~IT10
③ IT01~IT4 ④ IT5~IT9

해설 기본 공차의 적용

| 용도 | 게이지 제작 공차 | 끼워 맞춤 공차 | 끼워 맞춤 이외 공차 |
|---|---|---|---|
| 구멍 | IT01~IT5 | IT6~IT10 | IT11~IT18 |
| 축 | IT01~IT4 | IT5~IT9 | IT10~IT18 |

**43. 다음 치수 중 □이 뜻하는 것은?**

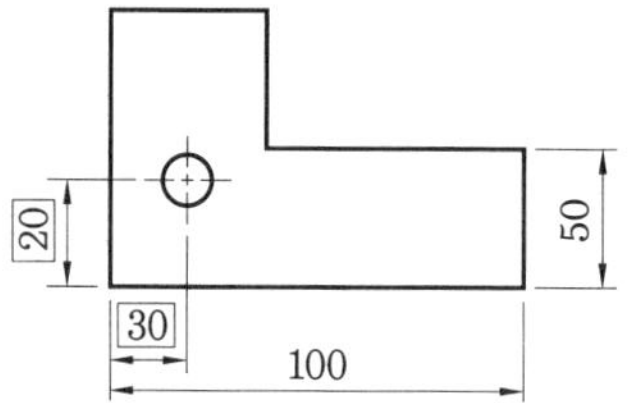


① 정사각형의 한 변의 치수
② 참고 치수
③ 판 두께의 치수
④ 이론적으로 정확한 치수

해설 □ : 이론적으로 정확한 치수(데이텀 치수)

**44. 다음 중 오차의 종류가 아닌 것은?**

① 개인적인 오차
② 시차(視差)
③ 측정기구 사용 상황에 따른 오차
④ 재료 소성에 기인한 오차

해설 오차의 종류에는 측정 계기 오차, 개인 오차, 온도 관계 오차, 우연의 오차, 확대기구의 오차, 재료의 탄성에 의한 오차 등이 있다.

**45. 구멍의 안지름 측정에 쓰이는 것은?**

① 롤러 게이지 ② 플러그 게이지
③ 와이어 게이지 ④ 링 게이지

**46. 보통 선반의 규격은 무엇으로 표시하는가?**

① 모터 마력으로 표시한다.
② 총 중량으로 표시한다.
③ 심압대로 표시한다.
④ 양 센터 사이의 최대 거리로 표시한다.

**47. 압탕의 역할로서 옳지 않은 것은?**

① 균열이 생기는 것을 방지한다.
② 주형 내의 쇳물에 압력을 준다.
③ 주형 내의 용제를 밖으로 배출시킨다.
④ 금속이 응고할 때 수축으로 인한 쇳물 부족을 보충한다.

해설 압탕을 덧쇳물이라고도 한다.

**48. 금속의 결정 구조에서 체심 입방 격자의 금속으로만 이루어진 것은?**

① Au, Pb, Ni ② Zn, Ti, Mg
③ Sb, Ag, Sn ④ Ba, V, Mo

해설 체심 입방 격자 : Fe($\alpha$－Fe, $\delta$－Fe), Cr, W, Mo, V, Li, Na, Ta, K, Ba

**49. 다이아몬드 원추를 사용한 경도 시험은?**

① 브리넬 경도 ② 로크웰 경도
③ 비커스 경도 ④ 쇼 경도

정답 42. ④ 43. ④ 44. ④ 45. ② 46. ④ 47. ① 48. ④ 49. ②

**50.** **다음 중 담금질에 관한 설명으로 틀린 것은?** [15-2, 21-4]

① 냉각 속도는 판재가 구형보다 빠르다.
② 냉각액을 저어주면 냉각 능력은 많이 향상된다.
③ 담금질 경도는 강 중에 탄소량에 따라 변화한다.
④ 냉각액의 온도는 물은 차게(20℃) 기름은 뜨겁게(80℃) 해야 한다.

해설 냉각 속도는 구형이 가장 빠르고 판재가 가장 느리다.

**51.** **스프링 재료가 갖추어야 할 구비 조건으로 적합하지 않은 것은?** [12-4, 17-2]

① 열처리가 쉬어야 한다.
② 영구 변형이 없어야 한다.
③ 피로강도가 낮아야 한다.
④ 가공하기 쉬운 재료이어야 한다.

해설 피로강도가 우수할 것

**52.** **축 정렬 시 커플링 면간을 측정하는 게이지로 맞는 것은?** [17-2]

① 틈새 게이지　② 피치 게이지
③ 링 게이지　④ 하이트 게이지

해설 축 정렬 시 커플링 면간은 틈새 게이지, 테이퍼 게이지 등으로 측정한다.

**53.** **직선 운동을 회전 운동으로 변환하거나 회전 운동을 직선 운동으로 변환시키는데 사용되는 기어는?** [06-4]

① 스퍼 기어　② 헬러컬 기어
③ 베벨 기어　④ 랙과 피니언

**54.** **다음 중 관 이음의 종류가 아닌 것은 어느 것인가?** [16-2, 18-4]

① 용접 이음　② 신축 이음
③ 롤러관 이음　④ 나사형 이음

해설 배관 지지에 롤러관 지지형이 있다.

**55.** **안전 밸브의 디스크 형상에 영향을 주는 인자가 아닌 것은?** [07-4]

① 양력과 반동력
② 배압
③ 열응력
④ 플러터링

해설 안전 밸브의 디스크 형상에 영향을 주는 인자에는 양력과 반동력, 배압, 열응력, 기계적인 체결 형태 등이 있다.

**56.** **다음에서 펌프의 캐비테이션 방지 조건으로 잘못된 것은?** [11-4]

① 유효 NPSH를 필요 NPSH보다 작게 맞춘다.
② 흡입 실양정을 작게 한다.
③ 편흡입 펌프를 양흡입 펌프로 바꾼다.
④ 회전수를 낮춘다.

해설 유효 NPSH를 필요 NPSH보다 크게 한다.

**57.** **송풍기의 풍량을 조절하는 방법으로 옳지 않은 것은?** [18-4]

① 가변 피치에 의한 조절
② 송풍기의 회전수를 변화시키는 방법
③ 송풍기 축의 축 방향의 신장 조절
④ 흡입구 댐퍼에 의한 조절

**58.** **고온 가스를 취급하는 송풍기 베어링 설치 방법을 연결한 것 중 맞는 것은?** [15-4]

① 전동기 측 베어링-고정, 반 전동기 측-신장

정답 50. ①　51. ③　52. ①　53. ④　54. ③　55. ④　56. ①　57. ③　58. ①

② 전동기 측 베어링–고정, 반 전동기 측–고정
③ 전동기 측 베어링–고정, 반 전동기 측–신축
④ 전동기 측 베어링–신축, 반 전동기 측–신축

해설 전동기 측 베어링은 고정하고 반 전동기 측 베어링은 신장되도록 한다.

**59. 압축기 토출 배관에 대한 설명 중 틀린 것은?** [14–2, 20–3]

① 드라이 필터는 압축기와 탱크 사이에 설치한다.
② 토출 배관에는 흐름이 용이하도록 경사를 고려한다.
③ 배관 길이는 맥동을 방지하기 위해 공진 길이를 피하여 배관해야 한다.
④ 2대 이상의 압축기를 1개의 토출관으로 배관 시 체크 밸브와 스톱 밸브를 설치한다.

해설 드라이 필터는 탱크를 지나서 설치하는 건조기와 서비스 유닛 사이에 설치한다.

**60. 유압 실린더가 불규칙하게 움직일 때의 원인과 대책으로 맞지 않는 것은?** [11–4]

① 회로 중에 공기가 있다–회로 중의 높은 곳에 공기 벤트를 설치하여 공기를 뺀다.
② 실린더의 피스톤 패킹, 로드 패킹 등이 딱딱하다–패킹의 체결을 줄인다.
③ 실린더의 피스톤과 로드 패킹의 중심이 맞지 않다–실린더를 움직여 마찰저항을 측정, 중심을 맞춘다.
④ 드레인 포트에 배압이 걸려 있다–드레인 포트의 압력을 빼어 준다.

해설 드레인 포트에 압력 형성은 실린더의 불규칙 운동과는 무관한 사항이다.

## 4과목 설비 진단 및 관리

**61. 시스템을 외부 힘에 의해서 평형 위치로부터 움직였다가 그 외부 힘을 끊었을 때 시스템이 자유 진동을 하는 진동수를 무엇이라 하는가?** [06–4, 19–4]

① 댐핑 ② 감쇠 진동수
③ 단순 진동수 ④ 고유 진동수

해설 진동체에 물리량이 주어졌을 때 그 진동체가 갖는 특정한 값을 가진 진동수와 파장의 진동만이 허용될 때의 진동을 말하며, 이때의 진동수를 고유 진동수라고 한다.

**62. 다음 중 진동을 측정할 때 사용되는 단위는?** [15–4]

① 폰(phone) ② 와트(watt)
③ 칸델라(candela) ④ 데시벨(decibel)

해설 진동을 측정할 때 사용하는 단위는 mm, mm/s, mm/s$^2$, dB 등이다.

**63. 소음기의 내면에 파이버 글라스(fiber glass)와 암면 등과 같은 섬유성 재료를 부착하여 소음을 감소시키는 장치는 무엇인가?** [18–4, 21–4]

① 팽창형 소음기 ② 간섭형 소음기
③ 공명형 소음기 ④ 흡음형 소음기

해설 흡음형 소음기 : 소음기 내면에 파이버 글라스와 암면 등과 같은 섬유성 재료의 흡음재를 부착하여 소음을 감소시키는 장치

**64. 설비 프로젝트 투자항목에 의한 분류 중 전략적 투자가 아닌 것은?** [17–2]

정답 59. ① 60. ④ 61. ④ 62. ④ 63. ④ 64. ③

① 후생 투자 ② 영구적 투자
③ 합리적 투자 ④ 방위적 투자

해설 전략적 투자
㉠ 위험 감소 투자
• 방위적 투자
• 공격적 투자
㉡ 후생 투자

**65. 조업 시간 중 정지 시간에 해당되지 않는 것은?** [18-2]

① 대기 시간
② 준비 시간
③ 정미 가동 시간
④ 설비 수리 시간

해설 정미 가동 시간 : 기계를 가동하여 직접 생산하는 시간

**66. 설비나 시스템의 모든 고장 발생 유형, 성능에 끼치는 잠재 영향, 안전에 관한 치명도를 자세히 검사하여 해결을 모색하는 방법은?** [13-4]

① 결함 나무 분석(FTA : fault tree analysis)
② 고장 유형 영향 분석(FMEA : failure mode and effect analysis)
③ 고장 유형, 영향 및 심각도 분석(FMECA : failure mode, effect and criticality analysis)
④ 고장 이력 관리 시스템(MMSMBH : maintenance management system of machine breakdown history)

해설 고장 유형, 영향 및 심각도 분석은 설비나 시스템의 모든 고장 발생 유형, 성능에 끼치는 잠재 영향, 안전 및 이들에 관한 심각도(치명도)에 대하여 자세히 검사하여 해결을 모색한다.

**67. 그래프는 설비의 최적 보전 계획에 의한 비용 및 처리량을 나타낸다. ㉠, ㉡에 들어갈 내용으로 옳은 것은?** [21-4]

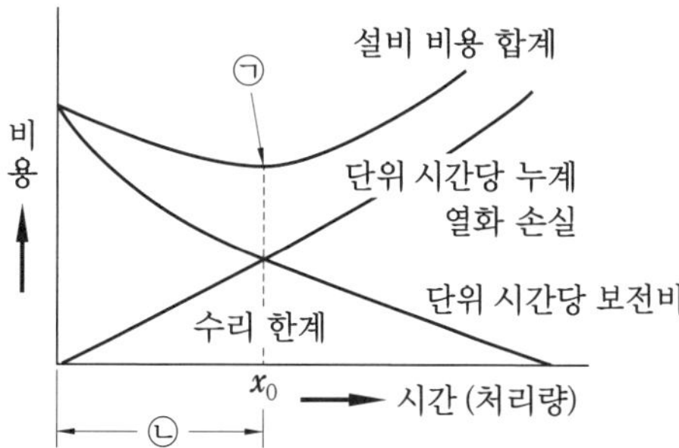


① ㉠ 최소 비용점 ㉡ 최적 수리 주기
② ㉠ 최대 비용점 ㉡ 최대 수리 주기
③ ㉠ 최소 비용점 ㉡ 최대 수리 주기
④ ㉠ 최소 보전점 ㉡ 최소 수리 주기

해설 최소 비용점을 주문점이라고도 한다.

**68. 다음 중 상비품의 요건으로 틀린 것은 어느 것인가?** [15-4, 19-1]

① 단가가 낮을 것
② 사용량이 적으며 단기간만 사용될 것
③ 여러 공정의 부품에 공통적으로 사용될 것
④ 보관상(중량, 체적, 변질 등) 지장이 없을 것

해설 상비품의 요건
㉠ 여러 공정의 부품에 공통적으로 사용될 것
㉡ 사용량이 비교적 많으며 계속적으로 사용될 것
㉢ 단가가 낮을 것
㉣ 보관상(중량, 체적, 변질 등) 지장이 없을 것 등

**69. 치공구 관리 기능 중 보전 단계에서 실시하는 내용이 아닌 것은?** [17-2, 21-1]

① 공구의 검사
② 공구의 보관과 공급

정답 65. ③ 66. ③ 67. ① 68. ② 69. ④

③ 공구의 제작 및 수리
④ 공구의 설계 및 표준화

해설 보전 단계
㉠ 공구의 제작 및 수리
㉡ 공구의 검사
㉢ 공구의 보관과 공급
㉣ 공구의 연삭

**70.** TPM 활동 중에서 실천주의 개념 중 3현주의가 아닌 것은? [16-4]

① 현장 ② 현물
③ 현실 ④ 현상

해설 3현 : 현장, 현물, 현실

**71.** 속도 로스를 설명한 것으로 옳은 것은? [12-4, 15-4, 16-4, 19-2, 19-4, 20-3]

① 속도 로스는 설비의 설계 속도와 설비가 실제로 움직이는 속도와의 합이다.
② 속도 로스는 설비의 설계 속도와 설비가 실제로 움직이는 속도와의 차이다.
③ 속도 로스는 설비의 설계 속도와 설비가 실제로 움직이는 속도와의 곱이다.
④ 속도 로스는 설비의 설계 속도를 설비가 실제로 움직이는 속도로 나눈 값이다.

해설 속도 로스란 설비의 설계 속도와 실제로 움직이는 속도와의 차이에서 생기는 로스이다.

**72.** 절삭유에 요구되는 주요 성능으로 틀린 것은? [13-4]

① 반용착성 ② 세정성
③ 가열성 ④ 방청성

해설 절삭유제의 4대 기능 : 냉각 작용, 윤활 작용, 세척 작용, 방청 작용

**73.** 윤활 관리의 주요 효과로 볼 수 없는 것은? [18-1, 18-2, 18-4, 19-1, 19-2, 19-4]

① 윤활 사고의 방지
② 보수 유지비의 절감
③ 구매 업무의 복잡화
④ 기계의 정도와 기능의 유지

해설 윤활 관리의 기본적 효과
㉠ 제품 정도의 향상
㉡ 윤활 사고의 방지
㉢ 윤활 의식의 고양
㉣ 기계 정도와 기능의 유지
㉤ 동력비의 절감
㉥ 윤활비의 절약
㉦ 구매 업무의 간소화
㉧ 안전 작업의 철저
㉨ 보수 유지비의 절감

**74.** 다음 중 윤활 관리 기술자의 직무와 가장 거리가 먼 것은? [18-2, 20-3]

① 윤활 관계 작업원의 교육 훈련
② 급유 장치의 설치 및 유지 관리
③ 윤활 관계의 사고 및 문제점 검토
④ 설비 고장 원가 분석과 윤활유의 제조 기술

해설 윤활 관리 기술자는 윤활제의 관리를 통해 설비의 고장을 예방하는 업무를 수행한다.

**75.** 그리스는 증주제의 종류에 따라 대단히 다른 성질을 나타내므로, 사용 조건에 따라 그리스의 종류를 결정한 후 적정 주도를 결정한다. 다음 중 일반적으로 수분과의 접촉이 빈번한 곳에서 사용이 부적합한 증주제는? [18-1]

① Ca ② Na ③ Al ④ Li

해설 리튬(Li)은 물(수분)과 반응한다.

정답 70. ④ 71. ② 72. ③ 73. ③ 74. ④ 75. ④

**76.** **집중 급유 장치를 이용하여 그리스 윤활을 하려고 한다. 이때 사용되는 그리스의 주도 번호는 몇 호 이하인 것이 가장 적합한가? (단, KS 기준을 준용한다.)** [19-4]

① 2호 이하 ② 3호 이하
③ 4호 이하 ④ 5호 이상

해설 KS M 2130(그리스)

| 용도 | 종류 | 주도 번호 |
|---|---|---|
| 집중 급유용 그리스 | 1종 | 00, 0, 1호 |
| | 2종 | 0, 1, 2호 |
| | 3종 | 0, 1, 2호 |
| | 4종 | 0, 1, 2호 |

※ 미국 윤활 그리스 협회(NLGI)는 주도 번호 000호부터 6호까지 9종류로 분류하고 있으며 000호는 액상 반유동상으로 집중 급유용, 6호는 고상으로 매우 단단하며 미끄럼 베어링용으로 사용된다.

**77.** **윤활유의 수명은 산화 및 이물질의 혼입에 따라 정해진다. 윤활유의 산화 속도와 관계가 없는 것은?** [11-4]

① 온도
② 존재하는 촉매
③ 공기와의 접촉 윤활유의 종류
④ 유동점 강하제 무첨가의 경우

해설 첨가제는 산화 방지제의 종류 등에 의해 변한다.

**78.** **윤활유 속에 함유된 금속 성분을 분광 분석기에 의해 정량 분석하여 윤활부의 마모량을 검출하는 적당한 방법은?** [15-4]

① NAS 계수법
② 정량 페로그래피법
③ 분석 페로그래피법
④ SOAP법(spectrometric oil analysis program)

해설 SOAP법 : 채취한 시료유를 연소하여 그때 생긴 금속 성분 특유의 발광 또는 흡광 현상을 분석하는 것

**79.** **카본 및 슬러지(sludge)가 압축기에 미치는 영향 중 옳은 것은?** [06-4]

① 윤활 방해 → 마모 증대 및 온도 상승 → 동력비 증가
② 밸브 작동 이상 → 재압축 현상 → 압축 효율 향상
③ 오일 필터 막힘 → 오일 청정성 불량 → 윤활 작용 증대
④ 세퍼레이터 작동 불량 → 유수 분리 양호 → 오일 청정도 우수

해설 카본 및 슬러지는 압축기의 윤활을 방해하여 부품의 마모를 증대시키고, 압축기의 온도를 상승시켜 습공기를 생성시킨다.

**80.** **기어용 윤활유의 요구 조건에 관한 내용으로 틀린 것은?** [19-1]

① 방식, 방청성이 우수하여야 한다.
② 고속 기어에는 저점도의 윤활유가 적합하다.
③ 기어의 회전에 따라 기포가 발생하면 윤활 성능이 증대되므로 소포성이 낮은 윤활유가 요구된다.
④ 윤활유의 수분이 침투하여 유화가 발생되면 녹이 발생되므로 항유화성의 윤활유가 요구된다.

해설 기어의 회전에 따라 기포가 발생하면 윤활 성능이 감소되므로 소포성이 높은 윤활유가 요구된다.

정답 76. ① 77. ④ 78. ④ 79. ① 80. ③

# 제9회 CBT 대비 실전문제

## 1과목 공유압 및 자동 제어

**1. 밀폐된 용기 속에 가득 찬 유체에 가해지는 힘에 의해 면에 수직 방향이고, 크기가 동일한 힘이 내부에서 동시에 전달되는 원리는?** [07-4, 08-4]

① 벤츄리(Venturi)의 원리
② 파스칼(Pascal)의 원리
③ 베르누이(Bernoulli)의 원리
④ 오일러(Euler)의 원리

해설 파스칼의 원리 : 밀폐된 용기 내 모든 압력은 같다. 압력은 모든 방향에서 작용한다. 압력은 직각으로 작용한다.

**2. 다음 중 공유압의 특징으로 옳은 것은 어느 것인가?** [08-4, 17-2]

① 공압 장치는 균일한 속도를 얻기 쉽다.
② 공압 장치는 폭발과 인화의 위험이 있다.
③ 유압 장치는 진동이 많고 응답성이 나쁘다.
④ 유압 장치는 소형 장치로 큰 출력을 얻을 수 있다.

해설 공압 장치는 압축성 때문에 균일한 속도를 얻기 어려우나 화재의 위험이 없으며, 유압 장치는 응답성이 양호하다.

**3. 일반적인 공압 발생 장치의 기기 순서로 옳은 것은?** [12-4, 18-4]

① 공기 압축기 → 냉각기 → 저장 탱크 → 에어드라이어 → 공압 조정 유닛
② 공기 압축기 → 저장 탱크 → 에어드라이어 → 후부 냉각기 → 배관 및 공압 조정 유닛
③ 공기 압축기 → 에어드라이어 → 저장 탱크 → 후부 냉각기 → 배관 및 공압 조정 유닛
④ 공기 압축기 → 공압 조정 유닛 → 에어드라이어 → 저장 탱크 → 후부 냉각기 → 배관

**4. 공압 모터의 특성이 아닌 것은?** [15-4]

① 과부하에 안전함
② 속도 범위가 넓음
③ 고속을 얻기가 어려움
④ 무단 속도 및 출력 조절이 가능

해설 공압 모터는 속도가 매우 빠르다.

**5. 다음 그림과 같이 세 개의 회전자가 연속적으로 접촉하여 회전하며 1회전당 토출량은 많으나 토출량의 변동이 큰 특징을 가진 펌프는?** [16-4]

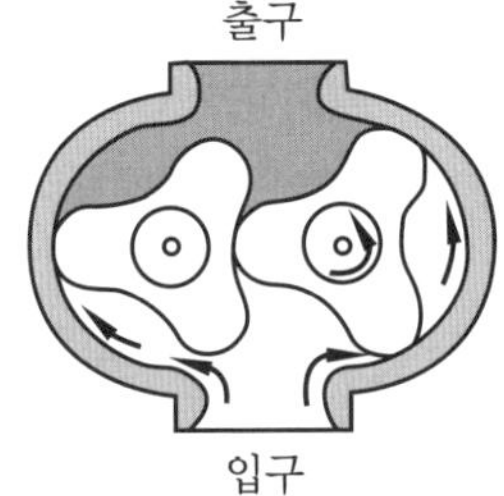


① 로브 펌프
② 스크류 펌프
③ 내접 기어 펌프
④ 트로코이드 펌프

정답 1. ② 2. ④ 3. ① 4. ③ 5. ①

해설 로브 펌프 : 작동 원리는 외접 기어 펌프와 같으나, 연속적으로 접촉하여 회전하므로 소음이 적다. 기어 펌프보다 1회전당의 배출량은 많으나 배출량의 변동이 다소 크다.

**6. 로드 자체가 피스톤의 역할을 하며 로드가 굵기 때문에 부하에 의한 휨의 영향이 적은 실린더 타입은?** [16-4]

① 램형 ② 사판형
③ 양측 로드형 ④ 텔레스코프형

해설 램형 실린더(ram type cylinder) : 피스톤이 없이 로드 자체가 피스톤의 역할을 하게 된다. 로드는 피스톤보다 약간 작게 설계한다. 로드의 끝은 약간 턱이 지게 하거나 링을 끼워 로드가 빠져나가지 못하도록 한다. 이 실린더는 피스톤형에 비하여 로드가 굵기 때문에 부하에 의해 휠 염려가 적으며, 패킹이 바깥쪽에 있기 때문에 실린더 안벽의 긁힘이 패킹을 손상시킬 우려가 없으며, 공기 구멍을 두지 않아도 된다.

**7. 방향 제어 밸브의 조작 명칭과 기호의 연결이 틀린 것은?** [09-4, 17-4, 21-2]

① 전자 방식
② 페달 방식
③ 플런저 방식
④ 누름 버튼 방식

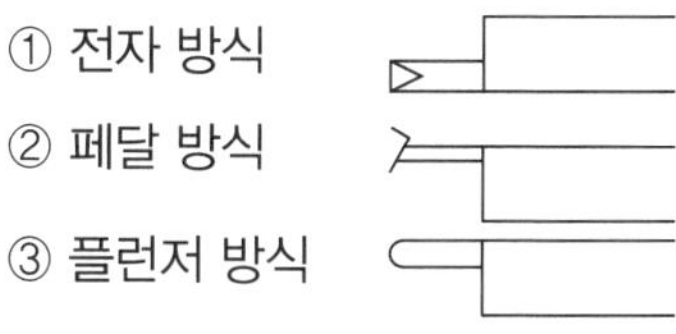

해설 ①은 공기압 조작 방식이다.

**8. 공유압 실린더의 속도를 제어하는 방법으로 맞는 것은?** [13-4]

① 유압 실린더의 속도 제어는 릴리프 밸브를 조정하여 압력을 변화시켜 제어한다.
② 공압 실린더의 속도 제어는 감압 밸브를 조정하여 압력을 변화시켜 제어한다.
③ 공압 실린더의 속도 제어는 방향 제어 밸브를 조정하여 유량을 변화시켜 제어한다.
④ 유압 실린더의 속도 제어는 유량 제어 밸브를 조정하여 유량을 변화시켜 제어한다.

해설 공유압 실린더의 출력은 압력으로 제어하고, 속도는 유량으로 제어한다.

**9. 다음 유압 회로도에서 ㉠ 기기의 역할로 옳은 것은?** [20-3]

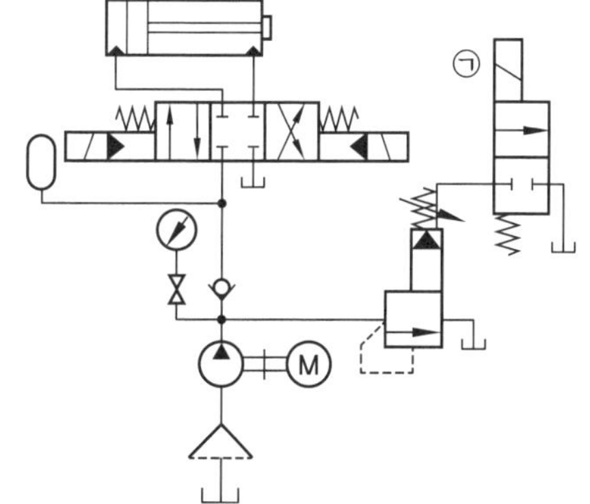


① 회로 내 발생되는 서지 압력을 흡수한다.
② 기계 정지 시간에 유압유를 탱크로 언로드시킨다.
③ 실린더의 전진 완료 후, 클램프 압력을 유지한다.
④ 실린더 전 · 후진 시 속도를 일정하게 제어한다.

해설 ㉠은 언로드 밸브이다.

**10. 단위 유닛 제작을 할 때 사용되는 것으로 납땜을 원활하게 해 주는 역할을 하며, 고온에서 작업하는 인두 팁은 시간이 지나면 산화하게 되어 납이 잘 붙지 않게 되는데, 이를 방지하는 역할을 하는 것은?**

① 솔더 위크 ② 솔더 압착기
③ 솔더 스트리퍼 ④ 솔더링 페이스트

정답 6. ① 7. ① 8. ④ 9. ② 10. ④

해설 ㉠ 솔더링 페이스트 : 납땜을 원활하게 해 주는 역할을 한다. 고온에서 작업하는 인두 팁은 시간이 지나면 산화하게 되어 납이 잘 붙지 않게 되는데, 이를 방지하는 역할을 하게 된다.
㉡ 솔더 위크 : 납 흡입기를 쓸 수 없는 환경에서 쉽게 납을 제거하는 일종의 심지이다.

## 11. 다음과 같은 회로에서 부하 전력을 정확히 표시한 것은? (단, $R$ : 전압계 내부 저항, $r$ : 전류계 내부 저항, $E$ : 전압계 지싯값, $I$ : 전류계 지싯값)

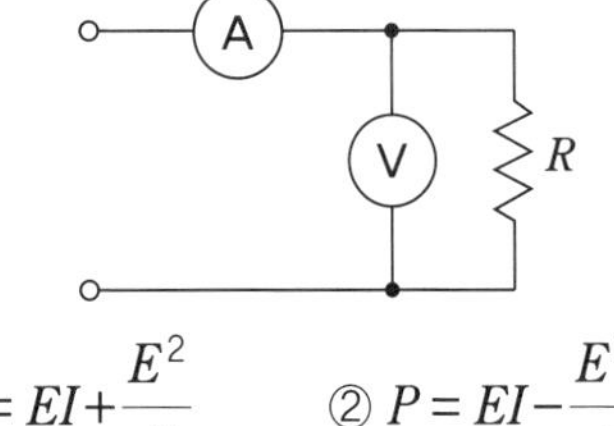


① $P=EI+\frac{E^2}{r}$ ② $P=EI-\frac{E^2}{r}$

③ $P=EI-Ir$ ④ $P=EI+Ir$

## 12. 전자 유도에 의한 잡음이 아닌 것은?

① 편조 케이블 ② 실드 케이블
③ 트위스트 케이블 ④ 습기, 수분 제거

해설 전자 유도 : 전력선, 모터 릴레이 등에 의한 자계를 신호 전송 라인이 통할 때 유도 전류가 흘러 노이즈로 된다.

## 13. 광전 센서의 특징으로 틀린 것은?

① 검출 거리가 짧다.
② 응답 속도가 빠르다.
③ 비접촉으로 검출할 수 있다.
④ 분해능이 높은 검출이 가능하다.

해설 광센서는 비접촉식으로 거의 모든 물체를 먼 거리에서도 빠른 응답 속도로 검출할 수 있다. 진동, 자기의 영향이 적고, 광 파이버로 이용할 경우에는 접근하기 어려운 위치나 미세한 물체도 분해능이 높게 검출할 수 있다.

## 14. 센서 선정 시 고려할 사항이 아닌 것은? [07-3]

① 감지 거리 ② 반응 속도
③ 제조 일자 ④ 정확성

해설 센서에 요구되는 특성

| 항목 | 내용 |
|---|---|
| 특성 | 검출 범위, 감도 검출 한계, 선택성, 구조의 간략화, 과부화 보호, 다이내믹 레인지, 응답 속도, 정도, 복합화, 기능화, 정확성 |
| 신뢰성 | 내환경성, 경시 변화, 수명 |
| 보수성 | 호환성, 보수, 보존성 |
| 생산성 | 제조 산출률, 제조 원가 |

## 15. 서보 모터(servo motor)의 전동기 및 제어 장치 구비 조건으로 적절하지 않은 것은?

① 유지 보수가 용이할 것
② 고속 운전에 내구성을 가질 것
③ 저속 영역에서 안전한 특성을 가질 것
④ 회전수 변동이 크고 토크 리플(torque ripple)이 클 것

해설 서보 모터의 구비 조건
㉠ 제어성이 좋을 것
㉡ 속도 응답성이 크고 대출력이며 과부하 내량이 우수할 것
㉢ 빈번한 시동, 정지, 제동, 역전 등의 운전이 연속적으로 이루어지더라도 기계적 강도가 크고, 내열성이 우수할 것

정답 11. ② 12. ③ 13. ① 14. ③ 15. ④

㉣ 시간 낭비가 적을 것, 기계적인 마찰이 적고, 전기적, 자기적으로 균일할 것
㉤ 정전과 역전의 특성이 같으며 모터의 특성 자체가 안정할 것
㉥ 부착 부위나 사용 환경에 충분히 적합할 수 있어야 하며 보수하기도 용이해야 하지만 높은 신뢰도를 보장할 것
㉦ 관성이 작고, 전기적, 기계 시간상수가 작아야 하므로 회전자의 철심을 없앤 코어리스(coreless) 구조로 하여 회전자의 중량을 작게 하거나 회전자의 지름을 작게 하고 축 방향으로 길게 한 구조를 이용할 것

**16.** **소형 인덕션 모터의 설치 조건 중 동결되지 않는 장소에서 주위 온도의 범위는 몇 ℃인가?**

① −10℃~40℃ ② −20℃~50℃
③ −30℃~50℃ ④ −10℃~50℃

해설 주위 온도가 −10℃~+40℃ 이내로서 동결되지 않은 장소

**17.** **프로세스의 특성 중 입력 신호에 대한 출력 신호의 특성으로서 시간 영역에서는 인벌류션 적분이고, 주파수 영역에서는 전달 함수와 관련된 특성은?** [12-4, 15-2, 18-2]

① 외란 ② 정특성
③ 동특성 ④ 주파수 응답

해설 계측계에서 입력계 신호인 측정량이 시간적으로 변동할 때 출력 신호인 계기 지시 특성을 동특성이라 하며, 이때 출력 신호의 시간적인 변화 상태를 응답이라 한다.

**18.** **열전 온도계(thermo electric pyrometer)에 관한 설명 중 틀린 것은?** [18-4, 21-4]

① 구리와 콘스탄탄의 이종재를 결합하여 200~300℃ 정도의 저온용으로 사용한다.
② 다른 금속을 접합하여 양단의 온도차에 의해 발생되는 기전력을 이용한다.
③ 온도차에 의해 발생되는 열기전력 현상을 톰슨 효과(Thomson effect)라 한다.
④ 백금 로듐과 백금의 이종재를 결합하면 1000℃ 이상에서도 사용할 수 있다.

해설 온도차에 의해 발생되는 열기전력 현상을 제벡 효과(Seebeck effect)라 한다.

**19.** **다음 중 극히 작은 전류에 의해서 최대 눈금 편위를 일으킬 수 있으므로, 전압계로 사용하는 계기는?** [16-4]

① 유도형 ② 전류력계형
③ 가동 코일형 ④ 가동 철편형

해설 전기적인 측정량, 즉 전압, 전류, 전력 등의 측정은 전기자기적인 원리에 의하여 이들의 측정량을 힘으로 변환한다. 힘을 발생하는 기구에 따라 가동 코일형, 가동 철편형, 유도형 및 전류력계형, 정전형 등이 있다. 이들 중에서 가장 많이 사용되는 계기로서 가동 코일형과 가동 철편형이 있다. 가동 코일형은 정밀급에 널리 쓰이며, 가동 철편형은 배전반용 계기로 널리 쓰인다.

**20.** **제어량을 목표값으로 유지하기 위해 조작량이 너무 크거나 작아 진동이 생길 수 있어 실제로는 동작 간격(히스테리시스 : hysteresis)을 가지며, 정밀도가 높은 공정 제어에는 사용이 곤란한 제어는?**

① 비례 제어 ② 온/오프 제어
③ 비례 적분 제어 ④ 비례 미분 제어

해설 프로세스 공압에 사용되는 탱크 내의 압력은 일정 범위 내에만 있으면 만족되

정답 16. ① 17. ③ 18. ③ 19. ③ 20. ②

는 경우가 많다. 예를 들면 계장용 공기 탱크 내의 필요 압력은 6~7kgf/$cm^2$ 사이의 압력이면 되므로 제어 회로를 ON-OFF 회로로 해도 좋다.

## 2과목 용접 및 안전관리

**21. 용접의 목적 달성 조건이 아닌 것은?**

① 금속 표면에 산화피막 제거 및 산화 방지를 한다.
② 금속 표면을 충분히 가열하여 요철을 제거하고 인력이 작용할 수 있는 거리로 충분히 접근시킨다.
③ 금속 원자가 인력이 작용할 수 있는 Å = $10^{-8}$cm의 거리로 접근시킨다.
④ 금속 표면의 전자가 원활히 움직여 거리와 관계없이 접합이 된다.

해설 금속 표면을 충분히 가열하여 요철을 제거하고 인력이 작용할 수 있는 거리로 충분히 접근시켜야 한다.

**22. 아크 쏠림(arc blow) 현상을 방지하는 방법으로 틀린 것은?** [08-4, 14-4, 17-4]

① 아크 길이를 길게 한다.
② 접지점을 될 수 있는 대로 용접부에 멀게 한다.
③ 직류 용접으로 하지 않고 교류 용접으로 한다.
④ 용접봉 끝을 아크 쏠림 반대 방향으로 기울인다.

해설 아크 쏠림 방지 대책

㉠ 직류 용접을 하지 않고 교류 용접을 한다.
㉡ 접지점을 될 수 있는 대로 용접부에 멀리한다.
㉢ 아크를 될 수 있는 대로 짧게 한다.
㉣ 용접봉 끝을 아크 쏠림 반대 방향으로 기울인다.

**23. 서브머지드 아크 용접에 대한 설명 중 틀린 것은?**

① 용접선이 복잡한 곡선이나 길이가 짧으면 비능률적이다.
② 용접부가 보이지 않으므로 용접 상태의 좋고 나쁨을 확인할 수 없다.
③ 일반적으로 후판의 용접에 사용되므로 루트 간격이 0.8mm 이하이면 오버랩(overlap)이 많이 생긴다.
④ 용접 홈의 가공은 수동 용접에 비하여 정밀도가 좋아야 한다.

해설 루트 간격이 0.8mm보다 넓을 때는 처음부터 용락을 방지하기 위해 수동 용접에 의해 누설 방지 비드를 만들거나 뒷받침을 사용해야 한다.

**24. TIG 용접 재료 중 마그네슘 합금의 특성으로 틀린 것은?**

① 마그네슘 합금은 화학적으로 매우 활성이기 때문에 용접에 있어서 불활성 가스로 대기를 차단할 필요가 있으며, 모재 표면의 오염이나 산화피막을 제거해야 한다.
② 산화피막 제거는 와이어 브러시에 의한 기계적인 방법, 유기 용제 탈지 후 5% 정도의 NaOH으로 세정하고 크로뮴산, 질산나트륨, 불화칼슘 등의 혼합산에서 산 세척하는 등의 화학적인 방법이 있다.
③ 표면에 산화피막으로 대부분의 용접은 청정 작용을 위해 교류 전원 또는 직류 정극성을 적용한다.

정답 21. ④ 22. ① 23. ③ 24. ③

④ 두께 5mm 이하에는 직류 역극성을 적용하기도 하지만 두꺼운 판에 깊은 용입을 얻기 위해서는 교류 전원을 선택한다.

**해설** 표면에 산화피막으로 대부분의 용접은 청정 작용을 위해 교류 전원 또는 직류 역극성을 적용한다.

**25.** **불활성 가스 아크 용접법의 특성 중 틀린 것은?**

① 아르곤 가스 사용 직류 역극성 시 청정 효과(cleaning action)가 있어 강한 산화막이나 용융점이 높은 산화막이 있는 알루미늄(Al), 마그네슘(Mg) 등의 용접이 용제 없이 가능하다.

② 직류 정극성 사용 시는 폭이 좁고 용입이 깊은 용접부를 얻으며 청정 효과도 있다.

③ 교류 사용 시 용입 깊이는 직류 역극성과 정극성의 중간 정도이고 청정 효과가 있다.

④ 고주파 전류 사용 시 아크 발생이 쉽고 안정되며 전극의 소모가 적어 수명이 길고 일정한 지름의 전극에 대해 광범위한 전류의 사용이 가능하다.

**해설** 직류 정극성 사용 시는 폭이 좁고 용입이 깊은 용접부를 얻으나 청정 효과가 없다.

**26.** **플럭스 코어드 아크 용접의 특징으로 틀린 것은?**

① 야외에서 용접할 때 풍속 10m/s 정도까지는 바람에 의한 영향이 적으므로 풍속 15m/s까지 적용이 가능하여 현장 용접에 적합하다.

② 보호 가스나 플럭스를 사용하지 않기 때문에 용접기와 와이어를 준비하면 좋고, 용접 준비가 간단하다.

③ 피복 아크 용접에 비해 아크 타임율이 향상되고, 와이어 돌출부가 줄열 가열에서 용착 속도가 빨라지며 피복 아크 용접의 1.5~3배 능률 향상을 기대할 수 있다.

④ 용입이 약간 깊고, 내균열성은 비교적 양호하며, 미세 와이어에서는 반자동 가스 보호 아크 용접과 같이 전체의 용접이 가능하다.

**해설** 용입이 약간 얕으며, 내균열성은 비교적 양호하고, 미세 와이어에서는 반자동 가스 보호 아크 용접과 같이 전체의 용접이 가능하다.

**27.** **일반적인 탄산가스 아크 용접의 특징으로 틀린 것은?** [20-2]

① 가시 아크이므로 시공이 편리하다.

② 바람의 영향을 받지 않으므로, 방풍 장치가 필요 없다.

③ 전류밀도가 높아 용입이 깊고 용접 속도를 빠르게 할 수 있다.

④ 용제를 사용하지 않아 슬래그의 혼입이 없고, 용접 후의 처리가 간단하다.

**해설** 이산화탄소 아크 용접의 특징(①, ③, ④ 외)

㉠ 일반적으로는 이산화탄소 가스가 바람의 영향을 크게 받으므로 풍속 2m/s 이상이면 방풍 장치가 필요하다.

㉡ 적용 재질은 철 계통으로 한정되어 있다.

㉢ 비드 외관은 피복 아크 용접이나 서브머지드 아크 용접에 비해 약간 거칠다는 점(솔리드 와이어) 등이다.

**28.** **맞대기 용접 이음 홈의 종류 중 가장 두꺼운 판의 용접 이음에 적용하는 것은?**

① H형 ② I형 ③ U형 ④ V형

**정답** 25. ② 26. ④ 27. ② 28. ①

해설 판 두께에 따른 맞대기 용접의 홈 형상

| 홈 형상 | 판 두께 |
|---|---|
| I형 | 6mm 이하 |
| V형, ∨형, J형 | 6~19mm |
| X형, K형, 양면 J형 | 12mm 이상 |
| U형 | 16~50mm |
| H형 | 50mm 이상 |

**29.** **용접 변형을 경감하는 방법으로 용접 전 변형 방지책은?**

① 역 변형법 ② 빌드업법
③ 캐스케이드법 ④ 점진 블록법

해설 용접 변형의 방지 대책 중 용접 요령 이외의 유의사항

㉠ 판 가장자리가 밴딩되었을 때는 반대쪽으로 휘어지도록 용접한다.
㉡ 판의 치수가 커지는 것을 방지하기 위해 부분적으로 조절하여 용접한다.
㉢ 전체적으로 정밀도가 중요할 경우 각 부분의 정밀도를 높여 최종 조립 시 오차를 줄인다.
㉣ 가장 중요한 부위는 가장 나중에 용접이 되도록 한다.
㉤ 용착 금속의 수축률 허용치를 고려하여 용접한다.
㉥ 홈은 V형보다 X형 또는 H형으로 하고, 앞뒤 용착량 비를 6 : 6 또는 7 : 3이 되도록 한다.
㉦ 수축률 기타 한도를 너무 벗어났을 때에는 기계 가공 여유를 둔다.

**30.** **저온 균열의 발생에 관한 내용으로 옳은 것은?**

① 용융 금속의 응고 직후에 일어난다.
② 오스테나이트계 스테인리스강에서 자주 발생한다.
③ 용접 금속이 약 300℃ 이하로 냉각되었을 때 발생한다.
④ 입계가 충분히 고상화되지 못한 상태에서 응력이 작용하여 발생한다.

해설 저온 균열은 보통 수소에 의한 지연 균열로 열 영향부의 결정립 내 및 입계에서 주로 발생하여 진행된다. 300℃ 이하에서 발생되며 루트 균열, 비드 밑 균열, 지단 균열, 횡 균열 등이 있다. 또한 열 영향부의 조립부가 급열 급랭하고 소입 경화하여 발생하며 고강력강, 고탄소강, 저합금강 등에서 쉽게 발생하고 연강에서는 발생 빈도가 적다.

**31.** **KS 규격에서 용접부 비파괴 시험 기호의 설명으로 틀린 것은?**

① RT : 방사선 투과 시험
② PT : 침투 탐상 시험
③ LT : 누설 시험
④ PRT : 변형도 측정 시험

해설 PRT 시험 : 내압 또는 변형률 측정 시험으로 시험체에 하중을 가해 변형의 정도에 의해 응력 분포의 상태를 조사하는 비파괴 시험이다.

**32.** **검사 대상체의 내부와 외부의 압력차를 이용하여 결함을 탐상하는 비파괴 검사법은?** [22-1]

① 누설 검사 ② 와류 탐상 검사
③ 침투 탐상 검사 ④ 초음파 탐상 검사

해설 누설 탐상 검사(LT, leaking testing) : 시편 내부 및 외부의 압력차를 이용하여 유체의 누출 상태를 검사하거나 유출량을 검출하는 검사 방법이다.

정답 29. ③ 30. ③ 31. ④ 32. ①

**33.** 주파수가 5MHz일 때 강철 속의 횡파 파장의 길이는?

① 1.3mm ② 1.2mm
③ 0.63mm ④ 0.64mm

**해설** $v = f \cdot \lambda$에서 $\lambda = \dfrac{v}{f} = \dfrac{3200\,\text{m/s}}{5 \times 10^6\,\text{c/s}}$
$= 0.00064\,\text{m/c} = 0.64\,\text{mm/c}$

**34.** 기계 작업에서 적당하지 않은 것은?

① 구멍 깎기 작업 시에는 기계 운전 중에도 구멍 속을 청소해야 한다.
② 운전 중에는 다듬면 검사를 하지 않는다.
③ 치수 측정은 운전 중에 하지 않는다.
④ 베드 및 테이블의 면을 공구대 대용으로 쓰지 않는다.

**35.** 핸드 실드 차광유리의 규격에서 100~300A 미만의 아크 용접을 할 때 가장 적합한 차광도 번호는?

① 1~2 ② 5~6
③ 7~9 ④ 10~12

**해설** 차광도 번호와 용접 전류

| 차광도 번호 | 용접 전류(A) | 용접봉 지름 |
|---|---|---|
| 8 | 45~75 | 1.2~2.0 |
| 9 | 75~130 | 1.6~2.6 |
| 10 | 100~200 | 2.6~3.2 |
| 11 | 150~250 | 3.2~4.0 |
| 12 | 200~300 | 4.0~6.4 |
| 13 | 300~400 | 6.4~9.0 |
| 14 | 400 이상 | 9.0~9.6 |

**36.** 연소의 3요소가 아닌 것은?

① 산소 ② 질소
③ 점화원 ④ 가연성 물질

**해설** 연소의 3요소는 가연성 물질, 산소, 점화원으로 이것 중 한 가지라도 없으면 화재는 발생하지 않는다.

**37.** 산업 안전 보건 표지 중 지시 표지의 색채로 옳은 것은?

① 바탕-흰색, 관련 그림-녹색
② 바탕-녹색, 관련 그림-흰색
③ 바탕-파란색, 관련 그림-흰색
④ 바탕-흰색, 관련 그림-빨간색

**해설** 지시 표지의 종류별 용도 · 설치 · 부착 장소, 형태 및 색채

<table>
<tr><td rowspan="4">지시 표지</td><td>보안경 착용</td><td>보안경을 착용해야만 작업 또는 출입할 수 있는 장소</td><td>그라인더 작업장 입구</td><td rowspan="4">파란색 바탕 관련 그림 흰색</td></tr>
<tr><td>방독 마스크 착용</td><td>방독 마스크를 착용해야만 작업 또는 출입할 수 있는 장소</td><td>유해물질 작업장 입구</td></tr>
<tr><td>방진 마스크 착용</td><td>방진 마스크를 착용해야만 작업 또는 출입할 수 있는 장소</td><td>분진이 많은 곳</td></tr>
<tr><td>보안면 착용</td><td>보안면을 착용해야만 작업 또는 출입할 수 있는 장소</td><td>용접실 입구</td></tr>
</table>

**38.** 제독 작업에 필요한 보호구의 종류와 수량을 바르게 설명한 것은?

① 보호복은 독성가스를 취급하는 전 종업원 수의 수량을 구비할 것
② 보호 장갑 및 보호 장화는 긴급 작업에 종사하는 작업원 수의 수량만큼 구비할 것

**정답** 33. ④ 34. ① 35. ④ 36. ② 37. ③ 38. ④

③ 소화기는 긴급 작업에 종사하는 작업원 수의 수량을 구비할 것
④ 격리식 방독 마스크는 독성가스를 취급하는 전 종업원의 수량만큼 구비할 것

**39.** **안전 보건 관리 책임자를 두어야 하는 사업장이 아닌 것은?**

① 상시근로자 100명의 농업
② 공사 금액 20억 원의 건설업
③ 상시근로자 50명의 1차 금속업
④ 상시근로자 150명의 육가공 제조업

해설 상시근로자 300명 이상의 농업

**40.** **각재를 목재 가공용 둥근톱으로 절단하던 중 파편이 날아와 몸에 상해를 입힌 경우 기인물과 가해물이 맞게 연결된 것은?**

① 기인물－둥근톱, 가해물－각재
② 기인물－절단편, 가해물－각재
③ 기인물－절단편, 가해물－둥근 톱
④ 기인물－둥근톱, 가해물－절단편

해설 산업 재해 기록, 분류에 관한 지침 : 『맞음』 재해는 물체를 지탱하고 있던 물체 또는 장소의 불안전한 상태, 물체가 떨어지거나 날아오는 재해를 일으킨 동력원 등을 기인물로 분류하고, 신체와 직접 접촉 · 부딪힌 물체는 가해물로 분류한다.

## 3과목 기계 설비 일반

**41.** **끼워 맞춤에서 최대 죔새를 구하는 방법은?**

① 축의 최대 허용 치수－구멍의 최소 허용 치수
② 구멍의 최소 허용 치수－축의 최대 허용 치수
③ 구멍의 최대 허용 치수－축의 최소 허용 치수
④ 축의 최소 허용 치수－구멍의 최대 허용 치수

해설 최대 죔새 : 축의 최대 허용 치수－구멍의 최소 허용 치수

**42.** **다음 중 끼워 맞춤에서 치수 기입 방법으로 틀린 것은?**

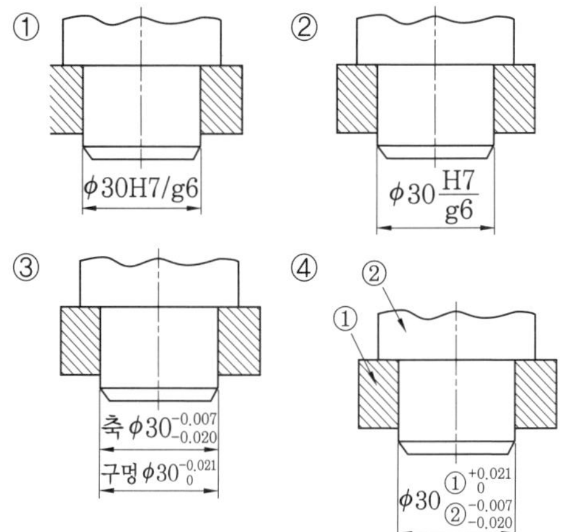


**43.** **다음 기하 공차 도시법의 설명 중 틀린 것은?** [16－4, 19－4]

| ○ | 0.01 | |
|---|---|---|
| // | 0.09/50 | A |

① A는 데이텀을 지시한다.
② 진원도 공차값 0.01mm이다.
③ 지정 길이 50mm에 대하여 평행도 공차값 0.09mm이다.
④ 지정 길이 50mm에 대하여 원통도 공차값 0.09mm이다.

해설 A는 데이텀, 전체 진원도 공차값 0.01mm, 지정 길이 50mm에 대하여 평행도 공차값 0.09mm이다.

정답 39. ① 40. ④ 41. ① 42. ③ 43. ④

**44. 다음 정비용 측정기구의 측정 방법으로 직접 측정에 대한 장점이 아닌 것은?** [14-2]

① 측정 범위가 다른 측정 방법보다 넓다.
② 측정물의 실제 치수를 직접 잴 수 있다.
③ 양이 적고 종류가 많은 제품을 측정하기에 적합하다.
④ 다량 제품 측정에 적합하다.

해설 비교 측정은 길이뿐 아니라 면의 모양 측정 등 사용 범위가 넓다.

**45. 다음 마이크로미터에 나타난 측정값은?**

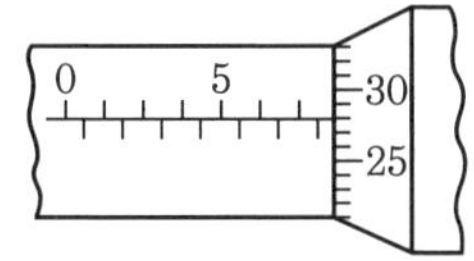


① 5.25 ② 7.28 ③ 7.78 ④ 5.35

해설 측정값 $= 7 + 0.5 + 0.28 = 7.78\text{mm}$

**46. 다음 중 공작기계의 구비 조건이 아닌 것은?** [06-4, 14-2, 17-2, 20-3]

① 가공 능력이 좋아야 한다.
② 강성(rigidity)이 없어야 한다.
③ 기계 효율이 좋고, 고장이 적어야 한다.
④ 가공된 제품의 정밀도가 높아야 한다.

해설 공작기계의 구비 조건
㉠ 절삭 가공 능력이 좋을 것
㉡ 제품의 치수 정밀도가 좋을 것
㉢ 동력 손실이 적을 것
㉣ 조작이 용이하고 안전성이 높을 것
㉤ 기계의 강성(굽힘, 비틀림, 외력에 대한 강도)이 높을 것

**47. 소성 가공에서 열간 가공이란?**

① 냉각하면서 가공한다.
② 변태점 이상에서 가공한다.
③ 600℃ 이상에서 가공한다.
④ 재결정 온도 이상에서 가공한다.

해설 열간 가공과 냉간 가공의 분기점은 재결정 온도이다.

**48. 철강의 열처리 중 풀림 처리의 목적이 아닌 것은?** [11-4, 19-4]

① 내부 응력을 제거한다.
② 강의 표면을 경화시킨다.
③ 냉간 가공성을 향상시킨다.
④ 경도를 줄이고 조직을 연화시킨다.

해설 풀림 : 내부 응력 제거, 조직 개선, 경도를 줄이고 조직을 연화, 경화된 재료의 조직 균일화

**49. 기계의 축, 기어, 캠 등 부품에 강도 및 인성, 접촉부의 내마멸성을 증대시키기 위한 표면 경화 열처리법이 아닌 것은?** [16-4]

① 침탄법 ② 질화법
③ 화염 경화법 ④ 항온 열처리법

해설 항온 열처리법 : 오스테나이트 상태로 가열된 강을 고온에서 냉각 중 일정 시간 동안 유지하였다가 다시 냉각하는 방법으로 TTT 처리라 한다.

**50. 다음 공구 중 체결용 공구가 아닌 것은?**

① L-렌치 ② 기어 풀러
③ 양구 스패너 ④ 조합 스패너

해설 체결용 공구에는 양구 스패너, 편구 스패너, 타격 스패너, 더블 오프셋 렌치, 조합 스패너, 훅 스패너, 박스 렌치, 몽키 스패너, L-렌치가 있으며, 기어 풀러는 조립용 공구이다.

**51. 스톱 링 플라이어에 대한 설명 중 틀린 것은?**

정답 44. ④ 45. ③ 46. ② 47. ④ 48. ② 49. ④ 50. ② 51. ④

① 스냅 링의 부착이나 분해용으로 사용한다.
② 리테이너의 부착이나 분해용으로 사용한다.
③ 축용은 손잡이를 쥐면 벌어지는 것으로 S-0에서 S-8까지의 종류가 있다.
④ 구멍용은 손잡이를 쥐면 닫히는 것으로 H-0에서 H-8까지의 종류가 있다.

**해설** 스톱 링 플라이어(stop ring plier) : 스냅 링(snap ring) 또는 리테이닝 링(retaining ring)의 부착이나 분해용으로 사용하는 플라이어이다.

**52.** 볼트, 너트의 죔 토크(torque)에 대한 식으로 맞는 것은? (단 $T$ : 토크, $F$ : 힘, $l$ : 길이, $A$ : 단면적, $W$ : 중량) [08-4]

① $T = F/A$ (kgf-m)
② $T = l \times F$ (kgf-m)
③ $T = l/F$ (kgf-m)
④ $T = F \times W$ (kgf-m)

**53.** 스퍼 기어의 정확한 치형 맞물림에 대한 것으로 맞는 것은? [09-2, 12-2, 16-2]

① 치형 축 방향 길이 80% 이상, 유효 이 높이 20% 이상 닿아야 됨
② 치형 방향 길이 70% 이상, 유효 이 높이 30% 이상 닿아야 됨
③ 치형 방향 길이 60% 이상, 유효 이 높이 40% 이상 닿아야 됨
④ 치형 축 방향 길이 50% 이상, 유효 이 높이 50% 이상 닿아야 됨

**해설** 정확한 이 접촉은 이의 축 방향 길이의 80% 이상, 유효 이 높이의 20% 이상 닿거나, 이의 축 방향 길이의 40% 이상, 유효 이 높이의 40% 이상이 닿아야 한다.

**54.** 축 고장의 원인 중 조립, 정비 불량의 직접 원인인 것은? [09-4]

① 재질 불량 ② 축이 휘어짐
③ 치수, 강도 부족 ④ 형상 구조 불량

**해설** 조립, 정비 불량

| 직접 원인 | 주요 원인 | 조치 요령 |
|---|---|---|
| 풀리, 기어, 베어링 등 끼워 맞춤 불량 | 끼워 맞춤 부위에 미동 마모가 생겨 진동, 풀림 때문에 사용 불능, 축의 파단의 원인 | 보스 내경을 절삭하고 축을 덧살 붙이기 또는 교체하여 정확한 끼워 맞춤을 함 |
| 관련 부품의 맞춤 불량 | | |
| 위와 같은 현상이 지속될 경우 | 진동과 소음이 심하고 기어, 베어링의 수명이 급격히 저하, 실 부위 누유 | |
| 급유 불량 | 기어 마모 및 소음, 베어링 부위 발열 | 적당한 유종 선택, 유량 및 급유 방법 개선 |

**55.** 배관의 부식을 방지하는 방법으로 적절하지 않은 것은? [16-4, 21-4]

① 온수의 온도를 50℃ 이상으로 한다.
② 가급적 동일계의 배관재를 선정한다.
③ 배관 내 유속을 1.5m/s 이하로 제어한다.
④ 배관 내 약제를 투입하여 용존 산소를 제어한다.

**해설** 배관의 온도가 높으면 부식이 가속된다.

**56.** 안지름이 750mm인 원형관에 양정이 50m, 유량 50 $m^3$/min의 물을 수송하려 한다. 여기에 필요한 펌프의 수동력은 약 몇 PS인가? (단, 물의 비중량은 1000kgf/$m^3$이다.) [20-3]

① 325 ② 555 ③ 780 ④ 800

**정답** 52. ② 53. ① 54. ② 55. ① 56. ②

해설 $Lw[\mathrm{W}] = \frac{\gamma QH}{75}[\mathrm{HP}]$

$$= \frac{1000 \times 50 \times 50}{75 \times 60} \fallingdotseq 555\,\mathrm{PS}$$

**57. 펌프에서 수격 현상의 특징으로 틀린 것은?** [16-4]

① 밸브를 급격히 열거나 닫을 때 발생한다.
② 펌프의 동력이 급속히 차단될 때 나타난다.
③ 펌프 내부에서 흡입양정이 높거나 흐름 속도가 국부적으로 빨라져 기포가 발생하거나 유체가 증발한다.
④ 관로에서 유속의 급격한 변화에 의한 압력이 상승 또는 하강하는 현상이다.

해설 수격 현상 : 관로에서 유속의 급격한 변화에 의해 관 내 압력이 상승 또는 하강하는 현상으로 펌프의 송수관에서 정전에 의해 펌프의 동력이 급히 차단될 때, 펌프의 급가동, 밸브의 급개폐 시 생긴다.

**58. 압축공기 배관의 누설 점검 방법 및 조치 방법으로 적당하지 않은 것은?** [19-1]

① 배관 이음부는 비눗물을 칠하여 거품의 여부를 본다.
② 공장 휴업 시 조용한 실내에서 공기 누설 소리를 체크한다.
③ 밸브 나사 부위에 누설이 생겼을 경우 그 부위만 더 조인다.
④ 나사관의 경우 효과적인 보전을 위해 유니온 이음쇠를 적당히 배치한다.

해설 배관에서 나사부 누설이 생겼을 경우 그 상태로 밸브나 관을 더 죄면 반드시 반대 측의 나사부에 풀림이 발생되므로 플랜지로부터 순차적으로 비틀어 넣기부를 분리하여 교체 여부를 확인한다.

**59. 감속기 운전 중 발열과 진동이 심하여 분해 점검 결과 감속기 축을 지지하는 베어링이 심하게 손상된 것을 발견했다. 구름 베어링의 손상과 원인을 짝지은 것 중 잘못된 것은?** [10-4, 15-4]

① 위핑(wiping) : 간극의 협소, 축정렬 불량
② 스코어링(scoring) : 축 전압에 의한 베어링 면에 아크 발생
③ 피팅(pitting) : 균열, 전식, 부식, 침식 등에 의하여 여러 개의 작은 홈 발생
④ 눌러붙음(seizure) : 윤활유 부족, 부분 접촉 등으로 접촉부가 눌러붙는 현상

해설 스코어링(scoring) : 이물질에 의한 긁힘 현상

**60. 전동기의 회전이 고르지 못할 때의 원인은 다음 중 어느 것인가?** [08-4]

① 코일의 절연물이 열화되었거나 배선이 손상되었을 때
② 전압의 변동이 있거나 기계적 과부하가 발생되었을 때
③ 리드선 및 접속부가 손상되었거나 서머 릴레이가 작동되었을 때
④ 단선되었거나 냉각이 불량할 때

해설 모터가 고르지 못한 회전 고장 원인 : 전원 전압의 변동, 기계적 과부하

## 4과목 설비 진단 및 관리

**61. 다음 중 진동의 분류에서 틀리게 설명한 것은?** [19-2]

① 자유 진동 : 외부로부터 힘이 가해진 후에 스스로 진동하는 상태

정답 57. ③ 58. ③ 59. ② 60. ② 61. ③

② 강제 진동 : 외부로부터 반복적인 힘에 의하여 발생하는 진동
③ 불규칙 진동 : 회전부에 생기는 불평형, 커플링부의 중심 어긋남 등이 원인으로 발생하는 진동
④ 선형 진동 : 진동하는 계의 모든 기본 요소(스프링, 질량, 감쇠기)가 선형 특성일 때 생기는 진동

**해설** 불규칙 진동(random vibration) : 불규칙 진동의 경우에는 계의 진동 응답도 불규칙하며, 응답이 오진 통계량으로 나타난다.
※ ③항은 규칙 진동에 대한 설명이다.

**62.** 다음 중 진동폭의 ISO 단위로 틀린 것은? [08-4, 10-4, 11-4, 15-4, 18-2]

① 변위(m), 속도(m/s)
② 변위(m/s$^2$), 속도(m/s)
③ 변위(mm), 속도(mm/s)
④ 속도(m/s), 가속도(m/s$^2$)

**해설** 진동 측정량의 ISO 단위

| 진동 진폭 | ISO 단위 |
|---|---|
| 변위 | m, mm, $\mu$m |
| 속도 | m/s, mm/s |
| 가속도 | m/s$^2$, mm/s$^2$ |

**63.** 음파의 종류에서 음원에서 모든 방향으로 동일한 에너지를 방출할 때 발생하는 파는? [06-4, 14-4, 19-1, 22-2]

① 평면파 ② 구면파
③ 발산파 ④ 진행파

**해설** ㉠ 평면파(plane wave) : 음파의 파면들이 서로 평행한 파로 긴 실린더의 피스톤 운동에 의해 발생하는 파가 있다.
㉡ 발산파(diverging wave) : 음원으로부터 거리가 멀어질수록 더욱 넓은 면적으로 퍼져나가는 파로, 즉 음의 세기가 음원으로부터의 거리에 따라 감소하는 파를 말한다.
㉢ 구면(형)파(spherical wave) : 음원에서 모든 방향으로 동일한 에너지를 방출할 때 발생하는 파로 공중에 있는 점음원이 있다.
㉣ 진행파(progressive wave) : 음파의 진행 방향으로 에너지를 전송하는 파를 말한다.
㉤ 정재파(standing wave) : 둘 또는 그 이상의 음파의 구조적 간섭에 의해 시간적으로 일정하게 음압의 최고와 최저가 반복되는 패턴의 파로 튜브, 악기, 파이프 오르간, 실내 등에서 발생한다.

**64.** 설비 관리에 대한 설명 중 관계가 가장 먼 것은? [06-4, 14-4, 19-4]

① 설비 자산의 효율적 관리
② 끊임없는 설비의 자동화율 극대화
③ 설비의 설계와 연계되는 보전도 향상
④ 사용 설비의 보전도 유지를 포함한 생산 보전 활동

**해설** 설비 관리 조직은 환경의 변화에 끊임없이 순응할 수 있는 산 유기체이어야 한다.

**65.** 설비의 배치 형태에서 제품의 종류가 많고 수량이 적으며 주문 생산과 표준화가 곤란한 다품종 소량 생산에 가장 적합한 것은? [07-4, 10-4, 16-4, 18-2]

① 기능별 배치 ② 제품별 배치
③ 혼합형 배치 ④ 제품 고정형 배치

**해설** 기능별 배치(process layout, functional layout) : 일명 공정별 배치라고도 하며, 주문 생산과 표준화가 곤란한 다품종 소량 생산일 경우에 알맞은 배치 형식이다.

**정답** 62. ② 63. ② 64. ② 65. ①

**66. 다음 (    ) 안에 들어갈 용어로 맞는 것은?** [13-4]

> 설비의 건강 상태를 유지하고 고장이 일어나지 않도록 열화를 방지하기 위한 (    ), 열화를 측정하기 위한 정기 검사 또는 설비 진단, 열화를 조기에 복원시키기 위한 정비 등을 하는 것이 (    )이다.

① 개량 보전, 예방 보전
② 일상 점검, 보전 예방
③ 일상 보전, 예방 보전
④ 생산 보전, 사후 보전

**67. 치공구 관리의 주요 기능을 나열하면 다음과 같다. 치공구의 보전 단계에서 행해지는 주요 기능을 나열한 것은?** [12-4]

> ㉠ 공구의 제작 · 수리
> ㉡ 공구의 연구 · 시험
> ㉢ 공구 소요량의 계획 · 보충
> ㉣ 공구의 연삭
> ㉤ 공구의 설계 · 표준화
> ㉥ 공구의 검사
> ㉦ 공구의 사용 조건 관리
> ㉧ 공구의 보관 · 대출

① ㉢-㉤-㉦-㉧ ② ㉠-㉡-㉦-㉧
③ ㉡-㉢-㉤-㉦ ④ ㉠-㉣-㉥-㉧

해설 보전 단계에서의 주요 기능은 공구의 제작 · 수리, 공구의 연삭, 공구의 검사, 공구의 보관 · 대출이다.

**68. 프레스의 고장은 지수 분포를 따른다. 평균 가동 시간은 MTBF, 평균 수리 시간은 MTTR인 경우에 유용도(availability)를 계산하는 공식은?** [13-4, 15-4, 21-1]

① $A = \frac{MTTR}{MTBF + MTTR}$

② $A = \frac{MTBF}{MTBF + MTTR}$

③ $A = \frac{MTBF + MTTR}{MTTR}$

④ $A = \frac{MTBF + MTTR}{MTBF}$

해설 유용성을 최대로 유지하려면 분모를 최소로 해야 하며 그 방법은 고장률을 줄이거나 고장 시간(수리 시간)을 감소시켜야 한다.

**69. 다음 중 TPM의 다섯 가지 활동이 아닌 것은?** [11-2, 16-2, 21-1, 21-4]

① 대집단 활동을 통해 PM 추진
② 설비의 효율화를 위한 개선 활동
③ 최고 경영층부터 제일선까지 전원 참가
④ 설비에 관계하는 사람 모두 빠짐없이 활동

해설 자주적 소집단 활동을 통해 PM 추진

**70. 다음 중 만성 로스의 특징으로 옳은 것은?** [17-4, 20-3]

① 원인이 하나이며, 그 원인을 명확히 파악하기 쉽다.
② 원인도 하나, 원인이 될 수 있는 것도 하나이다.
③ 복합 원인으로 발생하며, 그 요인의 조합이 불변이다.
④ 원인은 하나이지만 원인이 될 수 있는 것이 수없이 많으며, 그때마다 바뀐다.

해설 ㉠ 만성 로스의 특징
- 원인은 하나이지만 원인이 될 수 있는 것이 수없이 많으며, 그때마다 바뀐다.
- 복합 원인으로 발생하며, 그 요인의 조합이 그때마다 달라진다.

정답 66. ③ 67. ④ 68. ② 69. ① 70. ④

㉡ 만성 로스의 대책
- 현상의 해석을 철저히 한다.
- 관리해야 할 요인계를 철저히 검토한다.
- 요인 중에 숨어 있는 결함을 표면으로 끌어낸다.

**71. 다음 중 품질 보전의 전개 순서로 적절한 것은?** [07-4, 11-4, 19-4]

① 현상 분석 → 목표 설정 → 요인 해석 → 검토 → 실시 → 결과 확인 → 표준화
② 현상 분석 → 목표 설정 → 표준화 → 검토 → 요인 해석 → 실시 → 결과 확인
③ 현상 분석 → 목표 설정 → 표준화 → 요인 해석 → 검토 → 실시 → 결과 확인
④ 현상 분석 → 요인 해석 → 검토 → 실시 → 표준화 → 목표 설정 → 결과 확인

해설 품질 보전의 전개 순서
주제 선정 → 현상 분석 → 목표 설정 → 원인 분석 → 대책 수립 및 실시 → 결과 확인 → 표준화 및 사후 관리

**72. 마멸은 기계 부품의 수명을 단축하는 가장 큰 원인 중 하나이다. 다음 중 마멸의 설명과 거리가 먼 것은?** [14-2, 19-4]

① 마찰과 마멸은 동일한 현상이다.
② 마멸은 열적 원인으로도 일어날 수 있다.
③ 마찰은 반드시 마멸을 동반하는 것이 아니다.
④ 마멸은 외력에 의해 물체 표면의 일부가 분리되는 현상이다.

해설 ㉠ 마찰(friction) : 접촉하고 있는 두 물체가 상대 운동을 하려고 하거나 또는 상대 운동을 하고 있을 때 그 접촉면에서 운동을 방해하려는 저항이 생기는 현상
㉡ 마멸 : 물질의 표면이 문질러지거나 깎이거나 소모되는 현상

**73. 소방법에서 유류의 위험물에 대한 분류 중 윤활제에 해당되는 각 석유류에 관한 설명 중 틀린 것은?** [14-4]

① 제1석유류 : 아세톤, 나프타, 가솔린 등으로서 인화점이 20℃ 이하인 것
② 제2석유류 : 등유, 경유 등으로서 인화점이 21℃ 이상 69℃ 이하인 것
③ 제3석유류 : 중유, 저점도 윤활유 등으로서 인화점이 70℃ 이상 200℃ 미만인 것
④ 제4석유류 : 기계유, 실린더유 등으로서 인화점이 300℃ 이상인 것

해설 제4석유류 : 기어유와 실린더유, 모빌유, 터빈유 등으로서 인화점이 200℃ 이상 250℃ 미만인 것

**74. 윤활유 급유법 중 기계의 운동부가 기름 탱크 내의 유면에 미소하게 접촉하면 기름의 미립자 또는 분무 상태로 기름 단지에서 떨어져 마찰면에 튀겨 급유하는 것은?**

① 패드 급유법 [17-2]
② 비말 급유법
③ 그리스 급유법
④ 사이펀 급유법

해설 비말 급유법(비산 급유법, splash oiling) : 기계의 운동부가 오일 탱크 내의 유면에 미소 접촉하여 오일을 분무 상태로 마찰면에 튀겨 급유하는 방법으로 냉각 효과도 있고, 다수의 마찰면에 동시에 자동적으로 급유할 수 있는 특징이 있다.

**75. 윤활유의 적정 점도 선정 시 일반적으로 고려할 사항으로 가장 거리가 먼 것은?** [14-2]

정답 71. ① 72. ① 73. ④ 74. ② 75. ③

① 주위 환경 온도 ② 운전 속도
③ 급유 방식 ④ 하중

해설 적정 점도 선정 시 운전 3대 조건은 온도, 속도, 하중이다.

**76. 윤활유 열화에 미치는 인자 중 윤활유를 사용할 때 공기 중의 산소를 흡수하여 화학적으로 반응을 일으키는 것은?** [20-3]

① 희석 ② 유화
③ 산화 ④ 이물질 혼입

해설 산화란 어떤 물질이 산소와 화합하는 것을 말한다(공기 중의 산소 흡수). 즉, 공기 중의 산소를 차단하는 것이 산화 방지에 중요하다. 윤활유가 산화되면 윤활유 색의 변화와 점도 증가 및 산가의 증가, 표면장력의 저하를 가져온다(슬러지 증가로 인해 점도 증가).

**77. 윤활 설비의 고장 원인 중 환경적인 요인으로 보기 어려운 것은?** [14-4, 17-2, 18-1]

① 급유 작업의 부주의
② 전도열이 높은 경우
③ 기온에 의한 현저한 온도 변화
④ 마찰면의 방열이 불충분한 경우

해설 환경적 요인
㉠ 높은 전도열 및 마찰면의 불충분한 방열
㉡ 불순물의 혼합 및 큰 온도 변화
㉢ 열수(熱水), 산의 증기, 염분 등의 환경

**78. 다음은 그리스의 시험 방법에 관한 내용이다. (  ) 안에 알맞은 내용은?** [20-3]

> (  )은(는) 반고체 상태에서 그리스가 액체 상태로 전환되는 최초의 온도로서 그리스의 내열성과 사용된 증주제의 종류를 확인하기 위하여 시험한다.

① 점도 ② 적점
③ 주도 ④ 이유도

해설 적하점(적점, dropping point) : 그리스를 가열했을 때 반고체 상태의 그리스가 액체 상태로 되어 떨어지는 최초의 온도를 말한다. 그리스의 적하점은 내열성을 평가하는 기준이 되고 그리스의 사용 온도가 결정된다.

**79. 고압 고속의 베어링에 윤활유를 기름 펌프에 의해 강제적으로 밀어 공급하는 방법으로, 고압으로 몇 개의 베어링을 하나의 계통으로 하여 기름을 순환시키는 급유 방법은?** [19-1, 21-1]

① 체인 급유법
② 버킷 급유법
③ 중력 순환 급유법
④ 강제 순환 급유법

해설 강제 순환 급유법(forced circulation oiling) : 고압 · 고속의 베어링에 윤활유를 오일 펌프에 의해 강제적으로 밀어 공급하는 방법으로, 다수의 베어링을 하나의 계통으로 하여 오일을 강제 순환시킨다. 내연기관, 고속의 비행기, 자동차 엔진, 증기 터빈 및 공작기계 등에 사용된다.

**80. 유압 작동유의 필요한 성상이 아닌 것은?** [09-4]

① 온도 변화에 따른 점도의 변화가 적어야 한다.
② 증기압이 높고 비점이 낮아야 한다.
③ 산화 안정성이 좋아야 한다.
④ 항유화성(抗乳化性)이 좋아야 한다.

해설 유압 작동유는 증기압이 낮고 비점이 높아야 한다.

정답 76. ③ 77. ① 78. ② 79. ④ 80. ②

# 제10회 CBT 대비 실전문제

## 1과목 공유압 및 자동 제어

**1. 다음 설명에 해당되는 법칙은?** [20-4]

> 비압축성 유체가 관 내를 흐를 때 유량이 일정할 경우 유체의 속도는 단면적에 반비례한다.

① 렌츠의 법칙 ② 보일의 법칙
③ 샤를의 법칙 ④ 연속의 법칙

**해설** 연속의 방정식 $Q=AV$

**2. 기계적 에너지를 공기의 압력 에너지로 변환하는 기기는?** [19-2]

① 공기 압축기 ② 공기압 모터
③ 루브리케이터 ④ 공기압 실린더

**해설** 모터, 실린더인 액추에이터는 유체 압력 에너지를 기계적 에너지로, 압축기는 기계적 에너지를 유체 압력 에너지로 변환한다.

**3. 다음 중 충격 실린더의 사용 목적으로 가장 적합한 것은?** [09-4, 17-2]

① 균일한 속도를 얻기 위해
② 순간적인 큰 힘을 얻기 위해
③ 스틱 슬립 현상을 방지하기 위해
④ 충격을 흡수하여 기기를 보호하기 위해

**해설** 충격 실린더 : 공기 탱크에서 피스톤에 공기 압력을 급격하게 작용시켜 피스톤에 충격 힘을 고속으로 움직이게 하여 속도 에너지를 이용하게 된 실린더

**4. 다음 펌프 중 고속에서 효율이 가장 좋은 것은?** [16-2]

① 기어 펌프 ② 베인 펌프
③ 트로코이드 펌프 ④ 회전 피스톤 펌프

**해설** 피스톤 펌프는 효율이 매우 좋고, 높은 압력과 균일한 흐름을 얻을 수 있어서 성능이 우수하다.

**5. 편로드 유압 실린더의 설계에 관한 내용 중 잘못된 것은?** [09-4, 15-4]

① 실린더의 팽창 과정과 수축 과정에서 속도는 수축 과정이 더 빠르다.
② 패킹을 내유성 고무로 사용할 경우 그 기호는 H로 표기된다.
③ 유압 실린더의 호칭에는 규격 번호 또는 명칭, 구조 형식, 지지 형식의 기호, 행정 길이 등이 포함된다.
④ 실린더 튜브 양단은 단조한 둥근 뚜껑으로 하는 것이 좋고, 양쪽 다 분리할 수 없도록 한다.

**해설** 실린더 튜브는 한쪽만을 분리할 수 없게 한다.

**6. 다음 방향 전환 밸브의 전환 조작 중 파일럿 조작을 나타내는 것은?** [14-2]

①

**정답** 1. ④ 2. ① 3. ② 4. ④ 5. ④ 6. ③

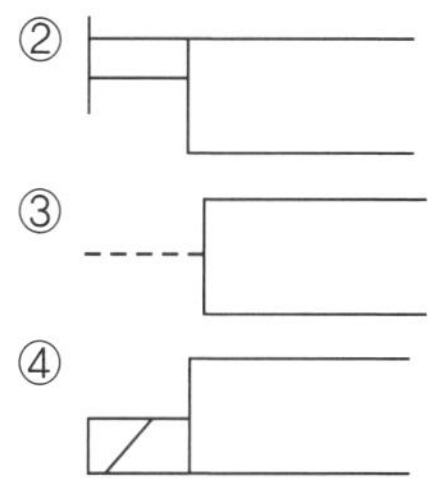


**해설** ①은 레버, ②는 인력, ④는 솔레노이드이다.

**7.** 다음 회로에 관한 설명으로 옳은 것은 어느 것인가? [12-4, 18-2, 22-2]

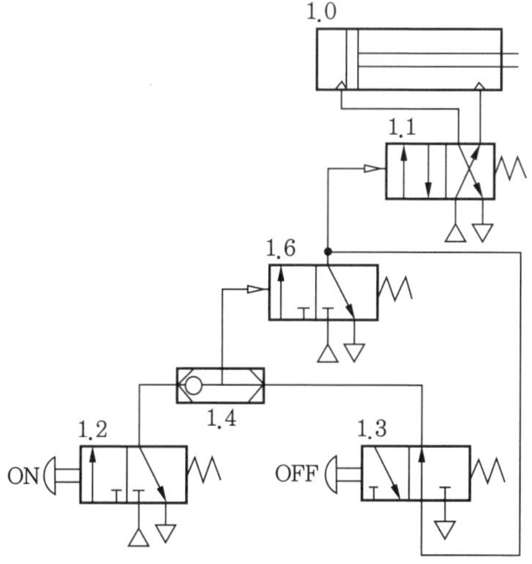


① 1.3 밸브를 누르면 1.0 실린더가 전진하고, 1.2 밸브를 누르면 1.0 실린더가 후진한다.
② 1.2 밸브와 1.3 밸브를 동시에 동작시켜야 실린더가 전진하고 두 밸브를 동시에 놓아야 즉시 후진한다.
③ 1.2 밸브와 1.3 밸브를 동시에 동작시켜야 실린더가 전진하고 두 밸브 중 하나를 놓으면 즉시 후진한다.
④ 1.2 밸브를 누르면 1.0 실린더가 전진하고, 1.2 밸브를 놓아도 계속 전진하며 1.3 밸브를 누르면 1.0 실린더가 후진하고, 1.3 밸브를 놓아도 계속 후진한다.

**해설** 순수 공압의 자기 유지 회로이다.

**8.** 마이크로미터를 설명한 사항 중 틀린 것은? [11-3]

① 보통의 마이크로미터 스핀들 나사의 피치는 0.5mm이고 심블은 원주를 50등분하였다.
② 앤빌과 스핀들 사이에 측정물을 넣어 심블을 가볍게 회전시켜 측정한다.
③ 마이크로미터의 측정 범위는 0~50mm, 50~100mm와 같이 50mm 간격으로 되어 있다.
④ 마이크로미터 래칫 스톱을 2회 이상 공전시킨 후 눈금을 읽는다.

**해설** 마이크로미터의 측정 범위는 25mm 간격으로 되어 있다.

**9.** 다음 중 도선을 절단하지 않고 교류 전류를 측정할 수 있는 것은?

① 절연 저항계　　② 클램프 미터
③ 회로 시험계　　④ 전압계

**해설** 클램프형 : 구조가 비교적 간단하기 때문에 수 [mA]~수 천 [A]까지 교류 센서로서 많이 사용되고 있으며, 용도에 따라 여러 가지 형태가 있다.

**10.** 계장 제어 시스템의 제어 밸브 조작부의 구비 조건으로 틀린 것은?

① 제어 신호에 정확하게 동작할 것
② 히스테리시스 현상이 클 것
③ 현장의 환경 조건에 충분히 견딜 것
④ 보수 점검이 용이할 것

**해설** 히스테리시스가 작을 것

**11.** 출력 특성이 좋고 사용하기 쉬우므로 기계 및 지반 진동에 가장 많이 사용되는 진동 센서는?

**정답** 7. ④　8. ③　9. ②　10. ②　11. ①

① 압전형 가속도 센서
② 동전형 속도 센서
③ 서보형 가속도 센서
④ 와전류형 변위 센서

해설 가속도 센서 중 회전수 및 진동 측정에 가장 많이 사용되고 있는 것은 주파수 범위의 광대역, 소형 경량화, 사용 온도 범위가 넓은 압전형(piezo electric type)이다. 동전형은 속도 검출, 와전류형은 변위 측정, 서보형은 가속도 검출에 사용되고 있다.

**12. 외부의 물리적 변화에 의해 발생하는 스트레인 게이지의 신호 형태는?**

① 저항 ② 전류 ③ 전압 ④ 충전량

해설 스트레인 게이지 : 금속체를 잡아당기면 늘어나면서 전기저항이 증가하며, 반대로 압축하면 줄어 전기저항은 감소한다. 이러한 전기저항의 변화 원리를 이용한 것이다.

**13. 어떤 제어 시스템에서 0~5V를 4개의 2진 신호만을 사용하여 간격을 나눌 때 표시되는 최솟값은?** [17-3]

① 0.139V ② 0.313V
③ 0.625V ④ 1.250V

해설 조합의 개수$=2^n$($n$은 이진 신호의 개수) $=2^4=16$, 그러므로 $\frac{5}{16}=0.3125\text{V}$

**14. 제어 시스템에서 센서의 주요 역할은?**

① 생산 공정의 장비와 생산되고 있는 부품, 조작하는 오퍼레이터로부터 정보를 수집하는 역할을 한다.
② 생산 공정의 장비와 생산되고 있는 부품, 조작하는 오퍼레이터로부터 정보를 분석하는 역할을 한다.
③ 생산 공정의 장비를 구동시키는 역할을 한다.
④ 생산된 부품 또는 제품에 대한 검사를 시행한다.

해설 센서(sensor)란 라틴어로 지각한다, 느낀다 등의 의미를 갖는 센스(sense)에서 유래된 말로 사람의 5관(눈, 코, 귀, 혀, 피부)을 통해 외계의 자극을 느끼는 5감(시각, 후각, 청각, 미각, 촉각)과 같이 자연 대상 가운데서의 물리 또는 화학적량을 감지하여, 전기량으로 변환 전달되어 자동화 시스템에서 공정 처리가 자동적으로 제어될 때, 이 제어를 위해 공정 처리에 관한 정보를 받도록 하는 검출기이다.

**15. 계전기의 기기 기호 중 전류 계전기는 어느 것인가?**

① R ② OVR ③ OCR ④ GR

해설 • R(relay) : 계전기
• OVR(over voltage relay) : 과전압 계전기
• OCR(over current relay) : 과전류 계전기
• GR(ground relay) : 지락 계전기

**16. 서보 전동기의 노이즈 대책이 아닌 것은?**

① 접지 ② 서지 킬러
③ 실드선 처리 ④ 인버터 사용

해설 인버터 : 주파수를 가변시켜 전동기의 속도를 고효율로 쉽게 제어하는 장치

**17. 계측계에서 입력 신호인 측정량이 시간적으로 변동할 때, 출력 신호인 계측기 지시 특성을 나타내는 것은?** [17-2, 22-1]

① 부특성 ② 정특성
③ 동특성 ④ 변환 특성

정답 12. ① 13. ② 14. ① 15. ③ 16. ④ 17. ③

**해설** 프로세스의 특성 중 계측계에서 입력 신호인 측정량이 시간적으로 변동할 때 출력 신호인 계기 지시 특성을 동특성이라 한다. 시간 영역에서는 인벌류션 적분이고, 주파수 영역에서는 전달 함수와 관련된 특성이며, 이때 출력 신호의 시간적인 변화 상태를 응답이라 한다.

**18. 유체의 흐름 속에 날개가 있는 회전자를 설치하고, 유속에 따른 회전자의 회전수를 검출해서 유량을 구하는 것은 어느 것인가?** [07-4, 11-4, 13-4, 14-4, 19-4]

① 와류식 유량계 ② 터빈식 유량계
③ 전자식 유량계 ④ 면적식 유량계

**해설** 터빈식 유량계 : 유체의 흐름 속에 날개가 있는 회전자(rotor)를 설치해 놓으면 유속에 거의 비례하는 속도로 회전한다. 그 회전수를 검출해서 유량을 구하는 유량계이다.

**19. 측정하려고 하는 전압원에 계측기를 접속하면, 전압원의 내부 저항으로 실제 전압보다 낮은 전압이 측정되는 현상을 무엇이라 하는가?** [11-4]

① 표피 효과 ② 제어백 효과
③ 압전 효과 ④ 부하 효과

**해설** 이 현상을 계측기 접속에 의한 부하 효과라 한다. 이 같은 오차를 줄이기 위해서는 계측기나 측정기를 입력 임피던스가 큰 것으로 사용해야 한다.

**20. 조절계의 제어 동작에서 입력에 비례하는 크기의 출력을 내는 제어 방식은 무엇인가?** [18-1, 21-4]

① 비례 제어 ② 적분 제어
③ 미분 제어 ④ ON-OFF 제어

## 2과목 용접 및 안전관리

**21. 용접 용어에 대한 정의를 설명한 것으로 틀린 것은?**

① 모재 : 용접 또는 절단되는 금속
② 다공성 : 용착 금속 중 기공이 밀집한 정도
③ 용락 : 모재가 녹은 깊이
④ 용가재 : 용착부를 만들기 위하여 녹여서 첨가하는 금속

**해설** ㉠ 용락 : 모재가 녹아 쇳물이 떨어져 흘러내리면서 구멍이 생기는 것
㉡ 용입 : 모재가 녹은 깊이

**22. 피복 아크 용접에서 자기 쏠림을 방지하는 대책은?**

① 접지점은 가능한 한 용접부에 가까이 한다.
② 용접봉 끝을 아크 쏠림 방향으로 기울인다.
③ 직류 용접 대신 교류 용접으로 한다.
④ 긴 아크를 사용한다.

**해설** 자기 쏠림(아크 쏠림)은 직류 전원에서 일어나는 자기 현상 때문에 발생하므로 교류 전원을 이용하여 방지한다.

**23. 피복 아크 용접봉의 편심도는 몇 % 이내이어야 용접 결과를 좋게 할 수 있겠는가?**

① 3% ② 5%
③ 10% ④ 13%

**해설** 피복 아크 용접봉의 편심률은 3% 이내이어야 한다.

**24. 서브머지드 아크 용접에 사용되는 용제가 갖추어야 할 성질 중 잘못된 것은?**

① 아크 발생이 잘 되고 지속적으로 유지시키며 안정된 용접을 할 수 있을 것

**정답** 18. ② 19. ④ 20. ① 21. ③ 22. ③ 23. ① 24. ④

② 용착 금속에 합금 성분을 첨가시키고 탈산, 탈황 등의 정련 작업을 하여 양호한 용착 금속을 얻을 수 있을 것
③ 적당한 용융 온도와 점성 온도 특성을 가지며 슬래그의 이탈성이 양호하고 양호한 비드를 형성할 것
④ 적당한 입도가 필요 없이 아크의 보호성이 좋을 것

해설 적당한 입도를 가져 아크의 보호성이 좋을 것

**25. 불활성 가스 텅스텐 아크 용접의 특징으로 틀린 것은?**

① 보호 가스가 투명하여 가시 용접이 가능하다.
② 가열 범위가 넓어 용접으로 인한 변형이 크다.
③ 용제가 불필요하고 깨끗한 비드 외관을 얻을 수 있다.
④ 피복 아크 용접에 비해 용접부의 연성 및 강도가 우수하다.

해설 가열 범위가 적어 용접으로 인한 변형이 적고 열의 집중 효과가 양호하다.

**26. 불활성 가스 아크 용접법의 특징으로 틀린 것은?**

① 아크가 안정되어 스패터가 적고 조작이 용이하다.
② 높은 전압에서 용입이 깊고 용접 속도가 빠르며, 잔류 용제 처리가 필요하다.
③ 모든 자세 용접이 가능하고 열 집중성이 좋아 용접 능률이 높다.
④ 청정 작용이 있어 산화막이 강한 금속의 용접이 가능하다.

해설 높은 전압에서 용입이 깊고 용접 속도가 빠르며, 잔류 용제 처리가 필요한 것은 서브머지드 아크 용접법의 특징이다.

**27. 핀치 효과에 의해 열 에너지의 집중도가 좋고 고온이 얻어지므로 용입이 깊고 비드 폭이 좁은 접합부가 형성되며, 용접 속도가 빠른 것이 특징인 용접은?**

① 플라즈마 아크 용접
② 테르밋 용접
③ 전자 빔 용접
④ 원자 수소 아크 용접

해설 플라즈마 아크 용접에서 이행형 아크는 전극과 모재 사이에서 아크를 발생시키고, 핀치 효과를 일으키며, 열 효율이 높고 모재가 도전성 물질이어야 한다.

**28. 다음 중 슬래그 섞임이 있을 때의 원인으로 맞는 것은?**

① 운봉 속도는 빠르고 전류가 낮을 때
② 용착부의 급랭
③ 아크 길이, 전류의 부적당
④ 모재 속에 S이 많을 때

해설 슬래그 섞임의 원인
㉠ 슬래그 제거 불완전
㉡ 운봉 속도가 빠를 때
㉢ 전류 과소, 운봉 조작이 불완전할 때

**29. 다음 중 용접 이음의 설계로 가장 좋은 것은?**

① 용착 금속량이 많아지게 된다.
② 용접선이 한 곳에 집중되게 한다.
③ 잔류 응력이 적어지게 한다.
④ 부분 용입이 되도록 한다.

해설 용착 금속량은 적게, 용접선은 분산, 용입은 전체가 되어야 한다.

정답 25. ② 26. ② 27. ① 28. ① 29. ③

**30.** 용접 시 발생되는 용접 변형의 주 발생 원인으로 가장 적합한 것은?

① 용착 금속부의 취성에 의한 변형
② 용접 이음부의 결함 발생으로 인한 결함
③ 용착 금속부의 수축과 팽창으로 인한 변형
④ 용착 금속부의 경화로 인한 변형

**해설** 용접 가열 중 팽창과 냉각 중 수축으로 인해 용접 후 변형이 발생된다.

**31.** 비파괴 탐상 검사의 분류 방법으로 적절하지 않은 것은?

① 관찰 방법에 따른 분류
② 세정 방법에 따른 분류
③ 침투 방법에 따른 분류
④ 현상 방법에 따른 분류

**32.** 자기 검사에서 피검사물의 자화 방법은 물체의 형상과 결함의 방향에 따라서 여러 가지가 사용된다. 그 중 옳지 않은 것은?

① 투과법 ② 축 통전법
③ 직각 통전법 ④ 극간법

**해설** 자화 방법의 종류에는 축 통전법, 직각 통전법, 관통법, 코일법, 극간법 등이 있고, 투과법은 초음파 검사 방법이다.

**33.** 자분 탐상에서 고려해야 할 가장 중요한 것은?

① 자력선의 세기
② 시험체의 재질
③ 자속의 밀도
④ 자력선의 방향

**해설** 자분 탐상은 자력을 이용하므로 시험편은 자성체이어야 한다. 자화 방법 선정에서도 시험체의 재질이 매우 중요하고 그 다음에 시험편의 크기이다.

**34.** 프레스에 양수 조작식 방호 장치를 설치하는 경우 누름 버튼의 상호 간 내측 거리는 얼마 이상이어야 하는가?

① 100mm ② 200mm
③ 300mm ④ 400mm

**해설** 양수 조작식 방호 장치를 설치하는 경우 누름 버튼 또는 조작 레버의 상호 간 내측 거리는 300mm 미만일 경우 작업자가 한 손으로 조작할 위험성이 있어 300mm 이상으로 한다.

**35.** KS C 9607에 규정된 용접봉 홀더 종류 중 손잡이 및 전체 부분을 절연하여 안전 홀더라고 하는 것은 어떤 형인가?

① A형 ② B형
③ C형 ④ S형

**해설** 용접봉 홀더의 종류
㉠ A형(안전 홀더) : 전체가 완전 절연된 것으로 무겁다.
㉡ B형 : 손잡이만 절연된 것이다.

**36.** 코드와 플러그를 접속하여 사용하는 전기 기계 · 기구 중 노출된 비충전 금속체에 접지를 하여야 하는 것이 아닌 것은?

① 전동기계 · 기구
② 사용 전압이 대지 전압 75V인 것
③ 냉장고 · 세탁기 등의 고정형 전기기계 · 기구
④ 물을 사용하는 전기기계 · 기구, 비접지형 콘센트

**해설** 전기 기계 · 기구의 접지
㉠ 사용 전압이 대지 전압 150V를 넘는 것
㉡ 냉장고 · 세탁기 · 컴퓨터 및 주변 기기 등과 같은 고정형 전기기계 · 기구
㉢ 고정형 · 이동형 또는 휴대형 전동기계 · 기구

**정답** 30. ③ 31. ① 32. ① 33. ② 34. ③ 35. ① 36. ②

㉣ 물 또는 도전성(導電性)이 높은 곳에서 사용하는 전기기계 · 기구, 비접지형 콘센트
㉤ 휴대형 손전등

**37.** **산소 용기는 고압가스법에 어떤 색으로 표시하도록 되어 있는가? (단, 일반용)**

① 녹색 ② 갈색
③ 청색 ④ 황색

**해설** 공업용 용기의 도색
㉠ 암모니아 : 백색 ㉡ 산소 : 녹색
㉢ 탄산가스 : 청색 ㉣ 수소 : 주황색
㉤ 아세틸렌 : 황색 ㉥ 염소 : 갈색
㉦ 기타 가스 : 회색

**38.** **인체에 침입하여 전신 중독을 일으키는 물질은?**

① 산소 ② 납
③ 석회석 ④ 일산화탄소

**해설** 중금속 물질인 납(Pb), 구리(Cu), 수은(Hg), 크롬(Cr) 등은 인체에 많은 해를 미친다.

**39.** **다음 중 보호구의 선택 시 유의사항이 아닌 것은?**

① 사용 목적에 알맞는 보호구를 선택한다.
② 검정에 합격된 것이면 좋다.
③ 작업 행동에 방해되지 않는 것을 선택한다.
④ 착용이 용이하고 크기 등 사용자에게 편리한 것을 선택한다.

**해설** KS나 검정에 합격되었다 하여도 전수 검사를 받은 것이 아니고, 또한 제품의 변질을 고려하여 선택 시 보호 성능이 보장된 것을 선택한다.

**40.** **차량에 중량물을 적재하던 중 결속을 위하여 고무 로프를 당기던 고무 로프가 파단되어 그 파편에 작업자가 상해를 입은 경우 가해물과 기인물이 맞게 연결된 것은?**

① 기인물-고무 로프, 가해물-파편
② 기인물-파편, 가해물-고무 로프
③ 기인물-차량, 가해물-고무 로프
④ 기인물-중량물, 가해물-고무 로프

**해설** 차량 적재 작업 과정에서 적재된 중량물의 결속을 위하여 고무 로프를 당기던 중 고무 로프가 파단되어 재해가 발생된 경우에는 고무 로프를 기인물로 한다.

## 3과목 기계 설비 일반

**41.** **끼워 맞춤 방식에서 축의 지름이 구멍의 지름보다 큰 경우 조립 전 두 지름의 차를 무엇이라고 하는가?**

① 죔새 ② 틈새
③ 공차 ④ 허용차

**해설** 죔새 : 축의 지름이 구멍의 지름보다 큰 경우 두 지름의 차

**42.** **다음 중 구멍용 게이지 제작 공차에 적용되는 IT 공차는?**

① IT6~IT10 ② IT01~IT5
③ IT11~IT18 ④ IT5~IT9

**해설** 기본 공차의 적용

| 용도 | 게이지 제작 공차 | 끼워 맞춤 공차 | 끼워 맞춤 이외 공차 |
|---|---|---|---|
| 구멍 | IT01~IT5 | IT6~IT10 | IT11~IT18 |
| 축 | IT01~IT4 | IT5~IT9 | IT10~IT18 |

**정답** 37. ① 38. ② 39. ② 40. ① 41. ① 42. ②

**43.** 기준점, 선, 평면, 원통 등으로 관련 형체에 기하 공차를 지시할 때 그 공차 영역을 규제하기 위하여 설정된 기준을 무엇이라고 하는가?

① 돌출 공차역
② 데이텀
③ 최대 실체 공차 방식
④ 기준 치수

**44.** 측정을 할 때 측정치와 참값과의 차를 오차라고 하는데 측정기에 의한 오차가 아닌 것은?

① 지시 오차 ② 되풀림 오차
③ 흔들림 오차 ④ 탄성 변형 오차

해설 측정기에 의한 오차 : 측정기 자신이 갖고 있는 오차이며, 지시의 흐트러짐(되풀이 오차, 되돌림 오차), 지시 오차, 직선성 등으로 나타난다.

**45.** 쇼트 피닝 가공을 하면 어떤 이점이 있는가?

① 가공 시간이 단축된다.
② 가공면에 광택이 생긴다.
③ 경도와 피로강도가 증가한다.
④ 정밀한 치수를 얻을 수 있다.

해설 금속 표면층의 경도와 강도 증가로 피로한계를 높여 주는 피닝 효과를 얻는다.

**46.** 컨테이너(container)를 이용하는 가공법은 무엇인가?

① 압출 가공 ② 인발 가공
③ 압연 가공 ④ 판금 가공

해설 압출(extrusion) : 다이를 붙인 컨테이너에 소재를 넣고 큰 힘의 압축력을 가하여 다이 구멍의 단면 형상과 같은 형재와 봉재 등을 만드는 가공

**47.** 결정격자를 이루면서 나뭇가지 같은 형상으로 성장하는 것을 무엇이라고 하는가?

① 재결정 ② 수지상 결정
③ 결정경계 ④ 결정격자

해설 수지상 결정(dendrite) : 용융 금속이 냉각 시 금속 각 부에 핵이 생겨 가지가 되어 나뭇가지와 같은 모양을 이루는 결정

**48.** 용융 온도가 3400℃ 정도로 높은 고용융점 금속으로 전구의 필라멘트 등에 쓰이는 금속 재료는?

① 납 ② 금
③ 텅스텐 ④ 망가니즈

해설 텅스텐(W)은 용융점이 3400℃로 금속 중에서 가장 높다.

**49.** 열처리 방법 및 목적으로 틀린 것은?

① 불림-소재를 일정 온도에 가열 후 공랭시킨다.
② 풀림-재질을 단단하고 균일하게 한다.
③ 담금질-급랭시켜 재질을 경화시킨다.
④ 뜨임-담금질된 것에 인성을 부여한다.

해설 풀림은 재질을 연하게 하는 열처리 방법이다.

**50.** 다음 중 V벨트에 대한 설명 중 틀린 것은? [16-4]

① V벨트는 단면의 형상에 따라 6종류로 구분한다.
② 평벨트보다 미끄럼이 적어 큰 회전력을 전달할 수 있다.
③ V벨트는 V벨트 풀리의 바닥 홈에 접하고 있어야 한다.

정답 43. ② 44. ④ 45. ③ 46. ① 47. ② 48. ③ 49. ② 50. ③

④ 풀리에 홈 각을 V벨트보다 더 작은 각도로 가공해야만 동력 손실을 줄일 수 있다.

**해설** V벨트는 V벨트 풀리의 바닥 홈에 접하지 않아야 접촉 면적이 커 미끄럼이 적어진다.

**51.** 구름 베어링에 예압을 주는 목적으로 가장 거리가 먼 것은? [16-4, 20-3]

① 베어링의 강성을 증가시킨다.
② 전동체 선회 미끄럼을 억제한다.
③ 축의 흔들림에 의한 진동 및 이상음이 방치된다.
④ 전동체의 공전 미끄럼이나 자전 미끄럼을 증가시킨다.

**해설** 예압은 베어링 전동체의 공전 미끄럼이나 자전 미끄럼을 감소시킨다.

**52.** 기어 손상의 분류에서 이면의 열화에 대하여 소성항복에 속하는 것은? [16-4]

① 피팅(pitting) ② 피닝(peening)
③ 스폴링(spalling) ④ 스코링(scoring)

**해설** 면의 열화에 대한 소성항복
㉠ 압연항복(ridging)
㉡ 피닝항복(case crushing)
㉢ 파상항복(rippling)

**53.** 파이프 끝의 관용 나사를 절삭하고 적당한 이음쇠를 사용하여 결합하는 것으로, 누설을 방지하고자 할 때 접착 콤파운드나 접착 테이프를 감아 결합하는 이음은 무엇인가? [18-2]

① 패킹 이음 ② 나사 이음
③ 용접 이음 ④ 고무 이음

**해설** 나사 이음 : 누설을 방지하고자 할 때 접착 콤파운드나 접착 테이프를 감아 결합한다.

**54.** 고압 증기 안전 밸브에서 심머링(simmering) 현상이 발생할 경우 조치 요령은? [10-4]

① 상부 조정링의 상향 조정
② 상부 조정링의 하향 조정
③ 하부 조정링의 상향 조정
④ 하부 조정링의 하향 조정

**해설** ㉠ 상부 링 : 심머링 조정
㉡ 하부 링 : 충격 완화

**55.** 송풍기의 베어링이 이상 발열로 온도가 높아지는 원인에 해당되지 않는 것은 어느 것인가? [06-4]

① V-BELT의 장력이 너무 센 경우
② 윤활유의 양이 너무 많거나 적은 경우
③ V-BELT가 마모된 경우
④ 오일실을 잘못 조립하였을 경우

**해설** V-BELT가 마모되면 속도비가 떨어진다.

**56.** 송풍기를 설치한 곳의 기초 지반이 연약할 때 가장 큰 영향을 미치는 고장 발생의 현상은? [12-2, 15-2]

① 진동 발생이 크다.
② 댐퍼 조절이 나빠진다.
③ 풍량과 풍압이 작아진다.
④ 시동 시 과부하가 발생한다.

**해설** 기초 지반이 연약하면 진동이 발생한다.

**57.** 다음 압축기의 종류 중 용적형 압축기에 속하지 않는 것은? [20-4]

① 축류식 압축기 ② 왕복식 압축기
③ 나사식 압축기 ④ 회전식 압축기

**해설** 축류식 압축기는 터보형이다.

**정답** 51. ④ 52. ② 53. ② 54. ① 55. ③ 56. ① 57. ①

**58. 원심 압축기에서 누설 손실이 생기는 것이 아닌 것은?** [07-4]

① 회전차 입구와 케이싱 사이
② 축의 케이싱을 통과하는 부분과 평형 장치 사이의 틈
③ 다단의 경우 각 단의 격판과 축 사이의 틈
④ 베어링과 패킹 상자

**59. 다음 중 3상 유도 전동기 내의 코일과 철심 사이에 완전 절연하기 위해 사용되는 것은?** [18-2]

① 바니스 ② 유리
③ 에나멜 ④ 절연 종이

해설 절연 재료로 유리, 에나멜, 마이카 등을 사용하며, 코일과 철심 사이에 완전 절연하기 위해 절연 종이를 사용한다.

**60. 전동기가 회전 중 진동 현상을 보이고 있다. 그 원인으로 가장 거리가 먼 것은?** [19-4]

① 베어링의 손상
② 통풍창의 먼지 제거
③ 커플링, 풀리의 이완
④ 로터와 스테이터의 접촉

해설 진동 현상의 원인 : 베어링의 손상, 커플링, 풀리 등의 마모, 냉각팬, 날개 바퀴의 느슨해짐, 로터와 스테이터의 접촉 등

## 4과목 설비 진단 및 관리

**61. 설비의 제1차 진단 기술로서 현장 작업원이 사용하는 기술은?** [07-4, 13-4, 19-1]

① 간이 진단 기술
② 정밀 진단 기술
③ 스트레스 정량화 기술
④ 고장 검출 해석 기술

해설 설비 진단 기술의 기본 시스템

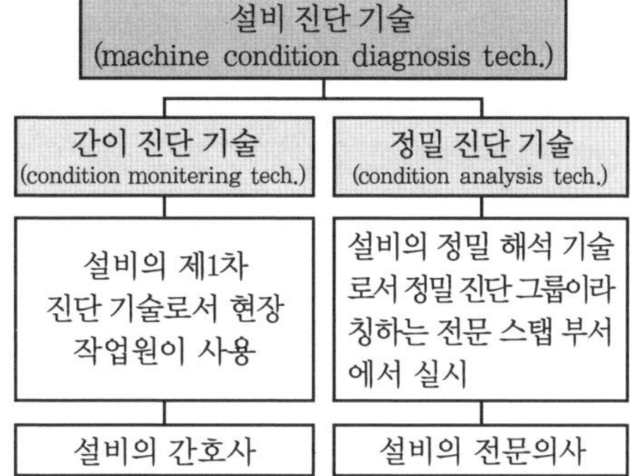


**62. 진동의 크기를 표현하는 방법으로서 사용되는 용어들의 설명 중 맞지 않는 것은?** [06-4]

① 피크값-진동량 중 절댓값의 최댓값이다.
② 실효값-정현파의 경우는 피크값의 $\frac{1}{\sqrt{2}}$배이다.
③ 평균값-진동 에너지를 표현하는 것에 적합한 값이다.
④ 양진폭-전진폭이라고도 하며 양의 최댓값에서 부의 최댓값까지의 값이다.

해설 실효값은 진동 에너지를 표현하는데 적합하며, 평균값은 진동량을 평균한 값으로 정현파의 경우 피크값의 $\frac{2}{\pi}$배이다.

**63. 고속 회전기의 축 진동 측정, 회전수 측정, 위치 측정 등에 사용되는 진동 센서는?** [15-4, 20-3]

① 동전형 속도 센서
② 서보형 가속도 센서
③ 압전형 가속도 센서
④ 와전류형 변위 센서

정답 58. ④ 59. ④ 60. ② 61. ① 62. ③ 63. ④

해설 와전류형 변위 센서의 용도 : 고속 회전기의 진동 측정, 회전수 측정, 신장차 측정, 위치 측정

**64. 소음의 물리적인 성질에 대해 설명한 것 중 틀린 것은?** [13-4]

① 음은 대기의 온도차에 의해 굴절되며 온도가 높은 쪽으로 굴절한다.
② 음의 간섭은 서로 다른 파동 사이의 상호 작용으로 나타난다.
③ 도플러 효과는 발음원이 이동할 때 그 진행 방향 쪽에서는 원래 발음원의 음보다 고음으로, 진행 반대쪽에서는 저음으로 되는 현상이다.
④ 음원보다 상공의 풍속이 클 때 풍상 측에서는 상공으로, 풍하 측에서는 지면쪽으로 굴절한다.

해설 음은 온도가 낮은 쪽으로 굴절한다.

**65. 측정하고자 하는 소음원 이외의 주변 소음은?** [07-4]

① 암소음 ② 정상 소음
③ 환경 소음 ④ 충격 소음

해설 암소음 : 어떤 음을 대상으로 할 때 그 음이 아니면서 그 장소에 있는 소음

**66. 공장 소음의 측정 조사항목으로 옳은 것은?** [19-1]

① 소음원 조사 : 소음의 시공간 분석, 소음 평가
② 공장 주변의 환경 조사 : 소음원의 추출, 해석
③ 공장 부지 내 소음 조사 : 전파 경로 해석, 소음의 시공간 분석
④ 공장 내 소음 조사 : 전파 경로 해석, 소음원 측정 위치 평가

**67. 시스템의 탄생에서부터 사멸에 이르기까지의 라이프 사이클은 4단계로 나누어 볼 수 있다. 다음 중 1단계에 해당하는 것은?**

① 제작, 설치 [08-4, 12-4, 19-1]
② 운용 유지
③ 시스템의 설계, 개발
④ 시스템의 개념 구성과 규격 결정

해설 ①-3단계, ②-4단계, ③-2단계

**68. 설비 보전의 요소에 해당되지 않는 것은?** [08-4, 14-2]

① 열화 방지 ② 열화 측정
③ 열화 회복 ④ 열화 지연

해설 설비 보전 표준 : 설비 열화 측정(점검 검사), 열화 진행 방지(일상 보전) 및 열화 회복(수리)

**69. 생산 보전에 의한 효과는 설비에 대한 의존도가 클수록 크게 나타나는데 다음 중 생산 보전의 효과라고 할 수 없는 것은?**

① 보전비 감소 [13-4]
② 제품 불량 감소
③ 가동률 증가
④ 재고품 증가

해설 재고품 감소 효과

**70. 뜻이 있는 기호법의 대표적인 것으로서 항목의 첫 글자나 그 밖의 문자를 기호로 하는 방법은?** [06-4, 19-1, 21-4]

① 순번식 기호법 ② 기억식 기호법
③ 세구분식 기호법 ④ 삼진분류 기호법

해설 기억식 기호법 : 뜻이 있는 기호법의 대표적인 것으로서 기억이 편리하도록 항목의 이름 첫 글자라던가, 그 밖의 문자를 기호로 한다.

정답 64. ① 65. ① 66. ③ 67. ④ 68. ④ 69. ④ 70. ②

**71.** 부하가 많을 경우에 각 부하의 최대 수요 전력의 합을 각 부하를 종합했을 때의 최대 수요 전력으로 나눈 것은? [22-1]

① 부하율 ② 부등률
③ 수요율 ④ 설비 이용률

해설 부등률(diversity factor) : 최대 수용 전력의 합을 합성 최대 수용 전력으로 나눈 값으로 수전 설비 용량 선정에 사용되며, 부등률이 클수록 설비의 이용률이 크므로 유리한 이 값은 항상 1보다 크다.

$$\text{부등률} = \frac{\text{수용 설비 각각 최대 전력 합[kW]}}{\text{합성 최대 수용 전력[kW]}}$$

**72.** 설비나 시스템의 효율을 극대화하기 위한 개별 개선 활동에서 가장 첫 번째로 수행하는 것은? [11-4, 16-2, 18-4]

① 개선안 수립
② 중점 설비 선정
③ 로스의 영향 분석
④ 로스의 정량적 측정

해설 개별 개선에서 가장 첫 번째로 할 것은 중점 설비를 선정하는 것이다.

**73.** 자주 보전의 전개 단계 중 전달 교육에 의해 설비의 이상적 모습과 설비의 기능 구조를 알고 보전 기능을 몸에 익히는 단계는? [19-1, 21-1]

① 제4단계 총 점검
② 제5단계 자주 점검
③ 제6단계 정리정돈
④ 제7단계 철저한 자주 관리

해설 제4단계의 진행 방법
㉠ 설비의 기초 교육을 받는다.
㉡ 작업자에게 전달한다.
㉢ 배운 것을 실천하여 이상을 발견한다.
㉣ '눈으로 보는 관리'를 추진한다.

**74.** 윤활성은 다소 떨어지지만 불연성이란 이점으로 제철소 등의 고온 개소 유압 작동유로 사용되는 것은? [13-4]

① water-glycol계 작동유
② 고온용 작동유
③ 고점도 지수 작동유
④ EP 작동유

해설 물 40%와 에틸렌글리콜을 주체로 한 불연성 유압 작동유인 water-glycol계 유압 작동유가 사용된다.

**75.** 극압 윤활을 위한 극압제로 사용하지 않는 것은? [18-2, 22-1]

① H ② Cl
③ S ④ P

해설 극압제(extreme pressure additives) : EP유라고 하며, 큰 하중을 받는 베어링의 경우 유막이 파괴되기 쉬우므로 이를 방지하기 위하여 사용된다. 윤활유의 극압제로는 일반적으로 염소(Cl), 유황(S), 인(P) 등을 사용한다.

**76.** 강제 순환 급유 장치의 오일 탱크 유면의 관리 기준으로 맞는 것은? [16-2]

① 최고 유면은 탱크 유량의 60% 이하, 최저 유면은 운전 시 탱크 유량의 40% 이하
② 최고 유면은 탱크 유량의 70% 이하, 최저 유면은 운전 시 탱크 유량의 20% 이하
③ 최고 유면은 탱크 유량의 80% 이하, 최저 유면은 운전 시 탱크 유량의 30% 이하
④ 최고 유면은 탱크 유량의 90% 이하, 최저 유면은 운전 시 탱크 유량의 50% 이상

해설 강제 순환 급유법(forced circulation oiling)의 최고 유면은 탱크 유량의 90% 이하, 최저 유면은 운전 시 탱크 유량의 50% 이상으로 한다.

정답 71. ② 72. ② 73. ① 74. ① 75. ① 76. ④

**77.** ISO 산업용 윤활유 점도 분류의 기준 온도는? [21-4]

① 15℃ ② 24℃
③ 40℃ ④ 44℃

해설 ISO의 점도 측정은 40℃에서 하는 것을 기준으로 하고 있다.

**78.** 유압 장치의 플러싱을 실시하기 위한 적정 시기가 아닌 것은? [15-2]

① 설치된 유압 장치의 분해 정비 후
② 사용유를 분석하여 윤활유를 교환할 때
③ 기계 장치 신설 시 고형 물질, 절삭 가루, 이물질 등의 제거가 필요할 때
④ 순환 계통의 입구 유온과 냉각기 출구 유온과의 차가 일정한 기준치일 때

해설 플러싱 실시 시기
㉠ 기계 장치의 신설 시
㉡ 윤활유 교환 시
㉢ 윤활 장치의 분해 시
㉣ 윤활계의 검사 시
㉤ 운전 개시 시

**79.** 그리스를 가열했을 때 반고체 상태의 그리스가 액체 상태로 되어 떨어지는 최초의 온도는? [14-2, 17-4, 18-4, 20-4, 21-4]

① 주도 ② 적하점
③ 이유도 ④ 산화 안정도

해설 적하점(적점, dropping point) : 그리스의 내열성을 평가하는 기준이 되고 그리스의 사용 온도가 결정된다.

**80.** 미끄럼 베어링의 급유법으로 가장 적합하지 않은 방식은? [15-4]

① 분무식 ② 순환식
③ 유욕식 ④ 전손식

해설 분무식은 구름 베어링은 가능하나 미끄럼 베어링은 채택하지 않는다.

정답 77. ③ 78. ④ 79. ② 80. ①

# 제11회 CBT 대비 실전문제

## 1과목 공유압 및 자동 제어

**1. 일반적으로 압력계에서 표시하는 압력은?** [21-1]

① 압력 강화 ② 절대 압력
③ 차동 압력 ④ 게이지 압력

해설 대기 압력을 0으로 측정한 압력을 게이지 압력이라 하고, 완전한 진공 0으로 하여 측정한 압력을 절대 압력이라 한다.

**2. 유체의 흐름에서 층류와 난류로 구분할 때 사용하는 것은?** [12-4, 20-3]

① 점도 지수 ② 동점도 계수
③ 레이놀즈 수 ④ 체적 탄성 계수

해설 레이놀즈 수 $Re=2320$ 정도이면 층류, 이상이면 난류로 구분한다.

**3. 압축공기의 특성을 설명한 것 중 틀린 것은?** [17-4]

① 압축공기는 비압축성이다.
② 압축공기는 저장하기 편리하다.
③ 압축공기는 폭발 및 화재의 위험이 없다.
④ 압축공기는 온도 변화에 따른 특성 변화가 작다.

해설 압축공기는 압축성 에너지이다.

**4. 공기의 흐름을 한쪽 방향으로만 자유롭게 흐르게 하고 반대 방향으로의 흐름을 저지하는 밸브는?** [07-4, 15-2]

① 차단(shut-off) 밸브 ② 스풀(spool) 밸브
③ 체크(check) 밸브 ④ 포핏(poppet) 밸브

해설 체크 밸브(check valve) : 역류 방지 밸브로 흡입형, 스프링 부하형, 유량 제한형, 파일럿 조작형으로 나눈다.

**5. 다음 중 공기압 모터의 특징으로 옳은 것은?** [22-1]

① 공기압 모터는 과부하에 대하여 비교적 안전하다.
② 요동형 공기압 모터는 회전각의 제한이 없다.
③ 공기압 모터를 사용하면 고속을 얻기가 어렵다.
④ 공기압 모터의 회전 속도는 무단으로 조절할 수 없다.

해설 공압 모터는 과부하 시에도 아무런 위험이 없고, 폭발성도 없다.

**6. 다음 중 밸브 기능에 대한 설명으로 옳은 것은?** [15-2]

① 카운터 밸런스 밸브는 한 방향의 흐름이 자유롭게 흐르도록 한 밸브로서 체크 밸브가 내장되어 있다.
② 시퀀스 밸브는 소형 피스톤과 스프링과의 평형을 이용하여 유압 신호를 전기 신호로 전환시킨다.
③ 카운터 밸런스 밸브는 압력 제어 밸브이며 시퀀스 밸브는 방향 제어 밸브이다.

정답 1. ④ 2. ③ 3. ① 4. ③ 5. ① 6. ①

④ 카운터 밸런스 밸브는 무부하이며 시퀀스 밸브는 배압 발생 밸브이다.

해설 소형 피스톤과 스프링과의 평형을 이용하여 유압 신호를 전기 신호로 전환시키는 것은 압력 스위치, 시퀀스 밸브는 압력 제어 밸브로 순차 제어용이며, 카운터 밸런스 밸브는 자유 낙하 방지 배압 밸브이다.

**7. 축압기의 취급상 주의사항으로 적절하지 않은 것은?** [22-2]

① 봉입 가스로 반드시 산소를 사용한다.
② 운반, 결합, 분리 등을 할 경우 반드시 봉입된 가스를 빼고 한다.
③ 축압기에 부속품 등을 용접하거나 가공, 구멍뚫기 등을 해서는 안 된다.
④ 가스 봉입형은 작동유를 내용적의 10 정도 미리 넣은 다음 가스의 소정 압력으로 봉입한다.

해설 축압기의 봉입 가스는 질소를 사용한다.

**8. 다음 유압 속도 제어 회로의 특징이 아닌 것은?** [19-4]

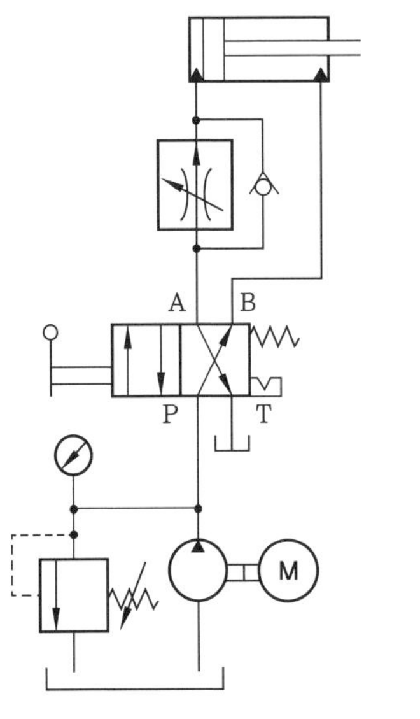


① 펌프 송출압은 릴리프 밸브의 설정압으로 정해진다.
② 유량 제어 밸브를 실린더의 작동 행정에서 실린더 오일이 유입되는 입구 측에 설치한 회로이다.
③ 펌프에서 송출되는 여분의 유량은 릴리프 밸브를 통하여 탱크로 방류되므로 동력 손실이 크다.
④ 실린더 입구의 압력 쪽 분기 회로에 유량 제어 밸브를 설치하여 불필요한 압유를 배출시켜 작동 효율을 증진시킨다.

해설 유량 제어 밸브에서 유량을 적게 통과시켜 속도를 제어시키므로 불필요한 압유는 배출되지 않는다.

**9. 실리콘 제어 정류기(SCR)에 관한 설명으로 틀린 것은?**

① PNPN 소자이다.
② 스위칭 소자이다.
③ 쌍방향성 사이리스터이다.
④ 직류, 교류 전력 제어에 사용된다.

해설 SCR : 사이리스터와 유사하며 애노드와 캐소드, 게이트를 갖는 pnpn 구조의 4층 반도체

**10. 내전압 시험법을 설명한 것 중 아닌 것은?**

① 온도 시험 직후 절연저항 측정을 하고 나서 내전압 시험하는 것이 보통이다.
② 기기의 충전 부분과 대지 간 또는 충전 부분 상호 간의 절연물의 세기를 보증하기 위한 시험이다.
③ 직류 전압을 인가했을 때의 절연물의 흡습, 도전성 불순물의 흡입, 생성, 오손과 절연물의 결함 등을 판정하는 시험으로 성극지수 시험이라고도 한다.

정답 7. ① 8. ④ 9. ③ 10. ③

④ 절연저항 시험처럼 자주 실시해서는 안 된다.

해설 직류 전류 시험은 직류 전압을 인가했을 때의 전류－시간 특성으로부터 절연물의 흡습, 도전성 불순물의 흡입, 생성, 오손과 절연물의 결함 등 절연물의 상태를 판정하는 시험으로 성극 지수 시험 이라고도 한다.

**11. 확산 반사형 혹은 직접 반사형 광 센서를 사용할 때, 다음 중 감지 거리가 가장 긴 것은?**

① 목재　　② 금속
③ 면직물　　④ 폴리스틸렌

해설 직접 반사형은 투광기로부터 나온 빛이 검출 물체에 직접 부딪혀 그 표면에서 반사하고, 수광기는 그 반사광을 출력 신호로 발생시킨다.

**12. 0~5V 사이의 아날로그 입력을 8bit 출력으로 변환할 때 아날로그 입력이 2V라면 디지털 출력값은 얼마인가?** [13-3]

① 20　② 51　③ 102　④ 204

해설 8bit 사용 시 분해능$=2^8=256$이며, 최댓값인 5V까지 변화하기 위한 최소 전압값의 변화$=\frac{5}{256}=0.01953$이 되고 입력 2V를 나타내기 위해서는 $\frac{2}{0.01953}\fallingdotseq$ 102.4가 된다.

**13. 스테핑 모터가 사용되는 곳이 아닌 것은?**

① D/A 변환기
② 디지털 X－Y 플로터
③ 정확한 회전각이 요구되는 NC 공작기계
④ 저속과 큰 힘을 필요로 하는 유압 프레스

해설 스테핑 모터는 D/A 변환기, 디지털 플로터, 정확한 회전각이 요구되는 CNC 공작기계 등에 이용되고 있다.

**14. 다음 중 전자 계전기의 기능이라 볼 수 없는 것은?**

① 증폭 기능　　② 전달 기능
③ 연산 기능　　④ 충전 기능

해설 충전 기능을 갖고 있는 것은 콘덴서와 배터리이다.

**15. 그림과 같은 선형 스텝 모터에서 스핀들 리드가 0.36cm이고, 회전각이 1°라고 하였을 때 이송 거리는 몇 mm인가?**

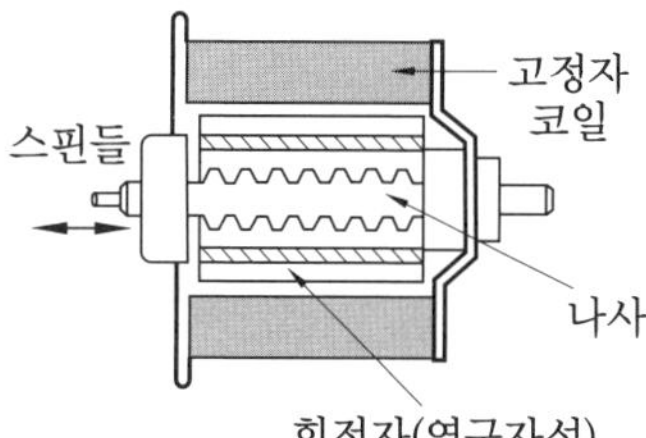


① 0.01　② 0.02　③ 0.03　④ 0.04

해설 스핀들 리드를 $h$, 회전각을 $\alpha$라고 하면 이송 거리 $S=\frac{h}{360°}\times\alpha$이다.

$\therefore S=\frac{0.36\,\text{cm}}{360°}\times 1°=0.001\,\text{cm}$
$=0.01\text{mm}$

**16. 3상 유도 전동기가 원래의 속도보다 저속으로 회전할 경우 원인으로 적절하지 않은 것은?**

① 과부하　　② 퓨즈 단락
③ 베어링 불량　　④ 축받이의 불량

해설 퓨즈 단락은 회전 불능 상태이다.

정답 11. ②　12. ③　13. ④　14. ④　15. ①　16. ②

**17.** 순차적인 작업에서 전 단계의 작업 완료 여부를 리밋 스위치나 센서 등을 이용하여 확인한 후 다음 단계의 작업을 수행하는 제어는? [18-1, 21-2]

① 논리 종속 시퀀스 제어
② 동기 종속 시퀀스 제어
③ 시간 종속 시퀀스 제어
④ 위치 종속 시퀀스 제어

**18.** 1차 지연 요소의 스텝 응답이 시정수 $\tau$를 경과했을 때, 그 값의 최종 도달값에 대한 비율은 약 몇 %인가?

① 50 ② 63 ③ 90 ④ 98

**해설** 시정수가 크면 응답 시간이 길어지며, $t=0$에서 응답 곡선에 접선을 그리고 그 것이 최종값에 도달하기까지의 시간이 시정수 $\tau$가 된다. 또한 시정수 $\tau$를 경과했을 때의 값은 최종 도달값의 63.2%가 된다.

**19.** 서보 모터에 사용되고 있는 회전 속도 검출기로 적당하지 않은 것은? [08-4]

① 태코제너레이터 ② 인코더
③ 리졸버 ④ 로드 셀

**해설** 로드 셀은 스트레인 게이지를 붙여 사용하기 곤란한 경우에 범용적으로 사용하기 위해 제작된 물체 중량을 측정하는 변환기이다.

**20.** 다음 중 센서에서 입력된 신호를 전기적 신호로 변환하는 방법에 해당하지 않는 것은? [18-2, 22-1]

① 변조식 변환 ② 전류식 변환
③ 직동식 변환 ④ 펄스 신호식 변환

**해설** 전기적 변환 : 변조식 변환, 직동식 변환, 디지털 변환 등

## 2과목 용접 및 안전관리

**21.** 용접 용어 중 용착부를 만들기 위해 녹여서 첨가하는 금속을 무엇이라 하는가?

① 용제 ② 용접 금속
③ 용가제 ④ 덧살

**해설** 용착 금속을 만들기 위해 녹여서 첨가하는 금속은 용가제이다.

**22.** 피복 아크 용접기를 사용할 때 주의할 사항이 아닌 것은?

① 정격 사용률 이상 사용하지 않는다.
② 용접기 케이스를 접지한다.
③ 탭 전환형은 아크 발생 중 탭을 전환시킨다.
④ 가동 부분, 냉각팬(fan)을 점검하고 주유해야 한다.

**해설** 탭 전환형은 탭 전환부에 소손이 심하여 아크 발생 중에는 가능한 탭을 전환하지 않는다.

**23.** 용접 작업에서 아크를 쉽게 발생하기 위하여 용접기에 들어가는 장치는?

① 전격 방지기
② 원격 제어 장치
③ 무선식 원격 제어 장치
④ 고주파 발생 장치

**해설** 고주파 발생 장치는 아크의 안정을 확보하기 위하여 상용 주파수의 아크 전류 외에 고전압 3000~4000V를 발생하여 용접 전류를 중첩시키는 부속 장치이다.

**24.** 용접 작업에 영향을 주는 요소 중 틀린 것은?

① 아크 길이는 보통 3mm 이내로 하며 되도록 짧게 운봉한다.

**정답** 17. ④ 18. ② 19. ④ 20. ② 21. ③ 22. ③ 23. ④ 24. ④

② 용접봉 각도는 진행각과 작업각을 유지해야 한다.
③ 아크 전류와 아크 전압을 일정하게 유지하며 용접 속도를 증가하면 비드 폭이 좁아지고 용입은 얕아진다.
④ 용접 전류가 낮아도 아크 길이가 길 때 아크는 유지된다.

해설 용접 전류값이 높을 때는 아크 길이가 길어도 아크가 유지되고, 전류값이 낮을 때는 아크가 소멸된다.

**25.** **서브머지드 아크 용접에서 용접 전류가 낮을 때 일어나는 현상 중 틀린 것은?**

① 용입 깊이가 부족하다.
② 비드(여성) 높이가 부족하다.
③ 비드 폭이 부족하다.
④ 비드 폭이 너무 넓게 된다.

해설 용접 전류 : 전류가 낮으면 용입 깊이, 여성(餘盛) 높이나 비드 폭 등이 부족하고, 전류가 높으면 비드 폭이 너무 넓게 되어 비드 높이가 낮고 고온 균열을 일으키기 쉽다(Y형 개선에서 전류 과대의 경우 보이는 낮은 비드 형상을 배형 비드라고 한다).

**26.** **불활성 가스 텅스텐 아크 용접을 할 때 주로 사용되는 가스는?**

① $H_2$ ② Ar
③ $CO_2$ ④ $C_2H_2$

해설 불활성 가스 텅스텐 아크 용접에 이용되는 가스는 주로 Ar과 He이다.

**27.** **MIG 용접은 TIG 용접에 비해 능률이 높기 때문에 두께 몇 mm 이상의 알루미늄, 스테인리스강 등의 용접에 사용이 되는가?**

① 3mm ② 5mm
③ 6mm ④ 7mm

해설 TIG는 3mm 이내가 좋고, MIG는 3mm 이상의 후판에 이용되고 있다.

**28.** **탄산가스($CO_2$) 아크 용접에 대한 설명 중 틀린 것은?**

① 전자세 용접이 가능하다.
② 용착 금속의 기계적, 야금적 성질이 우수하다.
③ 용접 전류의 밀도가 낮아 용입이 얕다.
④ 가시 용접이므로 시공이 편리하다.

해설 전류밀도가 높아 용입이 깊고 용접 속도를 빠르게 할 수 있다.

**29.** **용접 이음의 준비사항으로 틀린 것은?**

① 용입이 허용하는 한 홈 각도를 작게 하는 것이 좋다.
② 가접은 이음의 끝 부분, 모서리 부분을 피한다.
③ 구조물을 조립할 때에는 용접 지그를 사용한다.
④ 용접부의 결함을 검사한다.

해설 용접부의 결함 검사는 용접 후에 처리할 사항이다.

**30.** **용접 변형 방지법 중 용접부의 뒷면에 물을 뿌려주는 방법은?**

① 살수법
② 수랭 동판 사용법
③ 석면포 사용법
④ 피닝법

해설 살수법 : 용접부의 뒷면에 물을 뿌려주는 용접 변형 방지법

정답 25. ④ 26. ② 27. ① 28. ③ 29. ④ 30. ①

**31. 용접 결함 중 비드 밑(under bead) 균열의 원인이 되는 원소는?**

① 산소 ② 수소
③ 질소 ④ 탄산가스

해설 비드 밑(under bead) 균열은 용접 비드 바로 밑에서 용접선과 아주 가까이 거의 평행하게 모재 열 영향부에 발생하는 균열로 용착 금속 중의 수소, 용접 응력 등이 그 원인이다.

**32. 다음 중 물질의 손상량 평가법으로 비파괴 검사 방법인 것은?**

① 레프리카법 ② 충격 시험법
③ 크리프 시험법 ④ 피로 시험법

해설 레프리카법 : 금속의 표면 복제는 가동 중인 설비에서 직접적으로 얻어지며, 재료가 받는 손상이 비교적 충실하게 레프리카(필름)에 반영되는 점에서 현재 광범위하게 이용되고 있는 방법이다.

**33. 작고 미세한 표면 결함을 검출하기에 가장 적합한 것은?**

① 수세성 염료 침투 현상
② 후유화성 형광 침투 탐상
③ 용제 제거성 침투 탐상
④ 후유화성 침투 탐상

해설 형광 물질을 섞는 형광 탐상 시험법은 미세한 균열이나 결함을 검출할 수 있는 곳이면 실내외 어디서든지 검사할 수 있다.

**34. 단조하여 만든 봉 내부에 터짐이 생겼을 때 가장 적합한 탐상 시험법은?**

① 침투 탐상 시험
② 방사선 투과 시험
③ 초음파 탐상 시험
④ 와전류 탐상 시험

해설 내부 결함은 초음파, 방사선 중에서 단조품은 주로 초음파, 용접부는 주로 방사선 투과 시험을 한다.

**35. 숫돌 바퀴를 교환할 때 나무 해머로 숫돌의 무엇을 검사하는가?**

① 기공 ② 크기
③ 균열 ④ 입도

**36. 다음 중 암모니아 가스의 제독제로 올바른 것은?**

① 물 ② 가성소다
③ 탄산소다 ④ 소석회

해설 암모니아는 물에 약 800~900배 용해된다.

**37. 다음 작업 중 보안경이 필요한 것은?**

① 리베팅 작업 ② 선반 작업
③ 줄 작업 ④ 황산 제조 작업

해설 칩이 비산하는 작업(선반, 밀링, 드릴 작업 등)에는 보안경을 사용한다.

**38. 산업안전보건법의 목적에 해당되지 않는 것은?**

① 산업안전보건 기준의 확립
② 근로자의 안전과 보건을 유지 · 증진
③ 산업재해의 예방과 쾌적한 작업환경 조성
④ 산업안전보건에 관한 정책의 수립 및 실시

해설 산업안전보건법은 산업안전 · 보건에 관한 기준을 확립하고 그 책임의 소재를 명확하게 하여 산업재해를 예방하고 쾌적한 작업환경을 조성함으로써 근로자의 안전과 보건을 유지 · 증진함을 목적으로 한다.

정답 31. ② 32. ① 33. ② 34. ③ 35. ③ 36. ① 37. ② 38. ④

**39.** 산업안전보건법령상 사업주의 의무가 아닌 것은?

① 근로 조건의 개선
② 쾌적한 작업환경의 조성
③ 근로자의 안전 및 건강을 유지
④ 산업재해에 관한 조사 및 통계의 유지, 관리

해설 사업주 등의 의무 : 사업주는 다음 각 호의 사항을 이행함으로써 근로자의 안전 및 건강을 유지 · 증진시키고 국가의 산업재해 예방 정책을 따라야 한다.
㉠ 이 법과 이 법에 따른 명령으로 정하는 산업재해 예방을 위한 기준
㉡ 근로자의 신체적 피로와 정신적 스트레스 등을 줄일 수 있는 쾌적한 작업환경의 조성 및 근로 조건 개선
㉢ 해당 사업장의 안전 및 보건에 관한 정보를 근로자에게 제공

**40.** 롤러기의 복부 조작식 급정지 장치는 밑면에서 ( ㉠ )m 이상 ( ㉡ )m 이내이어야 하는가?

① ㉠ : 0.6, ㉡ : 0.9
② ㉠ : 0.7, ㉡ : 1.0
③ ㉠ : 0.8, ㉡ : 1.1
④ ㉠ : 0.9, ㉡ : 1.2

해설 급정지 장치의 종류

| 종류 | 설치 위치 | 비고 |
|---|---|---|
| 손 조작식 | 밑면에서 1.8m 이내 | 위치는 급정지 장치 조작부의 중심점을 기준으로 한다. |
| 복부 조작식 | 밑면에서 0.8m 이상 1.1m 이내 | |
| 무릎 조작식 | 밑면에서 0.6m 이내 | |

## 3과목 기계 설비 일반

**41.** 치수 공차에 대한 설명으로 옳지 않은 것은?

① 최대 허용 한계 치수와 최소 허용 한계 치수의 차를 공차라 한다.
② 구멍일 경우 끼워 맞춤 공차의 적용 범위는 IT6~IT10이다.
③ IT 기본 공차의 등급 수치가 작을수록 공차의 범위값은 크다.
④ 구멍일 경우에는 영문 대문자로 축일 경우에는 영문 소문자로 표기한다.

해설 IT 기본 공차의 등급 수치가 클수록 공차의 범위값은 크다.

**42.** 모양 및 위치 공차 식별 기호 표시에서 최대 실체 공차 방식의 기호는?

① Ⓐ ② Ⓑ ③ Ⓜ ④ Ⓟ

해설 Ⓟ : 돌출 공차

**43.** 다음과 같은 기하 공차를 기입하는 틀의 지시사항에 해당하지 않는 것은?

| ⊥ | 0.01 | A |
|---|---|---|

① 데이텀 문자 기호
② 공차값
③ 물체의 등급
④ 공차의 종류 기호

해설 데이텀 문자 기호 : A, 공차값 : 0.01, 공차의 종류 기호 : ⊥

**44.** 측정 오차의 종류에 해당되지 않는 것은?

정답 39. ④ 40. ③ 41. ③ 42. ③ 43. ③ 44. ②

① 측정기의 오차 ② 자동 오차
③ 개인 오차 ④ 우연 오차

해설 오차는 측정값−참값이며, 측정 오차에는 계통 오차(계기 오차, 환경 오차, 개인 오차), 우연 오차, 과실 오차가 있다.

**45.** 다음 측정기 중 강재의 얇은 편으로 된 것으로 작은 홈의 간극 등을 점검하는데 사용되고 필러 게이지라고도 부르는 것은? [15−2, 18−1]

① 틈새 게이지 ② 나사 게이지
③ 높이 게이지 ④ 다이얼 게이지

**46.** 다음 중 터릿 선반의 장점이 아닌 것은?

① 동일 제품 가공 시 드릴링 및 연삭 작업 가능
② 공구 교체 시간 단축
③ 절삭 공구를 방사형으로 장치
④ 대량 생산에 적합

해설 터릿 선반에서는 연삭 작업을 하지 않는 것이 보통이다.

**47.** 주물자를 선택할 때 무엇을 기준으로 하는가?

① 목재의 재질
② 주물의 가열 온도
③ 목형의 중량
④ 주물의 재질

해설 주물자는 보통 주물에 수축 여유를 주기 위해 고안된 자로 연척이라고도 한다.

**48.** 다음 중 Fe의 비중은?

① 6.9 ② 7.9 ③ 8.9 ④ 10.4

해설 Fe의 비중은 7.871이고, 재결정 온도는 450℃이다.

**49.** 기계 재료에 반복 하중이 작용하여도 영구히 파괴되지 않는 최대 응력을 무엇이라 하는가?

① 탄성한계 ② 크리프 한계
③ 피로한도 ④ 인장강도

해설 반복 하중을 받아도 파괴되지 않는 한계를 피로한도라 한다.

**50.** 다음 중 담금질 조직이 아닌 것은?

① 소르바이트 ② 레데부라이트
③ 마텐자이트 ④ 트루스타이트

해설 레데부라이트(ledeburite) : 공정 반응에서 생긴 공정 조직을 말하며, 탄소 함량은 4.3%이고 오스테나이트와 시멘타이트의 공정이다.

**51.** 베어링의 안지름 기호가 08일 때 베어링 안지름은? [17−2]

① 8mm ② 16mm
③ 32mm ④ 40mm

해설 ㉠ 안지름 1~9mm, 500mm 이상 : 번호가 안지름
㉡ 안지름 10mm : 00, 12mm : 01, 15mm : 02, 17mm : 03, 20mm : 04
㉢ 안지름 20~495mm는 5mm 간격으로 안지름을 5로 나눈 숫자로 표시

**52.** 다음 기어의 손상 중 윤활유의 성능과 가장 관계있는 것은? [13−4, 18−2, 21−2]

① 피팅(pitting) ② 파단(breakage)
③ 스폴링(spalling) ④ 스코링(scoring)

해설 스코링 또는 스커핑 : 톱니 사이의 유막이 터져서 금속 접촉을 일으켜 나타나는 스크래치

정답 45. ① 46. ① 47. ④ 48. ② 49. ③ 50. ② 51. ④ 52. ④

**53. 기어 윤활에서 기어의 손상에 대한 설명으로 옳은 것은?** [06-2, 16-2, 18-4]

① 리징(ridging) : 외관이 미세한 흠과 퇴적상이 마찰 방향과 평행으로 거의 등간격으로 된 것이 특징이다.
② 리플링(rippling) : 국부적으로 금속 접촉이 일어나 용융되어 뜯겨나가는 현상으로 극압성 윤활제가 좋다.
③ 스폴링(spalling) : 높은 응력이 반복 작용된 결과로 박리 현상이 없으며 윤활유의 성상과는 무관하다.
④ 피팅(pitting) : 고속 고하중 기어에는 이면의 유막이 파단되어 국부적으로 금속 접촉이 일어나는 것이다.

해설 ㉠ 리플링(rippling) : 리징은 마모적인 활동 방향과 평행하게 되지만, 리플링은 활동 방향과 직각으로 잔잔한 파도 혹은 린상 형상이 되며 소성항복의 일종이다. 이 현상은 윤활 불량이나 극대 하중 또는 진동 등에 의해 이면에 스틱 슬립을 일으켜 리플링이 되기 쉽다.
㉡ 피팅(pitting) : 이면에 높은 응력이 반복 작용된 결과 이면상에 국부적으로 피로된 부분이 박리되어 작은 구멍을 발생하는 현상으로 운전 불능의 위험이 생기는데 이 현상은 윤활유의 성상 이면의 거칠음 등에는 거의 무관하다.
㉢ 스폴링(spalling) : 피팅과 같이 이면의 국부적인 피로 현상에서 나타나지만 피팅보다 약간 큰 불규칙한 형상의 박리를 발생하는 현상을 말한다. 그 원인으로는 과잉 내부 응력의 발생 등에 의한 것이며 열처리하여 표면 경화된 기어 등에 발생하기 쉽다.

**54. 관경이 비교적 크거나 내압이 높은 배관을 연결할 때 나사 이음, 용접 등의 방법으로 부착하고 분해가 가능한 관 이음쇠는?** [07-4, 13-4]

① 주철관 이음쇠
② 플랜지 이음쇠
③ 신축 이음쇠
④ 유니온 이음쇠

해설 플랜지 관 이음쇠 : 관 지름이 크고 고압관 또는 자주 착탈할 필요가 있는 경우에 사용된다.

**55. 전동 밸브가 개폐 도중에 멈추었다. 고장 원인이 될 수 있다고 생각되는 것을 고려하여 점검해야 하는 항목이 아닌 것은?** [07-4]

① 스템(stem) 나사부의 윤활유 부족 또는 부적절
② 밸브 시트(seat)면의 손상
③ 스템 나사부의 움직임 불량
④ 밸브 내부의 구동부에 이물질에 의한 동작 방해

**56. 고압 증기 압력 제어 밸브의 동작 시 방출되는 유체가 스프링에 직접 접촉될 때 스프링의 온도 상승으로 인한 탄성계수의 변화로 설정 압력이 점진적으로 변하는 현상은?** [09-4]

① blowdown ② crawl
③ huntion ④ back pressure

**57. 송풍기를 가동하면 송풍기와 연결된 덕트(duct)에서 공진이 발생하여 심한 진동 현상이 나타났다. 덕트의 고유 진동수를 높여서 공진을 피하고자 할 때 가장 적절한 조치 방법은?** [07-4]

① 송풍기의 흡입구를 두 곳으로 설치한다.
② 동력을 증가시킨 모터로 교체한다.
③ 송풍기의 임펠러의 강성을 증가시킨다.
④ 덕트의 강성이 커지도록 보강한다.

정답 53. ① 54. ② 55. ② 56. ② 57. ①

**해설** 송풍기의 흡입구를 두 곳으로 설치하면 덕트의 고유 진동수가 변경되므로 공진을 피할 수 있다.

**58.** **공기 압축기의 설치 조건으로 틀린 것은?** [16-4]

① 고온, 다습한 장소에 설치한다.
② 지반이 견고한 장소에 설치한다.
③ 옥외 설치 시 직사광선을 피한다.
④ 고장 수리가 가능하도록 충분한 설치 공간을 확보한다.

**해설** 압축기의 설치 조건
㉠ 저온, 저습 장소에 설치하여 드레인 발생 억제
㉡ 지반이 견고한 장소에 설치(하중 5t/$m^2$을 받을 수 있어야 되고, 접지 설치)
㉢ 유해 물질이 적은 곳에 설치
㉣ 압축기 운전 시 진동 고려(방음, 방진벽 설치)
㉤ 우수, 염풍, 일광의 직접 노출을 피하고 흡입 필터 부착

**59.** **압축기에서 발생한 고온의 압축공기를 그대로 사용하면 패킹의 열화를 촉진하거나 수분 등이 발생하여 기기에 나쁜 영향을 주므로 이 압축공기를 약 40℃ 이하까지 냉각하는 기기는?** [06-4]

① 공기 건조기 ② 세정기
③ 후부 냉각기 ④ 방열기

**해설** 온도 상승 방지를 위하여 냉각기를 사용한다.

**60.** **전동기 과열의 원인과 가장 거리가 먼 것은?** [19-2]

① 단선
② 과부하 운전
③ 빈번한 가동 및 정지
④ 베어링부에서의 발열

**해설** 단상 전동기일 경우 단선은 기동 불능 상태이다.

## 4과목 설비 진단 및 관리

**61.** **외란이 가해진 후에 계가 스스로 진동하고 있을 때 이 진동을 나타내는 용어는?** [13-4, 17-4, 19-1, 22-1]

① 공진 ② 강제 진동
③ 고유 진동 ④ 자유 진동

**해설** 자유 진동 : 외란이 가해진 후에 계가 스스로 진동을 하고 있는 경우

**62.** **고유 진동 주파수와 질량 및 강성에 관한 설명 중 옳은 것은?** [11-4, 14-4, 18-1]

① 고유 진동 주파수는 질량과 강성에 모두 비례한다.
② 고유 진동 주파수는 질량과 강성에 모두 반비례한다.
③ 고유 진동 주파수는 질량에 비례하고 강성에 반비례한다.
④ 고유 진동 주파수는 질량에 반비례하고 강성에 비례한다.

**해설** $f_n = \frac{1}{2\pi}\sqrt{\frac{k}{m}} = \frac{1}{2\pi}\sqrt{\frac{g}{\delta}}$ 이므로 강성 $k$를 크게 하고 질량 $m$을 작게 한다. 회전수를 증가시키면 강제 진동 주파수가 증가한다.

**63.** **다음 필터 중 저역을 통과시키며 특정 주파수 이상은 감쇠(차단)시켜 주는 필터로 가장 적합한 것은?** [18-1, 20-1, 22-1]

**정답** 58. ① 59. ③ 60. ① 61. ④ 62. ④ 63. ①

① 로우 패스 필터 ② 밴드 패스 필터
③ 하이 패스 필터 ④ 주파수 패스 필터

해설 저주파 진동을 이용한 정밀 진단에서 1kHz의 로우 패스 필터(low pass filter)를 거쳐서 높은 주파수 성분을 제거한 후 신호의 주파수를 분석하게 된다.

**64. 미스얼라인먼트(misalignment)에 관한 설명으로 틀린 것은?** [08-4, 11-4, 17-2]

① 진동 파형이 항상 비주기성을 갖으며 낮은 축 진동이 발생한다.
② 보통 회전 주파수의 2*f*(3*f*)의 특성으로 나타난다.
③ 축 방향에 센서를 설치하여 측정되므로 축 진동의 위상각은 180°가 된다.
④ 커플링 등으로 연결된 축의 회전 중심선이 어긋난 상태로서 일반적으로는 정비 후에 발생하는 경우가 많다.

해설 미스얼라인먼트 : 회전 주파수의 성분(2*f*, 3*f*)이 주기적으로 고주파가 발생한다.

**65. 인간의 청감에 대한 보정을 하여 소리의 크기 레벨에 근사한 값으로 측정할 수 있는 측정기는?** [06-2, 17-2, 20-3]

① 소음계 ② 압력계
③ 가속도 센서 ④ 스트레인 게이지

해설 소음계 : 인간의 청감에 대한 보정을 하여 소리의 크기 레벨에 근사한 값으로 측정할 수 있도록 한 측정기

**66. 일반적인 설비 관리 조직의 개념 중 가장 거리가 먼 것은?** [14-2, 15-4, 19-2]

① 설비 관리의 목적을 달성하기 위한 수단이다.
② 설비 관리의 목적을 달성하는데 지장이 없는 한 되도록 전문화해야 한다.
③ 인간을 목적 달성의 수단이라는 요소로서만 인식해야 한다.
④ 환경의 변화에 끊임없이 순응할 수 있는 산 유기체이어야 한다.

해설 설비 관리 조직의 개념
㉠ 설비 관리의 목적을 달성하기 위한 수단이다.
㉡ 설비 관리의 목적을 달성하는데 지장이 없는 한 될수록 단순해야 한다.
㉢ 인간을 목적 달성의 수단이라는 요소로서만 인식해야 한다.
㉣ 구성원을 능률적으로 조합할 수 있어야 한다.
㉤ 그 운영자에게 통제상의 정보를 제공할 수 있어야 한다.
㉥ 구성원 상호 간을 효과적으로 연결할 수 있는 합리적인 조직이어야 한다.
㉦ 환경의 변화에 끊임없이 순응할 수 있는 산 유기체이어야 한다.

**67. 라인별 배치라고도 하며 공정의 계열에 따라 각 공정에 필요한 기계가 배치되는 설비 배치 형태는?** [17-2, 19-1, 19-2]

① 제품별 배치 ② 혼합형 배치
③ 공정별 배치 ④ 제품 고정 배치

해설 공정의 계열에 따라 각 공정에 필요한 기계가 배치되는 형태는 제품별 배치(product layout) 또는 라인식 배치(line layout)라고도 한다.

**68. 설비의 종류, 설비의 수, 크기와 용량 그리고 설비 위치 등에 연계된 보전 개념과 보전 작업의 결정 및 정보 연계로서 설비 계획 및 관리에 대한 명확한 책임 및 권한이 있으며 동종 설비의 여러 지역 설치로 보전 능력의 분산을 갖는 설비망은?**

① 제품 중심 설비망 [15-2, 18-4]

정답 64. ① 65. ① 66. ② 67. ① 68. ③

② 공정 중심 설비망
③ 시장 중심 설비망
④ 프로젝트 중심 설비망

해설 매트릭스 조직에서 시장 중심 설비망을 설명한다.

**69. 공사의 완급도를 결정하기 위하여 다음 중 고려해야 할 판정 기준이 아닌 것은?** [15-4, 16-4, 18-1]

① 공사가 지연됨으로써 발생하는 만성 로스의 비용
② 공사가 지연됨으로써 발생하는 생산 변경의 비용
③ 공사를 급히 진행함으로써 발생하는 공수나 재료의 손실
④ 공사를 급히 진행함으로써 발생하는 타 공사의 지연에 따른 손실

해설 이외에 공사를 급히 진행함으로써 발생하는 계획 변경의 비용이 있다.

**70. 계측기 선정 방법을 설명한 것 중 가장 거리가 먼 것은?** [16-2, 20-3]

① 계측 목적에 대응해서 적합한 것을 선정
② 계측기의 설계자 및 디자이너를 보고 선정
③ 여러 종류의 변수를 측정하기에 적합한 것을 선정
④ 계측 대상의 사용 조건, 환경 조건 등에 대해서 적합한 계측기를 선정

해설 계측기는 계측기의 가격, 보전 비용 등 경제성을 검토해서 선정한다.

**71. 선반용 바이트, 밀링용 커터, 호빙 머신용 호브 등은 무슨 공구인가?** [15-4, 19-4]

① 형(die) ② 지그
③ 절삭 공구 ④ 연삭 공구

해설 바이트, 커터, 호브는 공작기계의 절삭 공구이다.

**72. 만성 로스 개선 방법 중 설비나 시스템의 불합리 현상을 원리 및 원칙에 따라 물리적 성질과 메커니즘을 밝히는 사고 방식은?** [08-4, 15-4, 18-1, 21-4]

① FTA ② FMEA
③ QM 분석 ④ PM 분석

해설 만성 로스를 감소시키기 위해서는 다소의 단점이 있으며, 이 단점을 보완하기 위해 PM 분석을 한다.

**73. 불량품이나 결점, 클레임, 사고 건수 등을 현상이나 원인별로 데이터를 정리하고 수량이 많은 순서로 나열하여 막대 그래프로 나타낸 것을 무엇이라 하는가?**

① 관리도 [14-4, 19-4]
② 파레토도
③ 체크 시트
④ 히스토그램

해설 파레토도 : 불량품, 결점, 클레임, 사고 건수 등을 그 현상이나 원인별로 데이터를 내고 수량이 많은 순서로 나열하여 그 크기를 막대 그래프로 나타낸 것

**74. 그리스의 급지(급유)에 관한 내용으로 틀린 것은?** [15-2, 11-4]

① 그리스의 충전량이 너무 많으면 마찰 손실이 크며, 온도 상승 원인이 된다.
② 그리스 건을 사용하므로 마찰면에서 급유에 대한 신뢰성을 높일 수 있다.
③ 베어링의 경우 그리스의 일반적인 충전량은 베어링 내부 공간의 3/4이 적당하다.

정답 69. ① 70. ② 71. ③ 72. ④ 73. ② 74. ③

④ 그리스를 교체할 때는 전에 사용하던 그리스를 완전히 제거하고 깨끗이 청소하여야 한다.

해설 그리스를 베어링에 충전 시 적정량은 일반적으로 통상 베어링 내부 공간의 1/2 내지 2/3이다. 고속일 경우 1/3~1/2, 저속일 경우 1/2~2/3이다.

**75.** **윤활유의 물리 화학적 성질 중 가장 기본이 되는 것으로 액체가 유동할 때 나타나는 내부 저항을 의미하는 것은 무엇인가?** [07-4, 10-4, 18-1, 21-2]

① 점도 ② 인화점
③ 발화점 ④ 유동점

해설 점도 : 윤활유가 유동할 때 나타나는 유체의 유동 저항으로 윤활유의 가장 기본적인 성질

**76.** **윤활유의 열화 판정 중 직접 판정법에 대한 설명으로 틀린 것은?** [17-4, 18-4, 21-2]

① 신유의 성상을 사전에 명확히 파악한다.
② 사용유의 대표적 시료를 채취하여 성상을 조사한다.
③ 투명한 2장의 유리관에 기름을 넣고 투시해서 이물질의 유무를 조사한다.
④ 신유와 사용유의 성상을 비교 검토 후 관리 기준을 정하고 교환하도록 한다.

해설 ③은 간이 판별에 속한다. 윤활유의 성상에 대한 분석은 직접 판별법에 속한다.

**77.** **윤활계의 운전과 보전에서 플러싱유를 선택할 때 주의해야 할 사항으로 틀린 것은?** [16-2, 19-2]

① 방청성이 매우 우수할 것
② 고점도유로 인화점이 낮을 것
③ 고온의 청정 분산성을 가질 것
④ 사용유와 동질의 오일을 사용할 것

해설 플러싱유의 선택
㉠ 저점도유로서 인화점이 높을 것
㉡ 사용유와 동질의 오일을 사용할 것
㉢ 고온의 청정 분산성을 가질 것
㉣ 방청성이 매우 우수할 것

**78.** **다음 중 석유 제품의 산성 또는 알칼리성을 나타내는 것은?** [17-2, 21-1]

① 비중 ② 중화가
③ 유동점 ④ 산화 안정성

해설 중화가란 산가와 알칼리성가의 총칭, 즉 석유 제품의 산성 또는 알칼리성을 나타내는 것으로서 산화 조건 하에서 사용되는 동안 기름 중에 일어난 변화를 알기 위한 척도로 사용된다.

**79.** **왕복동 공기 압축기의 외부 윤활유에 요구되는 성능으로 틀린 것은?** [18-4, 21-4]

① 적정 점도를 가질 것
② 저점도 지수 오일일 것
③ 산화 안정성이 좋을 것
④ 방청성, 소포성이 좋을 것

해설 고점도 지수 기름이어야 좋다.

**80.** **일반 작동유(일반 기계)의 일반적인 관리 한계(교환 기준)로 틀린 것은 어느 것인가?** [08-4, 11-4, 15-4]

① 수분 : 0.5%(용량) 이하
② $n$-펜탄 불용분 : 0.05%(무게) 이하
③ 동점도의 변화 : 신유의 ±15% 이내
④ 전산가(신유 대비 증가) : 0.5mgKOH/g 이하

해설 수분의 허용 함유값은 0.2% 이내이어야 한다.

정답 75. ① 76. ③ 77. ② 78. ② 79. ② 80. ①

# 제12회 CBT 대비 실전문제

## 1과목 공유압 및 자동 제어

**1. 기체의 온도를 일정하게 유지하면서 압력 및 체적이 변화할 때, 압력과 체적은 서로 반비례한다는 법칙은?** [19-2, 21-2]

① 보일의 법칙 ② 샤를의 법칙
③ 베르누이 법칙 ④ 보일-샤를의 법칙

**해설** 보일의 법칙
$P_1V_1=P_2V_2=$일정

**2. 다음 공기압 서비스 유닛에서 기기 순서가 바르게 나열된 것은?** [19-2]

① 필터 → 압력 조절기 → 윤활 장치
② 윤활 장치 → 필터 → 압력 조절기
③ 윤활 장치 → 압력 조절기 → 필터
④ 압력 조절기 → 필터 → 윤활 장치

**해설** 공기압이 건조기에서 서비스 유닛 내에 있는 필터를 통과한 후 압력계가 붙은 감압 밸브인 압력 조절기를 통과한 후 윤활기를 거쳐 밸브로 공급된다.

**3. 공압 에너지를 저장할 때에는 긍정적인 효과로 나타나지만 실린더의 저속 운전 시 속도의 불안정성을 야기하는 공기압의 특성은?** [18-2, 21-4]

① 배기 시 소음
② 공기의 압축성
③ 과부하에 대한 안정성
④ 압력과 속도의 무단 조절성

**해설** 공기의 압축성은 제어성을 불량하게 한다.

**4. 유압 펌프 토출 유량의 직접적인 감소 원인으로 가장 거리가 먼 것은?** [14-4, 20-3]

① 공기의 흡입이 있다.
② 작동유의 점성이 너무 높다.
③ 작동유의 점성이 너무 낮다.
④ 유압 실린더 속도가 빨라졌다.

**해설** 유압 펌프 토출 유량이 많아야 속도가 증가한다.

**5. 유압 실린더가 불규칙하게 움직일 때의 원인과 대책으로 옳지 않은 것은?** [11-4, 22-1]

① 회로 중에 공기가 있다-회로 중 높은 곳에 공기 벤트를 설치하여 공기를 뺀다.
② 실린더의 피스톤 패킹, 로트 패킹 등이 딱딱하다-패킹의 체결을 줄인다.
③ 드레인 포트에 배압이 걸려있다-드레인 포트의 압력을 빼어 준다.
④ 실린더의 피스톤과 로드 패킹의 중심이 맞지 않다-실린더를 움직여 마찰저항을 측정하고, 중심을 맞춘다.

**해설** 드레인 포트는 밸브에 있으며, 드레인 포트의 압력 형성은 실린더의 불규칙 운동과는 무관하다.

**6. 실린더의 속도를 급속히 증가시키는 목적으로 사용하는 밸브는?** [18-1, 21-4]

**정답** 1. ① 2. ① 3. ② 4. ④ 5. ③ 6. ③

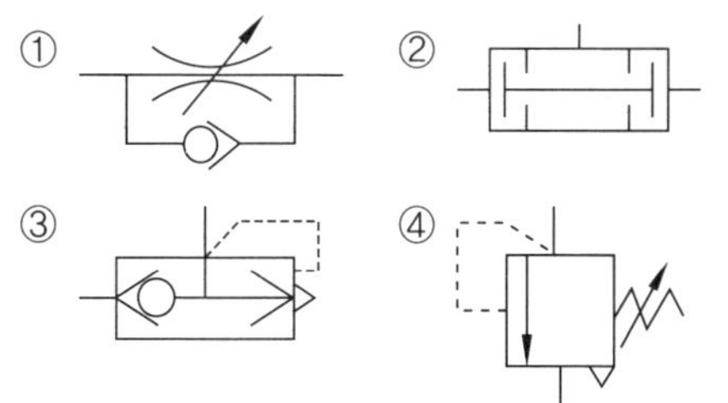


해설 급속 배기 밸브(quick release valve or quick exhaust valve) : 가능한 액추에이터 가까이에 설치하며, 충격 방출기는 급속 배기 밸브를 이용한 것이다.

**7. 압축기에서 생산된 압축 공기를 공기압 기기에 공급하기 위한 배관을 소홀히 할 경우 발생하는 문제가 아닌 것은?** [09-4, 13-4]

① 압력 강하 발생
② 유량의 부족
③ 탱크의 압력 상승
④ 수분에 의한 부식

해설 배관을 소홀히 하면 압력은 저하된다.

**8. 외측 마이크로미터를 0점 조정하고자 한다. 심블(thimble)과 슬리브(sleeve)의 0점이 심블의 한 눈금 간격에 1/2 정도 어긋나 있다면 어떻게 조정하는가?** [14-2]

① 앤빌을 돌려서 0점을 맞춘다.
② 슬리브를 돌려서 0점을 맞춘다.
③ 스핀들을 돌려서 0점을 맞춘다.
④ 래칫 스톱을 돌려서 0점을 맞춘다.

해설 적은 범위 이내의 0점을 조정할 경우 훅 스패너를 이용하여 슬리브를 돌려서 0점을 맞춘다.

**9. 다음 중 회로 시험기를 사용하여 측정할 수 없는 것은?** [10-2]

① 전류 측정　　② 직류 전압 측정
③ 접지저항 측정　　④ 교류 전압 측정

해설 접지저항 측정은 저저항 측정기로 측정한다.

**10. 계장 배선의 장 · 단점에서 MI 케이블의 장점이 아닌 것은?**

① 전선관에 넣을 필요가 없다.
② 방폭 공사 시에 피팅(fitting)이 불필요하다.
③ 피복이 없고 불에 전혀 타지 않는다.
④ 방습을 위하여 단말 처리가 필요하다.

해설 MI 케이블은 습기 흡수에 민감하므로 방습 처리를 해야 하는 단점이 있다.

**11. 다음 중 신호 변환기의 기능이 아닌 것은?**

① 필터링　　② 비선형화
③ 신호 레벨 변환　　④ 신호 형태 변환

해설 센서는 비선형 신호를 출력하며 같은 센서라도 그 측정값의 변화량에 따라 변형된 출력의 크기가 범위에 따라 다르므로 이 시스템에 적용하기 위해서는 선형적 신호로 전달되는 것이 필요하며 이 경우 선형화 작업은 적당한 회로를 통해 작업이 이루어진다.

**12. 센서로부터 입력되는 제어 정보를 분석 처리하여 필요한 제어 명령을 내려주는 장치는?**

① 액추에이터
② 신호 입력 요소
③ 제어 신호 처리 장치
④ 네트워크 장치

해설 제어 신호 처리 장치 : 제어 정보를 분석 처리하여 제어 명령이 지령하는 것을 내려주는 장치

정답 7. ③　8. ②　9. ③　10. ④　11. ②　12. ③

**13.** 교류 전동기에 속하지 않는 것은?

① 동기 전동기 ② 유도 전동기
③ 펄스 전동기 ④ 가동 복권 전동기

해설 가동 복권 전동기는 직류 전동기이다.

**14.** 제어 조작용 기기로서 큰 전류가 흘러도 안전한 큰 전류 용량의 접점을 가지고 있는 조작용 기기는?

① 전자 타이머
② 전자 릴레이
③ 전자 개폐기
④ 전자 밸브

해설 전자 개폐기 : 전자 접촉기와 과부하 보호 장치 등을 하나의 용기 안에 수용한 것으로, 전동기 회로 등의 개폐에 사용되는 것

**15.** 3상 유도 전동기의 회전 방향을 시계 방향에서 반시계 방향으로 변경하는 방법은?

① 3상 전원선 중 1선을 단락시킨다.
② 3상 전원선 중 2선을 단락시킨다.
③ 3상 전원선 모두를 바꾸어 접속한다.
④ 3상 전원선 중 임의의 2선의 접속을 바꾼다.

해설 3상 유도 또는 동기 전동기를 역전시키려면 3가닥선 중에서 임의의 두 가닥선의 접속을 바꾸어 접속하면 된다. 이렇게 하면 회전 자기장의 방향이 반대로 되고 회전자도 반대 방향으로 회전한다.

**16.** 전기를 이용하여 기계에서 정지 스위치를 ON하여도 기계가 정지하지 않는 고장의 원인으로 가장 적합한 것은? [16-1]

① 과전압, 내부 누설의 감소
② 구동 동력 부족, 과부하 작동, 고압 운전
③ 펌프의 흡입 불량, 내부 누설의 감소, 공기의 침입
④ 접촉자 접촉면의 오손, 접촉 불량, 푸시 버튼 장치와 제어기기의 결손 착오

해설 정지 스위치가 동작되지 않는 원인은 정지 스위치 고장, 스위치 배선 착오, 접점 오손 등이다.

**17.** 시정수 $\tau$의 정의로 옳은 것은? [22-2]

① 출력이 최종값의 50%가 되기까지의 시간
② 출력이 최종값의 63%가 되기까지의 시간
③ 출력이 최종값의 90%가 되기까지의 시간
④ 출력이 최종값의 10%에서 90%까지의 경과 시간

해설 시정수(time constant) : 물리량이 시간에 대해 지수 관수적으로 변화하여 정상치에 달하는 경우, 양이 정상치의 63.2%에 달할 때까지의 시간이며, 회로의 시정수가 클수록 과도 현상은 오래 지속된다.

**18.** 측온 저항체에서 공칭저항 값은 몇 ℃에서의 저항값을 말하는가? [14-2, 17-4]

① −10℃ ② 0℃
③ 10℃ ④ 20℃

해설 측온 저항체(resistance thermometer) : 금속은 고유 저항값을 갖고 있으며, 금속선의 전기저항은 온도가 올라가면 증가하므로 측온점의 측온 저항 변화량을 검출해서 온도를 측정하는 것이다. 이 특성을 이용하여 순도가 아주 높은 저항체를 감온부로 만들어 온도 측정 대상체에 접촉시켜 온도를 감지하게 한다. 또한 온도 크기에 따라 변한 저항값을 저항 측정기로 계속하여 온도 눈금으로 바꾸어 읽는 전기식 온도계이다. 최고 사용 온도는 600℃ 정도이다.

정답 13. ④ 14. ③ 15. ④ 16. ④ 17. ② 18. ②

**19.** 교류 전류 시험으로 알 수 있는 것 중 틀린 것은?

① 코일 단락 ② 절연물의 열화 정도
③ 전류 급증률 ④ 전류 급증 전압

**해설** 교류 전류 시험으로 전류 급증 전압 및 전류 급증률로부터 절연물의 흡습 및 열화의 정도를 알 수 있다.

**20.** 피드백 제어계에서 제어 요소를 나타낸 것으로 가장 알맞은 것은 어느 것인가? [06-1, 09-2, 11-1, 15-1, 19-3]

① 검출부와 조작부 ② 조절부와 조작부
③ 검출부와 조절부 ④ 비교부와 검출부

## 2과목 용접 및 안전관리

**21.** 용접의 분류에서 압접에 속하는 것은?

① 스터드 용접
② 피복 아크 용접
③ 유도 가열 용접
④ 일렉트로 슬래그 용접

**해설** 압접은 2개의 클램프로 가열한 후 압력을 주어서 용접하는 방식으로 냉간 압접, 가스 압접, 유도 가열 용접, 초음파 용접, 마찰 용접, 저항 용접 등이 있다.

**22.** 피복 아크 용접에서 용입에 미치는 원인이 아닌 것은?

① 용접 속도 ② 용접 홀더
③ 용접 전류 ④ 아크 길이

**해설** 피복 아크 용접에서 용입에 미치는 것은 용접 전류, 아크 길이, 용접 속도 등이다.

**23.** 교류 및 직류 아크 용접기의 특성을 비교 설명한 내용으로 틀린 것은? [13-4, 17-2]

① 교류 아크 용접기가 직류 아크 용접기보다 감전 위험성이 높다.
② 강전류일 때 자기 쏠림 현상은 직류 아크 용접기가 심하다.
③ 무부하 전압은 교류 아크 용접기가 높다.
④ 아크의 안정성은 교류 용접기가 직류 용접기보다 우수하다.

**해설** 아크의 안정성은 직류 용접기가 우수하므로 박판 용접, 정밀 작업에는 직류를 사용한다.

**24.** 서브머지드 아크 용접에서 아크 전압에 관한 설명으로 틀린 것은?

① 아크 전압이 낮으면 용입이 깊고 비드 폭이 좁다.
② 아크 전압이 낮으면 균열이 발생하기 쉽다.
③ 아크 전압이 높으면 비드 폭이 넓은 형상이 되어 여성(餘盛) 부족이 되기 쉽다.
④ 아크 전압이 높으면 용입이 깊고 비드 폭이 좁아진다.

**해설** 아크 전압 : 전압이 낮으면 용입이 깊고, 비드 폭이 좁은 배형 형상이 되기 쉬우며 균열이 생기고, 전압이 높아지면 용입이 얕고, 비드 폭이 넓은 형상이 되어 여성(餘盛) 부족이 되기 쉽다.

**25.** TIG 용접에 사용되는 전극봉의 재료는 다음 중 어느 것인가?

① 알루미늄봉 ② 스테인리스봉
③ 텅스텐봉 ④ 구리봉

**해설** TIG 용접에 사용되는 전극봉은 보통 연강, 스테인리스강에는 토륨이 함유된 텅스텐봉, 알루미늄은 순수 텅스텐봉, 그

**정답** 19. ① 20. ② 21. ③ 22. ② 23. ④ 24. ④ 25. ③

밖에 지르코늄 등을 혼합한 텅스텐봉이 사용된다.

**26.** **다음 중 MIG 용접의 특징에 대한 설명으로 틀린 것은?**

① 반자동 또는 전자동 용접기로 용접 속도가 빠르다.
② 정전압 특성 직류 용접기가 사용된다.
③ 상승 특성의 직류 용접기가 사용된다.
④ 아크 자기 제어 특성이 없다.

**해설** MIG 용접의 특징은 반자동 또는 전자동으로 직류 역극성을 사용하며, 청정 작용이 있고 정전압 특성 또는 상승 특성의 직류 용접기를 사용한다. 인버터 방식의 용접기는 아크 자기 제어 특성을 갖고 있다.

**27.** **$CO_2$ 용접에서 일반적으로 허용되지 않는 풍속은 얼마 이상일 때 방풍막으로 바람을 차단하여야 하는가? (단, 단위는 m/s 이다.)**

① 2.0 ② 1.5 ③ 1.0 ④ 0.8

**해설** 풍속이 2m/s 이상일 때에는 방풍막으로 바람을 차단하여 용접을 해야 한다.

**28.** **비드가 끊어지거나 용접봉이 짧아져 용접이 중단될 때 비드 끝 부분의 오목해진 부분을 무엇이라 하는가?**

① 언더컷 ② 엔드 테브
③ 크레이터 ④ 용착 금속

**해설** 크레이터 : 용접물이 부족하여 비드가 충분히 올라오지 않아 얇게 파인 모양

**29.** **용접 수축에 의한 굽힘 변형 방지법으로 틀린 것은?**

① 개선 각도는 용접에 지장이 없는 범위에서 작게 한다.
② 판 두께가 얇은 경우 첫 패스 측의 개선 깊이를 작게 한다.
③ 후퇴법, 대칭법, 비석법 등을 채택하여 용접한다.
④ 역 변형을 주거나 구속 지그로 구속 후 용접한다.

**해설** 용접 변형의 방지 대책 중 용접 물체를 구속하고 용접하는 방법
㉠ 클램프, 두꺼운 밑판, 튼튼한 뒷받침, 용접 지그 등을 이용하여 용접물을 단단하게 고정시킨다.
㉡ 가접을 튼튼하게 한다.
㉢ 패스 중간마다 냉각시킨다.

**30.** **다음 중 용접부에서 방사선 투과 시험법으로 검출하기 곤란한 결함은?**

① 기공
② 용입 불량
③ 슬래그 섞임
④ 라미네이션 균열

**해설** 라미네이션 균열은 초음파 탐상 시험법으로 검출이 가능하다.

**31.** **침투 탐상 시험에서 침투 능력과 관계되는 물리적 성질과 거리가 먼 것은?**

① 표면장력 ② 모세관 현상
③ 내부식성 ④ 점성

**해설** 침투 탐상 시험은 제품의 표면에 발생된 균열을 검출하기 위해 이 곳에 침투액을 표면장력의 작용으로 침투시킨 후에 세척액으로 세척한 후 현상액을 사용하여 결함부에 스며든 침투액을 표면에 나타나게 하여(모세관 현상) 눈으로 보기 쉽게 확대시킨 상으로 나타낸다.

**정답** 26. ④ 27. ① 28. ③ 29. ② 30. ④ 31. ③

**32.** **초음파 탐상 시험에 사용되는 일반적인 주파수는?**

① 1~25kHz ② 78~100kHz
③ 1~25MHz ④ 75~100MHz

해설 일반적인 주파수는 1~25MHz, 공업용 주파수는 1~5MHz이다.

**33.** **다음은 스패너나 렌치 사용 시 주의사항이다. 잘못 설명한 것은?**

① 너트에 맞는 것을 사용할 것
② 가동 조에 힘이 걸리게 할 것
③ 해머 대용으로 사용하지 말 것
④ 공작물을 확실히 고정할 것

해설 고정 조에 힘이 걸리게 할 것

**34.** **가스 용접 시 안전기(safety device)에 대한 확인사항 중 틀린 것은?**

① 수면의 높이는 반드시 규정 수위를 지킬 것
② 역류 시 물이 외부로 유출되는가 확인할 것
③ 토치는 여러 개를 사용해도 되는지 확인할 것
④ 수위를 수시로 확인할 것

해설 안전기는 한 개의 토치만 사용한다. 여러 개의 토치를 사용할 경우 사용 압력의 변화로 위험하다.

**35.** **인화성 가스를 저장하는 화학 설비 및 시설 간의 안전 거리에 관한 것으로 틀린 것은?**

① 단위 공정 시설로부터 다른 설비의 사이-설비의 바깥 면으로부터 20m 이상
② 플레어스택으로부터 위험 물질 저장 탱크 사이-플레어스택으로부터 반경 20m 이상
③ 위험 물질 저장 탱크로부터 단위 공정 시설 사이-저장 탱크의 바깥 면으로부터 20m 이상
④ 연구실로부터 단위 공정 시설 사이-연구실 등의 바깥 면으로부터 20m 이상

해설 안전 거리

㉠ 단위 공정 시설 및 설비로부터 다른 단위 공정 시설 및 설비의 사이 : 설비의 바깥 면으로부터 10m 이상
㉡ 플레어스택으로부터 단위 공정 시설 및 설비, 위험 물질 저장 탱크 또는 위험 물질 하역 설비의 사이 : 플레어스택으로부터 반경 20m 이상. 다만, 단위 공정 시설 등이 불연재로 시공된 지붕 아래에 설치된 경우에는 그러하지 아니한다.
㉢ 위험물 저장 탱크로부터 단위 공정 시설 및 설비, 보일러 또는 가열로의 사이 : 저장 탱크 바깥 면으로부터 반경 20m 이상. 다만, 저장 탱크의 방호벽, 원격 조정화 설비 또는 살수 설비를 설치한 경우에는 그러하지 아니한다.
㉣ 사무실 · 연구실 · 실험실 · 정비실 또는 식당으로부터 단위 공정 시설 및 설비, 위험물 저장 탱크, 위험물 하역 설비, 보일러 또는 가열로의 사이 : 사무실 등의 바깥 면으로부터 반경 20m 이상. 다만, 난방용 보일러의 경우 또는 사무실 등의 벽을 방호 구조로 설치하는 경우에는 그러하지 아니한다.

**36.** **기중기의 주요 부분이나 작업장의 위험 표시, 또는 위험이 게재된 기둥 지주, 난간 및 계단을 표시하는데 사용되는 색은 어느 것인가?**

① 황색과 보라색 ② 적색
③ 흑색과 백색 ④ 녹색

정답 32. ③ 33. ② 34. ③ 35. ① 36. ①

**37.** **칩(chip)의 비산이나 유해물의 비말 등에 의한 눈의 보호를 위하여 사용하는 보호구는 무엇인가?**

① 차광 안경 ② 방진 안경
③ 방진 마스크 ④ 방독 마스크

해설 ㉠ 방진 안경 : chip(칩) 등의 비산이나 유해물의 비말에 의한 눈의 보호
㉡ 차광 안경 : 유해광선으로부터 눈의 보호

**38.** **안전관리자를 두어야 할 사업의 종류는 무엇으로 정하는가?**

① 문화체육관광부령 ② 보건복지부령
③ 국토교통부령 ④ 대통령령

해설 안전관리자를 두어야 할 사업의 종류 · 규모, 안전관리자의 수 · 자격 · 업무 · 권한 · 선임 방법, 그 밖에 필요한 사항은 대통령령으로 정한다.

**39.** **유해, 위험 방지를 위해 방호 조치가 필요한 기계, 기구가 아닌 것은?**

① 원심기 ② 예초기
③ 롤러기 ④ 래핑기

해설 유해 · 위험 방지를 위한 방호 조치가 필요한 기계 · 기구 : 예초기, 원심기, 공기 압축기, 금속 절단기, 지게차, 포장기계(진공 포장기, 래핑기로 한정한다)

**40.** **안전 인증 대상 방호 장치가 아닌 것은?**

① 절연용 방호구
② 전단기 방호 장치
③ 압력 용기 압력 방출용 안전 밸브
④ 교류 아크 용접기용 자동 전격 방지기

해설 안전 인증 대상 방호 장치
㉠ 프레스 및 전단기 방호 장치
㉡ 양중기용(揚重機用) 과부하 방지 장치
㉢ 보일러 압력 방출용 안전 밸브
㉣ 압력 용기 압력 방출용 안전 밸브
㉤ 압력 용기 압력 방출용 파열판
㉥ 절연용 방호구 및 활선 작업용(活線作業用) 기구
㉦ 방폭 구조(防爆構造) 전기기계 · 기구 및 부품
㉧ 추락 · 낙하 및 붕괴 등의 위험 방지 및 보호에 필요한 가설 기자재
㉨ 충돌 · 협착 등의 위험 방지에 필요한 산업용 로봇 방호 장치

## 3과목 기계 설비 일반

**41.** **기준 치수가 30, 최대 허용 치수가 29.98, 최소 허용 치수가 29.95일 때 아래 치수 허용차는?**

① +0.03 ② +0.05
③ −0.02 ④ −0.05

해설 아래 치수 허용차 : 최소 허용 치수에서 기준 치수를 뺀 값, 29.95−30=−0.05

**42.** **치수 공차와 끼워 맞춤 용어의 뜻이 잘못된 것은?**

① 실치수 : 부품을 실제로 측정한 치수
② 틈새 : 구멍의 치수가 축의 치수보다 작을 때의 치수 차
③ 치수 공차 : 최대 허용 치수와 최소 허용 치수의 차
④ 위 치수 허용차 : 최대 허용 치수에서 기준 치수를 뺀 값

해설 틈새 : 구멍의 지름이 축의 지름보다 큰 경우 두 지름의 차

정답 37. ② 38. ④ 39. ③ 40. ④ 41. ④ 42. ②

**43.** 다음 중 가장 고운 다듬면을 나타내는 것은?

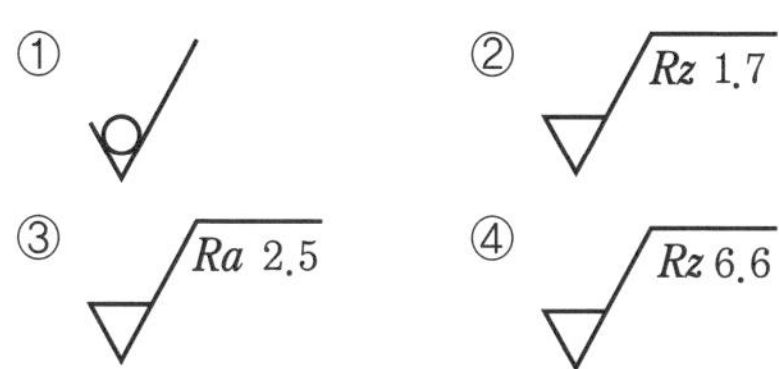


해설 *Rz*는 최대 높이 거칠기를 나타내며, 거칠기 값은 수치가 작을수록 고운 다듬면을 나타낸다.

**44.** 일반적인 직접 측정의 특징과 거리가 가장 먼 것은? [20-4]

① 기준 치수인 표준 게이지가 필요하다.
② 측정 범위가 다른 측정 방법보다 넓다.
③ 측정물의 실체 치수를 직접 잴 수 있다.
④ 양이 적고 종류가 많은 제품을 측정하는 데 적합하다.

해설 비교 측정에서 표준 게이지가 필요하다.

**45.** 나사의 유효 지름을 측정하려 한다. 다음 중 정밀도가 가장 높은 측정법은?

① 삼침법에 의한 측정 [13-4, 16-2]
② 공구 현미경에 의한 측정
③ 나사 마이크로미터에 의한 측정
④ 투영기에 의한 측정

해설 삼침법은 지름이 같은 3개의 와이어를 나사산의 골에 끼운 상태에서 와이어의 바깥쪽을 마이크로미터로 측정하여 계산하면 가장 정밀한 유효 지름을 측정할 수 있다.

**46.** 구성 인선(built up edge)의 방지 대책으로 틀린 것은? [20-2]

① 경사각을 작게 할 것
② 절삭 깊이를 적게 할 것
③ 절삭 속도를 빠르게 할 것
④ 절삭 공구의 인선을 날카롭게 할 것

해설 구성 인선을 방지하려면 경사각을 크게 해야 한다.

**47.** 큐폴라(용선로)의 용량 표시로 옳은 것은?

① 매시간당 용해량(ton으로 표시)
② 1회에 용출되는 최대량
③ 매시간당 송풍량
④ 1회에 지금을 장입할 수 있는 최대량

해설 큐폴라의 용량은 매시간당 용해할 수 있는 중량으로 표시한다.

**48.** 담금질 직후 잔류 오스테나이트를 마텐자이트화시키는 작업으로 0℃ 이하의 온도에서 냉각하는 조작은? [16-4, 19-2, 21-2]

① 침탄법 ② 심랭 처리
③ 항온 열처리 ④ 고주파 경화

해설 심랭 처리법은 0℃ 이하에서 냉각시키는 조작이다.

**49.** 강재를 $M_s$점까지 급랭시키고 강재가 그 온도로 되었을 때 이것을 공랭하는 방법은?

① 노치 효과 ② 마퀜칭
③ 질량 효과 ④ 심랭 처리

해설 마퀜칭(marquenching) : S곡선의 코 아래서 항온 열처리 후 뜨임으로 담금 균열과 변형이 적은 조직이 된다.

**50.** 기계 부품이나 자동차 부품 등에 내마모성, 인성, 기계적 성질을 개선하기 위한 표면 경화법은?

① 침탄법 ② 항온 풀림
③ 저온 풀림 ④ 고온 뜨임

정답 43. ② 44. ① 45. ① 46. ① 47. ① 48. ② 49. ② 50. ①

**해설** 침탄법은 저탄소강으로 만든 제품의 표층부에 탄소를 침입시켜 담금질하여 표층부만을 경화하는 표면 경화법이다.

**51.** **볼트 너트의 이완 방지 방법이 아닌 것은?** [12-4, 18-1]

① 로크 너트에 의한 방법
② 자동 죔 너트에 의한 방법
③ 볼트를 해머 렌치로 조이는 방법
④ 홈 달림 너트, 분할핀 고정에 의한 방법

**해설** 해머 렌치로 조이는 방법은 체결이다.

**52.** **다음 설명에 해당하는 기어의 이면 손상 현상은?** [21-4]

> 고속 · 고하중 기어에서 이면의 유막이 파단되어 국부적으로 금속 접촉이 일어나 마찰에 의해 그 부분이 용융되어 뜯겨나가는 현상이다.

① 리징(ridging)
② 리플링(rippling)
③ 스폴링(spalling)
④ 스코어링(scoring)

**해설** 스코어링(scoring) : 고속 · 고하중 기어에서 이면의 유막이 파단되어 국부적으로 금속 접촉이 일어나 마찰에 의해 그 부분이 용융되어 뜯겨나가는 현상으로 마모가 활동 방향에 생긴다. 심한 경우는 운전 불능을 초래하기도 하며, 일명 스커핑(scuffing)이라고도 부른다.

**53.** **일반적인 V벨트 전동 장치의 특징으로 틀린 것은?** [19-4, 22-2]

① 이음매가 없어 운전이 정숙하다.
② 지름이 작은 풀리에도 사용할 수 있다.
③ 홈의 양면에 밀착되므로 마찰력이 평벨트보다 크다.
④ 설치 면적이 넓으므로 축간 거리가 짧은 경우에는 적합하지 않다.

**해설** 평벨트에 비해 설치 면적이 작고, 축간 거리가 짧다.

**54.** **감압 밸브 주변의 배관에서 바이패스(by-pass line)를 설치하려고 한다. 이때 바이패스 라인의 관경으로 가장 적당한 것은?** [13-4]

① 1차(고압) 측 관경보다 한 치수 적게 한다.
② 1차(고압) 측 관경보다 한 치수 크게 한다.
③ 1차(고압) 측 관경보다 2배 정도 크게 한다.
④ 1차(고압) 측 관경보다 3배 정도 크게 한다.

**해설** 감압 밸브는 1차 측의 압력이 2차 측의 압력보다 높다.

**55.** **관(pipe)의 플랜지 이음에 대한 설명으로 틀린 것은?** [15-2, 19-1]

① 유체의 압력이 높은 경우 사용된다.
② 관의 지름이 비교적 큰 경우 사용된다.
③ 가끔 분해, 조립할 필요가 있을 때 편리하다.
④ 저압용일 경우 구리, 납, 연강 등을 사용한다.

**해설** 플랜지 이음은 고압용이다.

**56.** **펌프에서 캐비테이션이 발생하였을 때, 발생하는 주파수는?** [20-3, 20-4]

① 고주파 ② 저주파
③ 중주파 ④ 초단파

**해설** 고주파 영역에서 나타나는 결함 현상은 캐비테이션(공동)이다.

**정답** 51. ③ 52. ④ 53. ④ 54. ① 55. ④ 56. ①

**57. 공기 압축기의 종류가 아닌 것은?**

① 터보형 압축기 [07-4, 11-4, 21-1]
② 스크루형 압축기
③ 왕복 피스톤 압축기
④ 트로코이드형 압축기

해설 트로코이드 펌프(trochoid pump) : 내접 기어 펌프와 비슷한 모양으로 안쪽 기어 로터가 전동기에 의하여 회전하면 바깥쪽 로터도 따라서 같은 방향으로 회전하며, 안쪽 로터의 잇수가 바깥쪽 로터보다 1개가 적으므로, 바깥쪽 로터의 모양에 따라 배출량이 결정된다. 기어의 마모가 적고 소음이 적다.

**58. 공기 압축기의 운전 방법 중 압력 릴리프 밸브를 사용하는 방법은?** [17-4, 21-2]

① 배기 조절 ② 흡입 조절
③ 그립-암 조절 ④ ON/OFF 조절

해설 배기 조절 방법은 설정 압력 이상이 공기 압축기에서 만들어지면 압력 릴리프 밸브를 사용하여 설정 압력 이상을 모두 배기시킨다.

**59. 3상 유도 전동기가 과열되는 직접 원인이 아닌 것은?** [15-2]

① 빈번한 기동을 하고 있다.
② 과부하 운전을 하고 있다.
③ 전원 3상 중 1상이 단락되어 있다.
④ 배선용 차단기(NFB)가 작동하고 있다.

**60. 직류 전동기에 과부하가 걸리면 발생하는 현상은?**

① 브러시에서 스파크 발생
② 저속 회전
③ 정격 속도 이상으로 회전
④ 회전 방향 불량

해설 직류 전동기에 과부하가 발생되면 저속 회전이 되면서 소음이 나게 된다.

## 4과목 설비 진단 및 관리

**61. 고유 진동수와 강제 진동수가 일치하는 경우 진폭이 크게 발생하는 현상은 무엇인가?** [08-4, 18-2, 21-4]

① 공진 ② 풀림
③ 상호 간섭 ④ 캐비테이션

해설 공진(resonance) : 물체가 갖는 고유 진동수와 외력의 진동수가 일치하여 진폭이 증가하는 현상이며, 이때의 진동수를 공진 주파수라고 한다.

**62. 소음의 물리적 성질 중 음파의 종류를 설명한 것으로 틀린 것은?** [17-2, 18-4]

① 평면파 : 음파의 파면들이 서로 평행한 파
② 발산파 : 음원으로부터 거리가 멀어질수록 더욱 넓은 면적으로 퍼져나가는 파
③ 구면파 : 음원에서 모든 방향으로 동일한 에너지를 방출할 때 발생하는 파
④ 진행파 : 둘 또는 그 이상 음파의 구조적 간섭에 의해 시간적으로 일정하게 음압의 최고와 최저가 반복되는 패턴의 파

해설 진행파 : 음파의 진행 방향으로 에너지를 전송하는 파

**63. 하나의 설비 또는 시스템이 설계·생산되어 가동·보수·유지 및 폐기할 때까지의 전 과정에 필요한 비용을 무슨 비용이라고 하는가?** [09-4, 19-2]

① 보전 비용 ② 생애 비용
③ 초기 비용 ④ 공통 비용

정답 57. ④ 58. ① 59. ④ 60. ② 61. ① 62. ④ 63. ②

해설 생애 비용 : 시스템의 탄생에서부터 사멸에 이르기까지의 라이프 사이클에 대한 비용

**64. 설비 프로젝트 분류 중 설비의 갱신이나 개조에 의한 경비 절감을 목적으로 하는 투자는?** [12-4, 14-4, 16-2, 19-2]

① 제품 투자 ② 확장 투자
③ 전략적 투자 ④ 합리적 투자

해설 ㉠ 합리적 투자 : 설비의 갱신이나 개조에 의한 경비 절감을 목적으로 하는 프로젝트
㉡ 확장 투자 : 현 제품의 판매량 확대를 위한 프로젝트
㉢ 제품 투자 : 현재 제품에 대한 개량 투자와 신제품 개발 투자로 구분
㉣ 전략적 투자 : 위험 감소 투자와 후생 투자로 구분

**65. 다음 중 설비의 신뢰성 평가 척도가 아닌 것은?** [08-4, 11-4, 15-4]

① 고장률 ② 평균 고장 시간
③ 평균 고장 간격 ④ 설비 유효 가동률

해설 신뢰성 평가 척도 : 고장률(failure), 평균 고장 간격(MTBF : mean time between failures), 평균 고장 시간(MTTF : mean time to failure), 평균 고장 수리 시간(MTTR : mean time to repair)

**66. 다음 중 설비의 경제성 평가 방법과 가장 거리가 먼 것은?** [12-4, 18-1, 20-3]

① 비용 비교법
② 평균 이자법
③ MTBF 분석법
④ 연평균 비교법

해설 MTBF(평균 고장 간격)는 신뢰성 평가 척도이다.

**67. 설비 보전 표준의 분류 중 정비 또는 일상 보전 조건 방법의 표준을 정한 것으로 정비 작업 종류에 따라 급유 표준, 청소 표준, 조정 표준 등이 작성되는 것은?**

① 설비 검사 표준
② 정비 표준
③ 수리 표준
④ 설비 성능 표준

해설 정비 표준 : 정비(일상 보전)의 조건이나 방법의 표준을 정한 것으로 정비 작업의 종류에 따라 급유(주유), 청소 표준, 조정 표준 등이 정해진다. 급유 표준에는 약도 혹은 사진 등을 이용하여 급유 개소에 번호를 붙여서 표시하는 경우가 많이 있다. 급유 개소, 급유 방식, 기름의 종류, 주기, 유량 등이 표시된다.

**68. 설비 보전 효과를 측정하는 식으로 옳지 않은 것은?** [11-2, 16-2, 18-4]

① 제품 단위당 보전비=생산량÷생산비
② 고장 도수율=(고장 횟수÷부하 시간)×100
③ 설비 가동률=(가동 시간÷부하 시간)×100
④ 고장 강도율=(고장 정지 시간÷부하 시간)×100

해설 $\text{제품 단위당 보전비} = \dfrac{\text{보전비 총액}}{\text{생산량}}$

**69. 설비 번호의 표시 방법과 설비 대장에 대한 설명으로 옳지 않은 것은?** [21-4]

① 설비 번호는 1매만 만든다.
② 설비 번호의 부착은 눈에 잘 띄는 곳에 확실하고 견고하게 해야 한다.

정답 64. ④ 65. ④ 66. ③ 67. ② 68. ① 69. ④

③ 설비 대장은 설비에 대한 개략적인 크기와 개략적인 기능 등을 기재한다.
④ 설비 대장은 모든 설비 중 제조일자로부터 5년이 지난 장비로서 관리가 필요한 설비만 선택적으로 작성하여 효율적으로 관리한다.

해설 설비 대장은 모든 설비를 입고일에 작성하여 폐기일까지 관리한다.

**70. 효율적인 열 관리 방법에 관한 내용과 가장 거리가 먼 것은?** [06-4, 11-4, 20-3]

① 열 설비는 성능 유지 및 향상을 위한 관리가 중요하다.
② 연료는 가격이 저렴하고 쉽게 확보할 수 있어야 한다.
③ 설비의 열 사용 기준을 정해 열 효율 향상을 도모해야 한다.
④ 열 관리의 효과를 높이기 위해서는 공장 간부와 일부 관계자만에 의한 집중 관리가 필요하다.

해설 열 관리의 효율을 높이기 위해서는 전 사원에 의한 집중 관리가 중요하다.

**71. 만성 로스 개선으로 PM 분석의 특징으로 틀린 것은?** [13-4]

① 원인에 대한 대책은 산발적 대책
② 현상 파악은 세분화하여 파악함으로 해석이 용이
③ 요인 발견 방법은 인과성을 밝혀 기능적으로 발췌
④ 원인 추구 방법은 물리적 관점에서 과학적 사고 방식

해설 PM 분석의 만성 로스 분석 방식은 투망식이다. 줄 낚시식은 특성 요인 분석 방식이다.

**72. 자주 보전 활동에 대한 설명으로 거리가 가장 먼 것은?** [21-4]

① 자주 보전은 미리 작성한 보전 카렌더에 의해 전개해 나가는 활동이다.
② 총 점검 단계는 설비의 기능과 구조를 알 수 있게 하는 활동이다.
③ 초기 청소를 통해 오염의 발생 원인을 찾는다.
④ 발생 원인과 공간 개소 대책은 자주 보전의 중요 활동 요소이다.

해설 자주 보전은 작업자 개인이 자기 설비를 평상시에 점검, 급유, 부품 교환, 수리, 이상의 조기 발견, 정밀도 체크 등을 행하는 것이다.

**73. 다음 중 윤활 관리의 효과에 대한 설명 중 틀린 것은?** [06-4, 14-2]

① 윤활유 사용 소비량 증가
② 보수 유지비의 절감
③ 기계의 효율 향상 및 정밀도 유지
④ 윤활제의 구입비 절감

해설 윤활유 사용 소비량 감소

**74. 윤활 관리 중 생산성 제고의 효과라고 볼 수 없는 것은?** [13-4, 21-1]

① 노동의 절감
② 윤활유 사용 소비량의 절약
③ 기계의 효율 향상 및 정밀도의 유지
④ 수명 연장으로 기계 설비 손실액의 절감

해설 윤활 관리가 합리적으로 이루어진다고 할 때 기대되는 효과로서 윤활유 사용 소비량의 절약은 자원 절약 효과에 해당된다.

정답 70. ④ 71. ① 72. ① 73. ① 74. ②

**75.** **자동차 내연기관용 엔진이나 트랜스미션 및 베어링용 기어유는 일반적으로 어떤 규격을 사용하는가?** [18-1]

① API(미국석유협회)
② ISO(국제표준화기구)
③ SAE(미국자동차기술자협회)
④ ASME(미국기계기술자협회)

해설 내연기관용 엔진유나 변속기 및 베어링용 기어유는 미국자동차기술자협회(SAE)의 점도가 사용되고 있으며, 공업용 윤활유에 대해서는 국제표준화기구(ISO)의 점도 분류가 채택되어 사용되고 있다.

**76.** **다음 중 비순환 급유 방법이 아닌 것은?** [09-2, 14-2, 16-2, 17-2, 20-3]

① 손 급유법 ② 적하 급유법
③ 바늘 급유법 ④ 유욕 급유법

해설 비순환 급유법 : 손 급유법, 적하 급유법(바늘 급유법 등), 가시 부상 유적 급유법 등

**77.** **공압 장치의 액추에이터 습동 부분에 윤활제를 공급하는 장치로 옳은 것은?**

① 미니메스 [18-2, 20-4]
② 오일스톤
③ 에어브리더
④ 루브리케이터

해설 공압 장치에서 루브리케이터는 윤활기이다.

**78.** **그리스의 내열성을 평가하는 기준이 되고 그리스 사용 온도가 결정되는 윤활제의 성질은?** [21-2]

① 주도
② 적점
③ 이유도
④ 혼화 안정도

해설 적하점(적점, dropping point) : 그리스를 가열했을 때 반고체 상태의 그리스가 액체 상태로 되어 떨어지는 최초의 온도로서 내열성을 판단하는 기준이 된다.

**79.** **베어링 윤활의 목적 중 틀린 것은?**

① 베어링의 수명 연장 [15-4, 21-1]
② 먼지 또는 이물질 방지
③ 동력 손실을 줄이고 발열을 억제
④ 유화에 의한 윤활면의 내압성 저하

해설 베어링 윤활의 목적
㉠ 베어링의 수명 연장
㉡ 베어링 내부 이물질 침입 방지
㉢ 마찰열의 방출, 냉각
㉣ 피로 수명의 연장

**80.** **고하중 기어나 극압성이 큰 압연기 등에 사용되는 윤활유로 적절한 것은?**

① 웜형 기어유 [07-4, 14-4, 19-4]
② 레귤러형 기어유
③ 다목적용 기어유
④ 마일드 EP형 기어유

해설 극압성 기어유(마일드 EP형) : 광유계 윤활유에 연과 비부식성 유황, 염소, 인 등의 EP 첨가제를 첨가한 것으로 극압성이 큰 압연기나 기타 고하중 기어에 사용한다.

정답 75. ③ 76. ④ 77. ④ 78. ② 79. ④ 80. ④

# 제13회 CBT 대비 실전문제

## 1과목 공유압 및 자동 제어

**1. 압력을 측정하는데 있어서 완전 진공 상태를 "0"으로 기준삼아 측정하는 압력은 무엇인가?** [14-2]

① 게이지 압력
② 절대 압력
③ 대기 압력
④ 표준 압력

해설 대기 압력을 0으로 측정한 압력을 게이지 압력이라 하고, 완전한 진공을 0으로 하여 측정한 압력을 절대 압력이라 한다.

**2. Boyle-Charles 법칙의 설명으로 틀린 것은?** [17-4]

① 압력이 일정하면 일정량의 공기의 체적은 절대 온도에 정비례한다.
② 온도가 일정할 때 주어진 공기의 부피는 절대 온도에 반비례한다.
③ 온도가 일정하면 일정량의 기체 압력과 체적의 곱은 항상 일정하다.
④ 일정량의 기체의 체적은 압력에 반비례하고 절대 온도에 정비례한다.

해설 ㉠ 보일의 법칙 : 온도가 일정하면 일정량의 기체의 압력과 체적의 곱은 항상 일정하다.
㉡ 샤를의 법칙 : 압력이 일정하면 일정량의 기체의 체적은 절대 온도에 정비례한다.

**3. 공압이 유압에 비해 갖는 장점은 무엇인가?** [16-2, 18-4]

① 공기의 압축성을 이용하여 많은 에너지를 저장할 수 있다.
② 유압에 비해 큰 압력을 이용하므로 큰 힘을 낼 수 있다.
③ 저속(50mm/s 이하)에서 스틱-슬립 현상이 발생하여 안정된 속도를 얻을 수 있다.
④ 유압보다 공기 중의 수분의 영향을 덜 받는다.

해설 공압은 압축성 에너지로 공기 탱크에 많은 에너지 저장이 가능하다.

**4. 공압 밸브에 대한 설명 중 옳지 않은 것은?** [11-4, 19-4]

① 2압 밸브는 안전 제어, 검사 기능 등에 사용된다.
② 2개의 압력공기 중 압력이 높은 공압 신호만 출력되는 밸브를 셔틀 밸브라 한다.
③ 2개의 압축공기가 입력되어야만 출구로 압축공기가 흐르는 밸브를 2압 밸브라 한다.
④ 셔틀 밸브에서 2개의 공압 신호가 동시에 입력되면 압력이 낮은 쪽이 먼저 출력된다.

해설 셔틀 밸브에서 2개의 공압 신호가 동시에 입력되면 압력이 높은 쪽이 먼저 출력된다.

**5. 다음 중 공기압 작업 요소의 설명으로 틀린 것은?** [18-1, 21-2]

정답 1. ② 2. ② 3. ① 4. ④ 5. ①

① 격판 실린더는 격판에 부착된 피스톤 로드가 미끄럼 실링되어 있다.
② 회전 실린더는 피니언과 랙 등의 구조를 이용하여 회전 운동을 할 수 있다.
③ 탠덤 실린더는 2개의 복동 실린더가 1개의 실린더 형태로 된 것이다.
④ 다위치 제어 실린더는 2개 또는 그 이상의 복동 실린더로 구성된다.

해설 클램핑 실린더라 부르는 격판 실린더(diaphragm cylinder)는 고무나 플라스틱 또는 금속으로 만들어진 격판이 내장되어 있어 피스톤 기능을 대신하여 피스톤 로드가 격판의 중앙에 부착되어 있으며, 미끄럼 밀봉이 필요 없다.

**6. 실린더에 인장하중이 걸리는 경우, 피스톤이 끌리게 되는데 이를 방지하기 위해 인장하중이 걸리는 측에 압력 릴리프 밸브를 이용하여 저항을 형성한다. 이러한 목적을 위해 사용되는 밸브는?** [20-4]

① 안전 밸브(safety valve)
② 브레이크 밸브(brake valve)
③ 시퀀스 밸브(sequence valve)
④ 카운터 밸런스 밸브(counter balance valve)

해설 카운터 밸런스 밸브는 자중에 의해 낙하되는 경우, 즉 인장하중이 발생되는 곳에 배압을 발생시켜 이를 방지하기 위한 것으로 릴리프 밸브와 체크 밸브를 내장한다.

**7. 유압 작동유의 점도가 너무 높을 경우에 대한 설명으로 틀린 것은?** [15-4]

① 작동유의 비활성
② 동력 손실의 증대
③ 기계적 마찰 부분의 마모 증대
④ 내부 마찰의 증대와 온도 상승

해설 점도가 너무 높을 경우
㉠ 내부 마찰의 증대와 온도 상승(캐비테이션 발생)
㉡ 장치의 관 내 저항에 의한 압력 증대(기계 효율 저하)
㉢ 동력 손실의 증대(장치 전체의 효율 저하)
㉣ 작동유의 비활성(응답성 저하)

**8. 다음 밸브의 제어 라인에 부여하는 숫자로 옳은 것은?** [18-4]

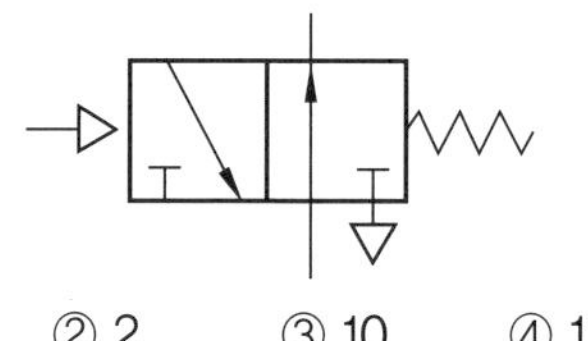

① 1　② 2　③ 10　④ 13

해설 밸브의 기호 표시법

| 라인 | ISO 1219 | ISO 5509/11 |
|---|---|---|
| 작업 라인 | A, B, C − − | 2, 4, 6 − − |
| 공급 라인 | P | 1 |
| 드레인 라인 | R, S, T | 3, 5, 7 |
| 제어 라인 | Y, Z, X | 10, 12, 14 |

**9. 다음 중 SCR의 올바른 전원 공급 방법인 것은?**

① 애노드 (−)전압, 캐소드 (+)전압, 게이트 (−)전압
② 애노드 (−)전압, 캐소드 (+)전압, 게이트 (+)전압
③ 애노드 (+)전압, 캐소드 (−)전압, 게이트 (−)전압
④ 애노드 (+)전압, 캐소드 (−)전압, 게이트 (+)전압

정답 6. ④　7. ③　8. ③　9. ④

해설 게이트에 전압을 공급하지 않고 애노드에 (+)전압, 캐소드에 (-)전압을 가하면 역방향 전압이 되어 애노드로부터 캐소드로 전류가 흐르지 못한다. 이때를 SCR의 순저지 상태라 한다.

**10. 절연 저항기의 사용법 중 틀린 것은?**

① 사용 전압보다 낮은 외부 전압을 인가하여 발생하는 누설 전류를 역으로 계산하여 저항으로 표시
② 전원 미차단 시에는 측정 회로에 계측기에서 발생한 전압의 인가 불가
③ 전원이 인가되지 않은 상태에서만 절연저항 측정이 가능하므로 반드시 전원을 차단한 상태에서 측정
④ 계측기 발생 전압이 DC 500V 이상이므로 인체에 직접 접촉 금지

해설 외부 전원이 인가되지 않은 전로의 대지 간에 사용 전압보다 높은 외부 전압 DC 500V 또는 1000V 계측기에서 인가하여 발생하는 누설 전류를 역으로 계산하여 저항으로 표시

**11. 아날로그 값을 디지털 값으로 변환하는 것을 무엇이라 하는가?**

① D/A 변환기　② A/D 변환기
③ A/A 변환기　④ D/D 변환기

해설 아날로그(analong) 값을 디지털(digital) 값으로 변환하는 것은 A/D 변환기이다.

**12. 데이터 단위에 대한 설명으로 옳은 것은?** [09-2, 18-2]

① 1byte는 2bit로 구성되고, 1kbyte는 1012byte이다.
② 1byte는 2bit로 구성되고, 1kbyte는 1024byte이다.
③ 1byte는 8bit로 구성되고, 1kbyte는 1012byte이다.
④ 1byte는 8bit로 구성되고, 1kbyte는 1024byte이다.

**13. 다음 그림의 아라고(arago)의 회전 원판 실험과 같이 비자성체인 알루미늄 혹은 구리로 만들어진 원판 위에서 화살표 방향으로 영구자석을 회전시키면 원판도 자석의 방향으로 함께 회전하는 원리를 이용한 전동기는?**

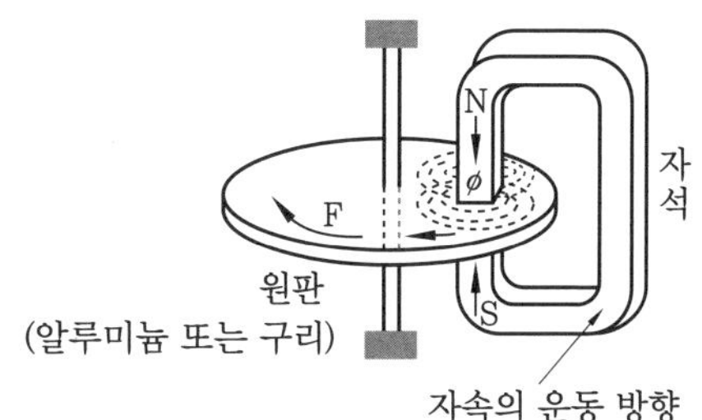


① 유도 전동기　② 직류 전동기
③ 스테핑 전동기　④ 선형 전동기

해설 아라고의 원판 : 와전류는 일정한 자계 내에 있으면 발생한다. 아라고의 원판은 축을 중심으로 원판이 회전할 수 있는 구조로 말굽자석이 정지된 상태에서 왼쪽으로 회전하면 자석이 움직이는 앞쪽에는 자속이 증가하는데, 렌츠의 법칙에 의해 자속의 증감을 반대하는 쪽으로 유도기전력에 의한 전류가 형성되어야 하므로 와전류가 발생하며, 자석의 뒤편에는 반대 방향, 즉 접선 방향의 와전류가 형성되어 금속체 전체에 축 방향의 합성 전류가 흐르게 된다. 결국 이 전류와 자계에 의하여 금속 도체 역시 자석 방향으로 회전을 하는 유도 전동기, 적산 전력계와 같은 원리이다.

정답 10. ① 11. ② 12. ④ 13. ①

**14.** **전압과 주파수를 가변시켜 전동기의 속도를 고효율로 쉽게 제어하는 장치로 사용되는 것은?**

① 인버터　② 다이오드
③ 배선용 차단기　④ 카운터

해설 인버터(inverter)
㉠ 논리 회로에서의 부정 회로
㉡ 증폭기의 일종으로, 입력 신호와 출력 신호의 극성을 반전시키는 것
㉢ 전력 변환 장치의 일종으로, 직류 전력을 교류 전력으로 교환하는 장치

**15.** **다음 중 직류 전동기의 속도 제어와 관계없는 것은?**

① 전압 제어　② 계자 제어
③ 저항 제어　④ 전기자 제어

해설 직류 전동기의 속도 제어
㉠ 전압 제어 : 전기자에 가한 전압을 변화시켜 회전 속도를 변경
㉡ 저항 제어 : 전기자 회로에 직렬로 가변저항을 넣어 회전 속도를 조정
㉢ 계자 제어 : 계자 저항기($R_f$)로 계자 전류($I_f$)를 조정하여 자속($\Phi$)을 변화시키는 방법

**16.** **개회로 제어(open loop control)에 해당하는 것은?** [07-4, 18-4]

① 수직 다관절 로봇의 모션 제어
② CNC 공작기계 이송 테이블 제어
③ 서보 모터를 이용한 단축 위치 제어
④ PLC에 의한 공압 솔레노이드 밸브 제어

해설 제어(control) : "시스템 내의 하나 또는 여러 개의 입력 변수가 약속된 법칙에 의하여 출력 변수에 영향을 미치는 공정"으로 제어를 정의하고 개회로 제어 시스템(open loop control system)의 특징을 갖는다.

**17.** **다음 보드 선도의 이득 특성 곡선은 어떤 제어기에 해당되는가?**

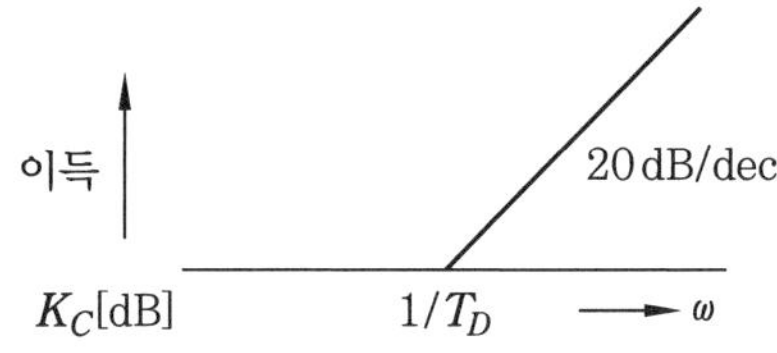


① 비례 제어
② 비례 적분 제어
③ 비례 미분 제어
④ 비례 미분 적분 제어

해설 절점 주파수를 초과하면 게인은 20 dB/dec의 점근선에 따라 상승된다. 이로 인하여 약간의 설정값이 변경되고 측정값 변화나 잡음에 대해 출력이 크게 변하여 좋지 않다.

**18.** **회전수를 측정하기 위한 방법이 아닌 것은?** [09-4, 11-4, 20-4]

① 초음파를 이용한 측정법
② 반사 테이프를 이용한 광학 측정법
③ 자속밀도의 변화를 이용한 전자식 측정법
④ 회전 주기를 측정하고 역수로 회전수를 구하는 측정법

해설 ㉠ 펄스 출력형 검출기 : 회전체의 회전수에 비례한 전기 펄스수(주파수)의 신호를 인출하는 검출기이다. 그 대표적인 검출 방식으로 전자식과 광전식이 있다.
㉡ 디지털 계수식 회전계 : 펄스수(주파수) 계수 방식, 회전 주기 측정 방식

**19.** **다음 중 신호 변환기의 기능이 아닌 것은?** [16-2, 20-4]

정답 14. ①　15. ④　16. ④　17. ③　18. ①　19. ②

① 필터링
② 비선형화
③ 신호 레벨 변환
④ 신호 형태 변환

해설 선형화 : 비선형 입력 신호를 선형 출력 신호로 전환한다.

**20.** **프로세스 제어(process control)의 종류 중 제어 대상에 따른 분류에 속하지 않는 것은?** [15-4, 19-2]

① 압력 제어 장치
② 온도 제어 장치
③ 유량 제어 장치
④ 발전기의 조속기 제어 장치

해설 프로세스 제어 : 제어량이 상태값인 압력, 온도, 유량, 밀도 등일 때의 제어 방식

## 2과목 용접 및 안전관리

**21.** **일반적인 저항 용접의 특징으로 옳은 것은?** [19-2]

① 산화 및 변질 부분이 크다.
② 다른 금속 간의 결합이 용이하다.
③ 대전류를 필요로 하고 설비가 복잡하다.
④ 열손실이 크고, 용접부에 집중열을 가할 수 없다.

해설 저항 용접의 특징
㉠ 산화 및 변질 부분이 적다.
㉡ 다른 금속 간의 접합이 곤란하다.
㉢ 대전류를 필요로 하고 설비가 복잡하며 값이 비싸다.
㉣ 열손실이 적고, 용접부에 집중열을 가할 수 있다.

**22.** **용접기 적정 설치 장소로 맞지 않는 것은?**

① 습기나 먼지 등이 많은 장소는 설치를 피하고 환기가 잘 되는 곳을 선택한다.
② 휘발성 기름이나 유해한 부식성 가스가 존재하는 장소는 피한다.
③ 벽에서 50cm 이상 떨어져 있고 견고한 구조의 수평 바닥에 설치한다.
④ 진동이나 충격을 받는 곳, 폭발성 가스가 존재하는 곳을 피한다.

해설 ①, ②, ④ 외에 비, 바람이 치는 장소, 주위 온도가 −10℃ 이하인 곳을 피해야 하며(−10~40℃가 유지되는 곳이 적당하다), 벽에서 30cm 이상 떨어져 있고 견고한 구조의 수평 바닥에 설치한다.

**23.** **전격 방지기의 입력선과 용접선으로 용접기의 용량이 300A에 알맞게 들어가는 것은?**

① 입력선 14mm$^2$ 이상, 용접선 30mm$^2$ 이상
② 입력선 25mm$^2$ 이상, 용접선 35mm$^2$ 이상
③ 입력선 25mm$^2$ 이상, 용접선 50mm$^2$ 이상
④ 입력선 30mm$^2$ 이상, 용접선 50mm$^2$ 이상

해설 전격 방지기의 입력선과 용접선의 알맞은 규격

| 기종 | | 입력선 | 용접선 |
|---|---|---|---|
| 용접기 | 방지기 | | |
| 180A | 300A | 14mm$^2$ 이상 | 30mm$^2$ 이상 |
| 250A | | 25mm$^2$ 이상 | 35mm$^2$ 이상 |
| 300A | | 25mm$^2$ 이상 | 50mm$^2$ 이상 |
| 400A | 500A | 30mm$^2$ 이상 | 50mm$^2$ 이상 |
| 500A | | 35mm$^2$ 이상 | 70mm$^2$ 이상 |
| 600A | 720A | 35mm$^2$ 이상 | 70mm$^2$ 이상 |
| 720A | | 50mm$^2$ 이상 | 90mm$^2$ 이상 |

정답 20. ④ 21. ③ 22. ③ 23. ③

**24.** 다음 중 서브머지드 아크 용접의 다른 명칭으로 불리어지는 것이 아닌 것은?

① 잠호 용접 ② 불가시 아크 용접
③ 유니언 멜트 용접 ④ 가시 아크 용접

해설 서브머지드 아크 용접의 다른 이름으로는 잠호 용접, 유니언 멜트 용접법(union melt welding), 링컨 용접법(Lincoln welding), 불가시 아크 용접이라고 부른다.

**25.** 불활성 가스 텅스텐 아크 용접법의 명칭이 아닌 것은?

① 비용극식 불활성 가스 아크 용접법
② 헬륨-아크 용접법
③ 아르곤 아크 용접법
④ 시그마 용접법

해설 시그마(sigma) 용접법은 MIG 용접법의 상품명으로 그 외에 에어코매틱(air comatic) 용접법, 필러 아크(filler arc) 용접법, 아르고노트(argonaut) 용접법 등이 있다.

**26.** 다음 중 MIG 용접의 특징이 아닌 것은?

① 아크 자기 제어 특성이 있다.
② 정전압 특성, 상승 특성이 있는 직류 용접기이다.
③ 반자동 또는 전자동 용접기로 속도가 빠르다.
④ 전류밀도가 낮아 3mm 이하 얇은 판 용접에 능률적이다.

해설 전류밀도가 매우 크며, 판 두께 3mm 이상에 적합하다.

**27.** 플라스마 아크 용접법의 장단점 중 틀린 것은?

① 플라스마 제트는 에너지 밀도가 크고, 안정도가 높으며 보유 열량이 크다.
② 비드 폭이 좁고 용입이 깊고 용접 속도가 빠르며 용접 변형이 적다.
③ 용접 속도가 크게 되면 가스의 보호가 불충분하다.
④ 일반 아크 용접기에 비하여 높은 무부하 전압(약 1~2배)이 필요하다.

해설 일반 아크 용접기에 비하여 높은 무부하 전압(약 2~5배)이 필요하다.

**28.** 그림과 같은 맞대기 용접 이음 홈의 각부 명칭을 잘못 설명한 것은?

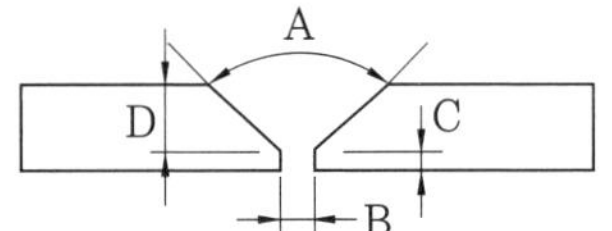


① A-홈 각도
② B-루트 간격
③ C-루트 면
④ D-홈 길이

해설 A : 홈 각도, B : 베벨 각도, C : 루트 간격, D : 루트 면, E : 홈 깊이

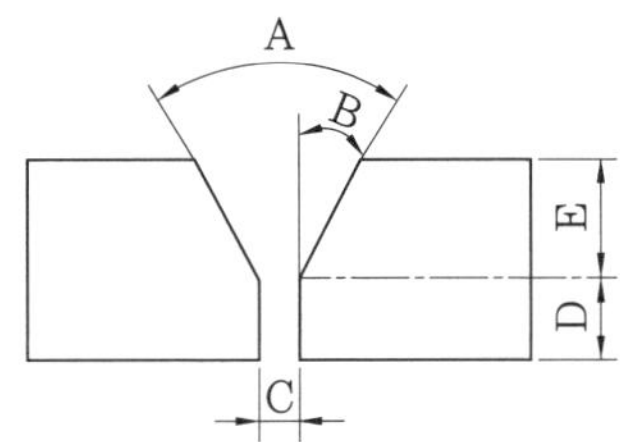


**29.** 용접 작업 시 발생한 각 변형의 방지 대책으로 틀린 것은?

① 용접 개선 각도는 작업에 지장이 없는 한 작게 된다.
② 구속 지그를 활용하고 속도가 빠른 용접법을 이용한다.

정답 24. ④ 25. ④ 26. ④ 27. ④ 28. ④ 29. ③

③ 판 두께와 개선 현상이 일정할 때 용접봉 지름이 작은 것을 이용하여 패스(pass)수를 많게 한다.
④ 역변형의 시공법을 사용하도록 한다.

해설 용접 변형의 방지 대책 중 각 변형을 억제하는 방법
㉠ 각을 미리 역변형시켜 준다.
㉡ 가접을 튼튼하게 한다.
㉢ 피닝을 한다.
㉣ 이음 양면에서 순서를 교대로 용착시킨다.
㉤ 패스의 수가 적을수록 각 변형이 줄어든다.

**30.** 용접 시점이나 종점 부근의 결함을 줄이는 설계 방법으로 가장 거리가 먼 것은?

① 주부재와 2차 부재를 전둘레 용접하는 경우 틈새를 10mm 정도로 한다.
② 용접부의 끝단에 돌출부를 주어 용접한 후에 엔드텝은 제거한다.
③ 양면에서 용접 후 다리 길이 끝에 응력이 집중되지 않게 라운딩을 준다.
④ 엔드텝을 붙이지 않고 한 면에 V형 홈으로 만들어 용접 후 라운딩한다.

해설 용접 시점이나 종점 부근의 결함을 줄이는 설계 방법은 용접부의 끝단에 엔드텝을 제거하거나, 한 면에 V형 홈으로 만들어 용접 후 라운딩한다.

**31.** 금속 표면에 사용되는 검사법으로 비교적 간단하고 비용이 싸며, 특히 자기 탐상 검사가 되지 않는 금속 재료에 주로 사용되는 검사법은?

① 방사선 비파괴 검사
② 누수 검사
③ 침투 비파괴 검사
④ 초음파 비파괴 검사

해설 침투 비파괴 검사(penetrant testing, PT) : 자기 탐상 검사가 되지 않는 제품의 표면에 발생된 미세 균열이나 작은 구멍을 검출하기 위해 이곳에 침투액을 표면 장력의 작용으로 침투시킨 후에 세척액으로 세척한 후 현상액을 사용하여 결함부에 스며든 침투액을 표면에 나타나게 하는 검사로 형광이나 염료 침투 검사의 2가지가 이용된다.

**32.** 다음 열거하는 설비 결함을 가장 쉽게 발견할 수 있는 기기는? [09-4]

| 베어링 결함, 파이프 누설, 저장 탱크 틈새, 공기 누설, 왕복동 압축기 밸브 결함 |
|---|

① 초음파 측정기 ② 진동 측정기
③ 윤활 분석기 ④ 소음 측정기

**33.** 표준 시험편으로 기기나 장치를 비교하는 과정을 무엇이라 하는가?

① 감도
② 보정
③ 주사
④ 거리의 진폭, 진동에 대한 수정

해설 주사란 탐상 목적에 따라 탐상면상에서 탐촉자를 움직이는 것이다.

**34.** 연삭 작업의 경우 작업 시작 전 및 연삭숫돌 교체 후 시험 운전 시간으로 옳은 것은?

① 작업 시작 전 : 1분 이상, 연삭숫돌 교체 후 1분 이상

정답 30. ① 31. ③ 32. ① 33. ③ 34. ③

② 작업 시작 전 : 1분 이상, 연삭숫돌 교체 후 2분 이상
③ 작업 시작 전 : 1분 이상, 연삭숫돌 교체 후 3분 이상
④ 작업 시작 전 : 2분 이상, 연삭숫돌 교체 후 5분 이상

**해설** 연삭숫돌을 사용하는 작업의 경우 작업을 시작하기 전 1분 이상, 연삭숫돌을 교체한 후에는 3분 이상 시험 운전을 하고 해당 기계에 이상이 있는지를 확인하여야 한다.

**35.** **다음 중 용접에 관한 안전사항으로 틀린 것은?**

① TIG 용접 시 차광 렌즈는 12~13번을 사용한다.
② MIG 용접 시 피복 아크 용접보다 1m가 넘는 거리에서도 공기 중의 산소를 오존($O_3$)으로 바꿀 수 있다.
③ 전류가 인체에 미치는 영향에서 50mA는 위험을 수반하지 않는다.
④ 아크로 인한 염증을 일으켰을 경우 붕산수(2% 수용액)로 눈을 닦는다.

**해설** 교류 전류가 인체에 통했을 때
㉠ 1mA : 전기를 약간 느낄 정도
㉡ 5mA : 상당한 고통
㉢ 10mA : 견디기 어려울 정도의 고통
㉣ 20mA : 심한 고통과 강한 근육 수축
㉤ 50mA : 상당히 위험한 상태
㉥ 100mA : 치명적인 결과

**36.** **가설 분전함 설치 시 유의사항에 맞지 않는 것은?**

① 메인(main) 분전함에는 개폐기를 모두 NFB(no fuse breaker : 퓨즈가 없는 차단기)로 부착하고 분기 분전함에는 주 개폐기만 NFB로 하고 분기용은 ELB(electronic leak break : 전원 누전 차단)를 부착한다.
② ELB로부터 반드시 전원을 인출받아야 할 기기는 입시 조명 등, 전열, 공구류, 양수기 등이고 NFB로 전원을 인출받아도 되는 기기는 용접기류 등과 같은 고정식 작업 장비로 한정한다.
③ 분전함 내부에는 회로 접촉 방지판을 설치하여야 하며, 피복을 입힌 전선일 경우는 예외로 하며 외부에는 위험 표지판을 부착하고 잠금 장치를 하여야 한다.
④ 분전함의 키(key)는 작업자가 관리하도록 하여 작업자가 이상이 있을 때 분전함을 열고 전선을 접속하는 일이 있도록 한다.

**해설** 분전함의 키(key)는 전기 담당자 또는 직영 전공이 관리하도록 하여 작업자가 임의로 분전함을 열고 전선을 접속하는 일이 없도록 한다.

**37.** **인체에 흐르면 치명적으로 사망하게 되는 전류값은 얼마인가?**

① 10mA ② 20mA
③ 50mA ④ 100mA

**해설** 50mA 감전 시는 사망할 위험이 상당히 크다. 여기서 1mA는 $\frac{1}{1000}$A이며, 인체의 저항은 아주 커서 1.2~3kΩ까지이므로 사람에 따라 같은 전기라도 감전 감도가 다르다.

**38.** **작업장의 온도로 가장 적합한 것은?**

① 기계 작업 : 10~12℃
② 사무실 : 25~30℃
③ 조립 작업 : 25~30℃
④ 도장 작업 : 5~10℃

**정답** 35. ③ 36. ④ 37. ③ 38. ①

해설 작업장의 적당한 온도
㉠ 심한 육체 작업 : 7~9℃
㉡ 심한 기계 작업 : 10~12℃
㉢ 목공 작업 : 15~18℃
㉣ 도장 작업 : 24~26℃
㉤ 사무실 : 18~20℃
㉥ 식당 : 20~23℃

**39. 다음 이산화탄소 중독 증상 중 틀린 것은? (단, 공기 중 농도)**

① 2.5 : 몇 시간 흡입해도 장애 없음
② 3.0 : 무의식 중에 호흡수가 늘어남
③ 6.0 : 국부적인 자각 증상 나타남
④ 8.0 : 호흡 곤란

해설 이산화탄소 중독 증상

| 공기 중 농도(%) | 증상 |
|---|---|
| 2.5 | 몇 시간 흡입해도 장애 없음 |
| 3.0 | 무의식 중에 호흡수가 늘어남 |
| 4.0 | 국부적인 자각 증상이 나타남 |
| 6.0 | 호흡량 증가 |
| 8.0 | 호흡 곤란 |
| 10.0 | 의식불명으로 사망에 이름 |
| 20.0 | 수초 내 마비 상태가 되어 심장이 멈춤 |

**40. 고용노동부장관이 안전 보건 개선 계획을 수립 및 시행하여 명할 수 있는 사업장에 해당하지 않는 것은?**

① 직업성 질병자가 연간 2명 발생한 사업장
② 95dB(A)의 소음이 2시간 발생하는 사업장
③ 사업주가 안전 조치를 이행하지 않아 중대 재해가 발생한 사업장
④ 산업 재해율이 같은 업종의 규모별 평균 산업 재해율보다 높은 사업장

해설 안전 보건 개선 계획의 수립 및 시행 명령 : 고용노동부장관은 대통령령으로 정하는 사업장의 사업주에게 안전 보건 진단을 받아 안전 보건 개선 계획을 수립하여 시행할 것을 명할 수 있다.
㉠ 산업 재해율이 같은 업종의 규모별 평균 산업 재해율보다 높은 사업장
㉡ 사업주가 필요한 안전 조치 또는 보건 조치를 이행하지 아니하여 중대 재해가 발생한 사업장
㉢ 직업성 질병자가 연간 2명 이상 발생한 사업장
㉣ 소음 노출 기준(충격 소음 제외)을 초과한 사업장

| 1일 노출 시간(H) | 소음 강도[dB(A)] |
|---|---|
| 8 | 90 |
| 4 | 95 |
| 2 | 100 |
| 1 | 105 |
| 1/2 | 110 |
| 1/4 | 115 |

## 3과목 기계 설비 일반

**41. 다음 그림은 20H7－p6로 억지 끼워 맞춤을 나타내는 것이다. 최대 죔새는?**

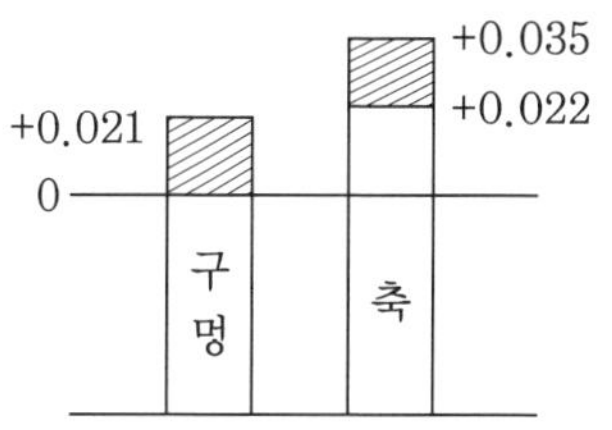


① 0.001 ② 0.014 ③ 0.035 ④ 0.043

해설 $0.035 - 0 = 0.035$

정답 39. ③ 40. ② 41. ③

**42.** 다음 중 기하 공차의 기호 설명으로 잘못된 것은?

① 원통도 : ○
② 평행도 : //
③ 경사도 : ∠
④ 평면도 : ▱

해설 ㉠ 진원도 공차 : ○
㉡ 원통도 공차 : /○/

**43.** 아베의 원리(abbes principle)에 어긋나는 측정기는?

① 외측 마이크로미터
② 내측 마이크로미터
③ 나사 마이크로미터
④ 깊이 마이크로미터

해설 내측 마이크로미터는 아베의 원리에 위배되어 계기 오차가 발생될 수 있다.

**44.** 공작기계를 가공 능률에 따라 분류할 때 전용 공작기계에 해당하는 것은?

① 가공하려는 공작물이 소량인 경우에는 능률적이지만 동일 부품의 대량 생산에는 적당하지 않다.
② 특정한 모양이나 같은 치수의 제품을 대량 생산하는데 적합하도록 만든 공작기계이다.
③ 단순한 기능의 공작기계로서, 한 가지의 가공만을 할 수 있는 기계를 말한다.
④ 여러 가지 작업을 순서대로 할 수 있지만 대량 생산 체제에서는 적합하지 않다.

해설 전용 공작기계 : 특수한 모양, 같은 치수의 제품 생산에 적합한 것으로 모방 선반, 자동 선반, 생산형 밀링 머신이 있다.

**45.** 대량 생산에 사용되는 것으로서 재료의 공급만 하여 주면 자동적으로 가공되는 선반은?

① 자동 선반　　② 탁상 선반
③ 모방 선반　　④ 다인 선반

해설 탁상 선반은 시계 부속 등 작고 정밀한 공작물 가공에 편리하고, 모방 선반은 형판에 따라 바이트대가 자동적으로 절삭 및 이송을 하면서 형판과 닮은 공작물을 가공하며, 다인 선반은 공구대에 여러 개의 바이트를 장치하여 한꺼번에 여러 곳을 가공하게 한 선반이다.

**46.** 다음 중 결정 조직을 조정하고 연화시키기 위한 열처리로 맞는 것은? [16-2]

① 노멀라이징(normalizing)
② 어닐링(annealing)
③ 템퍼링(tempering)
④ 퀜칭(quenching)

해설 어닐링(풀림, annealing) : 재질을 연하게 한다.

**47.** 다음 금속 침투법 중 철-알루미늄 합금층이 형성될 수 있도록 철강 표면에 알루미늄을 확산 침투시키는 것은? [21-1]

① 칼로나이징　　② 세라다이징
③ 크로마이징　　④ 실리코나이징

해설 ㉠ 칼로나이징 : Al
㉡ 세라다이징 : Zn
㉢ 크로마이징 : Cr
㉣ 실리코나이징 : Si
㉤ 보로나이징 : B

**48.** 다음 그림의 밸브 기호 명칭으로 맞는 것은? [11-4]

정답 42. ① 43. ② 44. ② 45. ① 46. ② 47. ① 48. ①

① 게이트 밸브(gate valve)
② 체크 밸브(check valve)
③ 글로브 밸브(globe valve)
④ 버터플라이 밸브(butterfly valve)

**49. 공구 전체의 길이로 규격을 나타내지 않는 것은?**

① 스톱 링 플라이어 ② 몽키 스패너
③ 롱 노즈 플라이어 ④ 조합 플라이어

해설 스톱 링 플라이어는 스톱 링의 크기에 따라 선택하여 사용한다.

**50. 그림과 같은 육각 홈이 있는 둥근 머리 볼트를 조이거나 풀 때 사용하는 공구는?**

① 드라이버 ② 소켓 렌치
③ 훅 스패너 ④ L-렌치

해설 L-렌치 : 육각 홈이 있는 둥근 머리 볼트를 빼고 끼울 때 사용한다.

**51. 체결용 기계 요소 중 고착된 볼트의 제거 방법으로 틀린 것은?** [16-4]

① 볼트에 충격을 주는 방법
② 너트에 충격을 주는 방법
③ 로크 너트를 사용하는 방법
④ 정으로 너트를 절단하는 방법

해설 고착된 볼트의 분해법으로 볼트나 너트를 두드려 푸는 방법, 너트를 정으로 잘라 넓히는 방법, 아버 프레스를 이용하는 방법, 비틀어 넣기 볼트를 빼내는 방법 등이 있으며, 로크 너트는 풀림 방지에 사용된다.

**52. 두 축의 중심선을 일치시키기 어렵거나, 전달 토크의 변동으로 충격을 받거나, 고속 회전으로 진동을 일으키는 경우에 충격과 진동을 완화시켜 주기 위하여 사용하는 커플링은?** [18-2]

① 머프 커플링 ② 클램프 커플링
③ 플렉시블 커플링 ④ 마찰 원통 커플링

해설 플렉시블 커플링 : 두 축의 중심선을 일치시키기 어렵거나, 전달 토크의 변동으로 충격을 받거나, 고속 회전으로 진동을 일으키는 경우에 고무, 강선, 가죽, 스프링 등을 이용하여 충격과 진동을 완화시켜 주는 커플링

**53. 기어 전동 장치에서 기어 마모의 원인으로 적합하지 않은 것은?** [10-4]

① 오일 공급의 부족으로 금속과 금속 간의 마찰
② 공급 오일 중에 연마 입자의 침투
③ 공급 오일의 유막 강도 증대
④ 오일 첨가제 성분에 의한 화학적 마모

해설 공급 오일의 유막 강도 저하

**54. 일반적인 고무 스프링의 특징으로 틀린 것은?** [20-3]

① 감쇠 작용이 커서 진동 및 충격 흡수가 좋다.
② 인장력에 약하므로 인장하중을 피하는 것이 좋다.
③ 한 개의 고무로 두 방향 또는 세 방향으로 동시에 작용할 수 있다.
④ 기름에 접촉하거나 직사광선에 노출되어도 우수한 성능을 발휘한다.

해설 일반적인 고무는 기름과 직사광선에 취약하다.

정답 49. ① 50. ④ 51. ③ 52. ③ 53. ③ 54. ④

**55.** **펌프의 효율식 중 옳은 것은?** [16-2]

① 수력 효율 = $\dfrac{\text{수동력}}{\text{축동력}}$

② 기계 효율 = $\dfrac{\text{축동력} - \text{기계 손실}}{\text{축동력}}$

③ 체적 효율 = $\dfrac{\text{펌프의 실제 양정}}{\text{이론 양정(깃수 유한)}}$

④ 펌프 전 효율 = $\dfrac{\text{펌프의 실제 유량}}{\text{임펠러를 지나는 유량}}$

해설 ㉠ 수력 효율 = $\dfrac{\text{펌프의 실제 양정}}{\text{이론 양정(깃수 유한)}}$

㉡ 체적 효율 = $\dfrac{\text{펌프의 실제 유량}}{\text{임펠러를 지나는 유량}}$

㉢ 펌프의 전 효율 = $\dfrac{\text{수동력}}{\text{축동력}}$

**56.** **펌프를 사용할 때 발생하는 캐비테이션 (cavitation)에 대한 대책으로 옳지 않은 것은?** [16-2]

① 흡입양정을 길게 한다.
② 양흡입 펌프를 사용한다.
③ 펌프의 회전수를 낮게 한다.
④ 펌프의 설치 위치를 되도록 낮게 한다.

해설 펌프 설치 높이를 최대로 낮추어 흡입 양정을 짧게 한다.

**57.** **송풍기 기동 후의 점검사항으로 잘못된 것은?** [06-4, 10-4, 16-2, 19-4]

① 윤활유의 적정 여부 점검
② 임펠러의 이상 유무 점검
③ 베어링의 온도가 급상승하는지 유무 점검
④ 미끄럼 베어링의 오일링 회전의 정상 유무 점검

해설 임펠러의 이상 유무 점검은 기동 전 점검사항에 해당한다.

**58.** **왕복식 압축기와 비교한 원심식 압축기의 단점으로 옳은 것은?** [11-2, 15-2, 18-1, 19-2, 19-4, 20-4]

① 윤활이 어렵다.
② 설치 면적이 넓다.
③ 맥동 압력이 있다.
④ 고압 발생이 어렵다.

해설 원심식 압축기의 장단점 : 설치 면적이 비교적 좁다, 기초가 견고하지 않아도 된다, 윤활이 쉽다, 맥동 압력이 없다, 대용량이다, 고압 발생이 어렵다.

**59.** **유성 기어 감속기에 대한 설명으로 옳지 않은 것은?** [21-2]

① 작동 시 구름 마찰을 한다.
② 윤활 시 1kW 이하의 소형에는 그리스 윤활을 할 수 있고, 그 이상의 것은 유욕 윤활 방법이 쓰인다.
③ 고정된 내접 기어에 유성 기어가 맞물려 회전하면서 감속한다.
④ 무단 변속기와 조합하여 큰 감속비를 얻을 수 있다.

해설 유성 기어 감속기는 접촉 마찰을 이용한다.

**60.** **다음 중 무단 변속기에 관한 설명으로 틀린 것은?** [18-4]

① 체인식 무단 변속기의 일반적인 점검 주기는 1000~1500시간이다.
② 체인식 무단 변속기의 변속 조작은 회전 중이 아니면 할 수 없다.
③ 벨트식 무단 변속기는 유욕식이 아니므로 윤활 불량을 일으키기 쉽다.
④ 마찰바퀴식 무단 변속기의 변속 조작은 반드시 정지 중에 해야 한다.

정답 55. ② 56. ① 57. ② 58. ④ 59. ① 60. ④

해설 무단 변속기의 변속 조작은 운전 중에 해야 한다.

## 4과목 설비 진단 및 관리

**61. 진동수 $f$, 변위 진폭의 최대치 $A$의 정현 진동에 있어서 속도 진폭은 얼마인가?** [11－4]

① $2\pi fA^2$
② $(2\pi)^2 fA$
③ $(2\pi f)^2 A$
④ $2\pi fA$

해설 $\omega = 2\pi f$, $x = A\sin\omega t = A\sin(2\pi f)t$

$$\frac{dx}{dt} = \frac{d}{dt}A\sin(2\pi f)t = (2\pi f)A\cos(2\pi f)t$$

∴ 진폭은 $2\pi fA$이다.

**62. 질량 불평형(언밸런스, unbalance)의 진동 특성으로 틀린 것은?** [17－4, 22－2]

① 수평, 수직 방향에 최대의 진폭이 발생한다.
② 회전 주파수의 1$f$ 성분의 탁월 주파수가 나타난다.
③ 길게 돌출된 로터의 경우에는 축 방향 진폭은 발생하지 않는다.
④ 언밸런스 양과 회전수가 증가할수록 진동 레벨이 높게 나타난다.

해설 길게 돌출된 로터의 경우 수평, 수직 방향에서 최대의 진폭이 발생한다.

**63. 소음 방지 대책에 관한 설명으로 옳은 것은?** [21－1]

① 흡음재를 사용하며, 재료의 흡음율은 흡수된 에너지와 입사된 에너지의 비로 나타낸다.
② 기계 주위에 차음벽을 설치하며, 투과율은 흡수 에너지와 투과된 에너지의 비로 나타낸다.
③ 차음 효과를 증가시키기 위하여 차음벽의 무게와 주파수를 2배 증가시키면 투과 손실은 오히려 감소한다.
④ 차음벽의 무게나 내부 감쇠에 의한 차음 효과는 주파수가 증가함에 따라 감소한다.

해설 ㉠ 소음 방지 방법 : 흡음, 차음, 진동 차단, 진동 댐핑, 소음기

㉡ 투과율 $\tau = \dfrac{\text{투과음의 세기}}{\text{입사음의 세기}}$

㉢ 높은 주파수는 파장이 짧아 음을 높게 느끼고, 낮은 주파수는 파장이 길어 음을 낮게 느낀다.

**64. 신뢰성의 평가 척도 중 고장률(failure)을 나타낸 것은?** [19－1]

① 고장률 $= \dfrac{\text{고장 횟수}}{\text{총 가동 시간}}$

② 고장률 $= \dfrac{\text{고장 정지 시간}}{\text{총 가동 시간}}$

③ 고장률 $= \dfrac{\text{고장 횟수}}{\text{부하 시간}}$

④ 고장률 $= \dfrac{\text{고장 정지 시간}}{\text{부하 시간}}$

해설 고장률은 일정 기간 중에 발생하는 단위 시간당 고장 횟수로 나타내며, 고장률은 1000시간당의 백분율로 나타내는 것이 보통이다.

**65. 설비의 잠재 열화 현상에 대한 정확한 상태를 예측하기 위하여 직접 설비를 감지(monitoring)하는 방법을 무엇이라 하는가?** [12－4, 15－2, 17－4]

① 계량 보전

정답 61. ④ 62. ③ 63. ① 64. ① 65. ②

② 상태 기준 보전
③ 운전 중 검사
④ 부분적 SD(shut down)

해설 설비의 잠재 열화 현상에 대한 정확한 상태를 예측하기 위하여 직접 설비를 감지하는 방법을 상태 기준 보전 또는 예지 보전이라 한다.

**66. 보전 효과 측정을 위한 듀폰(Dupont)사에서 분류한 네 가지 기본 요소에 해당되지 않는 것은?** [14-4]

① 계획 ② 작업량
③ 비용 ④ 품질

해설 보전 효과를 네 가지 기본 기능, 즉 계획(planning), 작업량(work load), 비용(cost), 생산성(productivity)에 따라 표시한다.

**67. 상비품 품목 결정 방식 중 상비품의 재고 방식을 계획 구입 방식이라고 한다. 다음 계획 구입 방식의 특성으로 틀린 것은?** [18-4]

① 관리 수속이 복잡하다.
② 재고 금액이 많아진다.
③ 구입 단가가 경제적이다.
④ 재질 변경에 대한 손실이 많다.

해설 계획 구입 방식을 이용하면 재고 금액이 적어진다.

**68. 어떤 사상(事象)을 조사 또는 관리하는 경우 그 목적에 적합한 사상을 선정하여 과학적으로 측정하고 유효하게 수량화하여 그 결과가 객관적인 자료로서 의미를 갖도록 하는 것은?** [10-4, 14-2]

① 계측화 ② 효율화
③ 적정화 ④ 계량화

해설 계측화 : 어떤 사상을 조사 또는 관리하는 경우 그 목적에 적합한 사상을 선정해서 이것을 적절하게, 과학적으로 측정, 계측하고, 유효하게 수량화해서, 결과가 객관적인 자료로서 의미를 갖고, 소기의 목적을 두는 것을 말한다.

**69. 공장 내에서 일차 목적을 위해 사용된 후의 폐열 회수에 있어서 고려해야 할 것 중 틀린 것은?** [08-4]

① 각 열 설비마다 배열의 양 및 질 파악
② 배열하는 방법에 대한 기술적 가능성 및 경제성 검토
③ 열을 사용하는 설비의 가열 방법 및 설비의 규모, 작업 부하 검토
④ 회수에 필요한 비용 및 회수 열의 품질 작업 조건 등을 분석하여 가장 이용 가치가 있는 방법을 선택

해설 열을 사용하는 설비의 가열 방법 및 설비의 규모, 작업 부하 검토는 연소 관리에 해당된다.

**70. 만성 고장을 규명하고 개선하기 위한 PM 분석의 특징으로 옳은 것은?** [21-1]

① 원인 추구 방법은 과거의 경험으로 분석
② 현상 파악은 포괄적으로 파악하여 해석
③ 요인 발견 방법은 각개의 원인을 나열식으로 나열하여 발견
④ 원인에 대한 대책은 원리 및 원칙을 수립하여 대책 강구

해설 PM 분석
- 제1단계 : 현상을 명확히 한다.
- 제2단계 : 현상을 물리적으로 해석한다.
- 제3단계 : 현상이 성립하는 조건을 모두 생각해 본다.
- 제4단계 : 각 요인의 목록을 작성한다.

정답 66. ④ 67. ② 68. ① 69. ③ 70. ④

• 제5단계 : 조사 방법을 검토한다.
• 제6단계 : 이상 상태를 발견한다.
• 제7단계 : 개선안을 입안한다.

**71. 자주 보전의 전개 단계 중 발생 원인 · 곤란 개소 대책은 어느 단계인가?** [18-2, 20-4]

① 제1단계
② 제2단계
③ 제3단계
④ 제4단계

해설 제2단계 : 발생 원인 · 곤란 개소 대책
㉠ 발생 원인을 없앤다.
㉡ 청소 곤란 개소를 개선한다.

**72. 다음 중 윤활 관리의 경제적 효과로 옳은 것은?** [18-4, 21-4]

① 윤활제 소비량의 증가 효과
② 고장으로 인한 생산성 및 기회 손실의 증가 효과
③ 설비의 수명 감소로 인한 설비 투자 비용의 절감 효과
④ 기계 · 설비의 유지 관리에 필요한 보수비 절감 효과

해설 경제적 효과 : 동력비의 절감, 윤활비의 절약, 구매 업무의 간소화, 보수 유지비의 절감

**73. 윤활 관리의 조직에서 윤활 실시 부문을 윤활 담당자와 급유원으로 구분할 때 윤활 담당자의 직무에 해당되지 않는 것은?** [08-4, 11-4]

① 표준적 유량 결정 및 윤활 작업 예정표 작성
② 윤활 대장 및 각종 기록 작성 · 보고
③ 급유 장치 관계의 예비품 수배
④ 윤활제의 육안 검사 및 간단한 윤활제 교환

해설 윤활 담당자의 직무(관리적인 입장에서의 직무)
㉠ 윤활제 사용 예정표, 예산, 구매 요구 작성 및 의뢰
㉡ 표준적 유량 결정 및 윤활 작업 예정표 작성
㉢ 윤활 대장 및 각종 기록 작성 · 보고
㉣ 급유 장치 관계의 예비품 수배
㉤ 사용유 정비 분석 계획표 작성
㉥ 급유 장치 관계의 예비품 수배
㉦ 사용유 정기 분석 계획표 작성
㉧ 윤활유 교체 주기 결정, 급유원의 교육 및 훈련

**74. 윤활 기유에서 나프텐계와 비교하여 파라핀계의 특성으로 틀린 것은 어느 것인가?** [11-4, 16-2, 18-1, 18-2, 20-3, 20-4]

① 밀도가 높다.
② 휘발성이 낮다.
③ 인화점이 높다.
④ 잔류 탄소가 많다.

해설 파라핀계와 나프텐계의 비교

| 구분 | 파라핀계 원유 | 나프텐계 원유 |
|---|---|---|
| 유동점 | 높다 | 낮다 |
| 점도지수(VI) | 높다 | 낮다 |
| 밀도 | 낮다 | 높다 |
| 인화점 | 높다 | 낮다 |
| 색상 | 밝다 | 어둡다 |
| 잔류 탄소 | 많다 | 적다 |
| 아닐린점(용해성) | 높다 | 낮다 |

**75. 다음 중 그리스 증주제에 해당하지 않는 것은?** [17-4]

① Al ② Na ③ Ca ④ PbO

정답 71. ② 72. ④ 73. ④ 74. ① 75. ④

해설 증주제로 Ca, Na, Al, Li, 벤톤, 유기물이 사용된다.

**76.** 다음 중 그리스 급유법이 아닌 것은? [18-4, 21-4]

① 그리스 건
② 그리스 컵
③ 그리스 니플
④ 집중 그리스 윤활 장치

해설 니플은 주유구이다.

**77.** 윤활유가 열화할 때 나타나는 현상으로 가장 거리가 먼 것은? [20-3]

① 점도가 변화한다.
② 산가가 증가한다.
③ 색상이 변화한다.
④ 슬러지가 감소한다.

해설 윤활유가 열화하면 슬러지가 증가한다.

**78.** 일반적으로 윤활유를 채취하여 검사할 때 어느 지점이 가장 적당한가? [07-4]

① 오일 저장 탱크(oil reservoir)
② 오일 펌프 디스차지(oil pump discharge)
③ 베어링 인입구
④ 유 회수관(oil return line : 베어링을 거쳐 나온 oil)

해설 시료 채취는 유압 탱크에서 한다.

**79.** 압축기의 내부 윤활유의 요구 성능과 거리가 먼 것은? [20-4]

① 적정 점도
② 연질의 생성 탄소
③ 드레인 트랩의 작동 상태
④ 금속 표면에 대한 부착성

**80.** 중, 저속의 밀폐 기어, 감속기 내의 베어링 하우징 등 윤활 개소의 일부가 오일 배스(oil bath)에 잠긴 상태로 윤활되는 방식의 급유법은? [09-4, 17-4, 19-4]

① 나사 급유
② 비산 급유
③ 유욕식 급유
④ 사이펀 급유

해설 기어 장치의 밀폐형은 유욕 급유법, 강제 순환식 급유법, 개방형은 손 급유법, 브러시 급유법으로 윤활한다.

정답 76. ③ 77. ④ 78. ① 79. ③ 80. ③

# 제14회 CBT 대비 실전문제

## 1과목 공유압 및 자동 제어

**1. 다음 중 비중에 대한 설명으로 옳은 것은?** [14-4, 21-2]

① 비중은 무차원 수이다.
② 단위는 N/$m^3$을 사용한다.
③ 물의 밀도를 측정하고자 하는 물질의 밀도로 나눈 값이다.
④ 표준 대기압 0℃의 물의 비중량에 대한 비로 표시한다.

해설 비중은 물체의 밀도를 물의 밀도로 나눈 값이다.

**2. 다음 중 유압 시스템의 특징으로 옳은 것은?** [11-4, 22-2]

① 무단 변속이 가능하다.
② 원격 조작이 불가능하다.
③ 온도의 변화에 둔감하다.
④ 고압에서도 누유의 위험이 없다.

해설 유압은 무단 변속이 가능하고, 원격 조작도 가능하나 온도 변화에 예민하고, 누유 및 화재 폭발의 위험이 있다.

**3. 다음 중 회전식 공기 압축기가 아닌 것은?** [12-4, 18-2]

① 베인형 ② 스크롤형
③ 루츠 블로어 ④ 다이어프램형

해설 다이어프램형은 왕복식이다.

**4. 공압 실린더의 배기압을 빨리 제거하여 실린더의 전진이나 복귀 속도를 빠르게 하기 위한 목적으로 실린더와 최대한 가깝게 설치하여 사용하는 밸브는?** [07-4, 17-2, 18-2]

① 급속 배기 밸브
② 배기 교축 밸브
③ 압력 제어 밸브
④ 쿠션 조절 밸브

해설 급속 배기 밸브 : 공압 실린더 출구로부터 되돌아 온 공기를 변환 밸브(cut-out valve)를 통하지 않고 대기 중에 방출한다.

**5. 유압 시스템에서 사용하는 압력 제어 밸브가 아닌 것은?** [10-4, 18-1, 21-4]

① 리듀싱 밸브
② 시퀀스 밸브
③ 언로딩 밸브
④ 디셀러레이션 밸브

해설 디셀러레이션 밸브의 구조는 방향 제어 밸브이나, 기능은 유량 제어 밸브이다.

**6. 유압 모터의 종류가 아닌 것은 어느 것인가?** [15-2, 19-4, 20-4]

① 기어 모터
② 베인 모터
③ 스크루 모터
④ 회전 피스톤 모터

해설 유압 모터에는 기어 모터, 베인 모터, 회전 피스톤 모터가 있다.

정답 1. ① 2. ① 3. ④ 4. ① 5. ④ 6. ③

**7.** 다음 유압 속도 제어 회로의 특징이 아닌 것은? [16-2]

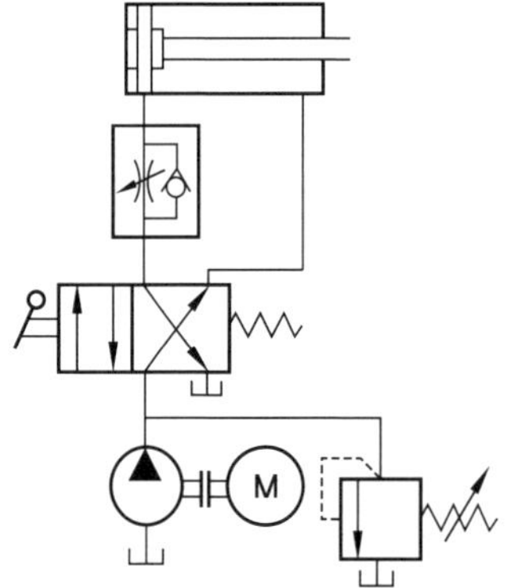


① 피스톤 측에만 부하 압력이 형성된다.
② 저속에서 일정한 속도를 얻을 수 있다.
③ 작동 효율이 가장 우수하여 경제적이다.
④ 끌리는 힘이 작용 시 카운터 밸런스 회로가 필요하다.

해설 이 회로는 미터-인 전진 제어이며, 미터-아웃에 비해 작동 효율이 양호하나 블리드-오프 회로보다는 효율이 나쁘다.

**8.** 유압 부속기기의 설명 중 틀린 것은 어느 것인가? [07-4, 14-4]

① 축압기는 펌프 유량 보충, 누설 보상, 정전 시 비상원 등으로 사용된다.
② 증압기는 표준 유압 펌프 하나만으로 얻을 수 있는 압력보다 높은 압력을 발생시키는데 사용된다.
③ 오일 탱크는 유압유 저장, 열 교환, 오염 물질 제거, 공기 배출의 기능이 있다.
④ 실(seal)은 정적 실과 동적 실로 나뉘며, 정적 실은 패킹이라고도 한다.

해설 정적 실은 개스킷, 동적 실을 패킹이라고도 한다.

**9.** 다이오드에 역방향 바이어스를 걸어줄 때 어느 한도 이상의 역방향 바이어스를 넘어서면 전류가 급속히 증가하고 전압이 일정하게 된다. 이러한 특성으로 인해 정전압 회로에 매우 중요한 다이오드는?

① 제너 다이오드
② 쇼트키 다이오드
③ 가변 용량 다이오드
④ 터널 다이오드

해설 제너 다이오드(zener diode) : 다이오드의 제너 항복 현상(역방향 포화 전류가 흐르는 상태에서 역방향 전압을 더 증가시키면 어느 전압에서 역방향의 큰 전류가 흐르는 현상)을 이용한 다이오드로, 정전압을 얻는데 사용된다.

**10.** 누전 검사를 하고자 할 때 사용되는 계기는?

① 메거 ② 멀티테스터
③ 후크 미터 ④ 만능 회로 시험기

해설 누전 검사는 메거를 이용한다.

**11.** 유도형 센서의 특징이 아닌 것은?

① 전력 소모가 적다.
② 자석 효과가 없다.
③ 감지 물체 안에 온도 상승이 없다.
④ 비금속 재료 감지용으로 사용된다.

해설 유도형 센서는 비금속을 감지하지 못한다.

**12.** 어느 제어계에서 0~10V 아날로그 신호를 센서를 통하여 읽어 들이기 위하여 8비트 A/C 변환기를 사용한다면 아날로그 신호를 몇 V 간격으로 읽어 들일 수 있는가? [13-2]

① 1.25 ② 0.625
③ 0.078 ④ 0.039

정답 7. ③ 8. ④ 9. ① 10. ① 11. ④ 12. ④

**해설** ㉠ 8bit 사용 시 분해능$=2^8=256$
㉡ 최소 범위$=10/256=0.039$V

**13.** 유도 기전력을 설명한 것으로 틀린 것은?

① 도선이 움직이는 속도에 비례한다.
② 자속밀도에 비례한다.
③ 도선의 길이에 비례한다.
④ 도체를 자속과 평행으로 움직이면 기전력이 발생한다.

**해설** 유도 기전력의 발생은 도체를 자속과 직각으로 두고 도체를 움직여 자속을 끊으면 그 도체에서 기전력이 발생한다.

**14.** 직류 전동기를 급정지 또는 역전시키는 전기적 제동법은?

① 역상 제동 ② 회생 제동
③ 발전 제동 ④ 단상 제동

**해설** 역상 제동(플러깅 제동) : 입력의 +, − 단자를 갑자기 바꾸면 전동기 양단에 역전압이 걸려 전동기는 점점 정지하고 계속 걸려 있으면 전동기는 역회전을 한다. 이것은 과전류로 인한 전동기 손실 우려가 있어서 잘 사용하지 않는다.

**15.** 운전 중 직류 전동기가 과열하는 고장 원인으로 거리가 먼 것은?

① 축받이 불량
② 코일의 절연 증가
③ 과부하
④ 중성축으로부터 브러시 이탈

**해설** 코일의 절연 증가는 도리어 전동기가 과열되지 않을 수 있다.

**16.** 다음 중 공정 제어 방식의 종류로서 제어량(출력)을 입력 쪽으로 되돌려 보내서 목표값(입력)과 비교하여 그 편차가 작아지도록 수정 동작을 행하는 제어 방식은?

① 비율 제어 [17−4]
② 속도 센서
③ 피드백 제어
④ 오버라이드 제어

**해설** 피드백 제어 : 피드백에 의하여 제어량과 목표값을 비교하고 그들이 일치되도록 정정 동작을 하는 제어

**17.** 다음 조절계의 제어 동작 중 비례 동작에 있어서 비례 게인($Kc$)과 비례대($PB$)의 관계로 옳은 것은? [16−4]

① $Kc=PB$ ② $Kc=\frac{1}{4PB}$
③ $Kc=\frac{1}{PB}\times 100\%$ ④ $Kc=\frac{1}{2}PB$

**해설** 실제의 조절계에서는 비례 게인 대신 비례대(PB : proportional band)가 사용되며, 비례대 $PB=\frac{1}{Kc}\times 100\%$이다.

**18.** 다음 중 응답 속도가 빠르고 안정도가 가장 좋은 동작은?

① 온 오프 동작
② 비례 미분 동작
③ 비례 적분 동작
④ 비례 적분 미분 동작

**해설** 조절계에서 PID 제어란 비례 적분 미분 제어를 말한다.

**19.** 회전 속도 또는 각속도의 검출이 가능한 것은? [15−2, 17−4]

① 플래퍼 ② 바이메탈
③ 오리피스 ④ 자이로스코프

**정답** 13. ④ 14. ① 15. ② 16. ③ 17. ③ 18. ④ 19. ④

해설 회전 속도 또는 각속도의 기계적인 검출은 원심력을 이용하여 하중이나 변위로 변환하는 방법과 자이로스코프(gyroscope)에 의하여 검출하는 방법 등이 있다. 이 원리는 질량 유량계에도 적용된다.

**20. 석영과 같은 일부 크리스탈은 압력을 받으면 전위를 발생시키는데 이러한 효과를 나타내는 용어는?** [14-2, 22-1]

① 열전 효과(thermoelectric effect)
② 광전 효과(photoelectric effect)
③ 광기전력 효과(photovoltaic effect)
④ 압전 효과(piezoelectric effect)

해설 석영과 같은 일부 크리스탈은 변위차에 의해 압력을 받으면 전압이 발생한다. 이를 압전 효과라 한다.

## 2과목 용접 및 안전관리

**21. 일반적인 용접의 특징으로 틀린 것은?**

① 용접사의 기량에 따라 용접부의 품질이 좌우된다.
② 재료 두께의 제한이 있고, 이종 재료의 용접이 어렵다.
③ 용접 준비 및 작업이 비교적 간단하고 용접의 자동화가 용이하다.
④ 소음이 적어 실내에서 작업이 가능하며 복잡한 구조물 제작이 쉽다.

해설 용접은 두께의 제한이 없고, 이종 금속 재료의 용접이 가능하다.

**22. 다음 중 교류 아크 용접기의 종류가 아닌 것은?**

① 가동 철심형 ② 가동 코일형
③ 엔진 구동형 ④ 탭 전환형

해설 ㉠ 교류 아크 용접기에는 가동 철심형, 가동 코일형, 탭 전환형, 가포화 리액터형이 있다.
㉡ 직류 아크 용접기에는 발전기형(전동 발전식과 엔진 구동식)과 정류기형 직류 아크 용접기가 있다.

**23. 피복제 중에 석회석이나 형석을 주성분으로 사용한 것으로 용착 금속 중의 수소 함유량이 다른 용접봉에 비해 약 1/10 정도로 현저하게 적은 피복 아크 용접봉은?**

① E 4301 ② E 4311
③ E 4313 ④ E 4316

해설 저수소계(E 4316)는 용착 금속 중의 수소 함유량이 다른 용접봉에 비해 약 1/10 정도로 현저하게 적다.

**24. 서브머지드 아크 용접의 단점으로 틀린 것은?**

① 아크가 보이지 않으므로 용접의 좋고 나쁨을 확인하면서 용접할 수가 없다.
② 일반적으로 용입이 깊으므로 요구되는 용접 홈 가공의 정도가 심하다.
③ 용입이 크므로 모재의 재질을 신중하게 선택한다.
④ 특수한 장치를 사용하지 않는 한 용접 자세가 아래보기, 수직, 수평 필릿에 한정된다.

해설 특수한 장치를 사용하지 않는 한 용접 자세가 아래보기나 수평 필릿에 한정된다.

**25. TIG 용접에서 직류 역극성이 정극성보다 전극봉의 과열로 인한 소손이 우려되어 정극성보다 약 몇 배 정도 굵은 것을 사용해야 하는가?**

정답 20. ④ 21. ② 22. ③ 23. ④ 24. ④ 25. ③

① 2배 ② 3배 ③ 4배 ④ 6배

해설 직류 역극성 사용 시 전극봉은 과열로 인한 소손이 우려되어 정극성보다 약 4배 정도 굵은 것을 사용해야 한다.

**26.** MIG 용접에서 토치의 노즐 끝 부분과 모재와의 거리를 얼마 정도 유지하여야 하는가?

① 3mm 정도 ② 6mm 정도
③ 8mm 정도 ④ 12mm 정도

해설 MIG 용접의 아크 발생은 토치의 끝을 약 15~20mm 정도 모재 표면에 접근시켜 토치의 방아쇠를 당기어 와이어를 공급하여 아크를 발생시키며, 노즐과 모재와의 거리를 12mm 정도 유지시키고 아크 길이는 6~8mm가 적당하다.

**27.** $CO_2$ 와이어 돌출 길이에 대한 일반적인 설명으로 틀린 것은?

① 와이어 돌출 길이는 와이어경의 약 20배 정도라고 알려져 있다.
② 와이어 돌출 길이는 와이어경의 약 10배 정도라고 알려져 있다.
③ 와이어 돌출 길이는 저전류 영역 200A 미만에서는 10~15mm 정도이다.
④ 와이어 돌출 길이는 고전류 영역 200A 이상에서는 15~25mm 정도이다.

해설 와이어 돌출 길이는 일반적으로 와이어경의 약 10배 정도라고 알려져 있다.

**28.** 일반적으로 용융 금속 중에서 기포 응고 시 빠져나가지 못하고 잔류하여 용접부에 기계적 성질을 저하시키는 것은?

① 편석 ② 은점
③ 기공 ④ 노치

해설 기공은 용착 금속 내부의 가스로 인하여 남아 있는 구멍이다.

**29.** 용접 작업 시 발생한 변형을 교정할 때 가열하여 열 응력을 이용하고 소성 변형을 일으키는 방법은?

① 박판에 대한 점 수축법
② 쇼트 피닝법
③ 롤러에 거는 방법
④ 절단 성형 후 재용접법

해설 박판에 대한 점 수축법은 용접할 때 발생한 변형을 교정하는 방법으로 가열할 때 열 응력을 이용하여 소성 변형을 일으켜 변형을 교정하는 방법이다.

**30.** 미소한 결함이 있어 응력의 집중에 의하여 성장하거나, 새로운 균열이 발생될 경우 변형 개방에 의한 초음파가 방출되는데 이러한 초음파를 AE 검출기로 탐상함으로써 발생 장소와 균열의 성장 속도를 감지하는 용접 시험 검사법은?

① 누설 탐상 검사법
② 전자 초음파법
③ 진공 검사법
④ 음향 방출 탐상 검사법

해설 AE(acoustic emission) 시험 또는 음향 방출 탐상 검사라고도 하며, 고체의 변형 및 파괴에 수반하여 해당된 에너지가 음향 펄스가 되어 진행하는 현상을 검출기, 증폭기와 필터, 진폭 변별기, 신호처리로 탐상하는 검사법이다.

**31.** 다음 설명 중 옳은 것은?

① 침투 탐상제는 용제를 쓰고 있기 때문에 환기에 유의할 필요가 있다.

정답 26. ④ 27. ① 28. ③ 29. ① 30. ④ 31. ①

② 침투 탐상제는 용제를 쓰고 있지 않으므로 본질적으로는 인체에 해가 없다.
③ 침투 탐상제는 소방법의 규제에 따라 용제를 사용할 수 없다.
④ 침투 탐상제는 인체에 아무런 영향을 끼치지 않는다.

해설 침투제는 미세한 틈새에도 잘 침투할 수 있는 물리 · 화학적 성분으로 구성되어 있으며, 액체로 되어 있다. 현상제는 휘발성이고, 단시간 동안에 건조되며 시편 표면 위를 백색 분말로 덮는다.

**32. 다음 중 자분 탐상 검사로 검사가 불가능한 것은?**

① 탄소강
② 18-8 스테인리스강
③ 니켈
④ 코발트

해설 자분 탐상 검사는 강자성체에만 적용하므로 비금속체의 검사에는 부적당하다. 18-8 니켈 크롬강(스테인리스강)은 검사를 할 수 없다.

**33. 회전하는 압연 롤러 사이에 물리는 것에 해당하는 재해 형태는?**

① 깔림 ② 맞음 ③ 끼임 ④ 압박

해설 용어
㉠ "깔림 · 뒤집힘(물체의 쓰러짐이나 뒤집힘)"이라 함은 기대어져 있거나 세워져 있는 물체 등이 쓰러져 깔린 경우 및 지게차 등의 건설기계 등이 운행 또는 작업 중 뒤집어진 경우를 말한다.
㉡ "맞음(날아오거나 떨어진 물체에 맞음)"이라 함은 기계 등에 고정되어 있던 물체가 중력, 원심력, 관성력 등에 의하여 고정부에서 이탈하거나 또는 설비 등으로부터 물질이 분출되어 사람을 가해하는 경우를 말한다.
㉢ "끼임(기계설비에 끼이거나 감김)"이라 함은 두 물체 사이의 움직임에 의하여 일어난 것으로 직선 운동하는 물체 사이의 끼임, 회전부와 고정체 사이의 끼임, 롤러 등 회전체 사이에 물리거나 또는 회전체 · 돌기부 등에 감긴 경우를 말한다.

**34. 금속의 용접 · 용단 또는 가열에 사용되는 가스 등의 용기를 취급하는 경우 용기의 온도는 몇 ℃ 이하로 유지하여야 하는가?**

① 10℃ ② 20℃ ③ 30℃ ④ 40℃

해설 용기의 온도는 40℃ 이하로 유지할 것

**35. 전기기계 · 기구의 조작 부분을 점검하거나 보수하는 경우에는 안전하게 작업할 수 있도록 전기기계 · 기구로부터 폭은 몇 센티미터(cm) 이상의 작업 공간을 확보하여야 하는가?**

① 30cm ② 50cm ③ 70cm ④ 100cm

해설 전기기계 · 기구의 조작 시 등의 안전조치
전기기계 · 기구의 조작 부분을 점검하거나 보수하는 경우에는 안전하게 작업할 수 있도록 전기기계 · 기구로부터 폭 70cm 이상의 작업 공간을 확보하여야 한다. 단, 작업 공간을 확보하는 것이 곤란하여 근로자에게 절연용 보호구를 착용하도록 한 경우에는 그러하지 아니하다.

**36. 다음 중 진폐 현상을 일으키는 작업은?**

① 납땜 작업 ② 도장 작업
③ 운전 ④ 버핑 작업

정답 32. ② 33. ③ 34. ④ 35. ③ 36. ④

**해설** 진폐증의 위험이 있는 작업 시는 집진 장치를 가동시켜야 하고, 가능한 한 습식 작업을 하며, 연속 2시간 이상 작업을 하지 말며, 2시간마다 15분 정도 휴식을 취한다.

**37.** 유기 용제 구분의 표시사항이 틀린 것은?

① 제1종 유기 용제 : 적색
② 제2종 유기 용제 : 황색
③ 제3종 유기 용제 : 청색
④ 제4종 유기 용제 : 흑색

**해설** 제4종 유기 용제는 지정하지 않는다.

**38.** 방독 마스크를 선택할 때 주의를 요하는 사항은 무엇인가?

① 얼굴에 대한 압박감
② 온도 조절
③ 흡수 필터가 유효한 대상 가스
④ 기상 조건

**해설** 방독 마스크는 유해 가스로부터 호흡을 보호하기 위함이다.

**39.** 산업재해가 발생한 경우 산업재해 조사표를 작성하여 관할 지방고용노동관서의 장에게 제출하여야 하는 기간은 발생일로부터 언제까지인가?

① 지체 없이 ② 1주 이내
③ 2주 이내 ④ 1개월 이내

**해설** 사업주는 산업재해로 사망자가 발생하거나 3일 이상의 휴업이 필요한 부상을 입거나 질병에 걸린 사람이 발생한 경우에는 법 제57조 제3항에 따라 해당 산업재해가 발생한 날부터 1개월 이내에 별지 제30호 서식의 산업재해 조사표를 작성하여 관할 지방고용노동관서의 장에게 제출(전자 문서로 제출하는 것을 포함한다)해야 한다.

**40.** 이동식을 제외한 국소 배기 장치의 덕트(duct) 설치 기준으로 틀린 것은?

① 가능하면 길이는 길게 하고 굴곡부의 수는 적게 할 것
② 접속부의 안쪽은 돌출된 부분이 없도록 할 것
③ 덕트 내부에 오염 물질이 쌓이지 않도록 이송 속도를 유지할 것
④ 연결 부위 등은 외부 공기가 들어오지 않도록 할 것

**해설** 분진 등을 배출하기 위하여 설치하는 국소 배기 장치(이동식은 제외한다)의 덕트(duct) 기준

㉠ 가능하면 길이는 짧게 하고 굴곡부의 수는 적게 할 것
㉡ 접속부의 안쪽은 돌출된 부분이 없도록 할 것
㉢ 청소하기 쉬운 구조로 할 것
㉣ 덕트 내부에 오염 물질이 쌓이지 않도록 이송 속도를 유지할 것
㉤ 연결 부위 등은 외부 공기가 들어오지 않도록 할 것

## 3과목 기계 설비 일반

**41.** 다음 그림에서 부품 ㉠의 공차와 부품 ㉡의 공차가 순서대로 바르게 나열된 것은?

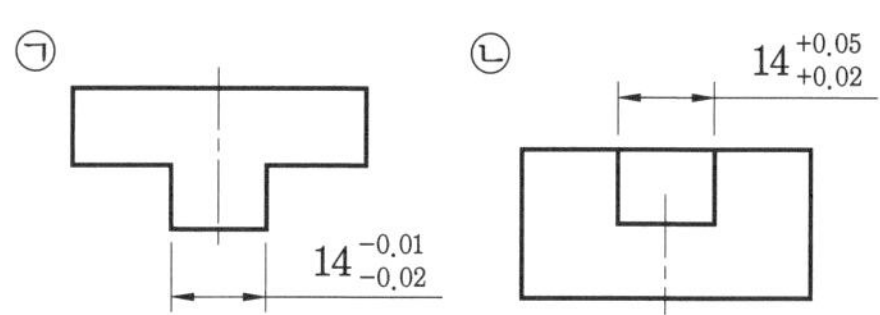

① 0.01, 0.02 ② 0.01, 0.03
③ 0.03, 0.03 ④ 0.03, 0.07

해설 ㉠ 공차=−0.01−(−0.02)=0.01
㉡ 공차=0.05−0.02=0.03

**42.** 다음 그림은 면의 지시 기호이다. 그림에서 M은 무엇을 의미하는가?

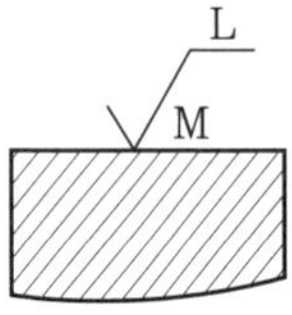


① 밀링 가공
② 가공에 의한 무늬결
③ 표면 거칠기
④ 선반 가공

해설 L : 선반 가공

**43.** 모양 및 위치의 정밀도 허용값을 도시한 것 중 올바르게 나타낸 것은?

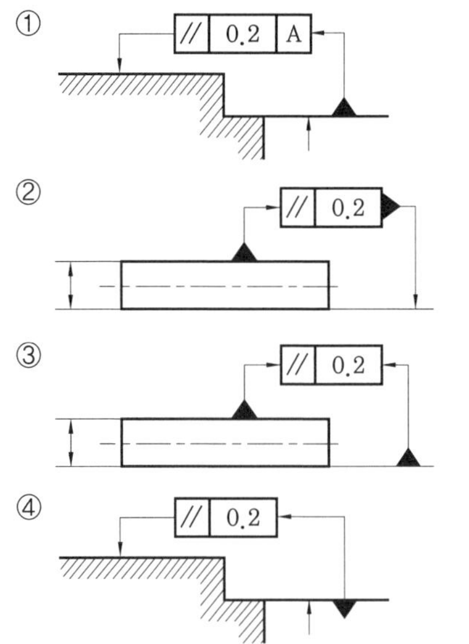


**44.** 측정 공구 중 비교 측정에 사용되는 측정기는? [09−4]

① 마이크로미터 ② 버니어 캘리퍼스
③ 측장기 ④ 옵티미터

해설 비교 측정에 사용되는 측정기는 다이얼 게이지(dial gauge), 미니미터, 옵티미터, 공기 마이크로미터, 전기 마이크로미터 등이다.

**45.** 측정자의 직선 또는 원호 운동을 기계적으로 확대하여 그 움직임을 지침의 회전 변위로 변환시켜 눈금으로 읽을 수 있는 길이 측정기는? [06−4, 10−4, 17−4]

① 게이지 블록 ② 하이트 게이지
③ 다이얼 게이지 ④ 버니어 캘리퍼스

해설 다이얼 게이지 : 래크와 기어의 운동을 이용하여 작은 길이를 확대하여 표시하게 된 비교 측정기로 회전체나 회전축의 흔들림 점검, 공작물의 평행도 및 평면 상태의 측정, 표준과의 비교 측정 및 제품 검사 등에 사용된다.

**46.** 결정 구조의 구성이 붕소(B) 및 질소(N) 원자로 이루어져 있고 주철, 담금질강 등에 뛰어난 가공성을 가진 공구는? [09−4]

① 입방정 질화붕소(CBN)
② 다이아몬드(diamond)
③ 서멧(cermet)
④ 소결 초경 합금(sintered hard metal)

**47.** 기어나 나사를 제작 가공할 수 있는 것은?

① 인발 ② 용접
③ 전조 ④ 압연

해설 전조 : 전조용 기어 공구나 나사 공구 등을 사용하여 소재를 공구와 함께 회전시키며 압력을 가하여 소성 가공으로 작은 기어나 나사 등을 만드는 가공

정답 42. ② 43. ① 44. ④ 45. ③ 46. ① 47. ③

**48.** 다음 중 표면 경화 열처리 방법이 아닌 것은? [15-4, 20-3]

① 침탄법 ② 질화법
③ 오스템퍼링 ④ 고주파 경화법

해설 표면 경화법 : 침탄법, 질화법, 청화법(침탄 질화법, 시안화법), 금속 침투법, 화염 경화법, 고주파 경화법

**49.** 일반 열처리 중 풀림의 목적과 거리가 가장 먼 것은? [18-2, 20-4]

① 강을 연하게 한다.
② 내부 응력을 제거한다.
③ 강의 인성을 증대시킨다.
④ 냉간 가공성을 향상시킨다.

해설 풀림 : 내부 응력 제거, 조직 개선, 경도를 줄이고 조직을 연화, 경화된 재료의 조직 균일화 목적의 열처리

**50.** 일반적인 질화법의 특징으로 틀린 것은? [14-2, 18-4]

① 경화에 의한 변형이 크다.
② 질화 후의 열처리가 필요 없다.
③ 침탄법에 비해 경화층이 얇고 조작 시간이 길다.
④ 질화층을 깊게 하려면 긴 시간이 걸린다.

해설 질화법 : 강의 표면을 경화하는 방법으로 표면 경도와 내마모성이 매우 높아 수정이 불가능하다.

**51.** 기어 제도의 도시 방법 중 선의 사용 방법이 틀린 것은? [14-2, 22-2]

① 피치원은 가는 실선으로 표시한다.
② 이골원은 가는 실선으로 표시한다.
③ 잇봉우리원은 굵은 실선으로 표시한다.
④ 잇줄 방향은 통상 3개의 가는 실선으로 표시한다.

해설 피치원은 가는 1점 쇄선으로 표시한다.

**52.** 베어링 온도는 정상 운전 상태에서 주위 온도보다 얼마를 초과하지 말아야 하는가?

① 5~10℃ ② 20~30℃
③ 40~50℃ ④ 60~70℃

해설 베어링 온도는 정상 상태에서 20~30℃를 초과하지 말아야 한다.

**53.** 구름 베어링의 구성 요소 중 회전체 사이에 적절한 간격을 유지하여 마찰을 감소시켜 주는 것은? [18-1, 20-4]

① 임펠러 ② 마그넷
③ 리테이너 ④ 블레이드

**54.** 이면에 높은 응력이 반복 작용된 결과 이면상에서 국부적으로 피로된 부분이 박리되어 작은 구멍을 발생하는 현상은 무엇인가? [14-2, 17-4, 21-4]

① 피팅 ② 긁힘
③ 스코링 ④ 리플링

해설 피팅(pitting) : 이면에 높은 응력이 반복 작용된 결과 이면상에 국부적으로 피로된 부분이 박리되어 작은 구멍을 발생하는 현상

**55.** 벨트 전동 장치에서 전달 동력에 대한 설명 중 틀린 것은? [14-4]

① 마찰계수의 값이 크면 클수록 큰 동력을 전달시킬 수 있다.
② 접촉각이 클수록 큰 동력을 전달시킬 수 있다.
③ 원심 장력이 크면 클수록 전달 동력이 증가된다.
④ 장력비가 클수록 전달 동력이 커진다.

정답 48. ③ 49. ③ 50. ① 51. ① 52. ② 53. ③ 54. ① 55. ③

해설 원심 장력이 크면 클수록 전달 동력이 감소된다.

**56.** **오프셋 링크에서 링크판과 부시를 일체화시킨 것으로, 오프셋 링크와 이음 핀으로 연결되어 있으며, 저속 중용량의 컨베이어, 엘리베이터용으로 사용되는 체인은?** [18-4]

① 롤러 체인
② 부시 체인
③ 핀틀 체인
④ 블록 체인

해설 핀틀 체인 : 일체로 된 오프셋 링크와 핀으로 이루어진 체인이다.

**57.** **압축공기 저장 탱크의 안전 밸브 역할이 아닌 것은?** [15-4, 18-2]

① 배출량의 조정
② 2차 압력을 조정
③ 토출 압력의 조정
④ 토출 정지 압력의 조정

해설 2차 압력을 조정하는 밸브는 감압 밸브이다.

**58.** **벨트식 무단 변속기에 관한 설명으로 틀린 것은?** [13-4, 20-3]

① 구동 계통의 오염으로 인한 윤활 불량에 유의한다.
② 가변 피치 풀리가 유욕식이므로 정기적인 점검이 필요하다.
③ 벨트와 풀리(pulley)의 접촉 위치 변경에 의한 직경비를 이용한다.
④ 무단 변속에 사용되는 벨트의 수명은 일반적인 벨트보다 수명이 짧다.

해설 벨트식 무단 변속기의 정비
벨트의 수명은 표준 사용 방법으로 운전할 때의 1/3에서 2배 정도, 가변 피치 풀리의 습동부는 윤활 불량이 되기 쉽다. 광폭 벨트는 특수하므로 예비품 관리를 잘 해두어야 한다.

**59.** **전동기가 회전 중 진동 현상을 보이고 있다. 그 원인으로 틀린 것은?** [10-4, 16-2]

① 냉각 불충분
② 베어링의 손상
③ 커플링, 풀리의 이완
④ 로터와 스테이터의 접촉

해설 진동 현상의 원인 : 베어링의 손상, 커플링, 풀리 등의 마모, 냉각팬, 날개 바퀴의 느슨해짐, 로터와 스테이터의 접촉 등
※ 냉각 불충분은 과열의 원인이다.

**60.** **단상 혹은 3상 전동기의 고장 중 전동기의 과열 원인과 거리가 먼 것은?**

① 과부하
② 축 조임의 과다
③ 퓨즈의 단선
④ 코일의 단락

해설 전동기의 과열 원인 : 3상 중 1상의 접촉 불량, 베어링 부위에 그리스 과다 충진, 과부하 운전, 빈번한 기동과 정지, 냉각 불충분, 베어링 불량, 축 조임 과다, 코일 단락

## 4과목 설비 진단 및 관리

**61.** **다음 설비 진단 기법 중 오일 분석법이 아닌 것은?** [14-2, 17-4, 19-1, 22-2]

① 회전 전극법 ② 원자 흡광법
③ 변형 게이지법 ④ 페로그래피법

정답 56. ③ 57. ② 58. ② 59. ① 60. ③ 61. ③

**해설** 오일 분석법

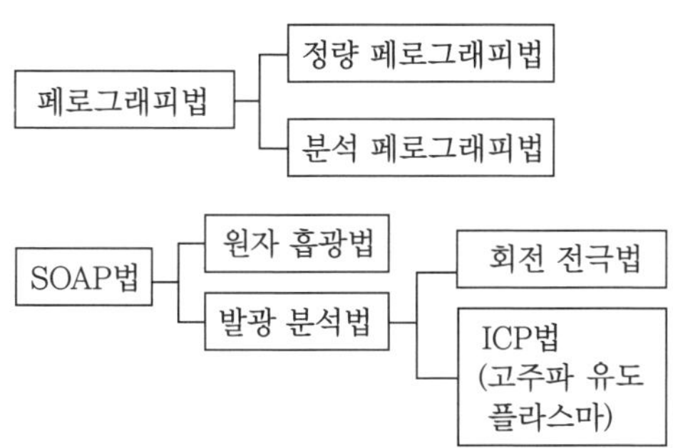


**62. 정현파 신호에서 진동의 크기를 표현한 것 중 옳은 것은?** [18-4, 19-4, 21-1, 21-4]

① 피크-피크값(양진폭)은 실효값의 2배이다.
② 피크값(편진폭)은 진동량의 절댓값 중 최솟값이다.
③ 실효값은 진동 에너지를 표현하는데 적합하며 피크값의 약 0.7배이다.
④ 평균값은 진동량을 평균한 값으로서 피크값의 $\frac{1}{\sqrt{2}}$배이다.

**해설** 피크-피크값은 피크값의 2배, 평균값은 피크값의 $\frac{2}{\pi}$배, 실효값은 피크값의 $\frac{1}{\sqrt{2}}$(0.707)배이다.

**63. 다음 중 진동 측정용 센서와 가장 거리가 먼 것은?** [06-4, 17-4, 18-4]

① 변위 센서 ② 질량 센서
③ 속도 센서 ④ 가속도 센서

**해설** 진동 센서에는 변위 센서, 속도 센서, 가속도 센서가 있다.

**64. 기류음은 난류음과 맥동음으로 나눌 수 있다. 다음 중 맥동음을 일으키는 것이 아닌 것은?** [09-4, 15-4, 19-4]

① 압축기 ② 선풍기
③ 진공 펌프 ④ 엔진의 배기관

**해설** ㉠ 난류음 : 선풍기, 송풍기 등의 소리
㉡ 맥동음 : 압축기, 진공 펌프, 엔진의 배기음 등

**65. 다음 중 기본적인 소음 방지법으로 틀린 것은?** [07-4, 15-2, 17-2, 18-2, 22-2]

① 흡음 ② 차음
③ 진동 댐핑 ④ 방진구 설치

**해설** 소음 방지 방법
㉠ 흡음 ㉡ 차음
㉢ 소음기 ㉣ 진동 차단
㉤ 진동 댐핑

**66. 다음 설비 관리 기능 중 기술 기능에 포함되지 않는 것은?** [17-4, 18-1, 21-1]

① 설비 성능 분석
② 보전 업무를 위한 외주 관리
③ 설비 진단 기술 이전 및 개발
④ 보전 기술 개발 및 매뉴얼 갱신

**해설** 기술 기능
㉠ 설비 성능 분석과 고장 분석 방법 개발 및 실시
㉡ 보전도 향상 및 연구 부품 교체 분석
㉢ 설비 진단 기술 이전 및 개발
㉣ 설비 간의 네트워킹(networking) 구축 및 정보 체제의 전산화 구축
㉤ 보전 업무 분석 및 검사 기준 개발
㉥ 보전 기술 개발 및 매뉴얼 갱신
㉦ 보전 자료와 정보의 설계로의 피드백(feedback)

**67. 생산량이 많고 표준화되고 작업의 균형이 유지되며 재료의 흐름이 원활한 경우에 많이 이용되는 설비 배치 형태는?** [08-4, 18-1, 22-1]

① 갱 시스템
② 제품별 배치

**정답** 62. ③ 63. ② 64. ② 65. ④ 66. ② 67. ②

③ 기능별 배치
④ 제품 고정형 배치

**해설** 제품별 배치(product layout) : 일명 라인(line)별 배치라고도 하며, 공정의 계열에 따라 각 공정에 필요한 기계가 배치되는 형식으로 생산량이 많고 표준화되고 작업의 균형이 유지되며, 재료의 흐름이 원활할 경우 잘 이용된다.

**68.** 보전 장비가 어디에 위치하여 있는가는 보전 작업의 용이성에 직접적인 영향을 끼친다. 보전 부지 선정 시에 고려해야 할 요소와 가장 거리가 먼 것은? [13-4]

① 부지 이용률　② 에너지 이용도
③ 비용 요소　④ 시장 근접성

**해설** 보전 부지 선정 시에 고려해야 할 요소 : 부지 이용률, 에너지 이용률, 비용 요소

**69.** 설비의 공사 관리 기법 중 PERT 기법에 대한 설명으로 틀린 것은? [14-2, 21-4]

① 전형적 시간(most likely time)은 공사를 완료하는 최빈치를 나타낸다.
② 낙관적 시간(optimistic time)은 공사를 완료할 수 있는 최단 시간이다.
③ 비관적 시간(pessimistic time)은 공사를 완료할 수 있는 최장 시간이다.
④ 위급 경로(critical path)는 공사를 완료하는데 가장 시간이 적게 걸리는 경로를 말한다.

**해설** 위급 경로 또는 주 공정 경로(critical path)는 공사를 완료하는데 가장 시간이 많이 걸리는 경로이다.

**70.** 재고 관리에서 재고가 일정 수준(방주점)에 이르면 일정 발주량을 발주하는 방식은? [19-4, 21-1]

① 정량 발주 방식　② 정기 발주 방식
③ 정수 발주 방식　④ 사용고 발주 방식

**해설** 정량 발주 방식 : 주문점법이라고도 하며, 규정 재고량까지 소비하면 일정량만큼 주문하는 것으로 발주량이 일정하나 발주 시기가 변한다.

**71.** 생산 공정에 있어 취급되는 재료, 반제품 또는 완제품을 공정에 받아들이거나 공정 도중 또는 최종 작업 단계에서 대상물의 작업 기준 합치 여부를 조사하기 위해 사용되는 공구는? [14-2, 22-1]

① 치구 부착구　② 검사구
③ 주조　④ 단조

**해설** 검사구란 생산 공정에 있어 취급되는 재료, 반제품 또는 완제품을 공정에 받아들일 때 측정 도중 또는 공정의 최종 작업 단계에 있어 이것들이 작업에서 정하는 기준에 합치하는가 아닌가를 조사하기 위해 사용되는 공구를 말한다.

**72.** TPM에서의 설비 종합 효율을 계산하기 위해서 고려되어야 할 사항 중 가장 거리가 먼 것은? [18-1, 20-3]

① 양품률　② 로스율
③ 시간 가동률　④ 성능 가동률

**해설** 종합 효율=시간 가동률×성능 가동률×양품률

**73.** 자주 보전에 대한 설명 중 틀린 것은 어느 것인가? [12-4]

① 자주 보전은 운전 부분에서 행하는 자발적인 보전 활동이다.
② 자주 보전은 보전 요원들의 기술 개발을 위한 시간 단축과 제조 현장의 생산성을 극대화한다.

**정답** 68. ④　69. ④　70. ①　71. ②　72. ②　73. ④

③ 자주 보전의 핵심은 자기 운전 설비는 운전자 스스로가 관리함으로써 현장 개선의 일획을 담당한다.
④ 자주 보전 활동은 고장 및 불량을 극소화하여 보전 효율 달성을 목적으로 하는 체계화된 활동이다.

해설 ④는 계획 보전 활동에 대한 설명이다.

**74.** 다음 중 경계 윤활에 대한 설명으로 옳은 것은? [08-4, 10-4, 18-2]

① 극압 윤활이라고도 한다.
② 마찰계수는 0.01~0.05 정도이다.
③ 후막 윤활로 가장 이상적인 윤활 상태이다.
④ 불완전 윤활이라고도 하며, 고하중 · 저속 상태에서 발생하기 쉽다.

해설 극압 윤활은 고체 윤활, 경계 윤활의 마찰계수는 0.08~0.14, 후막 윤활은 유체 윤활을 말한다.

**75.** 다음 중 액상의 윤활유로서 갖추어야 할 성질이 아닌 것은? [06-4, 16-4]

① 가능한 한 화학적으로 활성이며, 청정 균질한 것
② 사용 상태에서 충분한 점도를 가질 것
③ 한계 윤활 상태에서 견디어 낼 수 있는 유성이 있을 것
④ 산화나 열에 대한 안전성이 높을 것

해설 화학적으로 비활성이어야 한다.

**76.** 다음 중 가장 높은 온도 조건(주위 환경 온도)에서 사용하기에 가장 적합한 그리스는? [16-4, 19-2]

① 칼슘 그리스 ② 리튬 그리스
③ 나트륨 그리스 ④ 알루미늄 그리스

해설 최고 사용 온도는 Ca는 60℃, Na는 80℃, Al은 50℃, Li는 120~130℃이다.

**77.** 다음 중 윤활유 첨가제의 성질이 아닌 것은? [15-4, 19-2, 21-4]

① 증발이 적어야 한다.
② 기유에 용해도가 좋아야 한다.
③ 수용성 물질에 잘 녹아야 한다.
④ 냄새 및 활동이 제어되어야 한다.

해설 윤활유 첨가제는 수용성 물질에 녹지 않아야 한다.

**78.** 윤활유의 열화 원인으로 맞지 않는 것은? [07-4, 17-4, 19-1]

① 질화 현상 ② 산화 현상
③ 유화 현상 ④ 탄화 현상

해설 윤활유 열화에 미치는 인자 : 산화(oxidation), 탄화(carbonization), 희석(dilution)

**79.** 오일을 규정 조건으로 가열하여 발생한 증기에 불꽃을 접근시켰을 때 순간적으로 불이 붙은 온도는? [19-1, 20-3]

① 인화점 ② 발연점
③ 착화점 ④ 연소점

해설 석유 제품을 가열하게 되면 유증기가 발생하게 되고 그 증기는 외부로부터 화염을 접근시키면 순간적으로 섬광을 내면서 인화되어 발생 증기가 소멸된다. 이때의 온도를 인화점이라고 한다.

**80.** 압축기의 내부 윤활유의 요구 성능으로 가장 거리가 먼 것은? [16-4, 18-1, 21-2]

① 부식 방지성이 좋을 것
② 적정한 점도를 가질 것
③ 산화 안정성이 양호할 것
④ 생성 탄소가 경질일 것

해설 생성 탄소는 연질이어야 한다.

정답 74. ④ 75. ① 76. ② 77. ③ 78. ① 79. ① 80. ④

# 제15회 CBT 대비 실전문제

## 1과목 공유압 및 자동 제어

**1.** 베르누이 정리에 관한 관계식으로 옳은 것은? (단, $V$ : 유속[m/s], $g$ : 중력 가속도[m/s$^2$], $\gamma$ : 유체의 비중량[N/m$^3$], $P$ : 압력[Pa], $Z$ : 높이[m]이다.) [21-4, 22-1]

① $\frac{P}{\gamma}+\frac{V^2}{g}+Z=$일정

② $\frac{P}{\gamma}+\frac{V^2}{2g}+Z=$일정

③ $\frac{Z}{\gamma}+\frac{V^2}{2g}+P=$일정

④ $\frac{\gamma}{P}+\frac{2g}{V^2}+Z=$일정

해설 베르누이 정리 : 유체의 위치 에너지, 속도 에너지, 압력 에너지의 합은 일정하다.

**2.** 다음 중 공기압 조정 유닛의 구성 요소로 맞는 것은? [07-4, 13-4, 08-4]

① 필터, 압력 조절기, 냉각기
② 윤활기, 압력 조절기, 건조기
③ 필터, 윤활기, 축압기
④ 필터, 윤활기, 압력 조절기

해설 서비스 유닛은 필터, 압력 게이지 부측 압력 조정기, 윤활기로 구성되어 있으나 근간에는 윤활기가 없는 것이 많이 보급되고 있다.

**3.** 전진과 후진 시 추력이 같은 장점을 갖는 실린더는? [14-2, 21-4]

① 탠덤 실린더
② 양로드 실린더
③ 다위치형 실린더
④ 텔레스코프형 실린더

해설 실린더의 전·후진 속도나 추력을 같게 하려면 양로드 실린더를 사용해야 한다.

**4.** 베인 펌프의 특징에 관하여 가장 거리가 먼 것은? [08-4, 14-4]

① 베인의 마모로 인한 압력 저하가 적다.
② 기어 펌프나 피스톤 펌프에 비해 토출 압력의 맥동이 적다.
③ 기어 펌프에 비하여 소음이 적다.
④ 시동 토크가 커서 급속 시동이 어렵다.

해설 베인 펌프의 특징
㉠ 토출 압력의 맥동과 소음이 적다.
㉡ 스타트 토크가 작아 급속 스타트가 가능하다.
㉢ 단일 무게당 용량이 커서 형상 치수가 최소이다.
㉣ 베인의 마모로 인한 압력 저하가 적어 수명이 길다.

**5.** 유압 모터 중 구조면에서 가장 간단하며 출력 토크가 일정하고 정·역회전이 가능하고 토크 효율이 약 75~85%, 최저 회전수는 150 rpm 정도이며, 정밀 서보 기구에는 부적합한 것은? [13-4, 19-1]

정답 1. ② 2. ④ 3. ② 4. ④ 5. ①

① 기어 모터(gear motor)
② 베인 모터(vane motor)
③ 액시얼 피스톤 모터(axial piston motor)
④ 레디얼 피스톤 모터(radial piston motor)

해설 베인 모터의 최저 회전수는 200rpm 이다.

**6. 다음 기호 중에서 공기압 모터를 나타낸 것은?** [11-4, 15-4, 21-1]

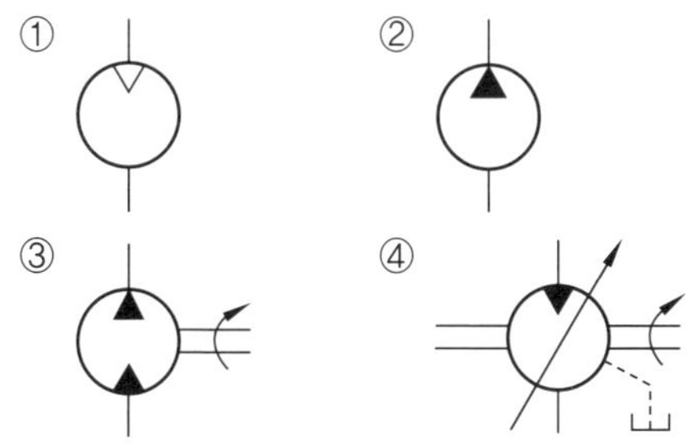


해설 ②는 유압 펌프, ③은 유압 펌프 · 모터, ④는 가변형 유압 모터의 기호

**7. 공압 시스템의 보수 유지에 대한 설명으로 틀린 것은?** [17-4]

① 배관 내에 이물질을 제거할 때에는 플러싱 머신을 사용한다.
② 마모된 부품은 시스템의 기능 장애, 공압 누설 등의 원인이 된다.
③ 배관 등에 이물질이 누적되면 압력 강하와 부정확한 스위칭이 될 수 있다.
④ 가속력이 큰 경우에는 완충 장치를 부착하여 작동력을 흡수하도록 한다.

해설 플러싱은 유압 시스템에 적용한다.

**8. 굵은 전선이나 케이블을 절단할 때 사용되는 공구는?**

① 클리퍼　　② 펜치
③ 나이프　　④ 플라이어

해설 클리퍼(clipper, cable cutter) : 굵은 전선을 절단할 때 사용하는 가위

**9. 전압계로 전압의 측정 범위를 확대하기 위하여 전압계 내부에 배율기의 저항은 전압계와 어떻게 연결해야 하는가?** [16-1]

① 전류계와 병렬로 연결한다.
② 전압계와 직렬로 연결한다.
③ 전압계와 병렬로 연결한다.
④ 전압계와 연결하지 않는다.

해설 ㉠ 배율기 (multiplier) : 전압계에 직렬로 접속
㉡ 분류기 (shunt) : 전류계에 병렬로 접속

**10. 계측기가 미소한 측정량의 변화를 감지할 수 있는 최소 측정량의 크기를 무엇이라 하는가?**

① 정밀도　　② 정확도
③ 오차　　④ 분해능

해설 계측기가 미소한 측정량의 변화를 감지할 수 있는 최소 측정량의 크기를 분해능, 계측기가 측정량의 변화를 감지하는 민감성의 정도를 그 기기의 감도라 한다.

**11. 신호 전송 시 노이즈(noise) 대책으로 접지를 할 때의 주의사항 중 틀린 것은?**

① 1점으로 접지할 것
② 가능한 가는 도선을 사용할 것
③ 병렬 배선으로 할 것
④ 실드 피복은 필히 접지할 것

해설 접지 : 보통 패널이나 계기를 접지하는 것과 SN비의 개선으로 노이즈에 의한 장애를 막기 위한 접지가 있다. 접지할 때에 주의사항은 다음과 같다.
㉠ 1점으로 접지할 것

정답 6. ①　7. ①　8. ①　9. ②　10. ④　11. ②

㉡ 가능한 굵은 도선(도체)을 사용할 것
㉢ 직렬 배선을 피하고 병렬로 할 것
㉣ 실드 피복 패널류는 필히 접지할 것

**12.** 다음 중 센서의 사용 목적과 가장 거리가 먼 것은?

① 정보의 수집 ② 연산 제어 처리
③ 정보의 변환 ④ 제어 정보의 취급

해설 센서의 사용 목적은 크게 정보의 수집, 정보의 변환, 제어 정보의 취급으로 요약할 수 있다.

**13.** 누전 차단기의 설치 및 취급에 대한 사항과 관계가 먼 것은?

① 1개월에 1회 정도 테스터 버튼에 의하여 동작 상태를 확인한다.
② 누전 차단기를 설치하면 부하기기는 접지하지 않는다.
③ 습기나 부식성이 있는 장소는 피한다.
④ 전원은 전원 측에 부하를 부하 측에 확실히 접속한다.

해설 누전 차단기는 기기의 내부에서 누전 사고가 발생했을 때나 외부 상자나 프레임 등에 접촉할 때 감전되는 것을 예방하기 위하여 사용한다. 전기기기의 금속제 외함, 금속제 외피 등 금속 부분은 누전 차단기를 설치한 경우에도 접지한다.

**14.** DC 모터의 구성품 중 회전하는 정류자에 전류를 흘려주는 소모성 접촉물은?

① 코일 ② 브러시
③ 회전자 ④ 베어링

해설 직류 전동기의 회전부와 외부의 도체와의 사이에 개재하여, 회전부와의 사이에 미끄러짐 접촉함으로써 전류의 도입, 도출을 수행하기 위한 소모성 부품으로 주로 탄소를 원료로 하기 때문에 카본 브러시라고도 한다.

**15.** 다음 폐회로 제어를 설명한 것으로 맞는 것은? [10-4, 21-1]

① 피드백 신호가 없다.
② 2진 신호를 사용한다.
③ 외란 변수가 작을 때 사용한다.
④ 실제값과 기준값의 비교 기능이 있다.

해설 폐회로 제어
㉠ 여러 개의 외란 변수가 존재할 때 사용
㉡ 외란 변수들의 특징과 값이 변화할 때 사용
㉢ 반드시 센서 등을 이용하여 목표값과 실제값을 비교

**16.** 피드백 제어계에서 그림과 같은 블록 선도의 구성 요소를 무엇이라 하는가?

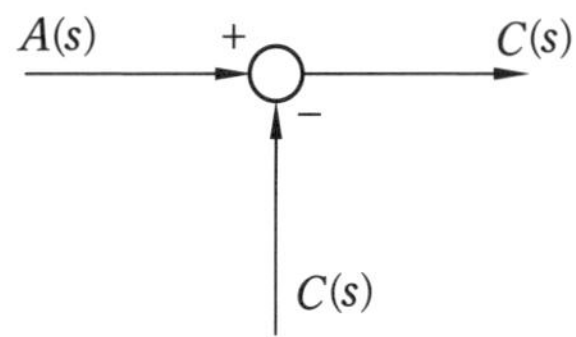


① 전달 요소 ② 가산점
③ 인출점 ④ 출력점

해설 ㉠ 가산점 : 신호의 부호에 따라 가산을 한다. 따라서 신호의 차원은 일치되어 있어야 한다.
㉡ 인출점 : 신호의 분기를 말한다.

**17.** 측정 물체와 비접촉 방식으로 온도를 측정하는 온도계는? [09-4, 10-4, 18-1]

① 압력식 온도계 ② 열전 온도계
③ 저항 온도계 ④ 방사 온도계

해설 액체 봉입 유리 온도계, 압력 온도계, 저항 온도계, 열전 온도계는 접촉식 온도

정답 12. ② 13. ② 14. ② 15. ④ 16. ② 17. ④

계이고, 광 고온계와 방사 온도계는 비접촉식 온도계이다.

**18.** **전류 검출용 센서로 사용되는 클램프형에 대한 설명으로 옳은 것은?** [20-3]

① 분류 저항기의 전압 강하에 따라 전류를 검출하는 것이다.
② 간단한 구조로 직류와 교류를 검출할 수 있다.
③ 피측정 전로와 절연이 되지 않기 때문에 고압 전로 등에서는 안전성에 문제가 있다.
④ 전로의 절단 없이 검출하는 방식으로 교류 센서로 많이 사용된다.

해설 클램프형 : 구조가 비교적 간단하기 때문에 수 [mA]~수 천 [A]까지 교류 센서로서 많이 사용되고 있으며 용도에 따라 여러 가지 형태가 있다.

**19.** **아날로그 값을 디지털 값으로 변환하는 것을 무엇이라 하는가?** [10-4, 18-1]

① D/A 변환기
② A/D 변환기
③ A/A 변환기
④ D/D 변환기

해설 아날로그(analong) 값을 디지털(digital) 값으로 변환하는 것은 A/D 변환기이다.

**20.** **피드백 제어 시스템에서 안정도와 관련이 있는 것은?** [12-2]

① 전압　　② 주파수 특성
③ 이득 여유　　④ 효율

해설 조절계의 이득을 충분히 크게 하면 제어량은 목표값과 일치되며, 외란의 영향은 0이 된다.

## 2과목 용접 및 안전관리

**21.** **다음 중 용접법 분류에서 용접에 속하는 것은?**

① 전자 빔 용접　　② 단접
③ 초음파 용접　　④ 마찰 용접

해설 용접법의 분류는 용접(아크 용접, 가스 용접, 전자 빔 용접, 기타 특수 용접 등), 압접(저항 용접, 단접, 초음파 용접, 마찰 용접 등), 납땜(연납, 경납) 등이 있다.

**22.** **다음 중 교류 아크 용접기의 종류별 특성으로 가변저항의 변화를 이용하여 용접 전류를 조정하는 형식은?**

① 가동 철심형　　② 가동 코일형
③ 탭 전환형　　④ 가포화 리액터형

해설 가포화 리액터형 교류 아크 용접기(saturable reactor)

㉠ 원리 : 변압기와 직류 여자 코일을 가포화 리액터 철심에 감아 놓은 것이다.
㉡ 특징
- 마멸 부분과 소음이 없으며 조작이 간단하고 수명이 길다.
- 원격 조정과 핫 스타트(hot start)가 용이하다.

㉢ 전류 조정 : 전기적 전류 조정으로서 가변저항의 변화로 용접 전류를 조정한다.

**23.** **피복 아크 용접봉의 피복제의 주된 역할로 옳은 것은?**

① 스패터의 발생을 많게 한다.
② 용착 금속에 필요한 합금 원소를 제거한다.
③ 모재 표면에 산화물이 생기게 한다.
④ 용착 금속의 냉각 속도를 느리게 하여 급랭을 방지한다.

정답 18. ④　19. ②　20. ③　21. ①　22. ④　23. ④

해설 ① 스패터의 발생을 적게 한다.
② 합금 원소의 첨가 및 용융 속도와 용입을 알맞게 조절한다.
③ 모재 표면의 산화물을 제거한다.

**24.** **서브머지드 아크 용접(SAW)의 특징에 대한 설명으로 틀린 것은?**

① 용융 속도 및 용착 속도가 빠르며 용입이 깊다.
② 특수한 지그를 사용하지 않는 한 아래보기에 한정된다.
③ 용접선이 짧거나 불규칙한 경우 수동 용접에 비해 능률적이다.
④ 불가시 용접으로 용접 도중 용접 상태를 육안으로 확인할 수 없다.

해설 용접선의 길이가 짧거나 복잡한 곡선에는 비능률적이다.

**25.** **불활성 가스 텅스텐 아크 용접에 대한 설명으로 틀린 것은?**

① 직류 역극성으로 용접하면 청정 작용을 한다.
② 가스 노즐은 일반적으로 세라믹 노즐을 사용한다.
③ 불가시 용접으로 용접 중에는 용접부를 확인할 수 없다.
④ 용접용 토치는 냉각 방식에 따라 수랭식과 공랭식으로 구분된다.

해설 불활성 가스 텅스텐 아크 용접은 가시 아크이므로 용접사가 눈으로 직접 확인하면서 용접이 가능하다.

**26.** **$CO_2$ 가스 아크 용접에서 솔리드 와이어에 비교한 복합 와이어의 특징으로 틀린 것은?**

① 양호한 용착 금속을 얻을 수 있다.
② 스패터가 많다.
③ 아크가 안정된다.
④ 비드 외관이 깨끗하여 아름답다.

해설 스패터가 적고, 비드 외관이 깨끗하며 아름답다.

**27.** **용접 금속의 파단면에 매우 미세한 주상정(柱狀晶)이 서릿발 모양으로 병립하고, 그 사이에 현미경으로 보이는 정도의 비금속 개재물이나 기공을 포함한 조직이 나타나는 결함은?**

① 선상 조직　　② 은점
③ 슬래그 혼입　　④ 용입 불량

해설 선상 조직은 아크 용접부에 생기는 결함으로 용접 금속의 냉각 속도가 빠르고 이것을 파단시켰을 때 조직의 일부가 아주 미세한 주상정으로 보이는 것으로 모재의 재질 불량 등의 원인이 된다.

**28.** **용접 변형의 방지법이 아닌 것은?**

① 억제법　　② 도열법
③ 가압법　　④ 역 변형법

해설 ㉠ 용접 작업 전 변형 방지법 : 억제법, 역 변형법
㉡ 용접 시공에 의한 방법 : 대칭법, 후퇴법, 교호법, 비석법
㉢ 모재로의 입열을 막는법 : 도열법
㉣ 용접부의 변형과 응력 제거 방법 : 응력 완화법, 풀림법, 피닝법 등

**29.** **피복 아크 용접에서 언더컷(undercut)의 발생 원인으로 가장 거리가 먼 것은?**

① 용착부가 급랭될 때
② 아크 길이가 너무 길 때
③ 아크 전류가 너무 높을 때
④ 용접봉의 운봉 속도가 부적당할 때

정답 24. ③　25. ③　26. ②　27. ①　28. ③　29. ①

해설 언더컷의 발생 원인
㉠ 아크 길이가 너무 긴 경우
㉡ 용접부의 유지 각도가 적당하지 않은 경우
㉢ 부적당한 용접봉을 사용한 경우
㉣ 전류가 너무 높을 때
㉤ 용접 속도가 적당하지 않을 때

**30. 자분 탐상 검사의 특징을 잘못 설명한 것은?**

① 오스테나이트계 스테인리스강은 검사가 불가능하다.
② 표면 및 표면 하의 결함 크기 및 깊이 판정이 쉽다.
③ 소자 흠의 검출 능력이 매우 우수하다.
④ 방향성이 있어 두 방향 검사가 요구된다.

해설 강자성체에만 검사할 수 있고, 시편 표면 근처만 검사할 수 있다.

**31. 방사선 투과 검사에 대한 설명 중 틀린 것은?**

① 내부 결함 검출이 용이하다.
② 라미네이션(lamination) 검출도 쉽게 할 수 있다.
③ 미세한 표면 균열은 검출되지 않는다.
④ 현상이나 필름을 판독해야 한다.

해설 라미네이션은 모재의 재질 결함으로 강괴일 때 기포가 압연되어 생기는 결함으로 설퍼 밴드와 같이 층상으로 편재해 있어 강재의 내부적 노치를 형성하므로 방사선 투과 시험에서는 검출이 되지 않는다.

**32. 와전류 탐상 검사에 관련된 설명이 아닌 것은?**

① 와전류는 교번 자계에 의하여 격리된 도체 내에 유기되는 회전 전류이다.
② 와전류를 제거하면 도체에서 회전 전류가 흐르지 않는다.
③ 외부 전류를 제거하더라도 도체에는 회전 전류가 흐르게 된다.
④ 검사물을 코일 내에 삽입하여 코일에 전류를 가하면 부품에 와전류가 유기된다.

해설 외부 전류를 제거하면 와전류는 소자된다.

**33. 기계의 원동기 · 회전축 · 기어 · 풀리 · 플라이 휠 · 벨트 및 체인 등 근로자가 위험에 처할 우려가 있는 부위에 설치하는 것이 아닌 것은?**

① 덮개 ② 슬리브
③ 건널다리 ④ 안전 블록

해설 기계의 원동기 · 회전축 · 기어 · 풀리 · 플라이 휠 · 벨트 및 체인 등 근로자가 위험에 처할 우려가 있는 부위에 덮개 · 울 · 슬리브 및 건널다리 등을 설치하여야 한다. 안전 블록은 프레스에 금형을 교체할 때 사용한다.

**34. 일반적으로 보호구인 장갑을 사용해서는 안 되는 작업은?**

① 고열 작업 ② 드릴 작업
③ 용접 작업 ④ 가스 절단 작업

해설 선반, 드릴, 목공기계, 연삭, 해머, 정밀기계 작업 등에는 장갑 착용을 금한다.

**35. 아크 빛으로 인해 눈에 급성 염증 증상이 발생하였을 때 우선 조치하여야 할 사항으로 옳은 것은?**

① 온수로 씻은 후 작업한다.

정답 30. ② 31. ② 32. ③ 33. ④ 34. ② 35. ③

② 소금물로 씻은 후 작업한다.
③ 냉습포를 눈 위에 얹고 안정을 취한다.
④ 심각한 사안이 아니므로 계속 작업한다.

해설 아크 빛으로 인해 눈에 급성 염증 증상이 발생하였을 때 우선 냉습포를 눈 위에 얹고 안정을 취한 뒤 병원에 방문해 치료를 받는다.

**36.** 화재에 대한 방화 조치로서 적당하지 않은 것은?

① 화기는 정해진 장소에서 취급한다.
② 유류 취급 장소에는 방화수를 준비한다.
③ 흡연은 정해진 장소에서만 한다.
④ 기름 걸레 등은 정해진 용기에 보관한다.

해설 기름 화재 시 물(방화수)은 오히려 불을 더 크게 만들어 증발 증기에 대한 위험이 증가한다.

**37.** 근로자가 상시 정밀 작업을 하는 장소의 작업면 조도는 몇 럭스(lux) 이상이어야 하는가?

① 75lux ② 150lux
③ 300lux ④ 750lux

해설 근로자가 상시 작업하는 장소의 작업면 조도(照度)
㉠ 초정밀 작업 : 750lux 이상
㉡ 정밀 작업 : 300lux 이상
㉢ 보통 작업 : 150lux 이상
㉣ 그 밖의 작업 : 75lux 이상

**38.** 방진 안경의 빛의 투과율은 얼마가 좋은가?

① 70% 이상 ② 75% 이상
③ 80% 이상 ④ 90% 이상

해설 렌즈의 구비 조건
㉠ 줄이나 홈, 기포, 비틀어짐이 없을 것
㉡ 빛의 투과율은 90% 이상이 좋고, 70% 이하가 아닐 것
㉢ 광학적으로 질이 좋아 두통을 일으키지 않을 것
㉣ 렌즈의 양면은 매끈하고 평행일 것

**39.** 산업안전보건법령상 자율 검사 프로그램에 포함되어야 하는 내용이 아닌 것은?

① 안전 검사 대상 기계 보유 현황
② 안전 검사 대상 기계의 검사 주기
③ 작업자 보유 현황과 작업을 할 수 있는 장비
④ 향후 2년간 안전 검사 대상 기계의 검사 수행 계획

해설 자율 검사 프로그램의 내용
㉠ 안전 검사 대상 기계 등의 보유 현황
㉡ 검사원 보유 현황과 검사를 할 수 있는 장비 및 장비 관리 방법(자율 안전 검사 기관에 위탁한 경우에는 위탁을 증명할 수 있는 서류를 제출)
㉢ 안전 검사 대상 기계 등의 검사 주기 및 검사 기준
㉣ 향후 2년간 안전 검사 대상 기계 등의 검사 수행 계획
㉤ 과거 2년간 자율 검사 프로그램 수행 실적(재신청의 경우만 해당)

**40.** 다음 중 도수율을 계산하는 식은?

① $\frac{\text{재해 건수}}{\text{연 근로 시간 수}} \times 1000000$

② $\frac{\text{재해 건수(연계)}}{\text{근로자 수(평균)}} \times 10000$

③ $\frac{\text{총 손실일 수}}{\text{연 근로 시간 수}} \times 1000$

④ $\frac{\text{재해 건수(연계)}}{\text{근로자 수(평균)}} \times 1000$

정답 36. ② 37. ③ 38. ④ 39. ③ 40. ①

**해설** 상해의 정도를 표시하는데는 상해 건수, 상해로 말미암아 휴양할 일 수(손실 일 수), 보상액 등을 숫자로 표시하는 경우가 있으나, 일반적으로 다음과 같은 공식에 의해서 계산된 재해 발생률이 흔히 쓰이고 있다.

㉠ 연천인율$=\dfrac{\text{재해 건수}}{\text{재적 근로자 수}}\times 1000$

(근로자 천 명에게서 발생하는 재해 건수)

㉡ 도수율$=\dfrac{\text{재해 건수}}{\text{연 근로 시간 수}}\times 10^6$

(백만 근로 시간 중에 발생하는 재해 건수)

㉢ 강도율$=\dfrac{\text{근로 손실일 수}}{\text{연 근로 시간 수}}\times 1000$

## 3과목 기계 설비 일반

**41.** 구멍과 축 사이에 항상 죔새가 있는 끼워 맞춤은 어느 것인가?

① 헐거운 끼워 맞춤
② 억지 끼워 맞춤
③ 중간 끼워 맞춤
④ 억지 중간 끼워 맞춤

**해설** 억지 끼워 맞춤 : 구멍의 최대 치수가 축의 최소 치수보다 작은 경우이며, 항상 죔새가 생기는 끼워 맞춤

**42.** 기하 공차의 종류와 기호가 잘못 연결된 것은?

① 원통도 :
② 평행도 : //
③ 원주 흔들림 :
④ 대칭도 :

**해설** 온 흔들림 : , 원주 흔들림 :

**43.** IT 기본 공차의 등급 수는 몇 가지인가?

① 16 ② 18
③ 20 ④ 22

**해설** 기본 공차 : IT01, IT0 그리고 IT1~IT18까지 20등급

**44.** 다음 투상도에서 | // | $\phi$0.03 | A | 표시에 맞는 설명은?

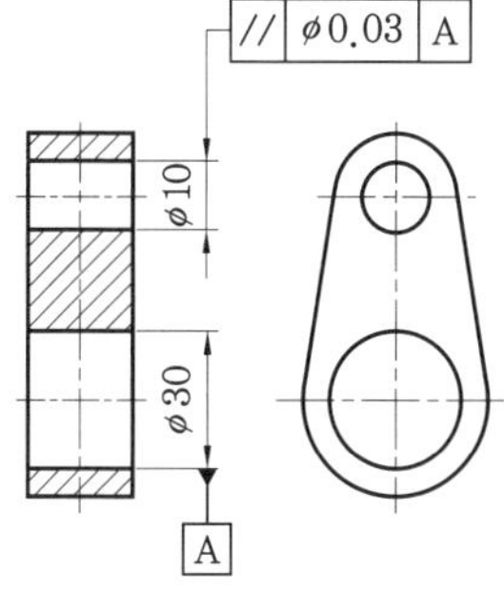


① 데이텀 A에 대칭하는 허용값이 지름 0.03의 원통 안에 있어야 한다.
② 데이텀 A에 평행하고 허용값이 지름 0.03 떨어진 두 평면 안에 있어야 한다.
③ 데이텀 A에 평행하고 허용값이 지름 0.03의 원통 안에 있어야 한다.
④ 데이텀 A와 수직인 허용값이 지름 0.03의 두 평면 안에 있어야 한다.

**45.** 측정 시 발생하는 오차 중 항상 참값보다 작게 또는 크게 측정되는 경향을 보이는 것으로서 보정되지 않은 계측기의 특성에 의한 계기적 오차를 무엇이라 하는가? [07-4]

**정답** 41. ② 42. ③ 43. ③ 44. ③ 45. ②

① 과오 오차 ② 계통 오차
③ 우연 오차 ④ 최대 가능 오차

해설 오차의 크기와 부호를 추정할 수 있고 보정할 수 있는 오차를 계통 오차라 하며 계기 오차, 환경 오차, 개인 오차가 해당된다.

**46. 다음 중 한계 게이지의 특징으로 틀린 것은?** [18-4]

① 제품의 실제 치수를 읽을 수 없다.
② 조작이 간단하고 경험을 필요로 하지 않는다.
③ 측정 치수가 정해지고 한 개의 치수마다 한 개의 게이지가 필요하다.
④ 다량의 제품을 측정하기 어렵고, 양호와 불량의 판정을 쉽게 내릴 수 없다.

해설 양호와 불량의 판정을 쉽게 내릴 수 있으며, 다량의 제품을 측정하기가 매우 쉽다.

**47. 다음 선반에서 사용하는 척 중 4개의 조(jaw)가 각각 단독으로 이동하여 불규칙한 공작물의 고정에 적합한 것은?** [20-4]

① 단동척 ② 연동척
③ 콜릿척 ④ 벨척

해설 단동척

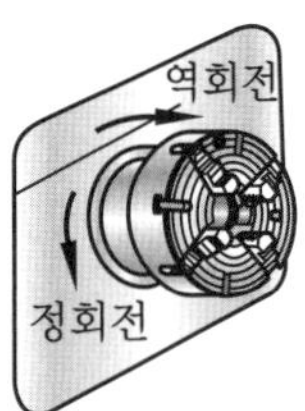


**48. 기계 가공 또는 줄 작업 이후에 정밀 다듬질이 필요할 때 하는 작업은 어느 것인가?** [08-4, 14-4, 16-4, 19-2]

① 다이스(dies) 작업
② 드레싱(dressing) 작업
③ 스크레이퍼(scraper) 작업
④ 숏 피닝(shot-peening) 작업

해설 스크레이퍼(scraper) 작업 : 줄 작업 또는 기계 가공면을 더욱 정밀하게 가공할 필요가 있을 때 소량의 금속을 국부적으로 깎아내는 작업으로 공작 기계 베드, 미끄럼면, 측정용 정반 등의 최종 마무리에 사용하며, 열처리된 강철에는 작업이 어렵다.

**49. 기계적 성질과 관계 없는 것은?**

① 인장 강도 ② 비중
③ 연신율 ④ 경도

해설 비중은 물리적 성질이다.

**50. 다음 중 담금질한 강에 뜨임을 하는 주된 목적은?**

① 재질을 더욱 더 단단하게 하려고
② 응력을 제거하고 강도와 인성을 증가하려고
③ 기계적 성질을 개선하여 경도를 증가시켜 균일화하려고
④ 강의 재질에 화학 성분을 보충하여 주려고

해설 뜨임은 담금질로 인한 취성을 제거하고 경도를 떨어뜨려 강인성을 증가시키기 위한 열처리이다.

**51. 스퍼 기어의 제도에서 요목표에 없어도 되는 항목은?** [07-4, 11-4, 17-2]

① 기어의 치형
② 기어의 모듈
③ 기어의 재질
④ 기어의 압력각

해설 기어의 재질은 부품표에 기입된다.

정답 46. ④ 47. ① 48. ③ 49. ② 50. ② 51. ③

**52. 일반적으로 베어링을 열박음으로 장착할 때 몇 ℃ 이상으로 가열하면 베어링의 경도가 저하되는가?** [19-1]

① 20 ② 80 ③ 100 ④ 130

해설 베어링의 경도가 저하되는 온도는 130℃이며, 베어링 조립 등을 위한 가열 최대 온도는 120℃, 최대 사용 온도는 100℃이다.

**53. 기어의 이면 손상 중 재질의 결함이나 과도한 하중 등에 의한 것으로 피팅과 같이 이면의 국부적인 피로 현상에서 나타나지만 피팅보다 약간 큰 불규칙한 현상의 박리를 발생하는 현상은?** [20-3]

① 버닝 ② 부식
③ 스폴링 ④ 리플링

해설 스폴링(spalling) : 피팅과 같이 이면의 국부적인 피로 현상에서 나타나지만 피팅보다 약간 큰 불규칙한 형상의 박리를 살생하는 현상을 말한다. 그 원인으로는 과잉 내부 응력의 발생 등에 의한 것이며, 열처리하여 표면 경화된 기어 등에 발생하기 쉽다.

**54. 전동용 기계 요소 중 원통 마찰차 점검 결과 원동차와 종동차의 밀어붙이는 힘이 약해 전달이 안 되는 것을 확인하여 미끄러지지 않고 동력을 전달시키는 힘을 확인하려 할 때 알맞은 계산식은? (단, $P$ : 밀어붙이는 힘, $F$ : 전달력, $\mu$ : 마찰계수이다.)** [15-4]

① $F \leq \mu P$ ② $P \leq \mu F$
③ $P \geq \mu F$ ④ $F \geq \mu P$

**55. 다음 중 타이밍 벨트(timing belt)에 대한 설명으로 틀린 것은?** [13-4]

① 큰 힘의 전동에 적합하다.
② 굴곡성이 좋아 작은 풀리에도 사용된다.
③ 정확한 회전 각속도비가 유지된다.
④ 축간 거리가 짧아 좁은 장소에도 설치가 가능하다.

해설 타이밍 벨트(timing belt)는 미끄럼을 방지하기 위하여 안쪽 표면에 이가 있는 벨트로서, 정확한 속도가 요구되는 경우의 전동 벨트로 사용된다.

**56. 제어 밸브의 포지셔너를 점검하고자 한다. 내용이 잘못된 것은?** [06-4, 13-4]

① nozzle flapper 부위에서 VENT가 발생되면 nozzle flapper를 교체한다.
② feedback bar와 캠 사이에 링크된 부분이 원활한지 점검한다.
③ 포지셔너 내부 캠 위치를 변경 설치하면 밸브의 제어 기능을 변경할 수 있다.
④ zero와 range adjustment를 조정 후 반드시 잠금 장치를 조여서 drift를 방지한다.

해설 노즐 플래퍼의 교체는 노즐 플래퍼나 밸브의 마모 및 손상과 관련 있다.

**57. 일반적인 밸브에 관한 사항으로 옳은 것은?** [20-4]

① 밸브를 열고 닫을 때는 최대한 빠르게 실시한다.
② 이종 금속으로 제작된 밸브는 열팽창에 주의하여 사용한다.
③ 밸브를 전개할 때는 핸들이 정지할 때까지 완전히 회전시킨다.
④ 일반적인 수동 밸브는 '좌회전 닫기', '우회전 열기'로 만들어져 있다.

해설 밸브 개폐 시 천천히 실시해야 하고, 밸브를 전개할 때는 핸들이 정지하기 전에 여유를 두고 회전시켜야 하며, 일반적

정답 52. ④ 53. ③ 54. ① 55. ① 56. ① 57. ②

인 수동 밸브는 '우회전 닫기', '좌회전 열기'로 만들어져 있다.

**58. 펌프 운전에서 캐비테이션(cavitation) 발생 없이 안전하게 운전되고 있는가를 나타내는 척도로 사용되는 것은?** [14-4, 18-1]

① HP(horse power)

② NS(nonspecific speed)

③ NPSH(net positive suction head)

④ MAPI(machinery and allied products institute)

해설 압력 강하에 의한 캐비테이션 발생 여부를 판단하기 위해서는 펌프의 흡입 조건에 따라 정해지는 유효 흡입 수두(NPSHav)와 흡입 능력을 나타내는 필요 흡입 수두(NPSHre)의 계산이 필요하다.

**59. 스크류 압축기의 특징에 관한 설명 중 틀린 것은?** [14-4]

① 회전축이 고속 회전이 가능하고 진동이 적다.

② 저주파 소음이 없어서 소음 대책이 필요 없다.

③ 연속적으로 압축공기가 토출되므로 맥동이 적다.

④ 압축기의 스크류 마찰부는 급유에 유의한다.

해설 스크류 압축기는 압축실 내의 접동부가 적으므로 무급유 제작 및 사용이 가능하다.

**60. 3상 유도 전동기에서 1상이 단선될 경우 나타나는 고장 현상으로 틀린 것은?** [15-4]

① 슬립이 증가

② 부하 전류가 증가

③ 토크가 현저히 감소

④ 언밸런스에 의한 진동 증가

## 4과목 설비 진단 및 관리

**61. 하나의 스프링에 질량 $m$을 달았더니 $\delta_{st}$ [mm] 늘어난 경우 고유 진동수 계산식으로 맞는 것은?** [09-4]

① $f=2\pi\sqrt{\dfrac{g}{\delta_{st}}}$　② $f=2\pi\sqrt{\dfrac{\delta_{st}}{g}}$

③ $f=\dfrac{1}{2\pi}\sqrt{\dfrac{g}{\delta_{st}}}$　④ $f=\dfrac{1}{2\pi}\sqrt{\dfrac{\delta_{st}}{g}}$

해설 진동 전달률에서 고유 진동수

$$f=\frac{1}{2\pi}\sqrt{\frac{g}{\delta_{st}}}$$

**62. 음의 회절에 대한 설명으로 옳은 것은 어느 것인가?** [08-4, 10-4, 16-2]

① 파장이 작고 장애물이 클수록 회절은 잘 된다.

② 물체의 틈 구멍에 있어서는 틈 구멍이 클수록 회절은 잘 된다.

③ 음파가 한 매질에서 타 매질로 통과할 때 구부러지는 현상이다.

④ 장애물 뒤쪽으로 음이 전파되는 현상이다.

해설 음의 회절은 파장과 장애물의 크기에 따라 다르며, 파장이 크고, 장애물이 작을수록(물체의 틈 구멍에 있어서는 그 틈 구멍이 작을수록) 회절은 잘 된다.

**63. 단순 팽창형 소음기에 대한 설명이다. 틀린 것은?** [06-4, 10-4]

① 팽창형 소음기는 급격한 관경 확대로 유속을 낮추어 소음을 감속시키는 소음기이다.

② 팽창형 소음기는 단면 불연속부에서 음에너지가 반사되어 소음을 감소시키는 구조이다.

정답 58. ③ 59. ④ 60. ④ 61. ③ 62. ④ 63. ④

③ 감음 주파수는 팽창부의 길이에 따라 결정되며 팽창부의 길이를 파장의 1/4배로 하는 것이 좋다.
④ 최대 투과 손실(TL)이 발생되는 주파수의 짝수배에서는 최대가 되나 홀수배에서는 0dB가 된다.

해설 단순 팽창형 소음기의 투과 손실 TL은 다음과 같다.

$$TL = 10\log\left\{1+\frac{1}{4}\left(m-\frac{1}{m}\right)^2\sin^2(KL)\right\}$$

이때 $KL=\frac{n\pi}{2}$ $(n=1,\ 3,\ 5,\cdots)$일 때 최대로 되며, $KL=n\pi(n=1,\ 3,\ 5,\cdots)$일 때 0dB가 된다. 따라서 최대 투과 손실(TL)이 발생되는 주파수의 홀수배에서는 최대가 되나 짝수배에서는 0dB가 된다.

**64. 기업의 생산성을 높이는 보전 방식을 수단별로 분류 시 해당되지 않는 것은?** [12-4, 16-4]

① 예방 보전
② 개량 보전
③ 보전 예방
④ 품질 보전

해설 수단별 보전 방식 : 예방 보전, 사후 보전, 개량 보전, 보전 예방

**65. 컴퓨터나 로봇에 여러 전문적 기술을 부여하여 이들의 자동화 공장의 문제점을 인식하고, 이를 해결하기 위한 방법을 스스로 찾아내는 것으로 설비의 특정 고장을 스스로 인지하고 더 나아가 고칠 수 있는 시스템은?** [14-4, 15-2, 19-4, 21-1]

① 지능 기술 시스템
② 유연 기술 시스템
③ 컴퓨터 제어 시스템
④ 유연 기술 셀 시스템

해설 지능 기술 시스템 : 사람이 하는 일을 프로그램에 의해 스스로 판단하여 최적의 방법을 찾아내는 작업 자동화 시스템

**66. 다음 중 유용성을 설명한 것은?** [20-4]

① 어느 특정 순간에 기능을 유지하고 있는 확률
② 일정 조건 하에서 일정시간 동안 기능을 고장 없이 수행할 확률
③ 어떤 신뢰성의 대상물에 대해 전 고장수에 대한 전 사용 시간의 비
④ 규정된 조건에서 보전이 실시될 때 규정 시간 내에 보전이 종료되는 확률

해설 유용성은 신뢰성과 보전성을 함께 고려한 광의의 신뢰성 척도로 사용된다.

**67. 보전 작업 표준을 설정하기 위한 방법 중 실적 기록에 입각해서 작업의 표준 시간을 결정하는 방법은?** [09-4, 18-1]

① 경험법 ② MTM법
③ PTS법 ④ 실적 자료법

해설 실적 자료법 : 보전 작업 표준을 설정하기 위한 특징 중 실적 기록에 입각해서 작업의 표준 시간을 결정하는 방법

**68. 다음 그림은 최적 수리 주기 도표이다. 각 지점에 들어가야 할 내용으로 맞게 연결된 것은?** [17-2]

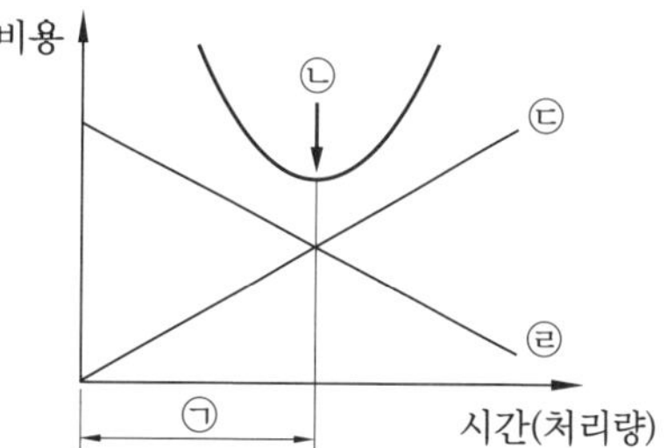


정답 64. ④ 65. ① 66. ① 67. ④ 68. ②

① ㉠ : 최소 비용점, ㉡ : 최적 수리 주기, ㉢ : 단위 시간당 열화 손실비, ㉣ : 단위 시간당 보전비
② ㉠ : 최적 수리 주기, ㉡ : 최소 비용점, ㉢ : 단위 시간당 열화 손실비, ㉣ : 단위 시간당 보전비
③ ㉠ : 최소 비용점, ㉡ : 최적 수리 주기, ㉢ : 단위 시간당 보전비, ㉣ : 단위 시간당 열화 손실비
④ ㉠ : 최적 수리 주기, ㉡ : 최소 비용점, ㉢ : 단위 시간당 보전비, ㉣ : 단위 시간당 열화 손실비

해설 이 그래프에서 설비의 열화가 수리 한계를 넘은 점까지 이른 상태는 정지하지 않았어도 고장이라고 보아야 한다.

**69. 설비의 분류 방법 중 효율적이지 못한 것은?** [07-4]

① 구입순, 배치순으로 기호를 부여한다.
② 도서 분류법과 같이 표기한다.
③ 기억식(첫글자) 기호법을 사용한다.
④ 연속 번호 중에서 일정 단위(범위)를 정하여 분류한다.

해설 설비의 분류 방법은 의미 있는 기호로 하여야 효율적이다.

**70. 계측 작업 및 방법의 관리와 합리화를 위한 방안이 아닌 것은?** [13-4, 17-4]

① 계측 작업의 표준화
② 계측 작업의 방법, 조건의 합리화
③ 계측기의 사용 및 취급법의 적정화
④ 계측 작업의 활용 계획과 경제성 검토

해설 ㉠ 관리 목적에 적합한 계측 방법을 선정하고 계측기의 취급, 조작 등을 표준화한다.
㉡ 계측기의 원리, 구조 및 성능에 적합한 방법이어야 한다.
㉢ 주체 작업(제조, 조정, 검사, 관리 등)과 적당히 관련되어야 한다.

**71. TPM의 5가지 활동 중 보전이 필요 없는 설비를 설계하여, 가능한 빨리 설비의 안전 가동을 위한 활동은?** [15-2, 18-1, 20-3]

① 계획 보전 체제의 확립
② 작업자의 자주 보전 체제의 확립
③ 설비의 효율화를 위한 개선 활동
④ MP 설계와 초기 유동 관리 체제의 확립

해설 보전 없는 설계는 보전 예방, 즉 MP 설계이다.

**72. 품질의 불량은 여러 가지 원인에 의하여 발생한다고 볼 수 있다. 불량이 발생하지 않게 하기 위한 활동으로 가장 거리가 먼 것은?** [15-2, 18-1]

① 설비의 설계 개선 및 불량 발생 조건 제거
② 인적 자원의 교육, 훈련을 통한 다기능공화
③ 원자재 재고의 확보를 통한 자재 공급의 안정화
④ 제품, 가공물, 품질 특성에 유연하게 대처되는 설비 능력 확보

해설 품질 관리는 원자재의 품질과 관련이 있다.

**73. 윤활제의 기능과 관계가 없는 것은?** [10-4, 17-2, 18-1, 21-2]

① 냉각 작용
② 산화 작용
③ 마찰 감소 작용
④ 마모 감소 작용

해설 윤활유의 작용
㉠ 감마 작용 ㉡ 냉각 작용
㉢ 방청 작용 ㉣ 방진 작용

정답 69. ① 70. ④ 71. ④ 72. ③ 73. ②

㉤ 밀봉 작용　　㉥ 청정 작용
㉦ 응력 분산 작용
㉧ 녹 방지 및 부식 방지
㉨ 동력 전달 작용

**74.** **윤활 기술자가 라인적 조직 관계가 있는 경우, 윤활 기술자의 직무로 가장 거리가 먼 것은?** [06-4, 14-4]

① 급유 장치의 보수와 설치
② 사용 윤활유의 선정 및 품질 관리
③ 윤활 관계의 개선 시험
④ 구매 경비의 절약

해설 구매 경비의 절약은 윤활 관련자의 직무 범위가 아니다.

**75.** **다음 중 그리스 윤활의 특징으로 틀린 것은?** [16-4, 19-4]

① 밀봉 효과가 크다.
② 내수성이 강하다.
③ 장기간 보존이 가능하다.
④ 이물질 혼합 시 제거가 용이하다.

해설 그리스에 이물질이 혼합되면 제거가 어렵다.

**76.** **기계 설비의 운전 시 사고 발생의 원인이 될 만한 항목들은 윤활 부위, 윤활 조건, 윤활 환경 등에 따라 분류하게 되는데 윤활제와 관련된 사항이 아닌 것은?** [10-4]

① 부적합 윤활유의 사용
② 오일의 누설
③ 성상이 다른 오일과의 혼합
④ 마찰면의 작용 불량

해설 마찰면의 작용 불량은 마찰면에 기인되는 현상이다.

**77.** **기름 중에 함유되어 있는 유리 유황 및 부식성 물질로 인한 금속의 부식 여부에 관한 시험은?** [15-4, 19-2]

① 잔류 탄소 시험　　② 황산회분 시험
③ 동판 부식 시험　　④ 산화 안정도 시험

해설 잔류 탄소는 기름의 증발, 열분해 후 생기는 탄화 잔류물, 황산회분은 윤활유 첨가제를 함유한 미사용 윤활유를 태워서 생기는 탄화 잔류물, 산화 안정도는 공기 중의 산소와 반응하여 산화되는 정도를 측정하는 것이다.

**78.** **다음 그리스 시험 방법 중 기계적 안정성을 평가하는 시험은?** [09-4, 16-4]

① 주도　　② 적점
③ 혼화 안정도　　④ 이유도

해설 혼화 안정도 : 전단 안정성 등 그리스의 물리적 안정성을 나타내는 평가 기준

**79.** **기어용 윤활유의 필요한 특성에 해당하지 않는 것은?** [07-4, 22-1]

① 발포성
② 내하중성, 내마모성
③ 열 안정성, 산화 안정성
④ 적정한 점도 유지 및 저온 유동성

해설 발포성은 없어야 되고 소포성이 있어야 된다.

**80.** **유압 작동유(KS M 2129)에 따라 인화점이 가장 낮은 것은?** [15-4, 19-2]

① ISO VG 15　　② ISO VG 32
③ ISO VG 46　　④ ISO VG 68

해설 숫자가 작을수록 점도가 낮고 인화점이 낮다.

정답 74. ④　75. ④　76. ④　77. ③　78. ③　79. ①　80. ①

# 제16회 CBT 대비 실전문제

## 1과목 공유압 및 자동 제어

**1. 유체의 성질에 관련된 용어의 정의로 옳은 것은?** [18-1]

① 유체의 밀도는 단위 중량당 체적이다.
② 유체의 비중량은 단위 체적당 질량이다.
③ 유체의 비체적은 단위 체적당 중량이다.
④ 비중은 물체의 밀도를 순수한 물의 밀도로 나눈 것이다.

해설 비중은 물체의 밀도를 물의 밀도로 나눈 값으로 유체의 밀도를 $\rho$, 물의 밀도를 $\rho'$라고 하면, 비중 $S=\frac{\rho}{\rho'}$, 즉 물의 밀도를 1로 보고 유체의 상대적 무게를 나타낸 것이다.

**2. 일반적으로 파이프 관로 내의 유체를 층류와 난류로 구별되게 하는 이론적 경계값은?** [16-4]

① 레이놀즈 수 $Re = 1220$ 정도
② 레이놀즈 수 $Re = 2320$ 정도
③ 레이놀즈 수 $Re = 3320$ 정도
④ 레이놀즈 수 $Re = 4220$ 정도

해설 유체의 흐름에서는 점성에 의한 힘이 층류가 되게끔 작용하며, 관성에 의한 힘은 난류를 일으키는 방향으로 작용하고 있다. 이 관성력과 점성력의 비를 취한 것이 레이놀즈 수($Re$)이다. $Re=2320$ 정도이면 층류, 이상이면 난류로 구분한다.

**3. 다음 중 공기 압축기의 종류가 아닌 것은?** [07-4, 11-4, 21-1]

① 터보형 압축기
② 스크루형 압축기
③ 왕복 피스톤 압축기
④ 트로코이드형 압축기

해설 트로코이드 펌프(trochoid pump) : 내접 기어 펌프와 비슷한 모양으로 안쪽 기어 로터가 전동기에 의하여 회전하면 바깥쪽 로터도 따라서 같은 방향으로 회전하며, 안쪽 로터의 잇수가 바깥쪽 로터보다 1개가 적으므로, 바깥쪽 로터의 모양에 따라 배출량이 결정된다. 기어의 마모가 적고 소음이 적다.

**4. 공압에서 압력 제어 밸브의 종류와 용도의 연결이 틀린 것은?** [14-2, 17-4]

① 감압 밸브-압력을 일정하게 유지
② 압력 스위치-압력 상태를 연속적으로 지시
③ 시퀀스 밸브-작동 순서에 따른 액추에이터의 동작
④ 릴리프 밸브-시스템의 최대 허용 압력 초과 방지

해설 압력 스위치 : 설정압에 도달되면 전기 스위치가 변환되어 압력 변화가 전기 신호로서 보내진다.

**5. 다음 그림과 같이 실린더 튜브 내에 자석이 설치되어 있고 실린더 외부에도 환형의 자석이 설치되어 자력 커플링으로 결속된**

정답 1. ④ 2. ② 3. ④ 4. ② 5. ③

**환형의 몸체가 실린더 튜브를 따라 이송할 수 있는 실린더는?** [13-4, 20-3]

① 충격 실린더 ② 탠덤 실린더
③ 로드리스 실린더 ④ 양로드형 실린더

**6. 유압 장치의 동력 전달 순서로 맞는 것은?** [10-4]

① 전동기 → 유압 펌프 → 유압 제어 밸브 → 유압 액추에이터 → 일
② 전동기 → 유압 제어 밸브 → 유압 펌프 → 유압 액추에이터 → 일
③ 유압 펌프 → 가열기 → 유압 제어 밸브 → 유압 액추에이터 → 일
④ 유압 펌프 → 유압 제어 밸브 → 유압 액추에이터 → 축압기 → 일

해설 전동기의 전기 에너지가 유압 펌프를 구동하는 기계 에너지로 변환되고, 유압 펌프에 의해 유체 에너지가 생성되어 제어 밸브를 거쳐 유압 액추에터로 공급되어, 액추에이터에서 기계적인 일을 하게 된다.

**7. 유압 실린더에서 피스톤과 실린더 커버가 충돌하여 발생하는 충격의 경감, 실린더 수명 연장, 충격파 발생 방지를 목적으로 하는 장치는?** [18-4]

① 쿠션 장치 ② 에어브리더
③ 피스톤 패킹 ④ 더스트 와이퍼

해설 유압 실린더에 쿠션 장치를 장착하면 피스톤의 스트로크 끝에서 충격의 발생을 방지할 수 있다.

**8. 그림과 같은 밸브의 B포트를 막았을 때와 같은 기능을 하는 밸브는?** [17-4, 22-1]

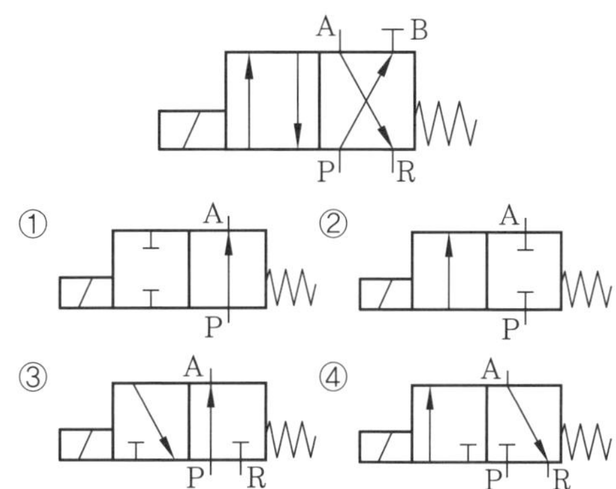


해설 4포트 2위치 밸브에서 B포트를 막으면 3포트 2위치 정상 상태 단힘형 밸브가 된다.

**9. 그림과 같은 공압 회로의 명칭은?** [14-4]

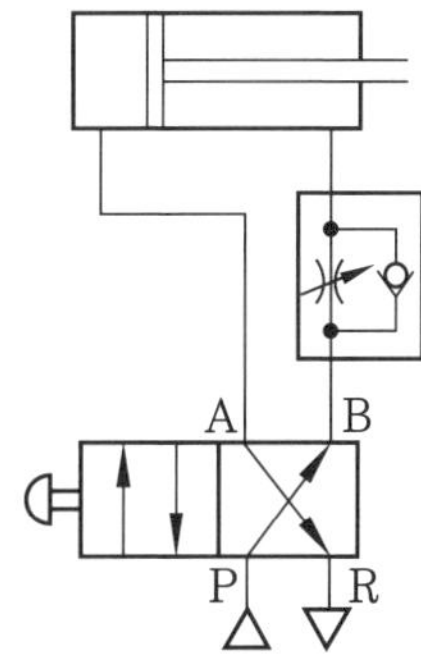


① 미터 아웃 속도 제어 회로
② 급속 배기 밸브 제어 회로
③ 미터 인 속도 제어 회로
④ 블리드 오프(bleed-off) 회로

해설 미터-아웃 회로 : 실린더에서 나오는 공기를 교축시키는 회로

**10. 다음 중 전선에 압착 단자를 접속시키는 공구는?**

① 와이어 스트리퍼 ② 프레셔 툴
③ 볼트 클리퍼 ④ 드라이베이트 툴

해설 프레셔 툴(pressure tool) : 솔더리스(solderless) 커넥터 또는 솔더리스 터미널을 압착할 때 사용한다.

정답 6. ① 7. ① 8. ④ 9. ① 10. ②

**11. 전압계의 측정 범위를 넓히기 위해 전압계에 직렬로 저항을 접속하는데 이 저항을 무엇이라고 하는가?**

① 미소저항 ② 가변저항
③ 배율기 ④ 분류기

해설 배율기(multiplier) : 전압계의 측정 범위를 넓히기 위한 목적으로, 전압계에 직렬로 접속하는 일종의 저항기이다.

**12. 다음 중 조작기기의 요소가 구비해야 할 조건으로 적절하지 않은 것은?**

① 신뢰성이 높고 보수가 쉬울 것
② 요소에 가해지는 반력에 대하여 작동하는 조작력이 있을 것
③ 동작 범위, 특성 및 크기가 적당할 것
④ 움직이는 부분의 이력 현상(hysteresis)이 있고 반응 속도가 빠를 것

해설 이력 현상은 조작기기의 정확도를 저하시킨다.

**13. 설비 보전에서 온도 측정 및 경향 관리는 설비 결함을 조기에 파악할 수 있는 매우 중요한 요소 기술 중 하나이다. 온도를 측정할 수 있는 센서 종류에 속하지 않는 것은?**

① 써머커플(thermocouple) 센서
② RTD 센서
③ 적외선(infra-red) 센서
④ 응력(strain gauge) 센서

해설 응력 센서는 하중, 압력 등을 감지한다.

**14. 센서에서 감지량의 쉬운 변환과 확대, 증폭이나 전송에 편리한 기본 신호가 아닌 것은?**

① 변위 ② 전압 ③ 압력 ④ 주파수

해설 감지량을 주파수 신호로는 변환하지 않는다.

**15. 자동화를 위한 센서의 선정 기준이 아닌 것은?** [09-1]

① 생산 원가의 절감
② 생산 공정의 합리화
③ 생산 설비의 자동화 생산
④ 체제의 전형화

**16. 유접점 방식의 시퀀스 제어에 사용되는 것은?**

① 다이오드 ② 트랜지스터
③ 사이리스터 ④ 전자 개폐기

해설 다이오드, 트랜지스터, 사이리스터 등은 무접점 방식 부품이다.

**17. 3상 전동기의 과열 원인으로 적절하지 않은 것은?** [06-4]

① 단상 운전
② 과부하 운전
③ 공진 현상 발생
④ 코일의 단락 또는 군의 단락

해설 전동기의 과열 원인 : 3상 중 1상의 접촉 불량, 베어링 부위에 그리스 과다 충진, 과부하 운전, 빈번한 기동과 정지, 냉각 불충분, 코일 단락 등

**18. 그림과 같은 액면계에서 $q(t)$를 입력, $h(t)$를 출력으로 했을 때 전달 함수는?**

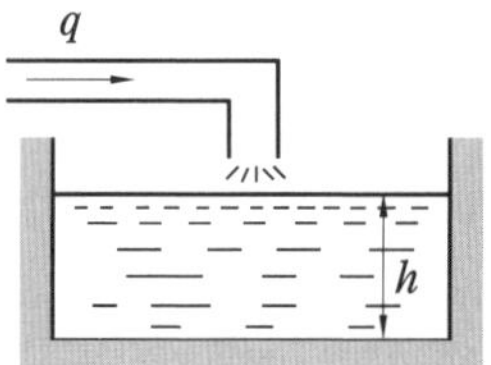


① KS ② K/S ③ K/1+S ④ 1+KS

정답 11. ③ 12. ④ 13. ④ 14. ④ 15. ④ 16. ④ 17. ③ 18. ②

**19.** 열전대의 구성 재료와 접합선이 잘못 나열된 것은? [06-4]

① 기호 종류(R) : (+접합선 : 백금-로듐 합금, -접합선 : 백금)
② 기호 종류(T) : (+접합선 : 니켈 합금, -접합선 : 동)
③ 기호 종류(E) : (+접합선 : 니켈-크롬 합금, -접합선 : 동-니켈 합금)
④ 기호 종류(K) : (+접합선 : 니켈-크롬 합금, -접합선 : 니켈 합금)

**해설** 서로 다른 두 가지 금속의 양단을 접합하면 양접합점에는 접촉 전위차 불평형이 발생하여 열전류가 저온 측에서 고온 측 접합부로 이동하여 단자 사이에 기전력이 발생된다. 이것을 열기전력(thermo electromotive force)이라 하고 그 현상을 제베크 효과(Seebeck effect)라 하며, 이 효과를 이용하여 온도를 측정하기 위한 소자가 열전대(thermocouple)이다.
※ 기호 종류(T) : (+접합선 : 동, -접합선 : 동-니켈 합금)

**20.** 다음의 그림은 어떤 정류인가? [13-4]

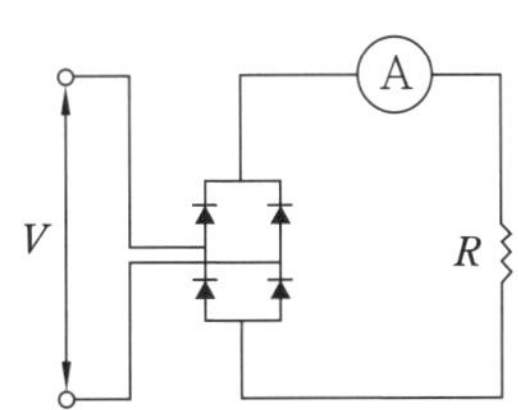


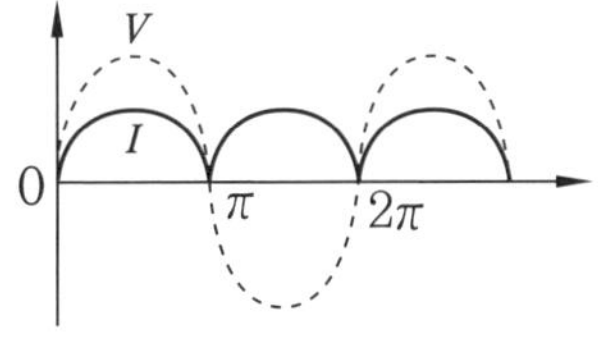


① 교류 ② 직류
③ 반파 정류 ④ 전파 정류

## 2과목 용접 및 안전관리

**21.** 금속과 금속의 원자간 거리를 충분히 접근시키면 금속 원자 사이에 인력이 작용하여 그 인력에 의하여 금속을 영구 결합시키는 것이 아닌 것은?

① 융접
② 압접
③ 납땜
④ 리벳 이음

**해설** 리벳 이음은 기계적 결합 방법이다.

**22.** 아크 용접기 취급 시 주의사항이 아닌 것은?

① 정격사용률 이상으로 사용할 때 과열되어 소손이 생긴다.
② 가동 부분, 냉각팬을 점검하고 주유를 하지 않고 깨끗이 청소만 한다.
③ 2차 측 단자의 한쪽과 용접기 케이스는 반드시 접지한다.
④ 습한 장소, 직사광선이 드는 곳에서 용접기를 설치하지 않는다.

**해설** ①, ③, ④ 외에 탭 전환은 아크 발생 중지 후 행하며, 가동 부분, 냉각팬을 점검하고 주유한다.

**23.** 피복 금속 아크 용접이 가스 용접법보다 우수한 장점이 아닌 것은?

① 열의 집중성이 좋다.
② 용접 변형이 적다.
③ 유해광선의 발생이 적다.
④ 용접부의 강도가 크다.

**해설** 유해광선은 피복 금속 아크 용접이 더 많이 발생한다.

**정답** 19. ② 20. ④ 21. ④ 22. ② 23. ③

**24.** 서브머지드 아크 용접기 중 경량형이라 불리는 것은?

① 4000A ② 2000A
③ 1200A ④ 900A

해설 서브머지드 아크 용접기의 종류
㉠ 대형 용접기 : 최대 전류 4000A로 판 두께 75mm까지 한 번에 용접 가능(M형)
㉡ 표준 만능형 용접기 : 최대 전류 2000A (UE형, USW형)
㉢ 경량형 용접기 : 최대 전류 1200A (DS형, SW형)
㉣ 반자동형 용접기 : 최대 전류 900A 이상의 수동식 토치 사용(UMW형, FSW형)

**25.** TIG 용접에서 토치의 형태 중 틀린 것은?

① 직선형 ② 커브형
③ 플렉시블형 ④ 치차형

해설 TIG 용접에서 토치의 형태는 직선형, 커브형, 플렉시블형 등이 있다.

**26.** MIG 용접의 스프레이 용적 이행에 대한 설명이 아닌 것은?

① 고전압, 고전류에서 얻어진다.
② 경합금 용접에서 주로 나타난다.
③ 용착 속도가 빠르고 능률적이다.
④ 와이어보다 큰 용적으로 용융 이행한다.

해설 MIG 용접의 스프레이 용적 이행은 고전류, 고전압에서 얻어지고, 경합금 용접에서 주로 나타나며, 높은 전류 범위 내에서 용접되기 때문에 용착 속도가 빠르고 능률적이다.

**27.** $CO_2$ 용접 토치 부속 장치의 연결 순서로 맞는 것은?

① 노즐 → 팁 → 절연관 → 가스 디퓨저 → 토치 바디
② 노즐 → 팁 → 가스 디퓨저 → 절연관 → 토치 바디
③ 노즐 → 절연관 → 팁 → 가스 디퓨저 → 토치 바디
④ 팁 → 절연관 → 노즐 → 가스 디퓨저 → 토치 바디

해설 $CO_2$ 용접 토치 부속 장치의 연결은 끝에서부터 노즐 → 팁 → 절연관 → 가스 디퓨저 → 토치 바디 순서이다.

**28.** $CO_2$ 와이어 직경에 따른 설명으로 틀린 것은?

① 같은 전류에서 와이어 직경이 커지면 용입이 깊어진다.
② 같은 전류에서 와이어 직경이 작아지면 와이어의 용착 속도가 증가한다.
③ 같은 전류에서 와이어 직경이 작아지면 용접 속도에도 영향을 준다.
④ 수직과 위보기 용접에서는 직경이 작은 것이 효과적이다.

해설 같은 전류에서 와이어 직경이 작아지면 용입이 깊어지고, 와이어의 용착 속도가 증가하므로 용접 속도에 영향을 준다. 수직과 위보기 용접에서는 직경이 작은 것이 효과적이며, 표면 덧살 용접 같은 곳에는 직경이 큰 것이 좋다.

**29.** 용접 이음의 기본 형식이 아닌 것은?

① 맞대기 이음 ② 모서리 이음
③ 겹치기 이음 ④ 플레어 이음

해설 용접 이음의 기본 형식
㉠ 덮개판 이음(한면, 양면, strap joint)
㉡ 겹치기 이음(lap joint)

정답 24. ③ 25. ④ 26. ④ 27. ① 28. ① 29. ④

㉢ 변두리 이음(edge joint)
㉣ 모서리 이음(corner joint)
㉤ T 이음(tee joint)
㉥ 맞대기 이음(한면, 양면, butt joint)

**30. 용접 변형 교정법의 종류가 아닌 것은?**

① 금속 재료에 이용하는 직선 수축법
② 얇은 판에 이용하는 곡선 수축법
③ 가열 후 해머질하는 법
④ 롤러에 의한 법

해설 용접 작업에서의 교정법 : 얇은 판에 이용하는 점 수축법, 금속 재료에 이용하는 직선 수축법, 가열 후 해머링하는 방법, 두꺼운 판을 가열 후 압력을 가하고 수랭하는 방법, 롤러에 거는 방법, 피닝법, 절단하여 변형시켜 재용접하는 방법 등

**31. 용접 결함의 종류에 따른 원인과 대책이 바르게 묶인 것은?**

① 기공 : 용착부가 급랭되었을 때－예열 및 후열을 한다.
② 슬래그 섞임 : 운봉 속도가 빠를 때－운봉에 주의한다.
③ 용입 불량 : 용접 전류가 높을 때－전류를 약하게 한다.
④ 언더컷 : 용접 전류가 낮을 때－전류를 높게 한다.

해설 ② 슬래그 섞임 : 운봉 속도가 빠를 때 운봉 속도를 조절한다.
③ 용입 불량 : 용접 전류가 낮을 때－전류를 적당히 높인다.
④ 언더컷 : 용접 전류가 높을 때－낮은 전류를 사용한다.

**32. 봉재의 원주 방향의 결함이 쉽게 검출되는 자화 방법은?**

① 축 통전법 ② 자속 관통법
③ 코일법 ④ 프로드법

**33. 침투 처리에 관한 설명 중 옳은 것은?**

① 침투 시간은 침투약의 종류에 관계없이 일정하다.
② 용제 제거성 염색 침투액일 때는 스프레이법 이외에 적용할 수 없다.
③ 침투 처리한 침투액을 흠 속에 충분히 스며들게 하는 조작이다.
④ 침투 시간은 오래하는 것이 좋다.

해설 침투 탐상 시험은 침투액을 시험할 재료의 표면에 칠하여 결함이 있는 부분에 스며들게 한 다음 현상액으로 결함부를 검출하는 시험 방법이다.

**34. 투과법에 대한 설명 중 잘못된 것은?**

① 결함의 깊이를 쉽게 알 수 있다.
② 시간축 분해가 필요하다.
③ 두 개의 탐촉자가 필요하다.
④ 수직 및 사각 탐상이 가능하다.

해설 투과법 : 두 개의 탐촉자를 사용하고, 시편의 한쪽에서 송신기로 연속적으로 초음파를 보내고 반대쪽 수신 탐촉자에서 신호를 받아 감지된 신호, 즉 초음파의 강도를 비교하여 음파 빔의 범위 내에 결함이 있는 것으로 판정한다.

**35. 다음 중 기계를 운전하기 전에 해야 할 일이 아닌 것은?**

① 급유 ② 기계 점검
③ 공구 준비 ④ 정밀도 검사

**36. 산소 및 아세틸렌 용기 취급에 대한 설명으로 옳은 것은?**

정답 30. ② 31. ① 32. ③ 33. ③ 34. ① 35. ④ 36. ④

① 산소 병은 60℃ 이하, 아세틸렌 병은 30℃ 이하의 온도에서 보관한다.
② 아세틸렌 병은 눕혀서 운반하되 운반 도중 충격을 주어서는 안 된다.
③ 아세틸렌 충전구가 동결되었을 때는 50℃ 이상의 온수로 녹여야 한다.
④ 산소 병 보관 장소에 가연성 가스를 혼합하여 보관해서는 안 되며 누설 시험 시에는 비눗물을 사용한다.

해설 산소 병, 아세틸렌 병 모두 항상 40℃ 이하의 온도에서 보관, 아세틸렌 병은 반드시 세워서 보관 및 운반해야 하고, 아세틸렌 충전구가 동결되었을 때는 40℃ 이상의 온수로 녹여야 한다.

**37.** 감전(感電 : electric shock)을 나타내는 것 중 틀린 것은?

① 전기 흐름의 통로에 인체 등이 접촉되어 인체에서 단락 또는 단락 회로의 일부를 구성하여 감전이 되는 것을 직접 접촉이라 한다.
② 전선로에 인체 등이 접촉되어 인체를 통하여 지락 전류가 흘러 감전되는 것을 말한다.
③ 누전 상태에 있는 기기에 인체 등이 접촉되어 인체를 통하여 지락 또는 섬락에 의한 전류로 감전되는 것을 직접 접촉이라 한다.
④ 전기의 유도 현상에 의하여 인체를 통과하는 전류가 발생하여 감전되는 것 등으로 분류한다.

해설 누전 상태에 있는 기기에 인체 등이 접촉되어 인체를 통하여 지락 또는 섬락에 의한 전류로 감전되는 것을 간접 접촉이라고 한다.

**38.** 다음 중 A급 화재에 해당되는 것은?

① 금속 물질의 화재
② 고체 연료의 화재
③ 전기 장치의 화재
④ 유지류, 알코올, 석유 제품에 의한 화재

해설 ㉠ A급 화재 : 일반 화재이며 재를 남기는 화재로서 나무, 종이, 섬유로 인한 화재
㉡ B급 화재 : 유류 화재이며 재를 남기지 않는 화재로 유류, 가스 등의 액체나 기체 등의 화재
㉢ C급 화재 : 전기 화재이며 전기 설비 등에서 발생하는 화재로 수해의 설비, 전선의 화재
㉣ D급 화재 : 금속 화재로 다른 화재에 비해 발생 정도가 높지는 않으며, 자연 화재, 분진 폭발 등

**39.** 안전 검사 대상 기계가 아닌 것은?

① 곤돌라 ② 용접기
③ 압력 용기 ④ 컨베이어

해설 안전 검사 대상 기계
㉠ 프레스 및 전단기
㉡ 크레인(정격 하중 2톤 미만인 것은 제외)
㉢ 리프트 및 곤돌라
㉣ 압력 용기 및 컨베이어
㉤ 국소 배기 장치(이동식은 제외)
㉥ 원심기(산업용만 해당)
㉦ 롤러기(밀폐형 구조 제외)
㉧ 사출성형기(형 체결력 294kN 미만은 제외)
㉨ 고소작업대(화물자동차 또는 특수자동차에 탑재한 고소작업대로 한정)

**40.** 산업재해를 예방하기 위하여 잠재적 위험성을 발견하고 그 개선 대책을 수립할 목적으로 조사 · 평가하는 것을 무엇이라고 하는가?

① 작업환경 측정 ② 위험성 평가
③ 안전보건진단 ④ 건강진단

정답 37. ③ 38. ② 39. ② 40. ③

## 3과목 기계 설비 일반

**41.** 파이프의 도시 방법에서 유체의 종류 중 공기를 뜻하는 기호는? [10-4]

① A ② G
③ O ④ S

해설 A : 공기, G : 가스, O : 기름, S : 증기

**42.** $\phi$40g6 축을 가공할 때 허용 한계 치수가 맞게 계산된 것은? (단, IT6의 공차값 T = 16μm, $\phi$40g6 축에 대한 기초가 되는 치수 허용차 값 i = −9μm)

① 위 치수 허용차 = 39.991, 아래 치수 허용차 = 39.975
② 위 치수 허용차 = 40.009, 아래 치수 허용차 = 40.016
③ 위 치수 허용차 = 39.975, 아래 치수 허용차=39.964
④ 위 치수 허용차 = 40.016, 아래 치수 허용차 = 40.025

해설 $\phi 40g6 = \phi 40^{-0.009}_{-0.025}$

**43.** 다음 도면의 기하 공차가 나타내고 있는 것은?

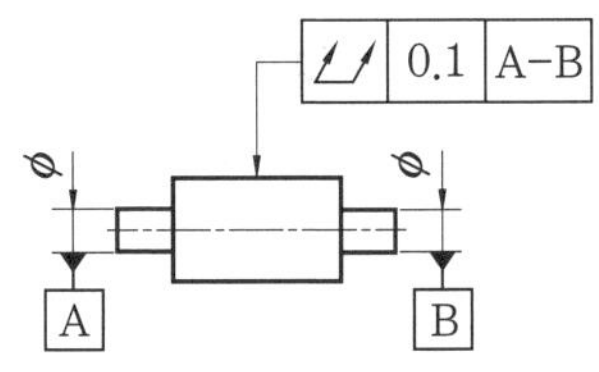


① 원통도 ② 진원도
③ 온 흔들림 ④ 원주 흔들림

해설 원통도 : ⌭, 진원도 : ○, 온 흔들림 : ⌰, 원주 흔들림 : ↗

**44.** 1m에 대하여 감도 0.05mm의 수준기로 길이 3m 베드의 수평도 검사 시 오른쪽으로 3눈금 움직였다면 이때 베드의 기울기는 얼마인가?

① 오른쪽이 0.15mm 높다.
② 왼쪽이 0.3mm 높다.
③ 오른쪽이 0.45mm 높다.
④ 왼쪽이 0.75mm 높다.

해설 기울기 = 감도(mm) × 눈금수 × 전길이(m) = 0.05 × 3 × 3 = 0.45mm

**45.** 드릴링 머신에 의한 가공 방법 중에서 육각 구멍 붙이 볼트, 둥근 머리 볼트의 머리를 공작물에 묻히게 하는 가공은?

① 카운터 싱킹 ② 리밍
③ 카운터 보링 ④ 스폿 페이싱

해설 드릴링 머신 작업

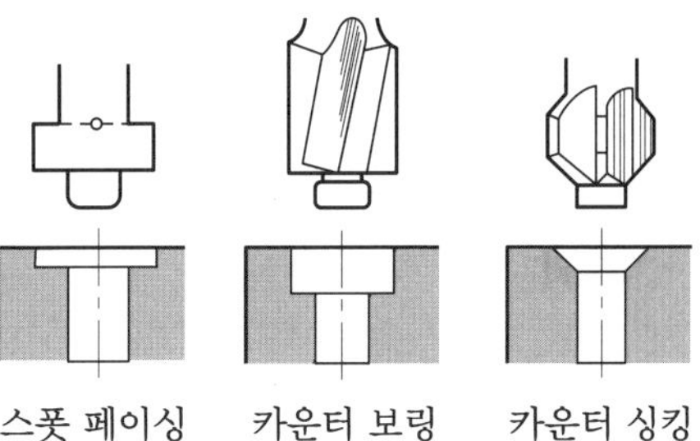


**46.** 일반적인 래핑(lapping)의 특성으로 틀린 것은? [17-4, 20-2]

① 가공면은 윤활성 및 내마모성이 좋다.
② 정밀도가 높은 제품을 가공할 수 있다.
③ 가공이 간단하고 대량 생산이 가능하다.
④ 먼지의 발생이 없고 가공면에 랩제가 잔류하지 않는다.

해설 랩 공구는 공작물보다 경도가 낮은 것을 사용하고 랩 정반의 재질은 고급 주철이며, 습식 래핑 여유는 0.01~0.02mm이다.

정답 41. ① 42. ① 43. ③ 44. ③ 45. ③ 46. ④

**47.** **프레스 가공(press work) 중에서 전단 가공(shearing) 방법에 해당되지 않는 것은?**

① 펀칭(punching)
② 굽힘 가공(bending work)
③ 엠보싱 가공(embossing work)
④ 드로잉 가공(drawing work)

**해설** 전단은 잘라내는 것으로 굽힘 가공과는 관련이 없다.

**48.** **다음 중 용접으로 인해 발생한 잔류 응력을 제거하는 방법으로 가장 적합한 열처리 방법은?** [09-4, 14-2, 18-1, 22-1]

① 뜨임 ② 풀림
③ 불림 ④ 담금질

**해설** 용접의 잔류 응력 제거는 풀림으로 하며 풀림은 내부 응력 제거에 이용된다.

**49.** **항온 열처리의 요소 중 틀린 것은?**

① 온도 ② 시간
③ 결정 ④ 변태

**50.** **다음 중 기어에 대하여 올바르게 설명한 것은?** [10-4]

① 하이포이드 기어는 두 축의 중심선이 서로 교차한다.
② 웜 기어는 역회전이 가능하며 소음과 진동이 적다.
③ 피치면이 평행인 베벨 기어를 크라운 기어라고 한다.
④ 스큐 기어는 큰 힘을 전달하는데 적합하다.

**해설** 하이포이드 기어는 두 축이 평행하지도 않고 만나지도 않는 경우이며, 웜 기어는 소음과 진동이 적고 역전을 방지하는 기능이 있다.

**51.** **공구 중 규격을 입의 너비의 대변 거리로 나타내지 않는 것은?**

① 양구 스패너
② 편구 스패너
③ 타격 스패너
④ 몽키 스패너

**해설** 몽키 스패너는 규격을 전체 길이로 표시한다.

**52.** **스프링의 제도 방법 중 옳지 않은 것은?** [09-2, 16-2]

① 하중이 가해진 상태에서 그려서 치수 기입 시에는 하중을 기입한다.
② 도면에서 특별히 지시가 없는 코일 스프링은 오른쪽 감김을 나타낸다.
③ 겹판 스프링은 스프링 판이 수평된 상태에서 그리는 것을 원칙으로 한다.
④ 부품도, 조립도 등에서 양 끝을 제외한 동일 모양 부분을 생략하는 경우에는 가는 실선으로 표시한다.

**해설** 부품도, 조립도 등에서 생략하는 경우에는 가는 1점 쇄선 또는 가는 2점 쇄선으로 표시한다.

**53.** **녹에 의한 볼트 너트의 고착을 방지하는 방법으로 틀린 것은?** [11-2, 16-2, 20-4]

① 유성 페인트를 나사 부분에 칠한 후 죈다.
② 볼트 너트를 죈 후 아주 높은 온도로 가열한 후 식힌다.
③ 나사 틈새에 부식성 물질이 침입하지 않도록 한다.
④ 산화 연분을 기계유로 반죽한 적색 페인트를 나사 부분에 칠한 후 죈다.

**해설** 볼트 너트를 높은 온도로 가열하면 녹이 발생할 수 있다.

**정답** 47. ② 48. ② 49. ③ 50. ③ 51. ④ 52. ④ 53. ②

**54.** 볼트, 너트의 사용 방법으로 옳은 것은? [15-2]

① 리머 볼트 구멍에 보통 볼트를 체결하여도 무방하다.
② 볼트, 너트, 스프링 와셔는 재사용해도 상관없다.
③ 로크 너트는 두꺼운 너트는 아래쪽, 얇은 너트는 위쪽에 체결한다.
④ 볼트, 너트를 수직으로 설치할 경우 너트는 점검하기 쉬운 쪽에 체결한다.

**55.** 축의 중심내기 방법 중 잘못된 것은 어느 것인가? [10-4, 14-2]

① 죔 형 커플링의 경우 스트레이트 에지를 이용하여 중심을 낸다.
② 체인 커플링의 경우 원주를 4등분한 다음 다이얼 게이지로 측정해서 중심을 맞춘다.
③ 플랜지의 면간의 차를 측정하여 중심 맞추기를 한다.
④ 플렉시블 커플링은 중심내기를 하지 않는다.

해설 플렉시블 커플링도 센터링을 해야 한다.

**56.** 체인을 거는 방법으로 틀린 것은? [14-4]

① 두 축의 스프로킷 휠은 동일 평면에 있어야 한다.
② 수직으로 체인을 걸 때 큰 스프로킷 휠이 아래에 오도록 한다.
③ 수평으로 체인을 걸 때 이완 측이 위로 오면 접촉각이 커지므로 벗겨지지 않는다.
④ 이완 측에는 긴장 풀리를 쓰는 경우도 있다.

해설 벨트는 이완 측을 위로 두지만 체인은 아래로 두어야 한다.

**57.** 그림에서 나타낸 축류 송풍기의 특성으로 틀린 것은? [14-4]

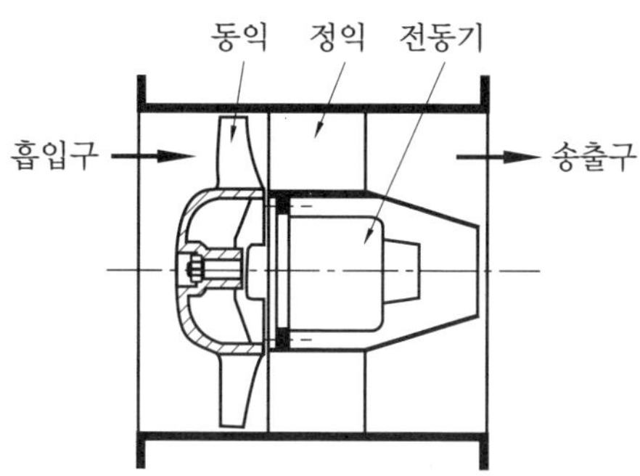


① 정익은 회전 방향의 흐름을 정압으로 회수하여 효율을 높인다.
② 풍량이 커질수록 축 동력도 상승한다.
③ 풍량은 동익의 각도와 회전 속도를 조절하여 제어한다.
④ 설치 공간이 타 송풍기에 비하여 상당히 적다.

해설 축류 송풍기의 축 동력은 풍량 0점에서 최고이며, 그 특성 곡선은 비교적 평탄하고 저항 변동에 의한 동력의 변동이 작다.

**58.** 피스톤 압축기의 앤드 간극에 대한 설명으로 옳은 것은? [17-4]

① 간극 치수는 1.5~3.0mm의 범위로 상부 간극보다 하부를 크게 한다.
② 간극 치수는 1.5~3.0mm의 범위로 하부 간극보다 상부를 크게 한다.
③ 간극 치수는 3.0~4.5mm의 범위로 하부 간극보다 상부를 크게 한다.
④ 간극 치수는 3.0~4.5mm의 범위로 상부 간극보다 하부를 크게 한다.

**59.** 압축기의 배관에 대한 설명으로 옳은 것은? [09-4, 17-4]

① 배관 길이는 가능한 길게 한다.
② 압축기와 탱크 사이의 배관은 클수록 좋다.

정답 54. ④ 55. ④ 56. ③ 57. ② 58. ② 59. ③

③ 배관 도중의 하부에는 반드시 드레인 밸브를 부착한다.
④ 압축기의 분해, 조립과 관계없이 배관의 지름을 크게 한다.

**60. 다음은 크레인의 전동기 고장 원인과 대책에 관한 설명이다. 틀린 것은?** [12-4]

① 전동기의 고장은 접점부와 회전자가 대부분이다.
② 접점부의 고장 원인은 절연 불량에 의한 것이 대부분이다.
③ 시동 시간이 길 때에는 부하를 줄여야 한다.
④ 시동이 되지 않을 때는 전압을 바꿔보고 회로의 불량을 검사한다.

**해설** 시동이 되지 않을 때는 전류를 바꿔보고 회로의 불량을 검사한다.

## 4과목 설비 진단 및 관리

**61. 다음 중 설비 측면 데이터에 의한 신뢰성이 아닌 것은?** [06-4]

① 설비의 대형화, 다양화에 따른 오감 점검 불가능
② 설비의 대형화, 다양화에 따른 고장 손실 증대
③ 설비의 신뢰성 설계를 위한 데이터의 필요성
④ 고장의 미연 방지 및 확대 방지

**해설** 고장의 미연 방지 및 확대 방지는 정비 계획면 고장의 미연 방지

**62. 진동의 크기를 표현하는 방법으로 틀린 것은?** [20-4]

① 평균값 : 진동량을 평균한 값이다.
② 피크값 : 진동량 절댓값의 최댓값이다.
③ 양진폭 : 정현파의 경우 피크값의 2배이다.
④ 피크-피크 : 정측의 최댓값에서 부측의 최댓값까지의 값이다. 정현파의 경우 피크값의 $\frac{1}{2}$이다.

**해설** 피크-피크값은 양진폭으로 피크값의 2배이다.

**63. 질량을 $m$[kg], 강성을 $k$[N/m]라 할 때 고유 진동수 $\omega$[rad/s]를 나타내는 것은?** [16-4]

① $\omega=\sqrt{\frac{m}{k}}$　② $\omega=\sqrt{\frac{k}{m}}$
③ $\omega=\sqrt{m^2+k^2}$　④ $\omega=2\sqrt{mk}$

**해설** 단순 진동자의 경우 고유 진동수 $\omega=\sqrt{\frac{k}{m}}$ 이다.

**64. 소음과 관련된 용어에 대한 설명으로 틀린 것은?** [13-4, 22-2]

① 음파 : 공기 등의 매질을 전파하는 소밀파
② 파면 : 파동의 위상이 같은 점들을 연결한 면
③ 파동 : 매질의 변형 운동으로 이루어지는 에너지 전달
④ 음의 회절 : 음파가 한 매질에서 타 매질로 통과할 때 구부러지는 현상

**해설** ㉠ 음의 회절 : 장애물 뒤쪽으로 음이 전파되는 현상
㉡ 음의 굴절 : 음파가 한 매질에서 타 매질로 통과할 때 구부러지는 현상

**65. 보전이 필요 없는 시스템 설계가 기본 개념인 보전 방식은?** [07-4, 18-1, 21-1]

**정답** 60. ④ 61. ④ 62. ④ 63. ② 64. ④ 65. ②

① 개량 보전 ② 보전 예방
③ 사후 보전 ④ 예방 보전

해설 보전 예방 : 고장이 발생하지 않도록 설비를 설계, 제작, 설치하여 운용하는 보전 방법

**66. 보전 업무에서 실제로 가장 중요한 요소의 하나로 현 설비뿐만 아니라 잠재적인 설비 설계의 향상 또는 미래의 설비 구매에 대한 의사결정을 위한 중요한 기반이 되는 설비 관리 기능은?** [20-4]

① 실시 기능 ② 지원 기능
③ 기술 기능 ④ 일반 관리 기능

해설 기술 기능
㉠ 설비 성능 분석과 고장 분석 방법 개발 및 실시
㉡ 보전도 향상 및 연구 부품 교체 분석
㉢ 설비 진단 기술 이전 및 개발
㉣ 설비 간의 네트워킹(networking) 구축 및 정보 체제의 전산화 구축
㉤ 보전 업무 분석 및 검사 기준 개발
㉥ 보전 기술 개발 및 매뉴얼 갱신
㉦ 보전 자료와 정보의 설계로의 피드백(feedback)

**67. 예방 보전 검사 제도의 흐름을 나타낸 것으로 가장 적합한 것은?** [13-4, 17-2, 20-3]

① PM 검사 표준 설정 → PM 검사 계획 → PM 검사 실시 → 수리 요구 → 수리 검수 → 설비 보전 기록
② PM 검사 계획 → PM 검사 표준 설정 → PM 검사 실시 → 수리 요구 → 수리 검수 → 설비 보전 기록
③ 수리 요구 → PM 검사 계획 → PM 검사 표준 설정 → PM 검사 실시 → 수리 검수 → 설비 보전 기록
④ 수리 요구 → 수리 검수 → PM 검사 계획 → PM 검사 표준 설정 → PM 검사 실시 → 설비 보전 기록

**68. 다음 상비품의 발주 방식 중 주문점에 해당하는 양만큼을 복수로 포장해 두고, 차츰 소비되어 다음 포장을 풀 때에 발주하는 발주 방식은?** [16-2, 20-4]

① 포장법 ② 정수형
③ 정량 유지 방식 ④ 정기 발주 방식

해설 ㉠ 복책법 : 주문량과 주문점을 균등하게 한 것으로서 용량이 균등한 두 개의 같은 용량, 용기를 상호적으로 사용하여, 한쪽 용기 내의 물품을 다 소모했을 경우(주문점)에 용량분의 주문(주문량)을 한다는 기법
㉡ 포장법 : 주문점에 해당하는 양만큼을 포장해 두고, 차츰 소비되어서 포장을 풀어야 할 때에 발주하는 기법

**69. 종합적 생산 보전(TPM : total productive maintenance)에 대한 설명 중 틀린 것은?** [08-4, 14-4, 20-4]

① TPM의 목표는 현장의 체질 개선에 있다.
② TPM의 목표는 설비, 사람, 현장이 변하지 않는데 있다.
③ TPM의 특징은 고장 제로(zero), 불량 제로 달성 목표에 있다.
④ TPM의 목표는 맨(man), 머신(machine), 시스템(system)을 극한 상태까지 높이는데 있다.

해설 TPM의 목표
㉠ 현장의 체질을 개선할 것 : 설비가 변하고, 사람이 변하고, 현장이 변하는 이것이 TPM의 목표이다.
㉡ 맨 · 머신 · 시스템을 극한까지 높일 것

정답 66. ③ 67. ① 68. ① 69. ②

• 설비의 성능을 항상 최고의 상태로 유지한다.
• 그 상태를 장시간에 걸쳐서 유지한다.

**70. 공장 설비의 기계화, 자동화에 대한 설비 관리 대책으로 옳지 않은 것은?** [11-4]

① 메카트로닉스화 설비 요원의 양성
② 자동화 기계를 현장에 맞게 개량
③ 기계 설비는 전문업체에 맡겨 유지 관리
④ 분임조 활동으로 개선 활동 추진

해설 전문업체에 맡기는 것은 자주 보전이라고 할 수 없다.

**71. 현상 파악을 위해 공정에서 취한 계량치 데이터가 여러 개 있을 때 데이터가 어떤 값을 중심으로 어떤 모습으로 산포하고 있는가를 조사하는데 사용하는 그림은?**
[09-4, 13-4, 16-2, 18-4, 20-3, 20-4, 21-1]

① 관리도 ② 산점도
③ 파레토도 ④ 히스토그램

해설 히스토그램 : 공정에서 취한 계량치 데이터가 여러 개 있을 때 데이터가 어떤 값을 중심으로 어떤 모습으로 산포하고 있는가를 조사하는데 사용하는 그림이다. 그림의 형태, 규정값과의 관계, 평균치와 표준차, 공정 능력 등 많은 정보를 얻을 수 있다.

**72. 윤활유의 일반적인 성질을 잘못 설명한 것은?** [08-4]

① 비중(specific gravity)은 성능을 결정짓는데 중요한 요소는 아니고 오일의 종류를 파악하는데 유용하다.
② API도는 미국석유협회에서 정한 비중이며, 물을 1로 하여 물보다 가벼운 것은 1 이상, 물보다 무거운 것은 1 이하의 수치로 표시한다.
③ 점도는 액체가 유동할 때 나타나는 내부 저항을 나타낸다.
④ 점도 지수(viscosity index)는 윤활유의 점도와 온도 관리를 지수로 나타낸 것이다.

해설 물을 1로 하여 물보다 가벼운 것은 1 이하, 물보다 무거운 것은 1 이상의 수치로 표시한다.

**73. 원료에 따른 윤활유를 분류할 때 석유계 윤활유에 속하는 것은?** [20-4]

① 합성 윤활유
② 동물계 윤활유
③ 식물계 윤활유
④ 나프텐계 윤활유

해설 ㉠ 석유계 윤활유 : 파라핀계, 나프텐계 혼합 윤활유
㉡ 비광유계 윤활유 : 동식물계, 합성 윤활유

**74. 윤활유에 소포제를 첨가하는 주된 목적은?** [15-2, 19-4]

① 온도에 따른 점도 변화율의 감소
② 물과 친화성이 있는 광유를 생성
③ 오일 층의 공기 기포 생성 방지 및 제거
④ 베어링 및 기타 금속 물질의 부식 억제

해설 기포가 마멸이나 윤활유의 열화를 촉진시키므로 이 현상을 방지하기 위하여 소포제를 첨가한다.

**75. 윤활유 급유 방법–윤활제–윤활 장치의 종류를 순서대로 연결한 것 중 틀린 것은?** [08-4, 15-2]

정답 70. ③ 71. ④ 72. ② 73. ④ 74. ③ 75. ③

① 수동 급유-그리스-그리스 건
② 적하 급유-윤활유-심지 급유기
③ 자기 순환 급유-윤활유-분무 장치
④ 강제 순환 급유-그리스-자동 집중 급유 장치

해설 분무 급유법(oil mist oiling) : 공기 압축기, 감압 밸브, 공기 여과기, 분무 장치 등으로 구성된다.

**76. 다음 중 윤활유의 열화 방지책으로 틀린 것은?** [14-4, 17-2]

① 고속 기어에는 저점도의 윤활유가 적합하다.
② 웜 기어는 미끄럼 속도가 빠르고 운전 온도도 높게 되므로 산화 안정성이 우수한 순광유가 일반적으로 사용된다.
③ 새로운 기계 도입 시 쇠, 녹물, 방청제 등을 충분히 세척 후 사용한다.
④ 월 1회 정도 세척을 실시하여 순환 계통을 청정하게 유지하고, 교환 시는 열화유를 50% 정도 제거한다.

해설 연 1회 정도는 세척을 실시하여 순환 계통을 청정하게 유지할 것

**77. 다음 문장의 ㉠과 ㉡에 들어갈 수치로 옳은 것은?** [16-2]

> 미국 그리스협회(NLGI)의 규정에 의하면 그리스의 주도는 규정 원추를 그리스 표면에 떨어뜨려 규정 시간 ( ㉠ )초 동안에 들어간 깊이를 mm로 나타내어 ( ㉡ ) 배 한 것이다.

① ㉠ : 5, ㉡ : 5 ② ㉠ : 5, ㉡ : 10
③ ㉠ : 10, ㉡ : 5 ④ ㉠ : 10, ㉡ : 10

해설 규정된 원추를 그리스 표면에 떨어뜨려 일정 시간 5초 동안에 들어간 깊이를 측정하여 그 깊이(mm)에 10을 곱한 수치로서 나타낸다.

**78. 금속류의 직접 접촉에 의한 소음을 막기 위해 윤활이 필요한데, 구름 베어링에 윤활이 필요로 하는 부분으로 적당하지 않은 것은?** [12-4]

① 전동체와 고정 및 회전 궤도면과의 사이
② 리테이너와 궤도륜 안내면 사이의 미끄럼 부분
③ 외륜과 베어링 하우징 사이의 접촉 부분
④ 전동체와 리테이너 사이의 미끄럼 부분

**79. 유압 작동유 열화의 원인으로 맞지 않는 것은?** [15-2]

① 미세한 불순물 침입
② 작동유의 온도 급상승
③ 작동유의 수분 혼입
④ 고점도지수 오일 사용

해설 고점도지수 오일을 사용하면 온도의 변화가 있어도 점도 변화가 없기 때문에 온도에 의한 열화가 방지된다.

**80. 미끄럼 베어링의 윤활법 중 자동화, 시스템화로 기계류에 많이 사용되며 확실한 오일 공급과 유온, 유량의 조절이 쉽고 많은 베어링의 윤활이 가능한 방법은?** [14-2]

① 유욕 윤활법
② 링 윤활법
③ 손급유 윤활법
④ 강제 윤활법

해설 많은 베어링을 한 번에 윤활할 수 있는 방법은 강제 순환 급유법이다.

정답 76. ④ 77. ② 78. ③ 79. ④ 80. ④

# 제17회 CBT 대비 실전문제

## 1과목 공유압 및 자동 제어

**1. 다음 중 압력에 대한 설명으로 틀린 것은?** [21-1]

① 대기 압력보다 낮은 압력을 진공압이라 한다.
② 게이지 압력에서는 국소 대기압보다 높은 압력을 정압(+)이라 한다.
③ 압력을 비중량으로 나누면 길이 단위가 되며, 이는 양정 또는 수두(m)가 된다.
④ 사용 압력을 완전한 진공으로 하고 그 상태를 0으로 하여 측정한 압력을 게이지 압력이라 한다.

해설 사용 압력을 완전한 진공으로 하고 그 상태를 0으로 하여 측정한 압력은 절대 압력이다.

**2. 다음 중 유압의 특징으로 틀린 것은 어느 것인가?** [06-4, 20-4]

① 온도와 점도에 영향을 받지 않는다.
② 공기압에 비해 큰 힘을 낼 수 있다.
③ 작동체의 속도를 무단 변속할 수 있다.
④ 방청과 윤활이 자동적으로 이루어진다.

해설 온도와 점도에 가장 큰 영향을 받는다.

**3. 공기 압축기 토출부 직후에 설치하여 공기를 강제적으로 냉각시켜 공압 관로 중의 수분을 분리 · 제거하는 기기는?** [16-4, 20-3]

① 냉각기
② 드레인 분리기
③ 메인 라인 필터
④ 오일 미스트 세퍼레이터

해설 냉각기는 압축기 토출부 직후에 설치하여 공기를 강제적으로 냉각시켜 공압 관로 중의 수분을 분리 · 제거하는 기기로 공랭식, 수랭식, 강제식이 있다.

**4. 다음 공기압 밸브 중 OR 논리를 만족시키는 밸브는?** [10-4, 12-4, 19-2]

① 2압 밸브
② 셔틀(shuttle) 밸브
③ 파일럿 조작 체크 밸브
④ 3/2-way 정상 상태 열림형 밸브

해설 셔틀 밸브(shuttle valve, OR valve) : 체크 밸브를 2개 조합한 구조로 되어 있어 1개의 출구 A와 2개의 입구 X, Y가 있고, 공압 회로에서 그 종류의 공압 신호를 선택하여 마스터 밸브에 전달하는 경우에 사용된다.

**5. 다음 중 오일 탱크에 관한 설명으로 틀린 것은?** [17-4, 21-2]

① 오일 탱크의 크기는 펌프 토출량과 동일하게 제작한다.
② 에어브리더의 용량은 펌프 토출량의 2배 이상으로 제작한다.
③ 스트레이너의 유량은 펌프 토출량의 2배 이상의 것을 사용한다.

정답 1. ④ 2. ① 3. ① 4. ② 5. ①

④ 오일 탱크의 유면계를 운전할 때 잘 보이는 위치에 설치한다.

해설 오일 탱크의 크기는 펌프 토출량의 3배 이상으로 제작한다.

**6. 공동 현상을 방지할 목적으로 펌프 흡입구 또는 유압 회로의 부(−)압 발생 부분에 사용하여 일정 압력 이하로 내려가면 포핏이 열려 압유를 보충하도록 하는 밸브는?**

① 감속 밸브 [14-4, 20-3]
② 압력 제어 밸브
③ 흡입형 체크 밸브
④ 카운터 밸런스 밸브

해설 감속 밸브는 유량 제어 밸브, 카운터 밸런스 밸브는 압력 제어 밸브이며, 체크 밸브는 논 리턴 밸브이다.

**7. 피스톤에 O링을 사용한 실린더에 압력이 존재하면 실린더 배럴과 피스톤의 간극 사이로 O링이 밀려나오는데, 이를 방지하기 위해 사용하는 패킹은?** [14-2, 19-2]

① 개스킷　② V 패킹
③ 백업 링　④ 라비린스 실

해설 백업 링은 공유압 기기의 기밀용으로 사용되는 O링이나 패킹 등의 밀폐력을 높이거나 보조하기 위한 것이다.

**8. 유압 동조 회로에 대한 방법으로 틀린 것은?** [08-4, 18-1]

① 유압 모터에 의한 방법
② 방향 제어 밸브에 의한 방법
③ 유량 제어 밸브에 의한 방법
④ 유압 실린더를 직렬로 접속하는 방법

해설 동조 회로 : 같은 크기의 2개의 유압 실린더에 같은 양의 압유를 유입시켜도 실린더의 치수, 누유량, 마찰 등이 완전히 일치하지 않기 때문에 완전한 동조 운동이란 불가능한 일이다. 또한 같은 양의 압유를 2개의 실린더에 공급한다는 것도 어려운 일이다. 이 동조 운동의 오차를 최소로 줄이는 회로를 동조 회로라고 한다. 래크와 피니언에 의한 동조 회로, 실린더의 직렬 결합에 의한 동조 회로, 2개의 펌프를 사용한 동조 회로, 2개의 유량 조절 밸브에 의한 동조 회로, 2개의 유압 모터에 의한 동조 회로, 유량 제어 밸브와 축압기에 의한 동조 회로가 있다.

**9. 이상적인 연산 증폭기의 출력 임피던스와 오프셋은 얼마인가?**

① 0　② 1
③ 2　④ 무한대

해설 이상적인 연산 증폭기의 특징

㉠ 이득이 무한대이다(open loop).
㉡ 동상 신호 제거비(CMRR)가 무한대이다. 따라서 입력단에 인가되는 잡음을 제거하여 출력단에 나타나지 않는다.
㉢ 입력 임피던스가 무한대이다(open loop).
㉣ 대역폭이 무한대이다.
㉤ 출력 임피던스가 0이다.
㉥ 낮은 전력 소비를 갖는다.
㉦ 온도 및 전원 전압 변동에 따른 영향이 없다.
㉧ 오프셋(off−set)이 0이다.

**10. 만능 회로 시험기를 사용하여 AC 전압에 관련된 시험 측정의 설명 중 틀린 것은?**

① 저압 전로 개폐기 차단 후 정전 확인한다.
② 감전 재해 조사 시 인체 접촉부(두 지점 사이)의 전압(전위차)을 측정한다.

정답 6. ③　7. ③　8. ②　9. ①　10. ④

③ 교류 아크 용접기는 2차 측 무부하 전압을 측정한다.
④ 검사 대상 설비의 출력 전압을 측정한다.

해설 검사 대상 설비의 입력 전압을 측정한다.

**11.** **물체에 직접 접촉하지 않고 그 위치를 검출하여 전기적 신호를 발생시키는 장치는?**

① 리드 스위치 ② 인터럽터
③ 바이메탈 ④ 리밋 스위치

해설 리드 스위치(reed switch)는 비접촉식 센서로 가격이 비교적 저렴하고, 소형, 경량이며, 사용 온도 범위가 넓고, 반복 정밀도가 높다. 또한 스위칭 시간이 짧고 내전압 특성이 우수하며, 회로도 간단해진다.

**12.** **2Kbit에 대한 설명이다. 다음 중 맞는 것은?** [17-1]

① 1024bit ② 2000bit
③ 125byte ④ 256byte

해설 1Kbit는 1024bit이고, 8bit가 1byte이므로 2Kbit는 256byte이다.

**13.** **스테핑 모터(stepping motor)의 일반적인 특징으로 옳은 것은?**

① 회전 각도의 오차가 적다.
② 관성이 큰 부하에 적합하다.
③ 진동 및 공진의 문제가 없다.
④ 대용량의 기기를 만들 수 없다.

해설 스테핑 모터는 진동 및 공진의 문제가 있고, 관성이 큰 부하에 부적합하며, 대용량의 기기를 만들 수 없다.

**14.** **직류 전동기의 회전 방향을 바꾸는 방법으로 적합한 것은?**

① 콘덴서의 극성을 바꾼다.
② 정류자의 접속을 바꾼다.
③ 브러시의 위치를 조정한다.
④ 전기자 권선의 접속을 바꾼다.

해설 직류 전동기의 회전 방향을 반대로 하려고 할 때 계자 회로나 전기자 회로 중 어느 하나만 바꾸면 된다.

**15.** **다음 중 서보 제어의 의미로 옳은 것은?**

① 증폭 제어 [11-4, 17-2]
② 느린 정밀 제어
③ 오픈(open) 회로 제어
④ 빠르고 정확한 폐회로 제어

해설 서보란 servant(하인)에서 유래된 것으로 빠르고 정확한 피드백 제어를 의미한다.

**16.** **입력 신호가 어떤 정상 상태에서 다른 상태로 변화했을 때 출력 신호가 정상 상태에 도달하기까지의 특성을 무엇이라 하는가?**

① 임펄스 응답 ② 과도 응답
③ 램프 응답 ④ 스텝 응답

해설 입력 신호가 어떤 정상 상태에서 다른 상태로 변화했을 때 출력 신호가 정상 상태에 도달하기까지의 특성을 과도 특성이라고 하며 과도 응답(transient response)으로 표시한다.

**17.** **잔류 편차가 발생하는 제어계는?**

① 비례 제어계
② 적분 제어계
③ 비례 적분 제어계
④ 비례 적분 미분 제어계

정답 11. ① 12. ④ 13. ④ 14. ④ 15. ④ 16. ② 17. ①

해설 비례 제어 : 압력에 비례하는 크기의 출력을 내는 제어 동작을 비례 동작(proportional action) 또는 P 동작이라 한다. 조절계의 출력값은 제어 편차에 대응하여 특정한 값을 취하므로 편차 0일 때의 출력값에 상당하는 조작량에 의해 제어량이 목표값에 일치되지 않는 한 잔류 편차가 발생한다.

**18. 다음 중 탄성식 압력계에 속하지 않는 것은?** [12-4, 15-2, 18-2]

① 압전기식 ② 벨로즈식
③ 부르동관식 ④ 다이어프램식

해설 압전기식은 전기식 압력계에 속한다.

**19. 회전수 계측법 중 전자식 검출법에 대한 설명으로 틀린 것은?** [15-2]

① 전원이 필요 없다.
② 내구성이 우수하다.
③ 정지에 가까운 저속에서 좋다.
④ 자속밀도의 변화를 이용한다.

해설 정지에 가까운 저속에서는 출력 전압이 감소되므로 저속 회전의 검출은 할 수 없다.

**20. 신호 변환기 중 전기 신호 방식의 특징이 아닌 것은?** [19-4]

① 응답이 빠르고, 전송 지연이 거의 없다.
② 전송 거리의 제한을 받지 않고 컴퓨터와 결합에 용이하다.
③ 가격이 저렴하고 구조가 단순하며 비교적 견고하여 내구성이 좋다.
④ 열기전력, 저항 브리지 전압을 직접 전기적으로 측정할 수 있다.

해설 전기 신호 방식은 공기압식에 비해 가격이 비싸고, 내구성은 주의를 요하며, 보수에 전문적인 고도의 기술이 필요하다.

## 2과목 용접 및 안전관리

**21. 리벳 이음에 비교한 용접 이음의 특징을 열거한 것 중 틀린 것은?**

① 이음 효율이 높다.
② 유밀, 기밀, 수밀이 우수하다.
③ 공정의 수가 절감된다.
④ 구조가 복잡하다.

해설 리벳 이음에 비해 작업 공정을 적게 할 수 있다.

**22. [보기]와 같은 아크 용접봉의 지름은 얼마인가?**

| 보기 |

E4316-AC-5-400

① 5mm ② 16mm
③ 43mm ④ 400mm

해설 E 4316은 저수소계 용접봉, AC는 교류 용접기, 5는 용접봉 지름, 400은 용접봉 길이를 말한다.

**23. 다음은 서브머지드 아크 용접의 용접 장치를 열거한 것이다. 용접 헤드(weldinghead)에 속하지 않는 것은?**

① 심선을 보내는 장치
② 진공 회수 장치
③ 접촉 팁(contact tip) 및 그의 부속품
④ 전압 제어 상자

정답 18. ① 19. ③ 20. ③ 21. ④ 22. ① 23. ②

해설 용접 구성 장치는 용접 전원(직류 또는 교류), 전압 제어 상자(voltage control box), 심선을 보내는 장치(wire feed apparatus), 접촉 팁(contact tip), 용접 와이어(와이어 전극, 테이프 전극, 대상 전극), 용제 호퍼, 주행 대차 등으로 되어 있으며, 용접 전원을 제외한 나머지를 용접 헤드(welding head)라 한다.

**24.** TIG 용접기 설치를 위한 장소에 대한 설명 중 틀린 것은?

① 휘발성 가스나 기름이 있는 곳을 피한다.
② 습기 또는 먼지 등이 많은 장소는 용접기 설치를 피한다.
③ 벽에서 5cm 이상 떨어지고, 바닥면이 견고하고 수평인 곳을 선택한다.
④ 비, 바람이 치는 옥외 또는 주위 온도가 −10℃ 이하인 곳은 피한다.

해설 벽에서 30cm 이상 떨어지고, 바닥면이 견고하고 수평인 곳을 선택한다.

**25.** MIG 용접에 관한 설명으로 틀린 것은?

① $CO_2$ 가스 아크 용접에 비해 스패터의 발생이 많아 깨끗한 비드를 얻기 힘들다.
② 수동 피복 아크 용접에 비해 용접 속도가 빠르다.
③ 정전압 특성 또는 상승 특성이 있는 직류 용접기를 사용한다.
④ 전류밀도가 높아 3mm 이상의 두꺼운 판의 용접에 능률적이다.

해설 MIG 용접은 $CO_2$ 가스 아크 용접에 비해 스패터의 발생이 적어 깨끗한 비드를 얻는다.

**26.** $CO_2$ 가스 아크 용접에서 아크 전압이 높을 때 나타나는 현상으로 맞는 것은?

① 비드 폭이 넓어진다.
② 아크 길이가 짧아진다.
③ 비드 높이가 높아진다.
④ 용입이 깊어진다.

해설 아크 전압

| 아크 전압이 낮을 때 | 아크 전압이 전류에 비하여 높을 때 |
|---|---|
| • 볼록하고 좁은 비드를 형성한다.<br>• 와이어가 녹지 않고 모재 바닥에 부딪치며 토치를 들고 일어나는 현상이 발생한다.<br>• 아크가 집중되기 때문에 용입은 약간 깊어진다. | • 아크가 길어지고 와이어가 빨리 녹아 비드 폭이 넓어지고 높이는 납작해지며, 용입은 약간 낮아진다.<br>• 기포가 발생한다. |

**27.** 용접부의 내부 결함 중 용착 금속의 파단면에 고기 눈 모양의 은백색 파단면을 나타내는 것은?

① 피트(pit)
② 은점(fish eye)
③ 슬래그 섞임(slag inclusion)
④ 선상 조직(ice flower structure)

해설 용착 금속의 파단면에 고기 눈 모양의 결함은 수소가 원인으로 은점과 헤어 크랙, 기공 등의 결함이 있다.

**28.** 설계 단계에서 용접부 변형을 방지하기 위한 방법이 아닌 것은?

① 용접 길이가 감소될 수 있는 설계를 한다.
② 변형이 적어질 수 있는 이음 부분을 배치한다.
③ 보강재 등 구속이 커지도록 구조 설계를 한다.

정답 24. ③ 25. ① 26. ① 27. ② 28. ④

④ 용착 금속을 증가시킬 수 있는 설계를 한다.

해설 용접 변형의 방지 대책 중 용접 요령으로 억제하는 방법

㉠ 이음의 용입이 적게 되도록 설계하고 맞춤의 이가 잘 맞도록 한다.
㉡ 후진법, 비석법 등 용착법의 요령을 이용한다.
㉢ 적당한 방법을 써서 모재를 냉각시킨다.
㉣ 용접을 중앙에서 시작하여 밖을 향해 진행한다.
㉤ 단면의 중축 또는 중심선 양쪽에 균형 있게, 용접부 단면이 대칭되도록 한다.
㉥ 필릿 용접부보다 맞대기 용접부를 먼저 용접한다.
㉦ 필릿 용접은 단속 용접 요령을 이용한다.
㉧ 이음의 각 부분은 오랫동안 최대 자유를 갖도록 용접 순서를 정하여 실행한다.
㉨ 용접물을 중간 조립체로 나누어 용접한다.
㉩ 이음의 크기는 요구되는 강도 이상의 크기가 되지 않도록 설계한다.
㉪ 용접도 설계에서 제시된 크기 이상의 용착을 하지 않는다.
㉫ 패스의 수가 적을수록 각 변형이 줄어들도록 한다.
㉬ 용접 속도를 빠르게 한다.
㉭ 이음에 들어가는 열 입력은 고르고 일정하게 퍼지도록 한다.

**29.** 루트(root) 균열의 원인이 되는 원소는?

① 황 ② 인
③ 망가니즈 ④ 수소

해설 루트 균열은 열 영향부의 경화성, 용접부에 함유된 수소량, 작용하는 응력 등에 의해 발생된다.

**30.** 비파괴 검사법에 대한 일반적인 설명으로 틀린 것은?

① 초음파 탐상 시험은 방사선 투과 시험보다 두꺼운 강재를 검사할 수 없다.
② 방사선 투과 시험은 결함의 깊이와 형태를 정확히 알 수 있다.
③ 초음파 탐상 시험은 원리적으로 펄스 반사법이 많이 이용되고 있다.
④ 표면 결함의 검출은 강자성체의 경우 자분 탐상 시험이 효과적이다.

해설 방사선 투과 시험은 결함의 깊이를 알 수 없다.

**31.** 다음 중 와전류 탐상 검사로 검사가 곤란한 것은?

① 페인트 두께 측정
② 도금 두께 측정
③ 배관 용접부 내부의 기공
④ 탄소강과 스테인리스강의 재질 구별

해설 와전류 탐상 검사는 표면 결함 검사이다.

**32.** 자분 탐상 시험에 의해 검출되는 것은?

① 강괴 중심부의 수축 구멍
② 강판의 살 두께 감소부
③ 강제 코일 스프링의 피로 균열
④ 강판 용접부의 용입 불량

해설 자분 탐상 시험은 강자성체의 표면 및 표면 바로 밑에 있는 작고 미세한 균열과 같은 결함의 검출에 감도가 가장 높다.

**33.** 초음파 탐상 시험에서 가장 많이 사용되는 방법은?

① 투과법 ② 공진법
③ 연속파법 ④ 펄스 반사법

정답 29. ④ 30. ② 31. ③ 32. ③ 33. ④

해설 초음파 검사는 0.5~15MHz의 초음파를 물체의 내부에 침투시켜 내부의 결함, 불균일 층의 유무를 알아내는 검사로 투과법, 펄스 반사법, 공진법이 있으며 펄스 반사법이 가장 일반적이다.

**34.** 아세틸렌 발생기실은 화기를 사용하는 설비로부터 몇 미터를 초과하는 장소에 설치하여야 하는가?

① 1m ② 2m ③ 3m ④ 4m

해설 발생기실은 건물의 최상층에 위치하여야 하며, 화기를 사용하는 설비로부터 3m를 초과하는 장소에 설치하여야 한다.

**35.** 용접 작업에서 전격 방지책으로 틀린 것은?

① 무부하 전압이 높은 용접기를 사용한다.
② 작업을 중단하거나 완료 시 전원을 차단한다.
③ 안전 홀더 및 완전 절연된 보호구를 착용한다.
④ 습기 찬 작업복 및 장갑 등은 착용하지 않는다.

해설 전격 방지책으로 무부하 전압이 낮은 용접기를 사용한다.

**36.** 다음 분말 소화기의 종류 중 A, B, C급 화재에 모두 사용할 수 있는 것은?

① 제1종 분말 소화기
② 제2종 분말 소화기
③ 제3종 분말 소화기
④ 제4종 분말 소화기

해설 제3종 분말 소화기는 A, B, C급 화재에 사용할 수 있고, 제1, 2, 4종 분말 소화기는 B급, C급 화재에 사용할 수 있다.

**37.** 조명 장치 설계 시 고려하여야 할 요소가 아닌 것은?

① 가급적 많은 광도
② 광원이나 작업 표면의 광도
③ 손놀림에 적당한 광도
④ 과업에 대해 균일한 광도

해설 작업에 따라 알맞은 광도가 좋다.

**38.** 다음은 귀마개의 재질 조건을 설명한 것이다. 잘못 설명한 것은?

① 내습, 내열, 내한, 내유성을 가진 것이어야 한다.
② 피부에 유해한 영향을 주지 말아야 한다.
③ 적당한 세정이나 소독에 견디는 것이어야 한다.
④ 세기나 탄력성 없이 꼭 끼는 것이어야 한다.

해설 귀에 압박감을 주어서는 안 된다.

**39.** 재해 사고의 보고는 어디에 하는가?

① 고용노동부장관 ② 국토교통부장관
③ 보건복지부장관 ④ 기획재정부장관

해설 ㉠ 사업주는 산업재해가 발생하였을 때에는 고용노동부령으로 정하는 바에 따라 재해 발생 원인 등을 기록 · 보존하여야 한다.
㉡ 사업주는 제1항에 따라 기록한 산업재해 중 고용노동부령으로 정하는 산업재해에 대하여는 그 발생 개요 · 원인 및 보고 시기, 재발 방지 계획 등을 고용노동부령으로 정하는 바에 따라 고용노동부장관에게 보고하여야 한다.

**40.** 다음 중 크레인의 안전 장치에 속하지 않는 것은?

정답 34. ③ 35. ① 36. ③ 37. ① 38. ④ 39. ① 40. ①

① 베레스트
② 권과 방지 장치
③ 비상 정지 장치
④ 과부하 방지 장치

해설 크레인의 안전 장치 : 권과 방지 장치, 비상 정지 장치, 과부하 방지 장치, 충돌 방지 장치, 훅 해지 장치 등

## 3과목 기계 설비 일반

**41. 헐거운 끼워 맞춤에서 구멍의 최소 허용 치수와 축의 최대 허용 치수와의 차이값을 무엇이라고 하는가?**

① 최대 죔새 ② 최대 틈새
③ 최소 죔새 ④ 최소 틈새

해설 최소 틈새 : 구멍의 최소 허용 치수－축의 최대 허용 치수

**42. 다음과 같은 기하학적 치수 공차 방식의 설명으로 틀린 것은?**

| ⊥ | 0.009/150 | A |
|---|---|---|

① ⊥ : 공차의 종류 기호
② 0.009 : 공차값
③ 150 : 전체 길이
④ A : 데이텀 문자 기호

해설 150 : 지정 길이

**43. 다음 측정기 중 비교 측정기에 속하지 않는 것은?** [12-4, 14-4, 18-2]

① 옵티미터 ② 미니미터
③ 버니어 캘리퍼스 ④ 공기 마이크로미터

해설 직접 측정 : 측정기를 직접 제품에 접촉시켜 실제 길이를 알아내는 방법으로 버니어 캘리퍼스, 마이크로미터, 측장기, 각도자 등이 사용된다.

**44. 보전 현장에서 회전체 축의 정렬 또는 공작물의 평행도 등을 측정하기 위하여 사용되는 측정 기기는?** [16-4]

① 한계 게이지
② 마이크로미터
③ 다이얼 게이지
④ 버니어 캘리퍼스

해설 다이얼 게이지 : 회전체 축의 정렬 또는 공작물의 평행도, 축 흔들림, 축의 굽힘 측정 등에 사용되는 간접 측정기이다.

**45. 선반에서 테이퍼를 절삭하는 방법 중 잘못된 것은?** [08-4, 17-4, 21-4]

① 복식 공구대를 경사시키는 방법
② 심압대를 편위시키는 방법
③ 테이퍼 절삭 장치를 사용하는 방법
④ 척의 조(jaw)를 편위시키는 방법

해설 선반에서 각도가 작고 길이가 긴 공작물의 테이퍼 가공을 할 때에는 심압대를 편심시키는 방법, 각도가 크고 길이가 짧은 테이퍼 가공을 할 때에는 복식 공구대를 이용한다.

**46. 줄 작업 시 용도에 따라 작업 방법을 선택한다. 이에 해당되지 않는 줄 작업 방법은?** [06-4, 13-4, 18-4, 19-4, 22-1]

① 직진법 ② 피닝법
③ 사진법 ④ 병진법

해설 줄 작업 방법 : 직진법, 사진법, 병진법

정답 41. ④ 42. ③ 43. ③ 44. ③ 45. ④ 46. ②

**47.** **조밀 육방 격자의 중요 금속 원소가 아닌 것은?**

① Ce ② Mg ③ Zn ④ Ag

해설 조밀 육방 격자 : Mg, Zn, Ti, Be, Hg, Zr, Cd, Ce, Os

**48.** **청화법의 특성 중 틀린 것은?**

① 침탄 질화법 또는 액체 침탄법이라고도 한다.
② NaOH를 주성분으로 용융 염욕 중에 침지시켜 탄소와 질소가 동시에 침입 확산되는 것이다.
③ 대량 생산에 적합하다.
④ CN 가스의 공해 문제가 심각하여 공해 방지 설비가 필요하다.

해설 청화법은 침탄과 질화가 동시에 일어나게 하는 표면 경화법으로, 침탄제로 탄산소다, 염화소다 등이 있다. 가스 침탄법이 대량 생산에 적합하다.

**49.** **기계 제도 중 기어의 도시 방법에 대한 설명으로 옳지 않은 것은?** [21-1, 22-1]

① 잇봉우리원은 굵은 실선으로 표시한다.
② 피치원은 가는 1점 쇄선으로 표시한다.
③ 이골원은 가는 2점 쇄선으로 표시한다.
④ 잇줄 방향은 통상 3개의 가는 실선으로 표시한다.

해설 이뿌리원(이골원)은 가는 실선, 이끝원은 굵은 실선으로 작도한다.

**50.** **기어, 커플링, 풀리 등이 축에 고착되었을 때 분해하려고 한다. 다음 중 가장 적절한 방법은?**

① 황동 망치로 가볍게 두드린다.
② 쇠붙이를 대고 쇠망치로 두드린다.
③ 풀러(puller)를 이용한다.
④ 가열하여 팽창되었을 때 충격을 주어 빼낸다.

해설 기어 풀러(gear puller) : 축에 고정된 기어, 풀리, 커플링 등이 분해가 곤란할 때에 사용하는 공구

**51.** **미끄럼 베어링과 구름 베어링의 비교 설명으로 맞지 않는 것은?** [06-4]

① 미끄럼 베어링은 구름 베어링에 비하여 추력 하중을 용이하게 받는다.
② 미끄럼 베어링은 구름 베어링에 비하여 유막에 의한 감쇠력이 우수하다.
③ 미끄럼 베어링은 구름 베어링에 비하여 특별한 고속 이외는 정숙하다.
④ 미끄럼 베어링은 구름 베어링에 비하여 고속 회전이 가능하다.

해설 추력 하중을 많이 받는 것은 트러스트 베어링, 축직각(반지름) 하중을 많이 받는 것은 레이디얼 베어링이다.

**52.** **원통에 감긴 실을 잡아당기면서 풀 때 실이 그리는 곡선으로서, 대부분 기어에 사용되고 있는 곡선은?** [14-4]

① 사이클로이드 치형 곡선
② 인벌류트 치형 곡선
③ 노비코프 치형 곡선
④ 에피사이클로이드 치형 곡선

해설 인벌류트 기어 : 주어진 원(기초원, base circle) 위에 감긴 실을 팽팽히 잡아당기면서 풀 때, 실의 끝점이 그리는 궤적을 인벌류트 곡선이라 한다. 인벌류트 곡선으로 만든 이의 윤곽을 인벌류트 치형이라 하며, 기초원의 내부에는 인벌류트 곡선이 존재하지 않는다. 이 치형으로 된 기어를 인벌류트 기어라 한다.

정답 47. ④ 48. ③ 49. ③ 50. ③ 51. ① 52. ②

**53.** 스퍼 기어, 헬리컬 기어, 베벨 기어 등 밀폐식 기어 장치의 급유법으로 가장 적합한 것은? [14-4, 18-1, 20-4]

① 손 급유　　② 순환 급유
③ 적하 급유　　④ 도포 급유

해설 밀폐식은 유욕 급유법이나 강제 순환법을 사용한다.

**54.** 기어에서 백래시(backlash)가 필요한 이유가 아닌 것은? [17-4]

① 기어 제작 오차에 대한 여유
② 부하에 의한 기어 변형 여유
③ 기어 마모에 대한 오차 여유
④ 윤활을 원활히 하기 위한 여유

해설 기어 마모에 대한 것은 윤활과 관련 있다.

**55.** 웜 기어(worm gear)의 특징으로 틀린 것은? [16-2, 19-4]

① 역전을 방지할 수 없고 소음이 크다.
② 웜과 웜 휠에 스러스트 하중이 생긴다.
③ 작은 용량으로 큰 감속비를 얻을 수 있다.
④ 웜 휠의 정밀 측정이 곤란하며, 가격이 비싸다.

해설 웜 기어 장치의 특성
㉠ 소형, 경량으로 역전을 방지할 수 있다.
㉡ 소음과 진동이 작고, 감속비가 크다(1/10~1/100).
㉢ 미끄럼이 크고, 전동 효율이 나쁘다.
㉣ 중심거리에 오차가 있으면 마멸이 심해 효율이 더 나빠지고 웜과 웜 휠에 추력이 생긴다.
㉤ 항상 웜이 입력 축, 휠이 출력 축이 된다.
㉥ 웜 휠의 정밀도 측정이 곤란하며, 웜 휠의 재질은 가격이 비싸다.

**56.** 관 이음의 종류 중 신축 이음에 사용되는 이음쇠의 형태가 아닌 것은? [06-4, 19-4]

① 루프형　　② 파형관형
③ 미끄럼형　　④ 유니언형

해설 유니언 조인트 : 중간에 있는 유니언 너트를 돌려서 자유로 착탈하는 이음쇠로 양측에 있는 유니언 나사와 유니언 플랜지 사이에 패킹을 끼워서 기밀을 유지한다. 유니언 너트의 회전만으로 접속이나 분해를 할 수 있기 때문에 관이 고정되어 있는 곳이나 분해 수리 등을 필요로 하는 곳에 사용한다.

**57.** 파이프 지름 $D$[mm], 내압을 $P$[N/mm$^2$], 파이프 재료의 허용 인장응력을 $\sigma a$[N/mm$^2$], 이음 효율 $\eta$, 부식에 대한 상수를 $C$[mm], 안전계수를 $S$라 할 때 파이프 두께 $t$[mm]를 구하는 식은? [15-4]

① $t=\dfrac{DPS}{2\sigma a\eta}+C$　　② $t=\dfrac{DPS\sigma a}{2\eta}+C$
③ $t=\dfrac{P\eta S}{2D\sigma a}+C$　　④ $t=\dfrac{\sigma a\eta S}{2DP}+C$

**58.** 왕복동 압축기의 윤활 설비의 고장 현상과 조치 방법으로 틀린 것은? [14-2]

① 토출 밸브에 카본 부착이 많은 경우 윤활유 소모량을 점검하고 냉각수 온도를 낮춘다.
② 피스톤 링과 실린더의 마모가 증가한 경우 급유관의 막힘을 점검한다.
③ 발화 시 압축 링과 스크래퍼 링을 점검하여 윤활유의 실린더 유입을 방지한다.
④ 수분으로 인한 고장 발생을 감소시키기 위해 친유화성 윤활유를 사용한다.

해설 유화(emulsification) : 윤활유가 수분과 혼합해서 유화액을 만드는 현상

정답 53. ② 54. ③ 55. ① 56. ④ 57. ① 58. ④

**59.** 전동기의 결함에 따른 원인으로 적합하지 않은 것은? [14-2]

① 기동 불능일 때 : 퓨즈의 단락
② 전동기의 과열 시 : 과부하
③ 저속으로 회전 시 : 축받이의 고착
④ 회전이 원활하지 못할 때 : 회전자 동봉의 움직임

해설 축받이는 베어링을 말하며, 베어링이 고착되면 과열이 발생한 후 소손된다.

**60.** 직류 직권 전동기의 벨트 운전을 금하는 이유는?

① 손실이 많이 발생하므로
② 출력이 감소하므로
③ 벨트가 벗겨지면 무구속 속도가 되므로
④ 과전압이 유기되므로

해설 벨트가 벗겨지면 전동기가 무부하 운전이 되면서 고속으로 회전하게 된다.

## 4과목 설비 진단 및 관리

**61.** 진동 차단기로 이용되는 패드에 사용하지 않는 재질은? [16-2, 16-4, 17-4, 19-4]

① 강철 ② 코르크
③ 스펀지 고무 ④ 파이버 글라스

해설 패드에는 스펀지 고무, 파이버 글라스(fiber glass), 코르크 등을 사용한다.

**62.** 비접촉형 변위 검출용 센서 종류에 해당되지 않는 것은? [12-4, 16-2, 19-2, 20-3]

① 와전류형 ② 정전용량형
③ 서보형 ④ 전자광학형

해설 접촉형 : 가속도 검출형(압전형, 스트레인 게이지형, 서보형), 속도계(동전형)

**63.** 다음 중 회전기계에서 주파수 영역에 따라 발생하는 이상 현상으로 틀린 것은 어느 것인가? [07-4, 12-4, 16-4, 21-1]

① 저주파-기초 볼트 풀림이나 베어링 마모로 인해서 발생되는 풀림
② 고주파-강제 급유되는 미끄럼 베어링을 갖는 회전자(rotor)에서 발생되는 오일 휩
③ 고주파-유체기계에서 국부적 압력 저하에 의하여 기포가 발생하는 공동 현상으로 인한 진동
④ 저주파-회전자(rotor)의 축심 회전의 질량 분포가 부적정하여 발생하는 진동

해설 오일 휩(oil whip) : 저주파에서 강제 급유되는 미끄럼 베어링을 갖는 로터에 발생하며, 베어링 역학적 특성에 기인하는 진동으로서 축의 고유 진동수가 발생한다.

**64.** 자본의 효율적 사용을 위해 현재 사용 중인 낡은 기계를 계속 사용하거나 새로운 기계로의 대체 여부를 비교하여 결정하는 방법은? [06-4, 14-4, 18-1]

① QFD ② MAPI
③ 6 sigma ④ PERT/CPM

해설 MAPI 방식 : 자본 배분에 관련된 투자 순위 결정이 주제이고, 긴급률이라고 불리는 일종의 수익률을 구하여 이의 대소에 따라서 설비 투자안 상호 간의 우선 순위를 평가한다.

**65.** 공장 계획 기능을 구분한 것 중 거리가 먼 것은? [13-4]

① 계획 입안 ② 조정
③ 관리 ④ 실시

정답 59. ③ 60. ③ 61. ① 62. ③ 63. ② 64. ② 65. ③

**해설** 공장 계획 기능 구실
㉠ 계획 입안　㉡ 조정
㉢ 결정　㉣ 실시

**66.** 설비 보전에서 효과 측정을 위한 척도로 널리 사용되는 지수이다. 다음 중 계산식이 틀린 것은? [15-2, 19-4]

① 고장 도수율 $= \frac{\text{고장 횟수}}{\text{부하 시간}} \times 100$

② 고장 강도율 $= \frac{\text{고장 정지 시간}}{\text{부하 시간}} \times 100$

③ 설비 가동률 $= \frac{\text{정미 가동 시간}}{\text{부하 시간}} \times 100$

④ 제품 단위당 보전비 $= \frac{\text{보전비 총액}}{\text{부하 시간}} \times 100$

**해설** 제품 단위당 보전비 $= \frac{\text{보전비 총액}}{\text{생산량}}$

**67.** 일반적인 보전용 자재의 관리상 특징을 설명한 것으로 틀린 것은? [18-4]

① 불용 자재의 발생 가능성이 작다.
② 자재 구입의 품목, 수량, 시기의 계획을 수립하기 곤란하다.
③ 보전용 자재는 연간 사용 빈도가 낮으며, 소비 속도가 늦다.
④ 보전의 기술 수준 및 관리 수준이 보전 자재의 재고량을 좌우하게 된다.

**해설** 보전용 자재 관리는 불용 자재의 발생 가능성이 많다.

**68.** 전력 손실 중 직접 손실에 해당되지 않는 것은? [15-2, 19-2]

① 누전
② 기계의 공회전
③ 공정 관리 불량
④ 저능률 설비 사용

**해설** ㉠ 직접 손실 : 기계의 공회전, 누전, 저능률 설비 사용
㉡ 간접 손실 : 공정 관리 불량, 품질 불량

**69.** 특성 요인도 분석과 비교하여 PM 분석에 관한 설명으로 옳은 것은? [14-4]

① 포괄적으로 파악하여 해석이 복잡함
② 물리적 관점에서 과학적 사고를 가짐
③ 각개 원인들을 나열식으로 열거함으로 누락 발생이 가능함
④ 비계통적으로 나열하여 산발적으로 대책을 수립함

**해설** PM 분석
- 제1단계 : 현상을 명확히 한다.
- 제2단계 : 현상을 물리적으로 해석한다.
- 제3단계 : 현상이 성립하는 조건을 모두 생각해 본다.
- 제4단계 : 각 요인의 목록을 작성한다.
- 제5단계 : 조사 방법을 검토한다.
- 제6단계 : 이상 상태를 발견한다.
- 제7단계 : 개선안을 입안한다.

**70.** 만성 로스에 관한 설명 중 거리가 먼 것은? [12-2, 17-2, 20-4]

① 만성 로스는 잠재하므로 표면화하기 어려운 경향이 있다.
② 만성 로스 개선을 위해서는 특징을 충분히 파악하는 것이 중요하다.
③ 만성 로스는 원인과 결과의 관계가 불명확하고 복합적 원인인 경우가 많다.
④ 만성 로스를 제로(zero)화하기 위해서는 관리도 분석 기법의 활용이 가장 바람직하다.

**해설** 만성 로스를 제로화하기 위해서는 PM 분석 기법이 유효하다.

**정답** 66. ④ 67. ① 68. ③ 69. ② 70. ④

**71.** 다음 중 윤활 관리의 4원칙이 아닌 것은? [13-4, 17-2, 19-2, 20-4, 21-4]

① 적소 ② 적유
③ 적법 ④ 적량

해설 윤활 관리의 4원칙은 적유, 적기, 적량, 적법이다.

**72.** 설비 보전 조직 내 윤활 기술자의 임무에 대한 설명으로 틀린 것은? [12-4, 17-2]

① 보유 설비의 윤활 관계 개선 개조
② 윤활제의 성분 분석 및 구성
③ 윤활의 실태 조사 및 소비량 관리
④ 윤활제의 선정 및 취급법의 표준화

해설 성분 및 오염 분석은 윤활 분석 기술자가 하여야 한다.

**73.** 다음 중 석유계 윤활유에 속하지 않는 것은? [19-1, 19-2]

① 파라핀계 윤활유
② 동식물계 윤활유
③ 나프텐계 윤활유
④ 혼합계(파라핀+나프텐) 윤활유

해설 ㉠ 석유계 윤활유 : 파라핀계, 나프텐계, 혼합 윤활유
㉡ 비광유계 윤활유 : 동식물계, 합성 윤활유

**74.** 다음 중 실린더유의 품질 조건으로 틀린 것은? [19-4]

① 황산에 의한 부식의 억제를 위한 산 중화성을 가질 것
② 고온에서 품질의 변화가 크고, 카본이나 회분 등의 잔류물이 많을 것
③ 실린더 라이너의 미끄럼부에 즉시 윤활이 가능하도록 확산성을 가질 것
④ 실린더 라이너나 피스톤 링의 이상 마모를 방지하는 극압성이나 유막의 유지성을 가질 것

해설 고온에서 품질의 변화가 적고, 카본이나 회분 등의 잔류물이 적어야 한다.

**75.** 그리스의 성질인 주도에 대한 설명 중 틀린 것은? [14-4]

① 윤활유의 점도에 해당하는 것으로서 무르고 단단한 정도를 나타낸 값이다.
② 미국 윤활그리스협회(NLGI)는 주도 번호 000호부터 6호까지 9종류로 분류하고 있으며 000호는 액상, 6호는 고상이다.
③ 주도는 기유 점도와는 독립된 성질이며, 오히려 증주제의 종류와 양에 관계가 있다.
④ 주도와 기유 점도는 온도와는 무관하며, 증주제가 같으면 내열성을 나타내는 적점은 주도가 바뀌어도 별로 변하지 않는다.

해설 주도, 점도 모두 열에 민감하다.

**76.** 순환 급유를 하는 윤활 개소의 유욕조를 관찰해 보니 거품이 많이 발생하였다. 어떤 첨가제가 부족할 때 이러한 현상이 나타나는가? [12-4, 18-1]

① 유화제 ② 소포제
③ 부식 방지제 ④ 산화 방지제

해설 소포제가 부족하면 기포가 형성된다.

**77.** 윤활제의 공급법 중 순환 급유법이 아닌 것은? [15-2, 21-1, 21-2]

① 바늘 급유법 ② 비말 급유법
③ 유욕 급유법 ④ 원심 급유법

해설 순환 급유법 : 패드 급유법, 체인 급유법, 유륜식 급유법, 유욕 급유법, 원심 급유법, 비말 급유법, 중력 순환 급유법 등

정답 71. ① 72. ② 73. ② 74. ② 75. ④ 76. ② 77. ①

**78. 윤활 설비의 마모 메커니즘과 원인에 대하여 연결이 잘못된 것은?** [09-4]

① 부식 마멸-부식성 용제나 산성 물질에 의한 마모
② 표면 피로 마멸-반복되는 충격으로 인한 마모
③ 침식 마멸-금속과 금속의 직접 접촉으로 인한 마모
④ 연삭 마멸-경도가 작은 표면에 단단한 입자가 분포되어 있고 상대적인 미끄럼 운동이 있을 때 발생하는 마멸

**해설** 마모의 종류

㉠ 응착 마모 : 상호 운동하는 두 물체의 마찰 표면에서 원자 상호 간 인력이 작용하며 상대적으로 약한 소재의 접촉면에서 마멸 입자가 떨어져 나오는 현상으로 금속과 금속이 직접 접촉하여 발생하는 마모 현상
㉡ 연삭 마모 : 연한 소재의 표면에 고형체에 의한 연삭 작용으로 물질의 일부가 떨어져 나가는 현상
㉢ 부식 마모 : 부식 환경(산소, 부식성 화학 물질)에서 일어나는 화학 작용에 의한 마모 현상
㉣ 표면 피로 마멸 : 마찰 표면에 반복 하중으로 인한 피로 현상을 일으키며 발생하는 마모 현상
㉤ 프레팅 마모 : 상호 운동하는 마찰 표면에 작은 진폭의 진동 하중에 의해 표면의 일부가 떨어져 나가는 현상
㉥ 침식 마모 : 물체 접촉 표면에 고체, 액체, 기체 입자가 장기간에 걸쳐 지속적으로 부딪힐 때 입자의 일부가 떨어져 나가는 현상

**79. 그리스 분석 시험 중 산화 안정도 시험의 설명으로 옳은 것은?** [15-4, 19-4]

① 그리스류에 혼입된 협잡물을 크기별로 확인하는 시험
② 그리스의 전단 안정성, 즉 기계적 안정성을 평가하는 시험
③ 그리스를 장기간 사용하지 않고 방치해 놓거나 사용 과정에서 오일이 그리스로부터 이탈되는 온도를 측정하는 시험
④ 그리스 수명을 평가하는 시험으로 산소의 존재하에서 산소 흡수로 인한 산소압 강하를 측정하여 내산화성을 조사, 평가하는 시험

**해설** 산화 안정도 : 외적 요인에 의해 산화되려는 것을 억제하는 성질로 비금속 증주제를 사용하는 그리스가 금속 증주제보다 산화 안정성이 뛰어나다.

**80. 베어링의 마찰면이 일정치 않은 상황에서 국부적인 고하중이 걸릴 때 작용하는 윤활유의 기능은?** [14-4, 16-4, 20-3]

① 밀봉 작용
② 세정 작용
③ 응력 분산 작용
④ 마찰 감소 작용

**해설** 응력 분산 작용 : 활동 부분에 가해진 힘을 분산시켜 균일하게 하는 작용

**정답** 78. ③ 79. ④ 80. ③

# 제18회 CBT 대비 실전문제

## 1과목 공유압 및 자동 제어

**1. 다음 중 공유압의 동력은 무엇을 나타내는가?** [19-1]

① 일 ② 거리
③ 일률 ④ 에너지

해설 일률이란 일의 능률, 단위 시간 동안에 이루어지는 일의 양으로 곧 동력을 뜻한다.

**2. 다음 중 공압의 특성으로 맞는 것은?**

① 인화의 위험이 없다. [07-4]
② 작업 속도가 느리다.
③ 온도의 변화에 민감하다.
④ 저속에서 균일한 속도를 얻을 수 있다.

해설 공압은 작동유를 사용하지 않기 때문에 화재의 위험이 없다.

**3. 나사형 회전자의 회전 운동을 이용하며 고속 회전이 가능하고, 소음이 적으며, 맥동 현상이 발생되지 않고 큰 용량의 공기 탱크가 필요 없는 것은?** [21-4]

① 베인 압축기
② 스크류 압축기
③ 피스톤 압축기
④ 2단 피스톤 압축기

해설 스크류 압축기는 회전식 압축기이다.

**4. 두 개의 입구와 한 개의 출구가 있는 밸브로 두 개의 입구에 압력이 모두 작용해야 출력이 발생하는 밸브는?** [08-4, 22-2]

① 스톱(stop) 밸브
② 체크(check) 밸브
③ 2압(two pressure) 밸브
④ 급속 배기(quick exhaust) 밸브

해설 2압(two pressure valve) 밸브 : AND 요소로서 두 개의 입구 X와 Y에 동시에 공압이 공급되어야 하나의 출구 A에 압축공기가 흐른다. 압력 신호가 동시에 작용하지 않으면 늦게 들어온 신호가 A 출구로 나가며, 두 개의 신호가 다른 압력일 경우 작은 압력 쪽의 공기가 출구 A로 나가게 되어 안전 제어, 검사 등에 사용된다.

**5. 피스톤 펌프 중 구동축과 실린더 블록의 축을 동일 축선상에 놓고 그 축선상에 대해 기울어져 고정 경사판이 부착되어 있는 방식은?** [19-4]

① 사축식 ② 사판식
③ 회전 캠형 ④ 회전 피스톤형

해설 ㉠ 사축식(bent axis) : 구동축과 실린더 블록의 중심축이 경사진 것
㉡ 사판식(swash plate) : 구동축과 실린더 블록을 동일 축상에 배치하고 경사판의 각도를 바꾼 것

**6. 실린더를 임의의 위치에서 고정시킬 수 있도록 밸브의 중립 위치에서 모든 포트를 막은 형식의 4/3way 밸브 종류는?**

정답 1. ③ 2. ① 3. ② 4. ③ 5. ② 6. ④

① 오픈 센터형
② 탠덤 센터형
③ 세미 오픈 센터형
④ 클로즈드 센터형

**해설** 클로즈드 센터형(closed center type) : 이 밸브는 중립 위치에서 모든 포트를 막는 형식으로 실린더를 임의의 위치에서 고정시킬 수가 있으나, 밸브의 전환을 급격하게 작동하면 서지압이 발생하므로 주의를 요한다.

**7. 다음 중 유압 텔레스코프형 다단 실린더의 설명으로 옳지 않은 것은?** [07-4]

① 유압 실린더 내부에 다시 별개의 실린더를 내장한 구조이다.
② 유압유가 유입되면 순차적으로 실린더가 동작한다.
③ 긴 행정 거리가 요구되는 경우에 사용한다.
④ 정확한 위치 제어를 행하는 경우에 사용한다.

**해설** 텔레스코프형 실린더는 속도 제어가 곤란하고, 전진 끝단에서 출력이 저하되는 단점이 있다.

**8. 유압유 중에 공기가 아주 작은 기포 상태로 섞여지는 현상 또는 섞여져 있는 상태를 무엇이라 하는가?** [12-4]

① 캐비테이션(cavitation)
② 채터링(chattering)
③ 점핑(jumping)
④ 에어레이션(aeration)

**해설** 에어레이션이란 유압유 속에 공기가 섞이는 것을 말한다.

**9. 다음 유압 회로도를 구성하는 각 기기의 명칭이 틀린 것은?** [14-4, 21-1]

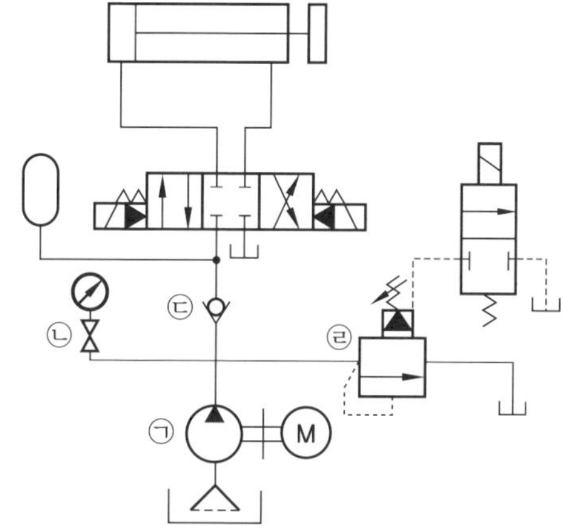


① ㉠ : 정용량형 펌프
② ㉡ : 스톱 밸브
③ ㉢ : 체크 밸브
④ ㉣ : 어큐뮬레이터

**해설** ㉣은 릴리프 밸브이다.

**10. 다음 트랜지스터 기호에서 A가 표시하는 것은?**

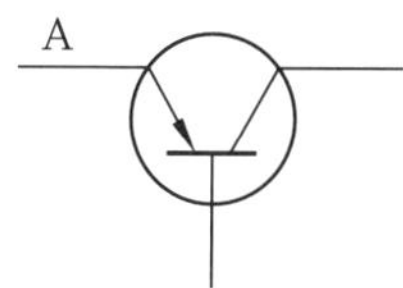


① 이미터(emitter)　② 컬렉터(collector)
③ 베이스(base)　④ 버랙터(varactor)

**해설** 트랜지스터의 기호

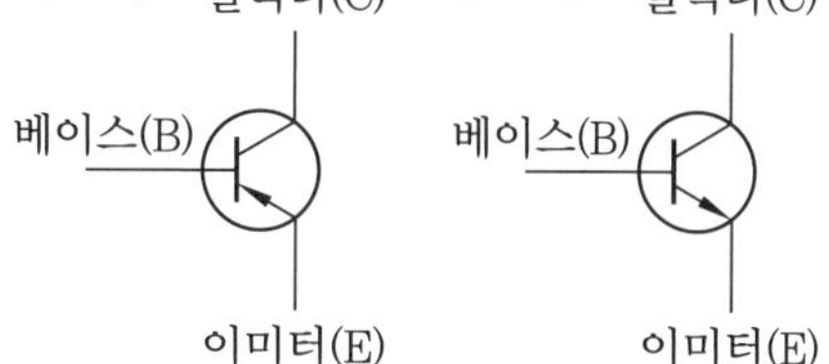


여기서, B : base, C : collector, E : emitter

**11. 절연 저항계의 용도가 아닌 것은?**

① 감전 재해 조사 시 재해 발생 기인물의 절연저항 측정

**정답** 7. ④　8. ④　9. ④　10. ①　11. ④

② 각종 저압 전로, 조명 전로, 전동기 권선 등의 절연 성능 확인
③ 컨베이어 호퍼 로더 등 절연 손상 가능성이 높은 설비의 절연저항 측정
④ 이동식 전기 설비 핸드 그라인더, 핸드 드릴 등의 합성저항 측정

**해설** 이동식 전기 설비 핸드 그라인더, 핸드 드릴 등의 절연저항 측정

**12.** 물리 화학량을 전기적 신호로 변환하거나, 역으로 전기적 신호를 다른 물리적인 양으로 바꾸어주는 장치는?

① 트랜스듀서　② 액추에이터
③ 포지셔너　④ 오리피스

**해설** 수용기와 트랜스듀서는 변환의 역할을 한다.

**13.** 플라스틱, 유리, 도자기, 목재 등과 같은 절연물의 위치를 검출할 수 있는 센서는?

① 압력 센서　② 리드 스위치
③ 유도형 센서　④ 용량형 센서

**해설** 용량형 근접 센서 : 정전 용량형 센서(capacitive sensor)라고도 하며, 전계 중에 존재하는 물체 내의 전하 이동, 분리에 따른 정전 용량의 변화를 검출하는 것으로 센서의 분극 현상을 이용하므로 플라스틱, 유리, 도자기, 목재와 같은 절연물과 물, 기름, 약물과 같은 액체도 검출이 가능하다.

**14.** 유도 전동기의 기동에서 기동 전류가 정격 전류의 4~6배가 되는 기동법은?

① Y－Δ 기동
② 전 전압 기동
③ 2차 저항 기동
④ 기동 보상기를 사용한 기동

**해설** 전 전압 기동 : 모선의 정격 전압을 낮추지 않고 그대로 전동기에 인가하여 기동하는 방식으로 전원과 전동기 사이에 구동 드라이브를 연결하지 않으므로 효율을 최대로 할 수 있어 주로 유도 전동기의 기동법으로 사용된다.

**15.** 스핀들 리드가 20 mm이고, 회전각이 180°인 스텝 모터의 이송 거리(mm)는?

① 5　② 10
③ 15　④ 20

**해설** 이송 거리

$$S=\frac{h}{360}\times\alpha=\frac{20}{360}\times180=10\,\text{mm}$$

여기서, $h$ : 스핀들 리드, $\alpha$ : 회전각

**16.** 제어 시스템은 요소－신호 입력 요소－신호 처리 요소－신호 출력 요소로 구성되는 신호 전달 체계를 갖는다. 전기 회로 구성 요소 중에서 푸시 버튼 스위치는 신호 전달 체계에서 어느 부분에 해당되는가?

① 에너지 요소　② 신호 입력 요소
③ 신호 처리 요소　④ 신호 출력 요소

**17.** 적분 요소의 전달 함수는?

① $Ts$　② $\frac{1}{Ts}$

③ $\frac{K}{1+Ts}$　④ $K$

**해설** 미분 요소는 $T_D s$, 1차 지연 요소는 $\frac{1}{1+Ts}$, 비례 요소는 $K$, 2차 지연 요소는 $\frac{1}{(1+T_1 s)(1+T_2 s)}$, 불감 시간 요소는 $e^{-Ls}$이다.

**정답** 12. ① 13. ④ 14. ② 15. ② 16. ② 17. ②

**18. 다음 중 회전 속도계를 의미하는 것은?**

① 로드 셀(load cell) [14-2, 18-1]
② 서미스터(thermistor)
③ 타코미터(tachometer)
④ 퍼텐쇼미터(potentiometer)

**19. 하중을 변위 또는 토크를 각변위로 변환하는 경우 널리 쓰이는 변환기는?** [11-4]

① 벨로우즈 ② 바이메탈
③ 스프링 ④ 부르동관

**20. 되먹임 제어(feed back control)에서 반드시 필요한 장치는?**

① 구동기 ② 조작기
③ 검출기 ④ 비교기

해설 피드백 제어에서 반드시 필요한 장치는 입·출력 비교 장치이며, 비교기는 기준량과 출력량을 비교하여 편차를 가려내는 장치이다.

## 2과목 용접 및 안전관리

**21. 용접법 분류에서 융접에 속하지 않는 것은?**

① 아크 용접 ② 가스 용접
③ MIG 용접 ④ 마찰 용접

해설 마찰 용접은 압접에 해당된다.

**22. 아크 용접과 절단 작업에서 발생하는 복사 에너지 중 눈에 백내장을 일으키고, 맨살에 화상을 입힐 수 있는 것은?**

① 적외선 ② 가시광선
③ 자외선 ④ X-선

해설 아크광선은 가시광선, 자외선, 적외선 등으로 구성되며, 열과 복사 에너지를 동반하는 것은 적외선이다.

**23. 아크 용접기의 구비 조건으로 틀린 것은?**

① 구조 및 취급 방법이 간단해야 한다.
② 큰 전류가 흘러 용접 중 온도 상승이 커야 한다.
③ 아크 발생 및 유지가 용이하고 아크가 안정해야 한다.
④ 사용 중에 역률 및 효율이 좋아야 한다.

해설 일정한 전류가 흘러 사용 중에는 온도 상승이 작아야 한다.

**24. 잠호 용접의 장점에 속하지 않는 것은?**

① 대전류를 사용하므로 용입이 깊다.
② 비드 외관이 아름답다.
③ 작업 능률이 피복 금속 아크 용접에 비하여 판 두께 12mm에서 2~3배 높다.
④ 용접 시 아크가 잘 보여 확인할 수 있다.

해설 잠호 용접은 아크가 플럭스 내부에서 발생하여 외부로 노출되지 않아 붙여진 이름이다.

**25. TIG 용접 장소에서 환기 장치를 확인하는데 틀린 것은?**

① 흄 또는 분진이 발산되는 옥내 작업장에 대하여는 국소 배기 시설과 같이 배기 장치를 설치한다.
② 국소 배기 시설로 배기되지 않는 용접 흄은 이동식 배기팬 시설을 설치한다.
③ 이동 작업 공정에서는 이동식 배기팬을 설치한다.

정답 18. ③ 19. ③ 20. ④ 21. ④ 22. ① 23. ② 24. ④ 25. ②

④ 용접 작업에 따라 방진, 방독 또는 송기 마스크를 착용하고 작업에 임하고 용접 작업 시에는 국소 배기 시설을 반드시 정상 가동시킨다.

**해설** 국소 배기 시설로 배기되지 않는 용접 흄은 전체 환기 시설을 설치한다.

**26.** **미그(MIG) 용접 등에서 용접 전류가 과대할 때 주로 용융풀 앞 기슭으로부터 외기가 스며들어, 비드 표면에 주름진 두터운 산화막이 생기는 것을 무엇이라 하는가?**

① 퍼커링(puckering) 현상
② 퍽 마크(puck mark) 현상
③ 핀 홀(pin hole) 현상
④ 기공(blow hole) 현상

**해설** ㉠ 퍽 마크(puck mark) : 서브머지드 아크 용접에서 용융형 용제의 산포량이 너무 많으면 발생된 가스가 방출되지 못하여 기공의 원인이 되고 비드 표면에 퍽 마크가 생긴다.
㉡ 핀 홀(pin hole) : 바늘과 같은 것으로 찌른 것 같은 용접부에 남아 있는 미소한 가스의 기공이다.

**27.** **탄산가스 아크 용접법 용접 장치에 대한 설명 중 틀린 것은?**

① 용접용 전원은 직류 정전압 및 수하 특성이 사용된다.
② 와이어를 송급하는 장치는 사용 목적에 따라 푸시(push)식과 풀(pull)식 등이 있다.
③ 이산화탄소, 산소, 아르곤 등은 유량계가 붙은 조정기가 필요하다.
④ 와이어 릴이 필요하다.

**해설** 용접 장치는 자동, 반자동 장치의 두 가지가 있고, 용접용 전원은 직류 정전압 특성이 사용된다.

**28.** **맞대기 용접에서 변형이 가장 적은 홈의 형상은?**

① V형 홈 ② U형 홈
③ X형 홈 ④ 한쪽 J형 홈

**해설** 변형이 가장 적은 것은 대칭 양면 V형인 X형이나 H형상이다.

**29.** **강의 내부에 모재 표면과 평행하게 층상으로 발생하는 균열로 주로 T 이음, 모서리 이음에 잘 생기는 것은?**

① 라멜라 티어(lamella tear) 균열
② 크레이터(crater) 균열
③ 설퍼(sulfur) 균열
④ 토(tor) 균열

**해설** 라멜라 티어 균열은 모재에 비금속 개재물에 의한 것으로 방지책은 특별히 선택한 강재를 사용하는 것이 가장 유효하다.

**30.** **용접 시 수축량에 미치는 용접 시공 조건의 영향을 설명한 것으로 틀린 것은?**

① 루트 간격이 클수록 수축이 크다.
② V형 이음은 X형 이음보다 수축이 크다.
③ 같은 두께를 용접할 경우 용접봉 지름이 큰 쪽이 수축이 크다.
④ 위빙을 하는 쪽이 수축이 적다.

**해설** 모재가 같은 두께를 용접할 경우 용접봉 지름이 큰 쪽이 수축이 작다.

**31.** **피복 아크 용접 작업 중 스패터가 발생하는 원인으로 가장 거리가 먼 것은?**

① 전류가 너무 높을 때
② 운봉이 불량할 때
③ 건조되지 않은 용접봉을 사용했을 때
④ 아크 길이가 너무 짧을 때

**정답** 26. ① 27. ① 28. ③ 29. ① 30. ③ 31. ④

해설 아크 길이가 너무 길 때

**32.** **자화 후 자분액을 적용하는 방법은?**

① 연속법 ② 건식법
③ 잔류법 ④ 습식법

해설 잔류법은 자화를 정지하고 나서 형광 자분을 적용하는 방법이다.

**33.** **와류 탐상 검사의 장점에 해당하지 않는 것은?** [22-2]

① 검사를 자동화할 수 있다.
② 비접촉법으로 할 수 있다.
③ 검사체의 도금 두께 측정이 가능하다.
④ 형상이 복잡한 것도 쉽게 검사할 수 있다.

해설 와류 탐상 검사는 전기적 측정법이기 때문에 형태가 간단한 시험체에서 자동화 및 고속 검사를 용이하게 할 수 있다.

**34.** **X선관의 음극 필라멘트로 주로 많이 사용되는 물질은?**

① 텅스텐 ② 철
③ 구리 ④ 알루미늄

해설 열음극 X선관은 가열된 텅스텐 필라멘트(열음극)에서 방출된 전자가 진공 유리관 내에서 높은 전압으로 가속되어 열음극과 마주보는 대음극의 표적면에 충돌하여 X선을 발생시키는 장치이다.

**35.** **셰이퍼 작업 시 작업자의 위치로 가장 부적당한 곳은?**

① 앞과 옆 ② 뒤와 옆
③ 앞과 뒤 ④ 양옆

해설 셰이퍼는 작동될 때 램이 앞뒤로 움직이기 때문에 앞이나 뒤는 작업자에게 매우 위험하다.

**36.** **교류 아크 용접기의 방호 장치는?**

① 급정지 장치 ② 자동 전격 방지기
③ 비상 정지 장치 ④ 리밋 스위치

해설 전격 방지기는 용접기의 무부하 전압을 25~30V 이하로 유지하고, 아크 발생 시에는 언제나 통상 전압(무부하 전압 또는 부하 전압)이 되며, 아크가 소멸된 후에는 자동적으로 전압을 저하시켜 감전을 방지하는 장치이다.

**37.** **50000V가 흐르는 전선에서는 몇 m까지 감전이 되는가?**

① 0.5m ② 1.0m
③ 2.0m ④ 3.5m

해설 5000V 이하에서는 0.3m, 50000V에서는 1m 이내에서도 감전된다.

**38.** **작업장에 조명을 하는데 필요한 조건으로 틀린 것은?**

① 광원이 흔들리지 않아야 한다.
② 작업 성질에 따라 빛의 질이 적당하여야 한다.
③ 작업 장소와 그 주위의 밝기의 차이가 커야 한다.
④ 작업 장소와 바닥 등에 너무 짙게 그림자를 만들지 않아야 한다.

해설 작업 장소와 그 주위의 밝기는 같아야 한다.

**39.** **안전모나 안전대의 용도로 가장 적당한 것은?**

① 작업 능률 가속용
② 전도(轉倒) 방지용
③ 작업자 용품의 일종
④ 추락 재해 방지용

정답 32. ③ 33. ④ 34. ① 35. ③ 36. ② 37. ② 38. ③ 39. ④

해설 추락, 충돌 시 머리를 보호할 수 있는 안전모와 안전대를 착용한다.

**40.** MSDS의 목적은?

① 근로자의 알권리 확보
② 경영자의 경영권 확보
③ 화학물질 제조상 비밀정보 확보
④ 화학물질 제조자의 정보 제공

해설 MSDS란 물질 안전 보건 자료로 취급 화학 물질에 대한 근로자의 알권리와 안전하고 쾌적한 작업환경을 조성함에 그 배경이 있다.

## 3과목 기계 설비 일반

**41.** 구멍의 최소 치수가 축의 최대 치수보다 큰 경우이며, 항상 틈새가 생기는 끼워 맞춤으로 직선 운동이나 회전 운동이 필요한 기계 부품의 조립에 적용하는 것은?

① 억지 끼워 맞춤
② 중간 끼워 맞춤
③ 헐거운 끼워 맞춤
④ 구멍 기준식 끼워 맞춤

해설 헐거운 끼워 맞춤 : 구멍의 최소 치수가 축의 최대 치수보다 큰 경우이며, 항상 틈새가 생기는 끼워 맞춤

**42.** 18JS7의 공차 표시가 옳은 것은? (단, 기본 공차의 수치는 18μm이다.)

① $18^{+0.03}_{+0.02}$　② $18^{-0}_{-0.018}$
③ 18±0.009　④ 18±0.018

해설 JS 구멍의 경우는 $\frac{\text{기본 공차}}{2}$로 한다.

**43.** 그림에서 기하 공차의 해석으로 맞는 것은?

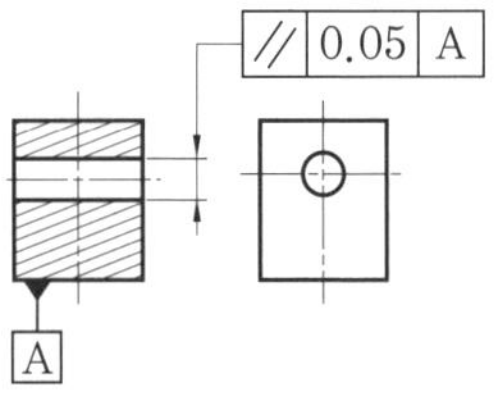


① 데이텀 A를 기준으로 0.05mm 이내로 평면이어야 한다.
② 데이텀 A를 기준으로 0.05mm 이내로 평행해야 한다.
③ 데이텀 A를 기준으로 0.05mm 이내로 직각이 되어야 한다.
④ 데이텀 A를 기준으로 0.05mm 이내로 대칭이어야 한다.

**44.** 계측기가 측정량의 변화를 감지하는 민감성의 정도를 무엇이라 하는가? [19-2]

① 오차　② 감도
③ 정밀도　④ 정확도

해설 감도 : 측정하려고 하는 양의 변화에 대응하는 측정 기구의 지침의 움직임이 많고 적음을 가리키며 일반적으로 측정기의 최소 눈금으로 표시한다.

**45.** 버니어 캘리퍼스의 사용상 주의점이 아닌 것은?

① 측정 시 측정면의 이물질을 제거한다.
② 눈금을 읽을 때 눈금으로부터 직각 위치에서 읽는다.
③ 측정 시 본척과 부척의 영점 일치 여부를 확인한다.
④ 정압 장치가 있으므로 측정력은 제한이 없다.

해설 모든 측정기의 측정력은 제한이 있다.

정답 40. ① 41. ③ 42. ③ 43. ② 44. ② 45. ④

**46.** 일감이 1회전하는 사이에 측면으로 바이트가 이동하는 거리를 무엇이라 하는가?

① 절삭량 ② 이송량
③ 회전량 ④ 회전 속도

해설 이송 속도는 시간당 1회전 또는 1왕복당 이송량으로 표시한다.

**47.** 정반 위에 놓고 이동시키면서 공작물에 평행선을 긋거나 평행면의 검사용으로 사용되는 금긋기 공구는? [20-4]

① 펀치
② 매직잉크
③ 디바이더
④ 서피스 게이지

해설 서피스 게이지 : 선반 척에 공작물을 고정하고 중심을 맞추거나, 금긋기 작업을 할 때 사용된다.

**48.** 다음 중 소성 가공이 아닌 것은?

① 인발(drawing)
② 단조(forging)
③ 나사 전조(thread rolling)
④ 브로칭(broaching)

해설 브로칭은 절삭 가공 방법 중 하나이다.

**49.** 강재의 크기에 따라 표면이 급랭되어 경화하기 쉬우나 중심부에 갈수록 냉각 속도가 늦어져 경화량이 적어지는 현상은?

① 경화능 ② 잔류 응력
③ 질량 효과 ④ 노치 효과

해설 질량 효과 : 담금질할 때 재료의 크기에 따라 내·외부에 온도차가 생겨 냉각 속도가 달라지므로 경화량의 차이가 생기는 현상

**50.** 강의 열처리 방법중 암모니아 가스를 500℃ 정도로 장시간 가열하여 강의 표면을 경화시키는 방법은? [10-4]

① 침탄법 ② 금속 침투법
③ 질화법 ④ 청화법

**51.** 벨트 전동 장치 중 미끄럼을 방지하기 위하여 안쪽 표면에 이가 있으며, 정확한 속도가 요구되는 경우에 사용하는 것은 무엇인가? [19-1, 21-2]

① 보통 벨트 ② 링크 벨트
③ 타이밍 벨트 ④ 레이스 벨트

해설 타이밍 벨트(timing belt)는 미끄럼을 방지하기 위하여 안쪽 표면에 이가 있는 벨트로서, 정확한 속도가 요구되는 경우의 전동 벨트로 사용된다.

**52.** 철강재 스프링 재료가 갖추어야 할 조건으로 틀린 것은? [18-2, 19-4]

① 부식에 강해야 한다.
② 피로강도와 파괴 인성치가 낮아야 한다.
③ 가공하기 쉽고, 열처리가 쉬운 재료이어야 한다.
④ 높은 응력에 견딜 수 있고, 영구 변형이 없어야 한다.

해설 피로강도와 파괴 인성치가 높아야 한다.

**53.** 다음 중 관 이음 방법의 종류가 아닌 것은? [16-2]

① 나사 이음
② 올덤 이음
③ 용접 이음
④ 플랜지 이음

해설 올덤 이음은 두 축이 평행할 때 사용되는 이음이다.

정답 46. ② 47. ④ 48. ④ 49. ③ 50. ③ 51. ③ 52. ② 53. ②

**54.** **스패너에 의한 적정한 죔 방법 중 M12~14까지의 볼트를 죌 때 스패너 손잡이 부분의 끝을 꽉 잡고 힘을 충분히 주어야 하는데 이때 가해지는 적당한 힘은 얼마인가?** [10-4, 14-2, 17-2, 19-4]

① 약 5kgf
② 약 20kgf
③ 약 50kgf
④ 100kgf 이상

해설 M12~20까지의 볼트 : 스패너 손잡이 부분의 끝을 꽉 잡고 팔의 힘을 충분히 써서 돌린다. $l=15\,\text{cm}$, $F=$ 약 500N

**55.** **축 고장의 원인과 대책으로 틀린 것은?** [19-4]

① 형상 구조 불량 시 노치 형상을 개선한다.
② 풀리, 기어, 베어링 등 끼워 맞춤 불량 시 재질을 변경한다.
③ 급유 불량 시 적당한 유종을 선택하고, 유량 및 급유 방법을 개선한다.
④ 자연 열화 시 축을 분해하여 외관 검사를 하고 테스트 해머로 가볍게 두드려 타격음으로 균열의 유무를 판정한다.

해설 풀리, 기어, 베어링 등 끼워 맞춤 불량 시 축의 외경 수정 또는 베어링 선택을 변경한다.

**56.** **기어가 회전할 때 발생하는 이의 접촉 압력에 의해 최대 전단 응력이 발생하여 표면에 가는 균열이 생기고, 그 균열 속에 윤활유가 들어가 고압을 받아 이의 면에 일부가 떨어져 나가는 현상은?** [18-4]

① 피칭 ② 스코어링
③ 이의 절손 ④ 어브레이전

해설 피칭은 표면 피로이다.

**57.** **펌프 흡입관에 대한 설명으로 틀린 것은?** [14-4, 17-2, 19-4]

① 흡입관 끝에 스트레이너를 설치한다.
② 관의 길이는 짧고 곡관의 수는 적게 한다.
③ 배관은 펌프를 향해 1/150 올림 구배를 한다.
④ 흡입관에서 편류나 와류가 발생하지 못하게 한다.

해설 배관은 공기가 발생하지 않도록 펌프를 향해 1/50 올림 구배를 한다.

**58.** **다음 중 송풍기의 구성 부분이 아닌 것은?** [16-4]

① 케이싱 ② 피스톤
③ 임펠러 ④ 축 베어링

해설 송풍기(blower)의 일반적 주요 구성 부분은 케이싱, 임펠러, 축 베어링, 커플링, 베드 및 풍량 제어 장치 등으로 되어 있다.

**59.** **압축기의 밸브 플레이트 교환 요령에 관한 설명으로 옳은 것은?** [08-4, 12-4, 16-4]

① 교환 시간이 되었으면 사용 한계의 기준치 내에서도 교환한다.
② 마모 한계에 도달하였어도 파손되지 않았으면 사용한다.
③ 밸브 플레이트는 파손이 없으므로 계속 사용한다.
④ 마모된 플레이트는 뒤집어서 1회에 한해 재사용한다.

해설 마모 한계에 도달하였거나 교환 시간이 되었으면 사용 한계의 기준치 내에서도 교환한다. 마모된 것은 다시 사용하지 않는다.

정답 54. ③ 55. ② 56. ① 57. ③ 58. ② 59. ①

**60. 다음 베어링 중 외륜 궤도면의 한쪽 궤도 홈 턱을 제거하여 베어링 요소의 분리 조립을 쉽게 하도록 한 베어링으로, 접촉각이 작아 깊은 홈 베어링보다 부하하중을 적게 받는 베어링은?** [19-1]

① 앵귤러 볼 베어링
② 마그네토 볼 베어링
③ 스러스트 볼 베어링
④ 자동 조심 볼 베어링

해설 마그네토 볼 베어링(magneto ball bearing) : 외륜 궤도면의 한쪽 궤도 홈 턱을 제거하여 베어링 요소의 분리 조립을 쉽게 하도록 한 베어링

## 4과목 설비 진단 및 관리

**61. 트리거 신호를 이용하며, 대상 신호와 관계없는 불규칙 성분이나 다른 노이즈 성분을 제거하는 평균화 기법은?** [20-4]

① 선형 평균화
② 적분 평균화
③ 동기 시간 평균화
④ 피크 홀드 평균화

해설 동기 시간 평균화(time synchronous averaging) : 트리거 신호에서 입력 신호를 시간 블록(time block)으로 나누고 그것을 순차적으로 더함으로 인하여 그 블록의 주기 성분이 가산되어 나타나도록 하여 대상 신호와 관계없는 불규칙 성분이나 다른 노이즈 성분은 제거하도록 하는 기법

**62. 진동 주파수 분석 시 안티-앨리어싱(anti-aliasing)에 사용되는 적합한 필터는?** [21-1]

① 시간 윈도
② 사이드 로브
③ 하이패스 필터
④ 저역 통과 필터

해설 안티-앨리어싱 필터(anti-aliasing filter)에는 저역 통과 필터(low pass filter)가 있으며 샘플러(sampler)와 A/D 변환기 앞에 설치하여 입력 신호의 주파수 범위를 한정시키고 있다.

**63. 가속도 센서의 고정 방법 중 사용할 수 있는 주파수 영역이 넓고 정확도 및 장기적 안정성이 좋으며, 먼지, 습기, 온도의 영향이 적은 것은?** [18-4, 19-1, 19-4, 22-1]

① 나사 고정
② 밀랍 고정
③ 마그네틱 고정
④ 에폭시 시멘트 고정

해설 가속도 센서는 베어링으로부터 진동에 대해 직접적인 통로에 설치되어야 한다. 가속도 센서의 나사 고정은 높은 주파수 특성을 파악할 수 있다. 주파수 영역은 나사 고정 31kHz, 접착제 29kHz, 비왁스 28kHz, 마그네틱 7kHz, 손 고정 2kHz의 영역이므로 나사 고정, 접착제 고정, 비왁스 고정 순이다.

**64. 단순 진동자의 운동이 정현적으로 발생하고 있다. 진동 속도가 $v$[m/s](피크값)이고, 이때의 진동 주파수가 $f$[Hz]일 때 진동 가속도($m/s^2$)를 구하는 계산식은?** [09-4]

① $2\pi \times f \times v$　　② $\frac{1}{2}\pi \times f \times v$

③ $2\pi \times \frac{f}{v}$　　④ $\frac{1}{2}\pi \times \frac{f}{v}$

해설 단순 진동자의 각진동수 : $\omega = 2\pi f$

정답 60. ② 61. ③ 62. ④ 63. ① 64. ①

**65.** **소리의 성분은 크게 세 가지로 분류하며, 이것을 음의 3요소라 한다. 음의 3요소가 아닌 것은?** [18-1]

① 음색 ② 공명
③ 음의 높이 ④ 음의 세기

**해설** 공명 : 2개의 진동체의 고유 진동수가 같을 때 한쪽을 진동시키면, 다른 쪽도 공명하여 진동하는 현상

**66.** **송풍기나 공기 압축기 등 공기 동력 기계의 소음 발생에 중요한 영향을 주는 요소에 대한 설명 중 적절하지 않은 것은 어느 것인가?** [12-4]

① 임펠러의 부식과 케이싱과의 마찰은 소음을 발생시킨다.
② 흡입구를 두 곳으로 설치하여 소음을 줄일 수 있다.
③ 불균일한 날개 간격은 날개 통과 주파수의 소음을 방지할 수 있어 가장 널리 사용된다.
④ 불균일한 날개 간격은 기계의 동적 균형과 제작비 등의 문제로 널리 사용하지 않는다.

**해설** 불균일한 날개 간격은 날개 통과 주파수의 소음을 방지할 수 있으나 기계의 동적 균형 관계와 제작비 등의 문제로 별로 사용되지 않는다.

**67.** **소음계의 취급에 대한 설명 중 잘못 표현된 것은?** [13-4]

① 대상음과 암소음의 차가 10 이하일 때는 암소음을 보정한다.
② 고주파 성분의 소음인 경우 청감 보정 회로의 A 특성과 C 특성이 비슷하게 나타난다.
③ 변동이 심한 소음은 소음 측정기의 동특성 모드를 [FAST]로 하여 사용한다.
④ 소음 주파수의 분할 방식은 1/1옥타브 분석이 1/3옥타브 분석보다 정밀한 분석이 가능하다.

**해설** 소음 주파수의 분할 방식은 1/3옥타브 분석이 1/1옥타브 분석보다 정밀한 분석이 가능하다.

**68.** **설비를 목적에 따라 분류할 때 관리 설비에 해당하는 것은?** [09-4, 16-4, 21-1]

① 서비스 스테이션, 서비스 숍
② 도로, 항만 설비, 육상 하역 설비
③ 본사의 건물, 지점, 영업소의 건물
④ 발전 설비, 수처리 시설, 냉각탑 설비

**해설** 관리 설비
㉠ 본사의 건물, 지점, 영업소의 건물(건물 내에 설치된 기계, 장치 포함, 냉·난방 설비, 컴퓨터, 통신 방송 설비)
㉡ 공장의 관리 설비(사무소, 식당, 수위실, 차고 및 건물 내에 설치된 설비, 냉·난방 설비, 컴퓨터, 통신 방송 설비)
㉢ 공장의 보조 설비(보전 설비, 보전 창고, 방화 설비)
㉣ 복리 후생 설비(사택 및 기숙사, 일용품 공급 설비, 공용 위생 설비, 병원, 식당, 목욕탕, 골프장 등)

**69.** **설비 배치의 목적을 설명한 것으로 틀린 것은?** [09-4, 14-4, 19-1, 19-2, 19-4]

① 배치 및 작업의 탄력성 유지
② 우량품의 제조 및 설비비의 절감
③ 생산량 증가 및 생산 원가의 절감
④ 커뮤니케이션 통제와 노동력 증대

**해설** 설비 배치의 목적
㉠ 생산의 증가
㉡ 생산 원가의 절감

**정답** 65. ② 66. ③ 67. ④ 68. ③ 69. ④

㉢ 우량품의 제조 및 설비비의 절감
㉣ 공간의 경제적 사용 및 노동력의 효과적 활용
㉤ 작업환경 및 공장환경의 정비
㉥ 커뮤니케이션(communication)의 개선
㉦ 배치 및 작업의 탄력성 유지
㉧ 안전성의 확보

**70. 보전도(maintainability)의 정의로 틀린 것은?**

① 설비가 규정된 절차에 따라 운전될 때 부품이나 설비의 운전 상태가 어느 성능 이하로 떨어질 확률
② 설비가 적정 기술을 가지고 있는 사람에 의하여 규정된 절차에 의하여 운전될 때 보전이 주어진 기간 내에서 주어진 횟수 이상으로 요구되지 않는 확률
③ 설비가 규정된 절차에 따라 운전 및 보전될 때 설비에 대한 보전 이용이 주어진 기간 동안 어느 비용 이상 비싸지지 않는 확률
④ 보전이 규정된 절차와 주어진 자원을 가지고 행하여 질 때 어떤 부품이나 시스템으로부터 생산되는 생산량이 어느 불량률 이상 되지 않는 확률

해설 설비가 규정된 절차에 따라 운전될 때 부품이나 설비의 운전 상태가 어느 성능 이상이 될 확률

**71. 설비의 경제성 평가 방법을 설명한 것으로 옳은 것은?** [19-1]

① 신 MAPI 방식 : 연간 비용으로서 정액제에 의한 상각비와 평균 이자 및 가동비를 취한 방법이다.
② MAPI 방식 : 투자 순위 결정을 위한 긴급도 비율(urgency rating)이라는 비율을 도입하는 방식이다.
③ 자본 회수법 : 자본 분배에 관련된 투자 순위 결정이 주제이고, 긴급률이라고 불리는 일종의 수익률을 구하여 이의 대소에 따라서 설비 상호 간의 우선순위를 평가한다.
④ 연평균 비교법 : 설비의 내구 사용 기간 사이의 자본 비용과 가동비의 합을 현재 가치로 환산하여 내구 사용 기간 중의 연평균 비용을 비교하여 대체안을 결정하는 방법이다.

해설 자본 회수법은 설비비를 투자하고, 이를 몇 년간 일정한 금액만큼 균등하게 회수하는 방법이며, 구 MAPI(machinery allied products institute) 방식은 주로 투자 시기의 결정에 취급하였으나, 신 MAPI 방식은 투자 간의 순위 결정에 주로 사용하고 있다.

**72. 보전비를 투입하여 설비를 원활한 상태로 유지하여 막을 수 있었던 생산상의 손실은?** [07-4, 19-2]

① 기회 손실　② 보전 손실
③ 생산 손실　④ 설비 손실

해설 기회 손실 : 설비의 고장 정지로 보전비를 들여서 설비를 만족한 상태로 유지하여 막을 수 있었던 제품의 판매 감소에 이어지는 경우의 손실로 기회 원가라고도 한다. 생산량 저하 손실, 휴지 손실, 준비 손실, 회복 손실, 납기 지연 손실, 안전재해에 의한 재해 손실 등이 있다.

**73. 다음 도표는 설비 보전 조직의 한 형태이다. 어떠한 보전 조직인가?** [21-1]

정답 70. ① 71. ④ 72. ① 73. ③

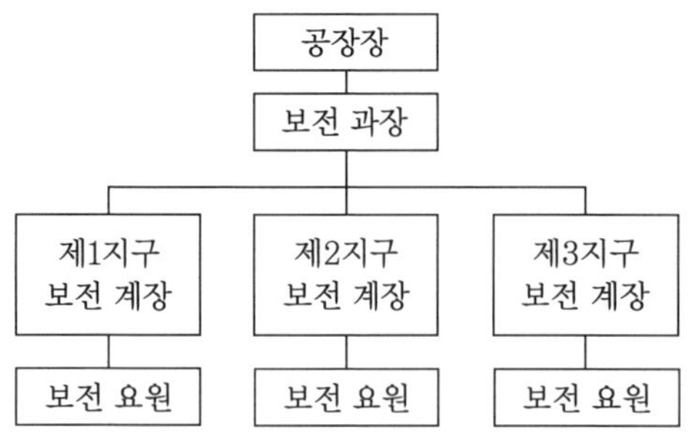


① 집중 보전 ② 부분 보전
③ 지역 보전 ④ 절충 보전

해설 지역 보전(area maintenance) : 공장의 각 지역에 보전 요원이 배치되어 그 지역의 예방 보전 검사, 급유, 수리 등을 담당하는 보전 방식

**74. 설비 보전 효과를 측정하는 식으로 옳지 않은 것은?** [11-4]

① 평균 가동 시간=가동 시간÷고장 횟수
② 설비 가동률=(가동 시간÷부하 시간)×100
③ 고장 강도율=(고장 정지 시간÷부하 시간)×100
④ 생산 lead time 개선=(이론 lead time÷개선 lead time)×100

해설 생산 lead time=(개선 cycle time÷이론 cycle time)×100

**75. 보전용 자재 관리에 대한 설명 중 옳은 것은?** [18-2, 20-4]

① 불용 자재의 발생 가능성이 적다.
② 자재 구입의 품목, 수량, 시기의 계획을 수립하기가 용이하다.
③ 보전용 자재는 연간 사용 빈도가 높으며, 소비 속도도 빠른 것이 많다.
④ 소모, 열화되어 폐기되는 것과 예비기 및 예비 부품과 같이 순환 사용되는 것이 있다.

해설 보전용 자재 관리는 불용 자재의 발생 가능성이 많고, 자재 구입의 계획을 수립하기가 어렵고, 연간 사용 빈도가 낮으며 소비 속도도 느린 것이 많다.

**76. TPM의 목적과 거리가 먼 것은?** [14-2]

① 자주 보전 능력 향상
② 작업환경 관리 향상
③ 재해 "0", 불량 "0", 고장 "0" 추구
④ LCC(life cycle cost)의 경제성 추구

해설 TPM에서 작업환경 관리에 관한 검토는 해당되지 않는다.

**77. 설비 효율화를 저해하는 6대 로스에 관한 내용으로 틀린 것은?** [17-4]

① 설비 효율화를 저해하는 최대 요인은 고장 로스이다.
② 작업 준비, 조정 로스에는 오차 누적 및 표준화 미비에 의한 것이다.
③ 속도 로스란 설비의 설계 속도와 실제 움직이는 속도와의 차이에서 생기는 로스이다.
④ 일시 정체 로스는 생산 개시 시점으로부터 안정화될 때까지의 사이에 발생하는 로스이다.

해설 작업 준비 · 조정 로스 : 생산 개시 시점으로부터 안정화될 때까지의 사이에 발생하는 로스

**78. 윤활 관리를 효율적으로 수행하기 위한 방법으로 틀린 것은?** [15-2, 19-1]

① 급유 작업자를 위한 급유의 순서와 경로 등의 계획을 세운다.
② 각 윤활 개소의 윤활유와 그리스는 교체하지 않고 지속적으로 사용한다.

정답 74. ④ 75. ④ 76. ② 77. ④ 78. ②

③ 윤활 부분의 이상 점검, 윤활제 공급 작업 및 윤활 보전 작업의 실행 확인을 위한 기록을 한다.

④ 공장 내에서 사용되는 윤활제 종류를 최소화하여 구매 및 재고 관리 업무의 효율성을 향상시킨다.

해설 윤활제는 갱유를 반드시 적절히 실시해야 한다.

**79.** 다음 그리스에 대한 설명 중 틀린 것은? [14-2]

① 그리스 보충은 베어링 온도가 70℃를 초과할 경우 베어링 온도가 15℃ 상승할 때마다 보충 주기를 1/2로 단축해야 한다.

② 일반적으로 증주제의 타입 및 기유의 종류가 동일하면 혼용이 가능하나 첨가제 간 상호 역반을 일으킬 수 있으므로 혼용에 주의해야 한다.

③ 그리스 NLGI 주도 000호는 매우 단단하여 미끄럼 베어링용, 6호는 반유동상으로 집중 급유용으로 사용된다.

④ 그리스 기유(base oil), 특성을 결정해 주는 증주제와 제반 성능을 향상시키기 위해 첨가해 주는 첨가제로 구성되어 있다.

해설 주도 000호는 반유동상으로 집중 급유용, 6호는 매우 단단하여 미끄럼 베어링용으로 사용된다.

**80.** 윤활유의 산화 정도를 나타내는 시험 방법인 전산가(total acid number)에 대한 정의는? [07-4, 14-2]

① 시료 1g 중에 함유된 전산성 성분을 중화하는데 소요되는 KOH의 mg 수

② 시료 10g 중에 함유된 전산성 성분을 중화하는데 소요되는 KOH의 mg 수

③ 시료 1g 중에 함유된 전알칼리 성분을 중화하는데 소요되는 산과 당량의 KOH의 mg 수

④ 시료 10g 중에 함유된 전알칼리 성분을 중화하는데 소요되는 산과 당량의 KOH의 mg 수

해설 전산가(total acid number) : 시료 1g 중에 함유된 전산성 성분을 중화하는데 소요되는 KOH의 mg 수

정답 79. ③ 80. ①

# 제19회 CBT 대비 실전문제

## 1과목 공유압 및 자동 제어

**1. 연속의 법칙을 설명한 것 중 잘못된 것은?** [18-2]

① 질량 보존의 법칙을 유체의 흐름에 적용한 것이다.
② 관 내의 유체는 도중에 생성되거나 손실되지 않는다는 것이다.
③ 점성이 없는 비압축성 유체의 에너지 보존 법칙을 설명한 것이다.
④ 유량을 구하는 식에서 배관의 단면적이나 유체의 속도를 구할 수 있다.

해설 점성이 없는 비압축성 유체의 에너지 보존 법칙은 베르누이 정리이다.

**2. 다음 압축공기 청정화 기기의 설명 중 옳지 않은 것은?** [06-4]

① 후부 냉각기(after cooler)는 액추에이터의 후부에 설치한다
② 압축공기가 현저하게 오염되어 있을 때에는 오일미스트 분리기를 사용한다.
③ 제습기에는 냉동식과 흡수식 및 흡착식이 있다.
④ 드레인 자동 배출 방법에는 플로트식과 차압식이 있다.

해설 후부 냉각기는 압축기의 후부에 설치한다.

**3. 다음 중 공기압 실린더의 설치 형식이 아닌 것은?** [12-4, 21-1]

① 풋형
② 플랜지형
③ 타이로드형
④ 트러니언형

해설 설치 형식에 따른 분류 : 풋형, 플랜지형, 트러니언형, 피벗형

**4. 유압 펌프의 1회전당 토출량을 나타내는 단위는?** [06-4, 21-4]

① cc/sec ② cc/rev
③ cc/min ④ $l$/rpm

해설 토출량은 체적인 cc나 $l$이고 회전은 rev이다.

**5. 실린더를 선정할 때 참고해야 할 사항이 아닌 것은?** [18-2, 21-2]

① 스트로크
② 유압 펌프의 종류
③ 실린더의 작동 속도
④ 부하의 크기와 그것을 움직이는데 필요한 힘

해설 유압 실린더는 필요한 추력, 속도, 사용 압력 및 실린더의 소요 유량, 실린더의 결부 방법, 최대 스트로크, 쿠션의 유무 등을 고려하여 선정한다.

**6. 다음의 공기압 기호에 관한 설명으로 틀린 것은?** [07-4, 20-4]

정답 1. ③ 2. ① 3. ③ 4. ② 5. ② 6. ②

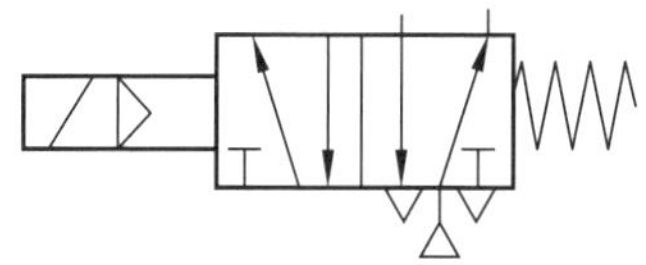

① 5포트 2위치 방향 제어 밸브이다.
② 플런저 조작 방식의 방향 제어 밸브이다.
③ 조작력을 가하지 않은 초기 상태가 오른쪽이다.
④ 절환 위치에 따라 2개의 배기 포트를 번갈아 사용한다.

해설 공기압 간접 작동 파일럿 솔레노이드 조작 방식의 방향 제어 밸브이다.

**7. 공유압 시퀀스 회로에서 시퀀스가 차질이 일어나지 않도록 또 차질이 일어날 경우 절대로 다음 공정에 들어가지 않도록 방지하는 것은?** [16-2]

① 기억 회로 ② 우선 회로
③ 인터록 회로 ④ 자기 유지 회로

해설 인터록 회로 : 이 회로는 복수의 작동일 때 어떤 조건이 구비될 때까지 작동을 저지시키는 회로로, 기기를 안전하고 확실하게 운전시키기 위한 판단 회로이다.

**8. 배전반, 분전반 등의 배관을 변경하거나 이미 설치되어 있는 캐비닛에 구멍을 뚫을 때 필요한 공구는?**

① 오스터 ② 클리퍼
③ 파이어 포트 ④ 녹아웃 펀치

해설 녹아웃 펀치(knock out punch) : 배전반, 분전반 등의 배관을 변경하거나 이미 설치되어 있는 캐비닛에 구멍을 뚫을 때 필요한 공구

**9. 정밀 측정에 적합한 계기의 계급은?**

① 0.2급 ② 0.5급
③ 1.0급 ④ 1.5급

해설 지시계기의 계급에 따른 주요 용도

| 계급 | 허용 오차 (%) | 용도 |
|---|---|---|
| 0.2급 | ±0.2 | 부표준기용 |
| 0.5급 | ±0.5 | 정밀 측정용(휴대용) |
| 1.0급 | ±1.0 | 보통 측정용(휴대용) |
| 1.5급 | ±1.5 | 공업용의 보통 측정용 |
| 2.5급 | ±2.5 | 정확도에 관계없는 측정에 사용 |

**10. 신호 전송 라인에서 노이즈의 대책으로 실드선을 사용하면 어떠한 효과가 있는가?**

① 임피던스의 경감
② 유도 장애 경감
③ 자기 유도의 제거
④ 정전 유도의 제거

해설 ㉠ 노이즈의 발생 원인 : 전도, 정전 유도, 자기 유도, 중첩, 접지 루프, 접합 전위차 등
㉡ 실드(shield)선의 사용 : 강(steel)으로 된 실드선이나 구리로 된 실드선은 정전 유도의 제거에 대한 효과를 얻을 뿐, 전자 유도계에 대한 효과는 거의 없다.

**11. 검출 물체가 검출면으로 접근하여 출력이 동작한 지점에서 검출 물체가 검출면에서 멀어져 출력이 복귀한 지점 사이의 거리는?**

① 검출 거리 ② 설정 거리
③ 응차 거리 ④ 공칭 동작 거리

해설 공칭 동작 거리 : 센싱이 시작한 지점에서 거리가 멀어져 센싱이 되지 않는 지점까지의 거리

정답 7. ③ 8. ④ 9. ② 10. ④ 11. ④

**12.** 용도에 따른 센서 선정 기준이 아닌 것은?

① 센서 색상 ② 응차 거리
③ 설치 장소 ④ 반복 정도

**해설** 선정 기준 : 위치 결정, 투명체 검출, 단차 판별, 색상 판별, 반복 정도(repeat accuracy), 응차 거리(hysteresis), 응답 시간(response time), 검출 거리(detection distance), 선정 기준, 설치 장소, 내구성 등

**13.** 단락 보호와 과부하 보호에 사용되는 기기는?

① 전자 개폐기 ② 한시 계전기
③ 전자 릴레이 ④ 배선용 차단기

**해설** 배선용 차단기(molded case circuit breaker) : 과부하 및 단락 보호를 겸한 차단기

**14.** 직류 전동기가 과열하는 원인이 아닌 것은?

① 저전압
② 과부하
③ 핸들 이송 속도가 느림
④ 저항 요소 또는 접촉자의 단락

**해설** 직류 전동기 과열 원인 : 과부하, 스파크, 베어링 조임 과다, 코일 단락, 브러시 압력 과다, 핸들 이송 속도 부적당 등

**15.** 단위 계단 함수 $u(t)$의 라플라스 변환은?

① $e$ ② $\frac{1}{s}e$ ③ $\frac{1}{e}$ ④ $\frac{1}{s}$

**해설** $F(s) = \int_0^\infty e^{-st}u(t)dt$

$= -\frac{1}{s}[e^{-st}]_0^\infty = \frac{1}{s}$

**16.** 자계의 방향이나 강도를 측정할 수 있는 자기 센서는? [08-2, 12-2, 16-2]

① 포토 다이오드(photo diode)
② 서미스터(thermistor)
③ 서모파일(thermopile)
④ 홀 센서(hall sensor)

**17.** 비접촉형 퍼텐쇼미터의 특징으로 틀린 것은? [18-2]

① 섭동 잡음이 전혀 없다.
② 고속 응답성이 우수하다.
③ 회전 토크나 마찰이 크다.
④ 섭동에 의한 아크가 발생하지 않으므로 방폭성이 있다.

**해설** 퍼텐쇼미터는 비접촉형이므로 마찰이 없으나 출력 감도가 불균형적이라는 단점을 갖고 있다.

**18.** 전류 검출용 센서 중 변류기식 방식에 대한 설명으로 틀린 것은? [17-4]

① 직류 검출은 불가능하다.
② 주파수 특성상 오차가 크다.
③ 구조가 복잡하고 견고하지 않다.
④ 피측정 전로에 대한 절연이 가능하다.

**해설** 변류기식 : 트랜스 결합에 따라 전류를 검출하기 때문에 피측정 전로와 절연을 할 수 있는 것이 최대의 이점이며, 구조가 간단하고 견고하여 전력계통 등의 교류 전로에서 사용되고 있다. 동작 원리상 직류의 검출은 불가능하다. 용도에 따라서는 주파수 특성상 오차가 큰 단점이 있다.

**19.** 노이즈 발생을 방지하기 위한 노이즈 대책 중 정전 유도로 인한 노이즈 발생을 방지하는 대책은? [18-2]

**정답** 12. ① 13. ④ 14. ① 15. ④ 16. ④ 17. ③ 18. ③ 19. ④

① 연선 사용 ② 관로 사용
③ 필터 사용 ④ 실드선 사용

**20.** 조절계의 제어 동작 중 단일 루프 제어계에 속하지 않는 것은?

① 비율 제어 ② 비례 제어
③ 적분 제어 ④ 미분 제어

해설 비율 제어는 복합 루프 제어계이다.

## 2과목 용접 및 안전관리

**21.** 다음 중 전기저항열을 이용한 용접법은?

① 일렉트로 슬래그 용접
② 잠호 용접
③ 초음파 용접
④ 원자 수소 용접

해설 일렉트로 슬래그 용접은 용융 용접의 일종으로 아크열이 아닌 와이어와 용융 슬래그 사이에 통전된 전류와 저항열을 이용하여 용접을 하는 방식이다.

**22.** 분진 등을 배출하기 위하여 설치하는 국소 배기 장치인 덕트(duct)는 기준에 맞도록 하여야 하는데 다음 중 틀린 것은?

① 가능하면 길이는 짧게 하고 굴곡부의 수는 적게 할 것
② 접속부의 안쪽은 돌출된 부분이 없도록 할 것
③ 덕트 내부에 오염물질이 쌓이지 않도록 이송 속도를 유지할 것
④ 연결 부위 등은 외부 공기가 들어와 환기를 좋게 할 것

해설 연결 부위 등은 외부 공기가 들어오지 않도록 할 것

**23.** 아크 전류 200A, 무부하 전압 80V, 아크 전압 30V인 교류 용접기를 사용할 때 효율과 역률은 얼마인가? (단, 내부 손실은 4kW라고 한다.)

① 효율 60%, 역률 40%
② 효율 60%, 역률 62.5%
③ 효율 62.5%, 역률 60%
④ 효율 62.5%, 역률 37.5%

해설 ㉠ 효율 $= \dfrac{\text{아크 출력(kW)}}{\text{소비 전력(kW)}} \times 100$

$= \dfrac{(\text{아크 전압} \times \text{아크 전류})}{(\text{아크 전압} \times \text{아크 전류}) + \text{내부 손실}} \times 100$

$= \dfrac{(30 \times 200)}{(30 \times 200) + 4000} \times 100 = 60\%$

㉡ 역률

$= \dfrac{(\text{아크 전압} \times \text{아크 전류}) + \text{내부 손실}}{(\text{2차 무부하 전압} \times \text{아크 전류})} \times 100$

$= \dfrac{(30 \times 200) + 4000}{80 \times 200} \times 100 = 62.5\%$

**24.** TIG 용접 시 직류 정극성을 사용하여 용접하면 비드의 모양은 어떻게 되는가?

① 비극성 비드와는 관계없다.
② 비드 폭이 역극성과 같아진다.
③ 비드 폭이 역극성보다 좁아진다.
④ 비드 폭이 역극성보다 넓어진다.

해설 정극성으로 용접하면 비드 폭이 좁고 용입이 깊다.

**25.** 불활성 가스 아크 용접법에서 실드 가스는 바람의 영향이 풍속(m/s) 얼마에 영향을 받는가?

① 0.1~0.3 ② 0.3~0.5
③ 0.5~2 ④ 1.5~3

정답 20. ① 21. ① 22. ④ 23. ② 24. ③ 25. ③

**해설** 실드 가스는 비교적 값이 비싸고 바람의 영향(풍속이 0.5~2m/s 이상이면 아르곤 가스의 보호 능력이 떨어진다)을 받기 쉽다는 결점과 용착 속도가 작은 것부터 고속, 고능률 용접에는 그다지 적합하지 않다.

**26. 일반적인 플라스마 아크 용접의 특징으로 틀린 것은?** [16-4]

① 아크의 방향성과 집중성이 좋다.
② 설비비가 적게 들고 무부하 전압이 낮다.
③ 단층으로 용접할 수 있으므로 능률적이다.
④ 용접부의 기계적 성질이 좋고 변형이 적다.

**해설** 플라스마 아크 용접(PAW)은 플라스마 아크의 열을 이용하는 용접으로 가스텅스텐 아크 용접(GTAW)과 유사한 아크 용접 공정이다. 일반 아크 용접기에 비하여 높은 무부하 전압(약 2~5배)이 필요하다.

**27. 용접부의 이음 효율 공식으로 옳은 것은?**

① 이음 효율 $= \dfrac{\text{모재의 인장강도}}{\text{용접 시험편의 인장강도}}$

② 이음 효율 $= \dfrac{\text{용접 시험편의 충격강도}}{\text{모재의 인장강도}}$

③ 이음 효율 $= \dfrac{\text{모재의 인장강도}}{\text{용접 시험편의 충격강도}}$

④ 이음 효율 $= \dfrac{\text{용접 시험편의 인장강도}}{\text{모재의 인장강도}}$

**해설** 용접부의 이음 효율(%)

$$= \frac{\text{용접 시험편의 인장강도}}{\text{모재의 인장강도}} \times 100$$

**28. 용접 변형 방지법에서 역 변형법에 대한 설명으로 옳은 것은?**

① 용접물을 고정시키거나 보강재를 이용하는 방법이다.
② 용접에 의한 변형을 미리 예측하여 용접하기 전에 반대쪽으로 변형을 주는 방법이다.
③ 용접물을 구속시키고 용접하는 방법이다.
④ 스트롱 백을 이용하는 방법이다.

**해설** 용접 변형 방지법 중 ①은 용접 전 보강재를 이용하는 방법, ②는 역 변형법, ③은 억제법이다.

**29. 피복 아크 용접부의 결함 중 언더컷(undercut)이 발생하는 원인으로 가장 거리가 먼 것은?**

① 아크 길이가 너무 긴 경우
② 용접부의 유지 각도가 적당하지 않은 경우
③ 부적당한 용접봉을 사용한 경우
④ 용접 전류가 너무 낮은 경우

**해설** 언더컷의 발생 원인
㉠ 아크 길이가 너무 긴 경우
㉡ 용접부의 유지 각도가 적당하지 않은 경우
㉢ 부적당한 용접봉을 사용한 경우
㉣ 전류가 너무 높을 때
㉤ 용접 속도가 적당하지 않을 때

**30. 다음 중 비파괴 검사를 적용했을 때 알 수 없는 것은?**

① 품질 평가 ② 수명 평가
③ 누설 탐지 ④ 인장강도

**해설** 인장강도는 파괴 검사로 한다.

**31. 초음파의 성질 중 잘못된 것은?**

① 파장은 진동자의 크기와 주파수에 관계가 없다.
② 물질의 밀도차가 있는 모든 부분은 반사된다.

**정답** 26. ② 27. ④ 28. ② 29. ④ 30. ④ 31. ③

③ 주파수가 높으면 속도가 빨라진다.
④ 물질의 밀도가 높으면 속도가 빨라진다.

**해설** 초음파의 속도는 주파수와 관계없이 물질의 밀도에 따라 달라진다. 종파의 경우 공기 중 340m/s, 물속 1500m/s, Fe 5900m/s, Al 6300m/s이다.

**32.** 자분 탐상 표준 시험편의 사용 목적과 거리가 먼 것은?

① 자장의 방향 측정
② 자장의 세기 측정
③ 결함의 길이 측정
④ 결함의 관찰 정도 측정

**해설** 시험편 표면의 유효 자장이 강도 및 방향, 시험 조작의 적부를 조사한다.

**33.** 프레스의 작업 시작 전 점검사항이 아닌 것은?

① 권과 방지 장치의 기능
② 클러치 및 브레이크의 기능
③ 전단기의 칼날 및 테이블의 상태
④ 칼날에 의한 위험 방지 기구의 기능

**해설** 프레스의 작업 시작 전 점검사항 : 클러치 및 브레이크의 기능, 크랭크 축 · 플라이휠 · 슬라이드 · 연결봉 및 연결 나사의 풀림 여부, 1행정 1정지기구 · 급정지 장치 및 비상 정지 장치의 기능, 슬라이드 또는 칼날에 의한 위험 방지 기구의 기능, 프레스의 금형 및 고정 볼트 상태, 방호 장치의 기능, 전단기(剪斷機)의 칼날 및 테이블의 상태

**34.** 가스 용접에 쓰이는 토치의 취급상 주의사항으로 틀린 것은?

① 팁을 모래나 먼지 위에 놓지 말 것
② 토치를 함부로 분해하지 말 것
③ 토치에 기름, 그리스 등을 바를 것
④ 팁을 바꿀 때에는 반드시 양쪽 밸브를 잘 닫고 할 것

**해설** 토치의 취급상 주의사항
㉠ 팁 및 토치를 작업장 바닥이나 흙 속에 방치하지 않는다.
㉡ 점화되어 있는 토치를 아무 곳에나 방치하지 않는다.
㉢ 토치를 망치 등 다른 용도로 사용하지 않는다.
㉣ 팁 과열 시 아세틸렌 밸브를 닫고 산소 밸브만 약간 열어 물속에서 냉각시킨다.
㉤ 팁을 바꿀 때에는 반드시 양쪽 밸브를 모두 닫은 다음 행한다.
㉥ 작업 중 발생하기 쉬운 역류, 역화, 인화에 항상 주의하여야 한다.

**35.** 취급 운반 재해의 안전사항 중 틀린 것은?

① 슈트를 설치하여 중력의 이용을 시도한다.
② 취급 운반 작업을 단순화한다.
③ 작은 물건을 손으로 운반한다.
④ 작업장의 조명, 환기를 적절히 한다.

**해설** 작은 물건은 상자나 용기 속에 넣어 운반한다.

**36.** 포말 소화기의 사출 거리는?

① 1~6m ② 6~12m
③ 12~18m ④ 18~24m

**해설** 포말 소화기는 중탄산소다가 주성분이며 유류, 종이 등 일반 화재에 적당하다. 사출 거리는 6~12m, 사출 시간은 68~80초이다.

**37.** 산업안전보건표지의 종류가 아닌 것은?

**정답** 32. ③ 33. ① 34. ③ 35. ③ 36. ② 37. ②

① 안내 표지 ② 주의 표지
③ 경고 표지 ④ 지시 표지

해설 산업안전보건표지는 크게 금지, 지시, 경고, 안내 표지로 구분한다.

**38.** 방독 마스크를 사용해서는 안 되는 때는 언제인가?

① 공기 중의 산소가 결핍되었을 때
② 암모니아 가스의 존재 시
③ 페인트 제조 작업을 할 때
④ 소방 작업을 할 때

해설 방독 마스크 사용 시 주의사항
㉠ 방독 마스크를 과신하지 말 것
㉡ 수명이 지난 것은 절대로 사용하지 말 것
㉢ 산소 결핍(일반적으로 16%를 기준) 장소에서는 사용하지 말 것
㉣ 가스의 종류에 따라 용도 이외의 것을 사용하지 말 것

**39.** 사무직 종사 근로자가 아니며, 판매 업무에 직접 종사하는 근로자가 받아야 하는 정기 안전 보건 교육은 매반기 몇 시간 이상인가?

① 3시간 ② 6시간 ③ 8시간 ④ 16시간

해설 근로자 정기 안전 보건 교육

<table>
<tr><th colspan="2">교육 대상</th><th>교육 시간</th></tr>
<tr><td colspan="2">사무실 종사 근로자</td><td>매반기<br>6시간 이상</td></tr>
<tr><td rowspan="2">사무직<br>종사자<br>외의<br>근로자</td><td>판매 업무에 직접<br>종사하는 근로자</td><td>매반기<br>6시간 이상</td></tr>
<tr><td>판매 업무에<br>직접 종사하는<br>외의 근로자</td><td>매반기<br>12시간 이상</td></tr>
<tr><td colspan="2">관리감독자의<br>지위에 있는 사람</td><td>연간<br>16시간 이상</td></tr>
</table>

**40.** 다음은 중대 재해에 관련된 내용이다. 괄호에 알맞은 내용은?

> ( ㉠ )개월 이상의 요양이 필요한 부상자가 동시에 ( ㉡ )명 이상 발생한 재해를 중대 재해라 한다.

① ㉠ 1, ㉡ 1 ② ㉠ 2, ㉡ 2
③ ㉠ 3, ㉡ 2 ④ ㉠ 3, ㉡ 3

해설 중대 재해의 범위
㉠ 사망자가 1명 이상 발생한 재해
㉡ 3개월 이상의 요양이 필요한 부상자가 동시에 2명 이상 발생한 재해
㉢ 부상자 또는 직업성 질병자가 동시에 10명 이상 발생한 재해

## 3과목 기계 설비 일반

**41.** "$\phi$100H7/g6"은 어떤 끼워 맞춤 상태를 나타낸 것인가?

① 구멍 기준식 중간 끼워 맞춤
② 구멍 기준식 헐거운 끼워 맞춤
③ 축 기준식 억지 끼워 맞춤
④ 축 기준식 중간 끼워 맞춤

해설 H : 구멍 기준식, h : 축 기준식, g6 : 구멍 H7 기준 헐거운 끼워 맞춤

**42.** 다음 기하 공차 중에서 데이텀이 필요 없이 단독으로 규제가 가능한 것은?

① 평행도 ② 진원도
③ 동심도 ④ 대칭도

해설 단독 형체 : 진직도 공차, 평면도 공차, 진원도 공차, 원통도 공차

정답 38. ① 39. ② 40. ③ 41. ② 42. ②

**43.** **길이 측정 시 오차를 최소로 줄이기 위해서 "표준자와 피측정물은 동일 축선상에 위치하여야 한다"는 원리는?**

① 아베의 원리 ② 테일러의 원리
③ 요한슨의 원리 ④ NPL식 원리

**해설** 아베의 원리 : 측정하려는 시료와 표준자는 측정 방향에 있어 동일 축선상의 일직선상에 배치되어야 한다는 것이다.

**44.** **옵티컬 플랫은 어느 원리를 이용한 것인가?**

① 빛의 직진 작용을 이용한 것이다.
② 빛의 굴절을 이용한 것이다.
③ 빛의 간섭을 이용한 것이다.
④ 빛의 반사를 이용한 것이다.

**해설** 옵티컬 플랫은 광학적인 측정기로서 간섭무늬의 수로 측정한다.

**45.** **연삭 숫돌의 입자가 무디거나 눈메움(loading)이 나타나면 연삭성이 저하되므로 숫돌의 표면을 깎아서 예리한 날을 가진 입자가 표면에 나타나게 하여 연삭성을 회복시키는 작업을 무엇이라 하는가?** [18-4]

① 래핑(lapping)
② 트루잉(truing)
③ 폴리싱(polishing)
④ 드레싱(dressing)

**해설** 드레싱 : 글레이징이나 로딩 현상이 생길 때 강판 드레서(dresser) 또는 다이아몬드 드레서로 숫돌 표면을 정형하거나 칩을 제거하는 작업

**46.** **다음 중 탭(tap)의 파손 원인으로 틀린 것은?** [07-4, 10-4, 20-3]

① 탭이 경사지게 들어간 경우
② 3번 탭으로 최종 다듬질할 경우
③ 구멍이 너무 작거나 구부러진 경우
④ 막힌 구멍의 밑바닥에 탭의 선단이 닿았을 경우

**해설** 탭의 파손 시 3번 탭으로 최종 다듬질을 한다.

**47.** **탭 및 다이스 가공에 대한 설명 중 틀린 것은?** [11-4, 15-4]

① 탭 작업은 구멍에 암나사를 가공하는 공작법이다.
② 보통 탭과 다이스에 의한 작업은 지름 25cm 정도까지 할 수 있다.
③ 환봉의 바깥쪽에 수나사를 가공할 때 사용하는 공구는 다이스이다.
④ 탭은 1~3번의 3개가 1조로 구성되어 있고, 작업은 번호 순서대로 탭을 사용하여 가공한다.

**해설** 탭 및 다이스는 작은 부품을 가공하는데 주로 사용되며, 지름 25cm보다 작은 부품을 가공할 때 사용된다.

**48.** **강자성체에 속하지 않는 성분은?**

① Co ② Fe ③ Ni ④ Sb

**해설** 강자성 : 자기장의 방향으로 강하게 자화되는 성질이며 철, 니켈, 코발트가 있다.

**49.** **고체 침탄법에 사용하는 침탄제인 것은?**

① 질소(N)
② $Na_2CO_3$(탄산나트륨)
③ 목탄
④ $BaCO_3$(탄산바륨)

**해설** 침탄제는 목탄이나 코크스 분말을 사용한다.

**정답** 43. ① 44. ④ 45. ④ 46. ② 47. ② 48. ④ 49. ③

**50.** 벨트 풀리의 제도법을 설명한 내용 중 틀린 것은? [12-4]

① 벨트 풀리는 대칭형이므로 전부를 표시하지 않고 그 일부분만 표시할 수 있다.
② 암은 길이 방향으로 절단하지 않는다.
③ 암의 단면형은 도형의 밖이나 도형 내에 표시한다.
④ 테이퍼 부분의 치수는 치수선을 빗금 방향으로 표시해서는 안 된다.

해설 테이퍼 부분의 치수는 치수선을 빗금 방향(수평과 60° 또는 30°)으로 경사시켜 표시한다.

**51.** 일반적인 구름 베어링의 기본 요소가 아닌 것은? [20-4]

① 내륜 ② 외륜
③ 오일링 ④ 리테이너

해설 구름 베어링을 구성하는 기본적인 요소는 회전체, 내륜(inner ring) 및 외륜(outer ring)과 리테이너이다.

**52.** 다음 중 기어 소음 방지 대책으로 옳은 것은? [17-4]

① 기어의 접선 방향에 힘을 가한다.
② 기어 접촉면을 불연속하게 한다.
③ 기어 치형 간격의 정밀도를 유지한다.
④ 기어의 레이디얼 방향에 힘을 가한다.

해설 힘이 더 가해지거나 불연속 회전이 되면 소음이 더 발생된다. 접촉면의 표면 거칠기와 치수 정밀도가 양호하면 소음이 적게 발생된다.

**53.** 기어 손상의 분류에서 표면 피로의 주요 원인이 아닌 것은? [08-4, 14-4, 18-1]

① 박리 ② 스코링
③ 초기 피팅 ④ 파괴적 피팅

해설 표면 피로 원인 : 박리, 초기 피팅, 파괴적 피팅, 스폴링 등

**54.** 고무 스프링(rubber spring)의 특징에 대한 설명으로 옳은 것은? [16-2]

① 감쇠 작용이 커서 진동의 절연이나 충격 흡수가 좋다.
② 노화와 변질 방지를 위하여 기름을 발라 두어야 한다.
③ 인장력에 강하지만 압축력에 약하므로 압축하중을 피하는 것이 좋다.
④ 크기 및 모양을 자유로이 선택할 수는 없고 여러 가지 용도로 사용이 불가능하다.

해설 고무 스프링은 기름을 사용하지 않아야 하고, 인장력보다 압축력에 더 강하며, 크기 및 모양을 자유롭게 선택하여 여러 가지 용도로 사용한다.

**55.** 가동되는 펌프에서 유체가 임펠러를 통과할 때 기포가 발생하여 불규칙한 고주파 진동 및 소음이 발생하는 현상은? [19-1]

① 서징(surging)
② 오일 휠(oil whirl)
③ 캐비테이션(cavitation)
④ 수격 현상(water hammering)

해설 기포 발생은 곧 캐비테이션 발생이다.

**56.** 원심형 통풍기 중 베인 방향이 후향이고, 효율이 가장 높은 것은? [19-2]

① 터보 팬
② 왕복 팬
③ 실로코 팬
④ 플레이트 팬

정답 50. ④ 51. ③ 52. ③ 53. ② 54. ① 55. ③ 56. ①

**해설** 터보 팬(turbo fan)은 후향 베인이고, 압력은 350~500 mmHg이며 효율이 가장 좋다.

**57.** 압축공기의 소모량에 따라 공기 압축기의 운전을 조절하는 방식이 아닌 것은? [19-1]

① 저속 조절
② 전압 조절
③ 무부하 조절
④ ON/OFF 조절

**해설** 무부하 제어(no-load regulation)

㉠ 배기 제어 : 가장 간단한 제어 방법으로 압력 안전 밸브(pressure relief V/V)로 압축기를 제어한다. 탱크 내의 설정된 압력에 도달되면 안전 밸브가 열려 압축공기를 대기 중으로 방출시키며 체크 밸브가 탱크의 압력이 규정값 이하로 되는 것을 방지한다.
㉡ 차단 제어(shut-off regulation) : 피스톤 압축기에서 널리 사용되는 제어로 흡입 쪽을 차단하여 공기를 빨아들이지 못하게 하며, 기압보다 낮은 압력(진공압)에서 계속 운전된다.
㉢ 그립-암(grip-arm) 제어 : 피스톤 압축기에서 사용되는 것으로 흡입 밸브를 열어 압축공기를 생산하지 않도록 하는 방법이다.

**58.** 감속기의 점검 결과에 따른 조치 방법이 맞게 연결되지 않은 것은? [07-4]

① 윤활유량이 하한선 아래 있음-오일 보충
② 진동 및 발열 소음 발생-오일 교환
③ 입, 출력축의 중심선이 어긋나 있음-재조정 작업
④ 접촉면에 박리 현상 있음-수리하거나 교체

**해설** 진동 및 발열 소음 발생은 감속기의 내부 이상을 우선 점검해야 한다.

**59.** 다음은 유도 전동기의 극수와 회전수를 표시하였다. 틀린 것은? (전원 주파수=60 Hz) [10-4]

① 2극=3600 rpm ② 4극=1800 rpm
③ 6극=1400 rpm ④ 8극=900 rpm

**해설** $N_s = 60 \times \frac{120}{p}$

$= \frac{7200}{6} = 1200\,\text{rpm}$

**60.** 3상 유도 전동기가 운전 중 갑자기 정지하였다. 대책 방법이 아닌 것은?

① 전원의 정전 유무를 조사한다.
② 전동기 전원을 다시 넣어 전동기가 운전되면 그냥 사용한다.
③ 전동기를 기동해 보아 이상이 없는가를 조사한다.
④ 전동기의 단자의 전압을 측정한다.

**해설** 전동기가 운전 중 갑자기 정지하면 그 원인을 찾아 조치를 반드시 취하고 운전해야 한다.

## 4과목 설비 진단 및 관리

**61.** 다음 중 설비 진단 기법에 해당되지 않는 것은? [07-4, 11-4, 14-4]

① 진동법 ② 오일 분석법
③ 전기 분석법 ④ 응력법

**해설** 설비 진단의 기법은 진동 분석법, 오일 분석법, 응력법으로 분류한다.

**정답** 57. ② 58. ② 59. ③ 60. ② 61. ③

**62.** **진동의 완전한 1사이클에 걸린 총 시간을 나타내는 용어는?** [12-4, 19-1, 22-1]

① 진동수 ② 진동 주기
③ 각진동수 ④ 진동 위상

해설 진동 주기 $T=\frac{2\pi}{\omega}$[s/cycle]

**63.** **측정 대상 신호의 최대 주파수가 $f_{max}$이다. 나이퀴스트 샘플링 이론(Nyquist sampling theorem)에 의하면 엘리어싱(aliasing)의 영향을 제거하기 위한 샘플링(sampling) 시간 $\Delta t$는?** [06-4, 11-4, 15-4]

① $\Delta t \le 2f_{max}$ ② $\Delta t \ge 2f_{max}$
③ $\Delta t \le \frac{1}{2f_{max}}$ ④ $\Delta t \ge \frac{1}{2f_{max}}$

해설 나이퀴스트 샘플링 이론에 의하면 샘플링 주파수는 측정 최대 주파수보다 2배 이상이어야 한다. 따라서, 샘플링 주기는 샘플링 주파수의 역수이므로 $\Delta t \le \frac{1}{2f_{max}}$이다.

**64.** **동적 배율에 관한 설명으로 틀린 것은?** [14-4, 22-2]

① 고무의 동적 배율은 1 이상이다.
② 고무의 영률이 커질수록 동적 배율은 작아진다.
③ 동적 스프링 정수가 커질수록 동적 배율은 커진다.
④ 정적 스프링 정수가 커질수록 동적 배율은 작아진다.

해설 동적 배율이란 동적 강성에 대한 정적 강성의 비율이며, 고무의 영률이 커질수록 동적 배율은 크다. 금속 스프링은 1, 천연 고무는 1.2, 합성고무는 1.4~1.8이다.

**65.** **철길 주변의 주택가 소음을 평가하고자 할 때, 다음 중 기차의 소음은 어느 음원에 가장 가까운가?** [20-4]

① 면 음원
② 선 음원
③ 점 음원
④ 입체 음원

해설 도시의 환경 소음의 대표적인 것은 교통 소음이며, 교통 소음의 소음원은 차나 항공기 등이 이동하는 상태에서 소음을 발생시키는 선 음원이다. 교통 소음과는 반대로 기계 소음은 소음원이 일반적으로 이동하지 않기 때문에 점 음원으로 취급된다.

**66.** **삼각대에 마이크로폰을 부착하고 소음계 본체와 분리해서 사용할 경우, 소음계 본체와 마이크로폰의 이격 거리로 가장 적당한 것은?** [10-4, 11-4, 16-4]

① 0.5m 이상
② 1.0m 이상
③ 1.5m 이상
④ 2.0m 이상

해설 삼각대에 마이크로폰을 부착하고 본체와 분리 사용할 경우 반사음 등의 오차를 없애기 위해 이격 거리는 1.5m 이상을 둔다.

**67.** **설비 관리의 영역에 포함되지 않는 것은?** [10-4, 11-4, 17-2]

① 생산 보전 활동
② 제품 품질 개선
③ 보전도 향상
④ 설비 자산 관리

정답 62. ② 63. ③ 64. ② 65. ② 66. ③ 67. ②

**해설** 설비 관리를 위한 경영 활동은 보전도 향상, 설비 자산 관리, 생산 보전 활동, 국제 경쟁력 제고, 범세계적 공급망 관리, 품질 보전 등이다. 그러나 인간공학을 심화한 학문으로 작업생리학, 조명, 소음, 진동, 유해 인자 관리 등을 고려한 작업환경 관리나 기업 내의 조명, 소음, 분진 등 작업자의 유해 요인을 측정하여 근로자의 건강한 안전 생산 활동을 보장하기 위한 산업보건학의 한 분야인 작업환경 측정 및 제품 품질 개선 등은 설비 관리 영역에 속하지 않는다.

**68.** 선박 제조업, 건축업, 교량 건설 등의 1회의 대규모 사업에 주로 이용되는 설비 배치 방법은? [06-4, 12-4, 20-3]

① 제품별 배치
② 공정별 배치
③ 라인형 배치
④ 제품 고정형 배치

**해설** 제품 고정형 배치(fixed position layout) : 주재료와 부품이 고정된 장소에 있고 사람, 기계, 도구 및 기타 재료가 이동하여 작업이 행하여진다.

**69.** 설비의 경제성 평가 방법이 아닌 것은? [06-4, 18-2]

① 연환 지수법
② 자본 회수법
③ MAPI 방식
④ 비용 비교법

**해설** 설비의 경제성 평가 방법에는 비용 비교법(연평균 비교법, 평균 이자법), 자본 회수법, MAPI 방식, 신 MAPI 방식이 있다.

**70.** 설비 보전 조직 형태 중 집중 보전의 장점이 아닌 것은? [16-2, 20-3]

① 보전 요원의 관리 감독이 용이하다.
② 특수 기능자를 효과적으로 이용할 수 있다.
③ 보전 작업에 필요한 인원의 동원이 용이하다.
④ 긴급 작업이나 새로운 작업 시 신속히 처리할 수 있다.

**해설** 보전 요원이 공장 전체에서 작업을 하기 때문에 적절한 관리 감독이 어렵다.

**71.** 다음 중 수리 공사에 대한 설명으로 틀린 것은? [17-4, 22-1]

① 일반 보수 공사는 조업상의 요구에 의한 개량 공사이다.
② 사후 수리 공사는 설비 검사를 하지 않은 생산 설비의 수리이다.
③ 돌발 수리 공사는 설비 검사에 의해 계획하지 못했던 고장의 수리이다.
④ 예방 수리 공사는 설비 검사에 의해서 계획적으로 하는 수리이다.

**해설** 일반 보수 공사는 제조의 부속 설비의 공정, 사무, 연구, 시험, 복리, 후생 등의 수리 공사이고, 조업상의 요구에 의한 개량 공사는 개수 공사라 한다.

**72.** 상비품 품목 결정 방식 중 상비수 방식의 특성으로 틀린 것은? [15-2]

① 관리 수속이 간단하다.
② 재고 금액이 적어진다.
③ 구입 단가가 경제적이다.
④ 재질 변경에 따른 손실이 많다.

**해설** 상비수 방식은 관리 수속이 간단하고, 구입 단가가 경제적이며 재질 변경에 따른 손실과 재고 금액이 많아지는 특징이 있다.

**정답** 68. ④ 69. ① 70. ① 71. ① 72. ②

**73.** 계측 작업 및 방법의 관리와 합리화를 위한 방법과 가장 거리가 먼 것은? [11-4, 17-2]

① 안전관리의 향상
② 계측 작업의 표준화
③ 계측 정밀도의 유지 향상
④ 계측기의 사용, 취급법의 적정화

해설 계측 방법 및 조건의 선정
㉠ 관리 목적에 적합한 계측 방법을 선정하고 계측기의 취급, 조작 등을 표준화한다.
㉡ 계측기의 원리, 구조 및 성능에 적합한 방법이어야 한다.
㉢ 주체 작업(제조, 조정, 검사, 관리 등)과 관련이 적당하여야 한다.

**74.** 공장의 에너지 관리 중 열 관리의 방법에 해당되지 않는 것은? [12-2, 16-2]

① 연료의 관리
② 연소의 관리
③ 열 변환의 관리
④ 열 설비의 관리

해설 열 관리는 연료의 관리, 연소의 관리, 열 사용의 관리, 열 설비의 관리, 배열의 회수 이용을 말한다.

**75.** PM 분석에서 P의 의미에 대한 설명으로 맞는 것은? [09-4]

① 현상의 명확화와 메커니즘을 해석한다.
② 설비의 메커니즘을 분석하고 이해한다.
③ 현상을 물리적으로 해석한다.
④ 작업 방법과 관련성을 추구하는 요인 해석의 사고 방식이다.

해설 현상을 물리적으로(phenomena, physical)에서 P를 의미한다.

**76.** 자주 보전을 하기 위한 설비에 강한 작업자의 요구 능력 중 수리할 수 있는 능력에 해당되지 않는 것은? [19-1]

① 오버홀 시 보조할 수 있다.
② 부품의 수명을 알고 교환할 수 있다.
③ 고장의 원인을 추정하고 긴급 처리를 할 수 있다.
④ 공장 주변 환경의 중요성을 이해하고, 깨끗하게 청소할 수 있다.

해설 수리할 수 있는 능력
㉠ 부품의 수명을 알고 교환할 수 있다.
㉡ 고장의 원인을 추정하고 긴급 처리를 할 수 있다.
㉢ 오버홀 시 보조할 수 있다.

**77.** 다음 중 극압 윤활에 대한 설명으로 틀린 것은? [16-4, 21-2]

① 충격 하중이 있는 곳에 필요하다.
② 완전 윤활 또는 후막 윤활이라고도 한다.
③ 첨가제로 유황, 염소, 인 등이 사용된다.
④ 고하중으로 금속의 접촉이 일어나는 곳에 필요하다.

해설 극압 윤활(extreme-pressure lubrication) : 일명 고체 윤활이라고 하는 이것은 하중이 더욱 증대되고 마찰 온도가 높아지면 결국 흡착 유막으로서는 하중을 지탱할 수 없게 되어 유막은 파괴되고 마침내 금속의 접촉이 일어나 접촉 금속 부분에 융착과 소부 현상이 일어나게 된다.

**78.** 윤활 관리의 실시 방법 중에서 재고 관리에 대한 내용으로 틀린 것은? [13-4]

① 적절한 방법으로 저장한다.
② 적절한 시기에 사용유를 교환한다.

정답 73. ① 74. ③ 75. ③ 76. ④ 77. ② 78. ②

③ 윤활제의 반입과 불출을 합리적으로 관리한다.

④ 윤활제를 합리적 방법으로 구입한다.

해설 적절한 시기에 사용유를 교환하는 것은 사용유 관리에 해당한다.

**79. 액상의 윤활유로서 갖추어야 할 성질로 틀린 것은?** [19-1]

① 산화나 열에 대한 안정성이 낮을 것

② 사용 상태에서 충분한 점도를 가질 것

③ 화학적으로 불활성이며, 청정 균질할 것

④ 한계 윤활 상태에서 견디어 낼 수 있는 유성이 있을 것

해설 산화나 열에 대한 안정성이 높을 것

**80. 다음 중 윤활유 첨가제가 갖추어야 할 조건이 아닌 것은?** [14-2, 18-4, 21-4]

① 휘발성이 낮을 것

② 물에 대해 안정할 것

③ 기유에 대한 용해도가 낮을 것

④ 첨가제 상호 간 반응으로 침전물 등이 생기지 않을 것

해설 윤활유 첨가제는 기유에 대한 용해도가 높아야 하고 장기간 보관 시 안정해야 한다.

정답 79. ① 80. ③

# 제20회 CBT 대비 실전문제

## 1과목 공유압 및 자동 제어

**1. 다음 중 압력에 관한 설명으로 틀린 것은?** [09-4, 20-3]

① 진공도는 항상 절대 압력으로 나타낸다.
② 절대 압력=계기 압력+표준 대기압이다.
③ 절대 진공도=표준 대기압+진공계 압력이다.
④ 대기압보다 높으면 정압, 낮으면 부압이라 한다.

해설 진공도는 항상 절대 압력으로 나타낸다.

**2. 다음 유압의 특징에 관한 설명 중 틀린 것은?** [14-2]

① 에너지의 변환 효율이 공압보다 나쁘다.
② 속도 제어가 우수하다.
③ 큰 출력을 낼 수 있다.
④ 작동 속도가 공압에 비해 늦다.

해설 공압은 사용한 공기압을 배기하지만 유압유는 탱크에 저장하므로 에너지 변환 효율이 공압보다 양호하다.

**3. 2개의 회전자를 서로 90° 위상으로 설치하여 회전자 간의 미소한 틈을 유지하고 역방향으로 회전시키는 공기 압축기는?** [22-2]

① 베인형　　② 스크롤형
③ 스크루형　　④ 루츠 블로어형

해설 루츠 블로어(root blower)는 비접촉형이므로 무급유 소형, 고압 송풍 등에 사용된다. 토크 변동이 크고 소음이 큰 것이 단점이다.

**4. 다음 중 밸브를 선정하는데 직접적으로 고려해야 할 사항 중 가장 적절하지 않은 것은?** [14-4, 22-1]

① 실린더의 속도
② 요구되는 스위칭 횟수
③ 허용할 수 있는 압력 강하
④ 실린더와 밸브 사이의 최소 거리

해설 실린더와 밸브 사이를 최소 거리로 유지하는 것은 회로 구성 조건이며 밸브의 직접 선정 조건은 아니다.

**5. 대기압보다 낮은 압력을 이용하여 부품을 흡착하여 이동시키는데 사용하는 공기압 기구는?** [16-2, 19-2]

① 진공 패드　　② 액추에이터
③ 배압 감지기　　④ 공기 배리어기

해설 진공 패드 : 흡입 컵(suction cup)을 부착하여 여러 종류의 물체를 운반하는데 사용하는 것으로 흡입 노즐은 벤투리(venturi) 원리에 의하여 작동된다.

**6. 밸브 내부에서 연속적인 진동으로 밸브 시트 등을 타격하여 소음을 발생시키는 현상은?** [10-4, 21-1]

① 공동 현상　　② 크래킹 현상
③ 채터링 현상　　④ 맥동 현상

정답 1. ③　2. ①　3. ④　4. ④　5. ①　6. ③

해설 채터링 현상(chattering) : 릴리프 밸브 등에서 포핏이 밸브 시트를 때려서 비교적 높은 소리를 내는 일종의 자력 진동 현상

**7. 다음 중 유압 작동유로서 필요한 요소가 아닌 것은?** [15-4, 19-4]

① 비압축성일 것
② 윤활성이 좋을 것
③ 적절한 점도가 유지될 것
④ 화학적으로 반응이 좋을 것

해설 화학적으로 안정되고 불활성으로 반응이 없어야 한다.

**8. 유압 실린더의 속도 제어 중 실린더에서 방향 제어 밸브로 유출되는 유압 작동유의 유량을 조정하고 제어하는 방식은 무엇인가?** [08-4, 12-4]

① 미터 인 속도 제어 방식
② 미터 아웃 속도 제어 방식
③ 블리드 오프 속도 제어 방식
④ 파일럿 체크 속도 제어 방식

해설 실린더에서 방향 제어 밸브로 유출되는 유압 작동유의 유량을 조정하여 제어하는 방식, 즉 실린더에서 아웃되는 유량을 조정하여 실린더의 속도를 제어하는 것이 미터 아웃 속도 제어 방식이다.

**9. 다음 기호가 나타내는 것으로 알맞은 것은?**

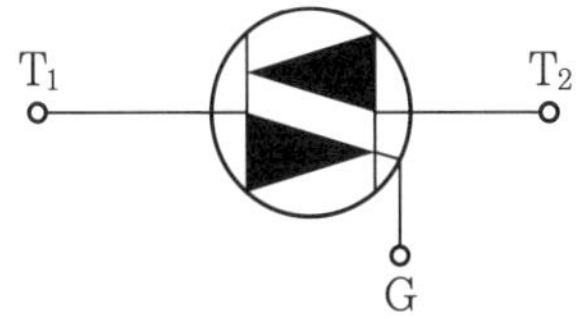


① 실리콘 제어 정류기(SCR)
② 다이액(DIAC)
③ 트라이액(TRIAC)
④ 실리콘 양방향 스위치(SBS)

해설 트라이액(TRIAC) : 5층 구조로 게이트 단자를 가진 특성이 더해진 다이액의 특성을 가진 교류 제어용으로 SCR과는 달리 (+) 또는 (-) 게이트 신호로 전원의 정 · 역방향으로도 동작이 가능하기 때문에 양방향 3단자 사이리스터 또는 AC 사이리스터라고도 한다.

**10. 내전압 시험에서 인가하는 전기는 무엇인가?**

① AC 전압 ② DC 전압
③ 3상 전압 ④ 단상 DC 9V

해설 내전압 시험은 AC 전압을 이용하여 제품의 누전 여부뿐만 아니라 외부의 어느 정도 전기적 충격에도 견딜 수 있는지를 미리 시험하여 품질 보증과 함께 수명, 안전성을 보장한다.

**11. 투광기와 수광기로 되어 있으며 검출 방식에 따라 투과형, 직접 반사형, 거울 반사형으로 구분되는 것은?**

① 광 센서 ② 리드 센서
③ 유도형 센서 ④ 정전 용량형

해설 광 센서 : 자외광에서 적외광까지 광 파장 영역의 광 에너지를 검지하는데, 그 분류는 광 변환 원리에 기초를 두고 광기전력 효과형, 광도전 효과형, 광전자 방출형 등으로 구분한다. 검출 방식에 따라 투과형, 직접 반사형, 거울 반사형으로 구분한다.

**12. 정보의 정의역이 어느 구간에서 모든 점으로 표시되는 신호로서 시간과 정보가 모두 연속적인 신호는 어느 것인가?**

정답 7. ④ 8. ② 9. ③ 10. ① 11. ① 12. ④

① 연속 신호 ② 이산 시간 신호
③ 디지털 신호 ④ 아날로그 신호

해설 아날로그 신호(analog signal) : 정보의 정의역(domain)이 어느 구간에서 모든 점으로 표시되는 신호로 시간과 정보가 연속적인 신호이므로 연속 시간 신호라고도 한다.

**13.** 유도 전동기를 기동할 때 필요한 조건은?

① 기동 토크를 크게 할 것
② 기동 토크를 작게 할 것
③ 천천히 가속시키도록 할 것
④ 기동 전류가 많이 흐르도록 할 것

해설 기동 토크(starting torque) : 전동기가 기동하는 순간 발생하는 토크로 이 값이 부하가 요구하는 토크보다 크지 않으면 전동기는 그 부하를 지고 기동할 수 없다. 직권 전동기는 기동 토크가 가장 크다.

**14.** 스테핑 모터의 속도를 결정하는 요소는?

① 펄스의 방향 ② 펄스의 전류
③ 펄스의 주파수 ④ 펄스의 상승 시간

해설 스테핑 모터는 주파수에 비례한 회전 속도를 얻을 수 있으므로 속도 제어가 용이하다.

**15.** 속도, 전압 등과 같은 제어량에 대해 일정한 희망치를 계속적으로 유지시키는 제어는? [14-4, 18-1]

① 논리 제어
② 개회로 제어
③ 피드백 제어
④ 릴레이 시퀀스 제어

해설 폐루프 제어는 피드백(feed back) 신호가 요구된다.

**16.** 전달 함수 $G(s)=\frac{1}{s+1}$인 제어계 응답을 시간 함수로 맞게 표현한 것은?

① $e^{-t}$ ② $1+e^{-t}$
③ $1-e^{-t}$ ④ $e^{-t}-1$

해설 1차 지연 요소의 전달 함수는 $\frac{1}{1+Ts}$ 이며, 1차 지연 요소의 스텝 응답은 $y=R(1-e^{-t/T})$ 곡선이다.

**17.** 다음 중 광학식 인코더의 내부 구성요소가 아닌 것은? [06-4]

① 발광부 ② 고정판
③ 회전원판 ④ 리졸버

해설 리졸버 : 위치나 속도 검출 센서

**18.** 다음 중 미지 저항을 측정하기 위한 휘트스톤 브리지 회로에 사용되는 측정 방법은? [14-4, 19-4]

① 편위법 ② 영위법
③ 치환법 ④ 보상법

해설 영위법(zero method) : 측정하려고 하는 양과 같은 종류로서 크기를 조정할 수 있는 기준량을 준비하고 기준량을 측정량에 평행시켜 계측기의 지시가 0위치를 나타낼 때의 기준량의 크기로부터 측정량의 크기를 간접으로 측정하는 방식으로 마이크로미터나 휘트스톤 브리지, 전위차계 등에서 사용한다.

**19.** 다음 중 공기압 신호와 전기 신호의 특징을 나열한 것 중 틀린 것은? [19-1]

① 전기 신호는 컴퓨터와의 결합성이 좋다.
② 공기압 신호는 전송 시 전달 지연이 있다.
③ 전기 신호는 전송 시 전달 지연이 거의 없다.

정답 13. ① 14. ③ 15. ③ 16. ③ 17. ④ 18. ② 19. ④

④ 공기압 신호는 전기 신호에 비해 복잡한 연산을 빨리 처리할 수 있다.

해설 공기압 신호는 전송 시 전달 지연이 생기므로 원거리 전송이 어렵고 연산 능력이 전기 신호에 비해 좋지 않다.

**20.** 피드백 제어계의 구성에서 제어 요소가 제어 대상에 주는 양은? [14-1]

① 제어량 ② 조작량
③ 검출량 ④ 기준량

해설 피드백 제어에서 제어 요소가 목표치를 제어 대상에 주는 것은 조작량이다.

## 2과목 용접 및 안전관리

**21.** 모재를 녹이지 않고 접합하는 것은?

① 가스 용접
② 피복 아크 용접
③ 서브머지드 아크 용접
④ 납땜

해설 납땜은 모재가 용융되지 않고 땜납이 녹는다.

**22.** 직류 아크 용접기의 장점이 아닌 것은?

① 아크 쏠림의 방지가 가능하다.
② 감전의 위험이 적다.
③ 아크가 안정하다.
④ 정극성의 변화가 가능하다.

해설 아크 쏠림은 직류에서 자장 때문에 발생하며 방지책으로 후퇴법, 엔드탭과 교류를 사용하는 방법이 있다.

**23.** 서브머지드 아크 용접의 용제에 대한 설명 중 용융형 용제의 특성이 아닌 것은?

① 비드 외관이 아름답다.
② 흡습성이 높아 재건조가 필요하다.
③ 용제의 화학적 균일성이 양호하다.
④ 용융 시 분해되거나 산화되는 원소를 첨가할 수 있다.

해설 용융형 용제는 흡습성이 작다.

**24.** 가스 텅스텐 아크 용접기의 용접 장치 및 구성 중 틀린 것은?

① 전원 장치
② 제어 장치
③ 가스 공급 장치
④ 전격 저주파 방지 장치

해설 가스 텅스텐 아크 용접기의 주요 장치로는 전원을 공급하는 전원 장치(power source), 용접 전류 등을 제어하는 제어 장치(controller), 보호 가스를 공급, 제어하는 가스 공급 장치(shield gas supply unit), 고주파 발생 장치(high frequency testing equipment), 용접 토치(welding torch) 등으로 구성되고, 부속 기구로는 전원 케이블, 가스 호스, 원격 전류 조정기 및 가스 조정기 등으로 구성된다.

**25.** TIG 용접기에서 직류 역극성을 사용하였을 경우 용접 비드의 형상으로 맞는 것은?

① 비드 폭이 넓고 용입이 깊다.
② 비드 폭이 넓고 용입이 얕다.
③ 비드 폭이 좁고 용입이 깊다.
④ 비드 폭이 좁고 용입이 얕다.

해설 역극성은 음극(−)에 모재를, 양극(+)에 토치를 연결하는 것으로 비드 폭이 넓고 용입이 얕으며, 산화피막을 제거하는 청정 작용이 있다.

정답 20. ② 21. ④ 22. ① 23. ② 24. ④ 25. ②

**26.** **자체 보호 플럭스 코어드 아크 용접의 특징 중 틀린 것은?**

① 혼합 가스(75% Ar과 25% $CO_2$)를 사용할 때 언더컷이 축소되고, 아크가 안정되며 스패터가 감소된다.

② 플럭스 코어드 와이어에는 탈산제와 탈질제(denitrify)로 알루미늄을 함유하고 있어 용접 금속 중에 알루미늄이 포함되면 연성과 저온 충격강도를 저하시키므로 덜 중요한 용접에만 일반적으로 사용한다.

③ 사용이 간편하지 않고 적용성이 작으나, 용접부 품질이 균일하다.

④ 용접 작업자가 용융지를 볼 수 있고 용융 금속을 정확하게 조정할 수 있다.

해설 사용이 간편하고 적용성이 크며, 용접부 품질이 균일하다.

**27.** **플라스마 용접 장치의 특징 중 틀린 것은?**

① 중간형 아크는 반이행형 아크 방식으로 이행형 아크와 비이행형 아크 방식을 병용한 방식이며, 파일럿 아크는 용접 중 계속적으로 통전되어 전력 손실이 발생한다.

② 아크는 노즐 및 플라스마 가스의 열적 핀치력에 의해 좁아진다.

③ 플라스마 아크의 넓어짐은 작고 TIG 아크의 약 1/4 정도에서 전류밀도가 현저하게 높아진 아크가 된다.

④ 아크가 좁아지는 플라스마 아크의 전압은 대 · 중전류역에서 TIG 아크에 비해 낮지만 소전류역에서는 반대로 높아진다.

해설 아크가 좁아지는 플라스마 아크의 전압은 대 · 중전류역에서 TIG 아크에 비해 높지만 소전류역에서는 반대로 낮아진다.

**28.** **용접부의 잔류 응력 측정 방법 중에서 응력 이완법에 대한 설명으로 옳은 것은?**

① 초음파 탐상 실험 장치로 응력 측정을 한다.

② 와류 실험치로 응력 측정을 한다.

③ 만능 인장 시험 장치로 응력 측정을 한다.

④ 저항선 스트레인 게이지로 응력 측정을 한다.

해설 잔류 응력 측정법에는 정성적 방법(부식법, 응력 바니스법, 자기적 방법)과 정량적 방법이 있으며, 스트레인 게이지는 응력 센서의 한 종류이다.

**29.** **다음 중 균열이 가장 많이 발생할 수 있는 용접 이음은?**

① 십자 이음 ② 응력 제거 풀림
③ 피닝법 ④ 냉각법

해설 용접 이음 부분이 많을수록 열의 냉각이 빨라 균열이 생기기 쉽다.

**30.** **자기 탐상 시험에서 자화 방법에 속하지 않는 것은?**

① 형광법 ② 관통법
③ 통전법 ④ 프로드법

해설 시편을 자화시키는 방법에 따라 코일법, 극간법, 프로드법, 축 통전법, 전류 관통법, 자속 관통법으로 구분한다.

**31.** **다음 중 자화 전류를 제거한 후 계속 자장을 보유하는 자성체 금속의 성질은?**

① 포화점 ② 보자력
③ 반자성 ④ 역자력

해설 보자력(保磁力, coercive force) : 강자성체에 자기장을 걸어서 포화 상태가 될 때까지 자성(磁性)을 갖게 한 후, 자기장

정답 26. ③ 27. ④ 28. ④ 29. ① 30. ① 31. ②

을 줄여 0이 되게 하여도 남아 있는 잔류 자기를 다시 0이 되게 하는데 드는 반대 방향의 자기장의 크기이며, 일반적으로 영구자석은 값이 크다.

**32.** 자분 탐상법의 특징 설명으로 틀린 것은?

① 시험편의 크기, 형상 등에 구애를 받는다.
② 내부 결함의 검사가 불가능하다.
③ 작업이 신속 간단하다.
④ 정밀한 전처리가 요구되지 않는다.

**해설** 비파괴 검사의 종류인 자분 탐상법의 장점은 신속 정확하며, 결함 지시 모양이 표면에 직접 나타나기 때문에 육안으로 관찰할 수 있고, 검사 방법이 쉽지만 비자성체는 사용이 곤란하다.

**33.** 탁상 공구 연삭기의 안전 커버의 최대 노출 각도는?

① 60° ② 90°
③ 125° ④ 160°

**해설** 탁상 연삭기의 안전 커버는 연삭 숫돌의 파괴 위험에 대비한 장치로 최대 노출 각도는 125°이다.

**34.** TIG 용접 시 안전사항에 대한 설명으로 틀린 것은?

① 용접기 덮개를 벗기는 경우 반드시 전원 스위치를 켜고 작업한다.
② 제어 장치 및 토치 등 전기계통의 절연 상태를 항상 점검해야 한다.
③ 전원과 제어 장치의 접지 단자는 반드시 지면과 접지되도록 한다.
④ 케이블 연결부와 단자의 연결 상태가 느슨해졌는지 확인하여 조치한다.

**해설** 용접기 덮개를 벗기는 경우 반드시 전원 스위치를 끄고 작업해야 감전을 예방할 수 있다.

**35.** 나이프 스위치를 개폐하는데 알맞은 것은?

① 왼손으로 빨리 한다.
② 오른손으로 빨리 한다.
③ 왼손이나, 오른손 어느 쪽이라도 좋다.
④ 막대기로 빨리 한다.

**36.** 전기 화재 소화 시 가장 좋은 소화기는?

① 분말 소화기 ② 포말 소화기
③ $CO_2$ 소화기 ④ 모래

**37.** 공사 중이거나 번잡한 곳의 출구를 표시한 안전등의 빛깔은 무엇인가?

① 빨강 ② 노랑
③ 초록 ④ 자주색

**해설** 노란색이 주의를 잘 끈다.

**38.** 다음은 보호 안경 재질의 구비 조건을 설명한 것이다. 잘못된 것은?

① 면체는 규격 기준에 의한다.
② 핸드 클립은 전기 도체로 비난연성이어야 한다.
③ 필터 플레이트 및 커버 플레이트는 차광 안경과 같다.
④ 면체 이외의 플라스틱 부품은 실용상 지장이 없는 강도이어야 한다.

**해설** 핸드 클립은 전기 부도체로 난연성이어야 한다.

**39.** 공정안전 보고서의 작성 대상인 위험 설비 및 시설에 해당하지 않는 시설은?

**정답** 32. ① 33. ③ 34. ① 35. ② 36. ③ 37. ② 38. ② 39. ④

① 원유 정제 처리 시설
② 질소질 비료 제조 시설
③ 농업용 약제 원제(原劑) 제조업
④ 액화 석유가스의 충전 · 저장 시설

해설 공정안전 보고서의 제출 대상
㉠ 원유 정제 처리업
㉡ 질소질 비료 제조업
㉢ 복합 비료 제조업(단순 혼합 또는 배합에 의한 경우는 제외)
㉣ 화학 살균 · 살충제 및 농업용 약제 원제(原劑) 제조업
㉤ 화약 및 불꽃 제품 제조업
※ 차량 등의 운송 설비와 액화 석유가스의 충전 · 저장 시설은 제출 대상이 아니다.

**40.** 산업안전관리의 중요성 측면에 해당하지 않는 것은?

① 인도주의적 측면
② 사회적 책임 측면
③ 법규 준수 측면
④ 생산성 향상 측면

해설 산업안전관리 : 인도주의적인 측면, 사회적인 책임 측면, 생산성 향상 측면

## 3과목 기계 설비 일반

**41.** 끼워 맞춤에서 IT 기본 공차의 등급이 커질 때 공차값은? (단, 기타 조건은 일정함)

① 작아진다. ② 커진다.
③ 일정하다. ④ 관계없다.

해설 IT 기본 공차의 등급이 작을 때 공차값이 작아진다.

**42.** 다음 공차 기입의 표시 방법 중 복수의 데이텀(datum)을 표시하는 방법으로 올바른 것은?

①
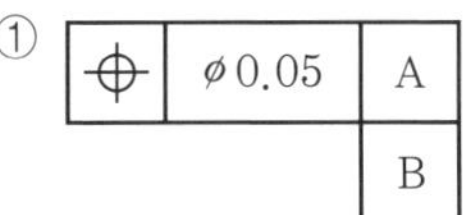


②

③
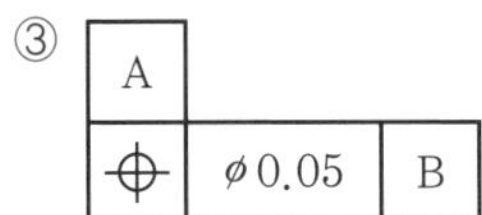


④
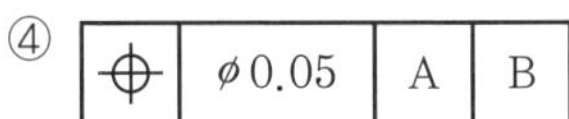


해설 복수의 데이텀을 표시하는 문자 기호 : A와 B, 공차값 : 0.05, 위치도 : ⌖

**43.** 비교 측정기에 해당하는 것은?

① 버니어 캘리퍼스
② 마이크로미터
③ 다이얼 게이지
④ 하이트 게이지

해설 버니어 캘리퍼스, 마이크로미터, 하이트 게이지는 직접 측정기이다.

**44.** 회전축을 1회전 시켰을 때 다이얼 게이지 눈금이 0.6mm 이동하였다. 편심량은?

① 0.3mm ② 0.6mm
③ 1.2mm ④ 0.06mm

해설 편심량=측정값/2
=0.6mm/2=0.3mm

**45.** 드릴의 각부 명칭과 역할을 설명한 것으로 잘못 짝지어진 것은? [10-4, 16-2, 21-2]

① 생크(shank)-드릴을 드릴 머신에 고정하는 부분

정답 40. ③ 41. ② 42. ④ 43. ③ 44. ① 45. ②

② 사심(dead center)－드릴 끝에서 절삭날이 이루는 각도
③ 홈 나선각(helix angle)－드릴의 중심축과 홈의 비틀림이 이루는 각
④ 마진(margin)－드릴의 홈을 따라서 나타나는 좁은 날이며, 드릴을 안내하는 역할

해설 ㉠ 사심 : 드릴 끝에서 절삭날이 만나는 점
㉡ 드릴 끝각 : 드릴 끝에서 절삭날이 이루는 각도

**46.** **금긋기 작업에서의 유의사항으로 옳지 않은 것은?** [21－2]

① 금긋기 선은 굵고 선명하도록 반복하여 긋는다.
② 기준면과 기준선을 설정하고 금긋기 순서를 결정하여야 한다.
③ 같은 치수의 금긋기 선은 전후, 좌우를 구분 없이 한 번만 긋는다.
④ 금긋기 선의 굵기는 일반적으로 0.07～0.12mm이다.

해설 금긋기 선은 가늘고 선명하게 한 번에 그어야 한다.

**47.** **강을 $M_s$점과 $M_f$점 사이에서 항온 유지 후 꺼내어 공기 중에서 냉각하여 마텐자이트와 베이나이트의 혼합 조직으로 만드는 열처리는?**

① 풀림 ② 담금질
③ 침탄법 ④ 마템퍼

해설 마템퍼(martemper) : 항온 변태 후 열처리하여 얻은 마텐자이트와 베이나이트의 혼합 조직으로 충격치가 높아진다.

**48.** **열처리 작업에서 발생되는 폐수 처리 방식이 아닌 것은?** [18－1]

① 시안계 폐수 처리
② 변성로 폐수 처리
③ 크롬산계 폐수 처리
④ 중금속 이온 함유 폐수 처리

해설 변성로란 프로판 가스를 주원료로 하는 열처리로이다.

**49.** **스프링의 도시 방법을 설명한 내용 중 틀린 것은?** [15－4]

① 겹판 스프링은 일반적으로 스프링 판이 수평인 상태에서 그린다.
② 조립도, 설명도 등에서 코일 스프링을 도시하는 경우에는 그 단면만을 나타내어도 좋다.
③ 코일 스프링, 벌류트 스프링, 스파이럴 스프링 및 접시 스프링은 일반적으로 무하중 상태에서 그린다.
④ 스프링의 종류 및 모양만을 간략도로 나타내는 경우에는 스프링 재료의 중심선만을 일점 쇄선으로 그린다.

해설 생략한 부분은 가는 1점 쇄선, 간략도로 도시할 경우는 굵은 실선으로 그린다.

**50.** **조립 정밀도에 의한 고장으로 볼 수 없는 것은?**

① 부착 기준면 불량에 의한 고장
② 연결부의 연결 상태 불량
③ 결합 부품의 편심으로 진동 발생
④ 열에 의해 부품의 마모

**51.** **축 이음핀의 빠짐 방지나 볼트, 너트의 풀림 방지로 쓰이는 것은?** [15－4, 20－3]

① 코터 ② 평행핀
③ 분할핀 ④ 테이퍼핀

정답 46. ① 47. ④ 48. ② 49. ④ 50. ④ 51. ③

**해설** 홈붙이 너트는 분할핀 고정에 의한 나사 풀림 방지 방법(KS B 1015)

**52.** 펌프와 전동기가 커플링으로 연결되어 있을 때 축의 변형 및 열팽창 등을 고려하여 운전 중에 상호 회전 중심축이 일치하도록 기기를 배열하는 것을 무엇이라 하는가? [18-2]

① 새그
② 연마
③ 소프트 풋(soft foot)
④ 얼라인먼트(alignment)

**해설** 정밀 축 정렬을 얼라인먼트 작업이라고 한다.

**53.** 볼 베어링에서 베어링 하중을 1/2로 하면 수명은 몇 배로 되는가? [14-4, 21-2]

① 4배 ② 6배 ③ 8배 ④ 10배

**해설** 수명 $L_n = \left(\frac{C}{P}\right)^r \times 10^6$에서

$r=3$, $P=\frac{1}{2}P'$이므로 8배가 된다.

**54.** 미끄럼 베어링 급유법 중 유욕식에 해당하지 않는 것은? [21-4]

① 링 급유 ② 원심 급유
③ 체인 급유 ④ 비말 급유

**해설** 원심 급유법(centrifugal oiling) : 원심력을 이용한 방법으로 크랭크 축 핀 급유에 사용된다. 축의 회전이 중지되면 홈 속의 기름이 떨어져서 급유를 할 수 없게 된다.

**55.** 헬리컬 기어의 특성에 대한 설명으로 맞는 것은? [15-4]

① 진동이나 소음이 발생되기 쉽다.
② 기어 이의 모양이 직선으로 물림율이 크다.
③ 원통면 위의 잇줄이 나선 모양으로 이루어진다.
④ 이가 물리기 시작하여 끝날 때까지 선 접촉을 한다.

**해설** 헬리컬 기어는 기어 이의 모양이 헬리컬 곡선으로 되어 있으면서 면 접촉을 하고, 스퍼 기어에 비해 진동이나 소음이 적고, 큰 동력을 전달하지만 트러스트가 발생된다.

**56.** 공기 압축기 부속품 중 공압 밸브의 올바른 조립 방법이 아닌 것은? [19-1]

① 밸브 시트 패킹은 반드시 조립하여 넣는다.
② 밸브의 조립 순서의 불량은 밸브 고장의 원인이 된다.
③ 밸브의 고정 볼트는 기밀 유지를 위해 각 볼트마다 서로 다른 토크값으로 잠근다.
④ 밸브의 홀더 볼트의 영구 고착을 방지하기 위해 나사부에 몰리브덴 방지제를 도포한다.

**해설** 밸브의 고정 볼트는 각 볼트마다 서로 같은 토크값으로 잠근다.

**57.** MOV 운전 중 토크 스위치 동작 시기가 틀린 것은? [06-4]

① 디스크 시트 또는 백시팅 시
② 스템 고착 시
③ 밸브 스터핑 박스 밀봉부를 과도하게 조였을 때
④ 밸브 스템 회전 감지

**58.** 무단 변속기에 사용되는 윤활유가 가져야 할 윤활 조건 중 가장 거리가 먼 것은? [20-4]

① 기포가 적을 것
② 내하중성이 클 것

**정답** 52. ④ 53. ③ 54. ② 55. ③ 56. ③ 57. ④ 58. ③

③ 점도 지수가 낮을 것
④ 산화 안정성이 좋을 것

해설 점도는 적당해야 하고, 점도 지수는 높아야 한다.

**59. 직류 전동기가 저속으로 회전할 때 그 원인에 해당하지 않는 것은?**

① 축받이의 불량 ② 단상 운전
③ 코일의 단락 ④ 과부하

해설 직류 전동기 저속 회전 결함의 원인 : 전압 부적당, 중성축으로부터 브러시의 벗어난 고정, 과부하, 전기자 또는 정류자의 단락, 전기자 코일의 단선, 베어링 불량

**60. 전동기의 진동과 소음에 관한 설명으로 틀린 것은?** [20-4]

① 전동기에서 발생하는 소음은 기계적 소음과 전자기적 소음이 있다.
② 전동기의 회전자에서 발생하는 기계적 진동 주파수는 회전 속도에 비례한다.
③ 전동기의 회전자에서 질량 불평형이 발생하면 전원 주파수의 2배 성분이 높다.
④ 회전수와 전동기 회전자의 고유 진동수가 일치할 때 큰 진폭의 진동이 발생한다.

해설 질량 불평형일 경우 진동 주파수는 $1f$ 성분이 나타난다. 2배 성분이 높으면 미스얼라인먼트이다.

## 4과목 설비 진단 및 관리

**61. 진동하는 동안 마찰이나 다른 저항으로 에너지가 손실되지 않는 진동을 무엇이라 하는가?** [07-4, 16-4, 19-2, 20-3]

① 비감쇠 진동 ② 실효값 진동
③ 양진폭 진동 ④ 편진폭 진동

해설 비감쇠 진동은 진동계에서 에너지가 손실되지 않는 진동을 말하며, 에너지가 손실되는 진동은 감쇠 진동으로 부족 감쇠, 과도 감쇠, 임계 감쇠가 있다.

**62. 다음 중 진동 현상을 설명하기 위해 사용하는 진동계의 기본 요소가 아닌 것은?**

① 감쇠 [16-2, 20-4]
② 질량
③ 고유 진동수
④ 스프링(강성)

해설 고유 진동수는 시스템을 외부 힘에 의해서 평형 위치로부터 움직였다가 그 외부 힘을 끊었을 때 시스템이 자유 진동을 하는 진동수로 정의한다.

**63. 다음 진동 센서 중 진동의 변위를 전기 신호로 변환하여 진동을 검출하는 센서는?** [07-4, 14-2]

① 와전류형 ② 동전형
③ 압전형 ④ 서보형

해설 발전기에서 생긴 수 [MHz]의 정현파 코일에서 교류 자계가 발생되어 측정물의 표면에 와전류가 발생된다. 와전류의 세기는 코일과 측정물의 거리에 따라 변하므로 코일의 임피던스 변화에서 거리를 구할 수 있다.

**64. 발음원이 이동할 때 원래 발음원보다 그 진행 방향 쪽에서는 고음으로, 진행 방향 반대쪽에서는 저음으로 되는 현상은 무엇인가?** [06-4, 17-4, 18-2, 22-1, 22-2]

정답 59. ② 60. ③ 61. ① 62. ③ 63. ① 64. ①

① 도플러(Doppler) 효과
② 마스킹(masking) 효과
③ 호이겐스(Huygens) 효과
④ 음의 간섭(interference) 효과

해설 도플러 효과 : 음원이 이동할 경우 음원이 이동하는 방향 쪽에서는 원래 음보다 고주파 음(고음)으로 들리고, 음이 이동하는 반대쪽에서는 저주파 음(저음)으로 들리는 현상

**65. 소음 방지법 중 흡음에 관련된 내용으로 잘못된 것은?** [09-4, 15-4]

① 직접 소음은 거리가 2배 증가함에 따라 6dB 감소한다.
② 소음원에 가까운 거리에서는 직접음에 의한 소음이 압도적이다.
③ 흡음재의 시공 시 벽체와의 공간은 저주파 흡음 특성을 저해하므로 주의해야 한다.
④ 흡음재의 내구성 부족 시 유공판으로 보호해야 하며 이때 개공률과 구멍의 크기 및 배치가 중요하다.

해설 흡음이란 음파의 파동 에너지를 감쇠시켜 매질 입자의 운동 에너지를 열 에너지로 전환하는 것이다. 흡음 재료는 밀도와 투과 손실이 극히 작은 것이 일반적이다.

**66. 다음 중 설비 보전의 효과 측정을 위한 척도로 사용되는 지표의 설명으로 옳은 것은?** [12-4, 21-1]

① 설비 가동률은 경제성을 표현한다.
② 고장 강도율은 유용성을 의미한다.
③ 고장 도수율은 신뢰성을 의미한다.
④ 제품 단위당 보전비는 보전성을 의미한다.

해설 설비 가동률은 유용성, 고장 강도율은 보전성, 제품 단위당 보전비는 경제성을 의미한다.

**67. 다음 중 계측 관리를 추진해 가는데 중요한 점이 아닌 것은?** [10-4]

① 기업 목적은 명확히 확립할 것
② 계측기의 원리, 구조 및 성능에 적합한 방법이어야 할 것
③ 기업을 과학적, 합리적으로 관리 운영하는 방침을 수립할 것
④ 기업법인의 신경계로서 계측 관리, 정보 관리, 자료 관리를 유기적으로 결합할 것

해설 ②항은 계측 방법 및 조건의 선정에 대한 내용이다.

**68. 소재를 가공해서 희망하는 형상으로 만드는 공작 작업에 사용되는 도구로서 주조, 단조, 절삭 등에 사용하는 것은?** [17-4, 19-1]

① 공구
② 측정기
③ 검사구
④ 안전 보호구

해설 공구 : 소재를 가공해서 희망하는 형상으로 만드는 공작 작업에 사용하는 도구를 공구라 하며, 주조, 단조, 용접, 절삭 공구 등 각종 작업에 각각 전용적으로 쓰이는 공구가 있다.

**69. TPM 관리와 전통적 관리를 비교했을 때, 다음 중 전통적 관리의 특징으로 옳은 것은?** [18-4, 19-4]

① 무결점 목표
② INPUT 지향
③ 원인 추구 시스템
④ TOP DOWN 지시

해설 TPM 관리는 top down 목표 설정과 bottom up 활동을 한다.

정답 65. ③ 66. ③ 67. ② 68. ① 69. ④

**70.** **가공 및 조립형 산업에서의 설비 6대 로스와 가장 거리가 먼 것은?** [15-2, 19-4]

① 고장 로스
② 시가동 로스
③ 순간 정지 로스
④ 속도 저하 로스

**해설** 6대 로스 : 고장 로스, 작업 준비·조정 로스, 속도 저하 로스, 일시 정체 로스, 불량·수정 로스, 초기·수율 로스
※ 시가동 로스는 프로세스형 설비 로스에 포함된다.

**71.** **품질 보전의 전개에 있어서 요인 해석(연쇄 요인 규명, 불량 요인 정리)을 위한 도구에 해당하지 않는 것은?** [15-4, 19-1]

① FMECA
② PM 분석
③ 특성 요인도 분석
④ 경제성 분석

**해설** 품질 보전과 경제성 분석은 해석의 관계가 없다. 이 단계에서는 특성 요인도가 널리 사용된다.

**72.** **윤활 관리의 목적에 해당하지 않는 것은?** [11-4]

① 재료비 감소
② 유종 통일을 통한 생산성 향상
③ 동력비 절감
④ 윤활제의 반입과 반출의 합리적 관리

**해설** 재료비는 원가 절감과 관련 있다.

**73.** **윤활유가 갖추어야 할 일반적인 성질로 맞지 않는 것은?** [12-4]

① 기기에 적합한 충분한 점도를 가져야 한다.
② 점도 지수가 낮아서 고온 상태에서도 충분한 점도를 유지해야 한다.
③ 한계 윤활 상태에서 견딜 수 있는 유성이 있어야 한다.
④ 산화에 대하여 안정성이 있어야 한다.

**해설** 점도 지수가 높아야 고온 상태에서도 충분한 점도를 유지한다.

**74.** **그리스의 기유에 대한 특유의 요구 성질 중 틀린 것은?** [11-2, 16-2]

① 증발 온도가 낮을 것
② 증주제와 친화력이 좋을 것
③ 적당한 점도 특성을 가질 것
④ oil seal 등에 영향이 없을 것

**해설** 증발 온도가 높아야 한다.

**75.** **다음 중 다수의 윤활 개소에 동일한 그리스로 윤활할 때 가장 좋은 급지 방법은?** [15-4]

① 건에 의한 급지
② 컵에 의한 급지
③ 중앙 집중식 급지
④ 블록 시스템에 의한 급지

**해설** 중앙 집중식 급지 : 다수의 윤활 개소에 동일한 그리스로 윤활할 때 가장 좋은 급지 방법으로 주로 제철소 등에서 많이 사용된다.

**76.** **윤활 고장 발생 원인 중에는 윤활제면, 마찰면, 작업면, 급유 방법면, 환경면 등의 고장 원인이 있는데, 작업면의 고장 원인이 아닌 것은?** [11-4]

① 급유 작업의 부주의
② 과잉의 급유 또는 과소한 급유
③ 급유 기간이 너무 느리거나 빠름
④ 성질이 다른 윤활제와의 혼합

**정답** 70. ② 71. ④ 72. ① 73. ② 74. ① 75. ③ 76. ④

해설 작업상 고장 원인
㉠ 급유 작업의 부주의
㉡ 과잉 급유 및 부주의
㉢ 급유가 빠르거나 너무 느림
㉣ 플러싱(flushing)의 불충분
㉤ 작업상의 움직임과 충격

**77.** 페로그래피(ferrography)에 대한 설명으로 옳은 것은? [09-4, 21-4]

① 점도 시험 방법이다.
② 마멸 입자 분석법이다.
③ 패취 시험 방법이다.
④ 수분 함유량 시험 방법이다.

해설 마멸 입자를 분석하기 위해 페로그래피 측정 장비를 널리 사용하며, 마찰 운동부로부터 채취한 시료유에 포함된 이 물질을 오일로부터 분리한 다음 현미경이나 이미지 분석기로 마멸 입자의 크기, 형상, 개수, 컬러 등에 대한 영상 정보를 획득하여 설비 보전에 활용하는 기술(CSI 장비 N5200에서 거름종이를 거친 다음 현미경으로 관찰하여 크기 및 개수를 측정하는 기술)이다.

**78.** 운전 중 압축기 윤활유의 관리를 위한 점검사항으로 거리가 먼 것은?

① 베어링 검사 [07-4, 15-2, 18-2]
② 윤활유의 양
③ 윤활유 온도
④ 윤활유의 색상

해설 베어링은 압축기의 구성품 중 하나이다.

**79.** 순환 급유 종류 중 마찰면이 기름 속에 잠겨서 윤활하는 급유 방법을 무엇이라고 하는가? [15-4, 18-1, 21-4]

① 유욕 급유 ② 패드 급유
③ 나사 급유 ④ 원심 급유

해설 유욕 급유법(bath oiling) : 마찰면이 오일 속에 잠겨서 윤활하는 방법으로 비말 급유법에 비하여 적극적으로 윤활시킬 수 있고 따라서 냉각 작용도 크다.

**80.** 기어 윤활에서 기어 손상과 윤활 대책으로 짝지어진 것 중 맞는 것은? [15-4]

① 기어의 부식 마멸-적정 윤활유(종류, 동점도) 재검토
② 기어의 눌어 붙음-여과를 통한 고형의 금속분 및 수분 제거
③ 미끄럼 방향과 평행한 연마성의 선상 마멸-오일의 교환 또는 여과 필터를 점검
④ 고온으로 인한 기어의 변색 및 심한 마멸-수분 제거 및 적정량까지 오일의 보충

해설 ① 기어의 부식 마멸-수분 제거 및 적정량까지 오일의 보충
② 기어의 눌어 붙음-적정 윤활유(종류, 동점도) 재검토
④ 고온으로 인한 기어의 변색 및 심한 마멸-여과를 통한 고형의 금속분 및 수분 제거

정답 77. ② 78. ① 79. ① 80. ③

# 2025년 제1회 CBT 복원문제

## 1과목 공유압 및 자동 제어

**1. 다음 중 압력의 단위가 아닌 것은?**

① $kgf/cm^2$ ② kPa
③ bar ④ N

해설 N은 힘의 단위이다.

**2. 압력을 $P$, 면적을 $A$, 힘을 $F$로 나타낼 때, 각각의 표현 공식으로 옳은 것은?**

① $P=A/F$ ② $F=P^2\times A$
③ $F=P\times A$ ④ $A=P/F$

해설 파스칼의 방정식 : $P=\frac{F}{A}$

**3. 공기압의 특징으로 틀린 것은?**

① 제어가 간단하다.
② 에너지의 축적이 용이하다.
③ 액추에이터의 동작 속도가 빠르다.
④ 비압축성 에너지로 위치 제어성이 좋다.

해설 공압은 압축성 에너지이다.

**4. 공기압 유량 제어 밸브에 대한 설명으로 틀린 것은?**

① 공기압 회로의 유량을 저정하고자 할 때 사용하는 것은 교축 밸브이다.
② 공기압 실린더의 속도 제어를 위해 방향 제어 밸브와 실린더의 중간에 설치하는 것은 속도 제어 밸브이다.
③ 공기압의 속도 제어는 배기 교축에 의한 속도 제어 회로를 주로 채택한다.
④ 공기압 실린더의 배기 유량을 감소시켜 실린더의 속도를 증가시키는 것은 급속 배기 밸브이다.

해설 공기압 실린더의 배기 유량을 감소시키면 실린더의 속도는 감속이 되며, 급속 배기 밸브는 배기 유량을 증가시키는 밸브이다.

**5. 공압 모터의 사용상 주의점과 거리가 먼 것은?**

① 고속 회전 및 저온에서의 사용 시 결빙에 주의한다.
② 배관 및 밸브는 될 수 있는 한 유효 단면적이 큰 것을 사용한다.
③ 모터의 진동 소음 문제로 밸브는 가급적 모터에서 먼 곳에 설치한다.
④ 윤활기를 반드시 사용하고 윤활유 공급이 중단되어도 소손되지 않도록 한다.

해설 밸브는 가급적 액추에이터의 가까운 곳에 설치한다.

**6. 가변 토출량형 유압 피스톤 펌프 토출 라인에 릴리프 밸브를 설치한 이유는?**

① 원격 제어
② 무부하 회로
③ 회로 내 최대 압력 설정
④ 회로 내 압력 증압 및 감압 압력 설정

정답 1. ④ 2. ③ 3. ④ 4. ④ 5. ③ 6. ③

해설 펌프 토출 측에 설치하는 릴리프 밸브는 회로 내 최고 압력 제한용이다.

**7. 실린더에 반지름 방향의 하중이 작용할 때 발생하는 현상으로 옳은 것은?**

① 실린더의 추력이 증대된다.
② 피스톤 로드 베어링이 빨리 마모된다.
③ 피스톤 컵 패킹의 내구 수명이 증대된다.
④ 실린더의 공기 공급 포트에서 누설이 증대된다.

해설 실린더는 축 방향 하중, 즉 추력을 받도록 설계되어 있으며, 반지름 방향, 즉 레이디얼 하중이 작용되면 실린더 로드에 좌굴 하중이 발생되고 베어링의 수명이 단축된다.

**8. 다음 진리표를 만족하는 밸브는? (단, a와 b는 입력, y는 출력이다.)**

| a | b | y |
|---|---|---|
| 0 | 0 | 0 |
| 0 | 1 | 1 |
| 1 | 0 | 1 |
| 1 | 1 | 1 |

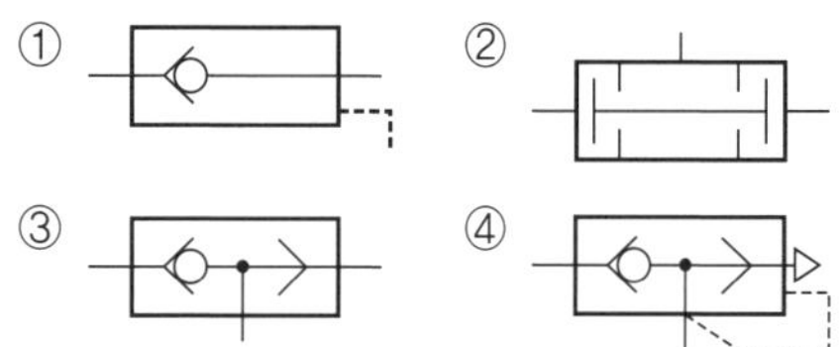

해설 이 진리표는 OR 진리이므로 셔틀 밸브이다.

**9. 시퀀스 제어 방식으로 구성된 공압 시스템의 고장 발생 시의 대처 방법으로 적당하지 않은 것은?**

① 운동-단계 선도를 이용하여 정지된 동작 순서를 확인한다.
② 정지된 동작 순서의 전후 제어 신호 상태를 확인한다.
③ 고장 원인이 전기계통, 밸브 혹은 실린더인지를 파악한다.
④ 전원과 압축공기의 공급을 먼저 차단하여 안전을 확보한다.

해설 고장에 대한 대처 순서
㉠ 정지된 동작 순서 확인
㉡ 정지된 동작 전후의 신호 상태 확인
㉢ 전원과 공기의 압력 확인
㉣ 전원을 차단 후 공압기기를 수동으로 작동
㉤ 고장 원인의 파악
㉥ 고장 처리
㉦ 재가동의 단계로 진행

**10. 유압 모터의 관성력으로 인한 펌프 작용을 방지하기 위해 필요한 보상 회로의 명칭은?**

① 브레이크 회로
② 유압 모터 병렬 회로
③ 유압 모터 직렬 회로
④ 일정 토크 구동 회로

해설 브레이크 회로는 안전 회로의 한 가지로 릴리프 밸브를 사용하여 서지압을 제거시키는데 주로 사용된다.

**11. 끊어진 회로를 연결하는데 사용하는 것으로, 테스트되는 회로 보호를 위해 퓨즈 용량 이상의 것은 사용하지 말아야 하는 것은?**

① 저항계
② 점프 와이어
③ 테스트 램프
④ 자체 전원 테스트 램프

정답 7. ② 8. ③ 9. ④ 10. ① 11. ②

**해설** 계기를 이용한 점검 중 점프 와이어는 끊어진 회로를 연결하는데 사용된다. 개방(open)된 회로를 통과할 때는 점프 와이어를 사용한다. 테스트되는 회로 보호를 위해 퓨즈 용량 이상의 것은 사용하지 말아야 한다.

**12.** 다음 그림에서 검류계의 지침이 0을 지시하고 있다면 미지 전압 $E_x$는 몇 V인가?

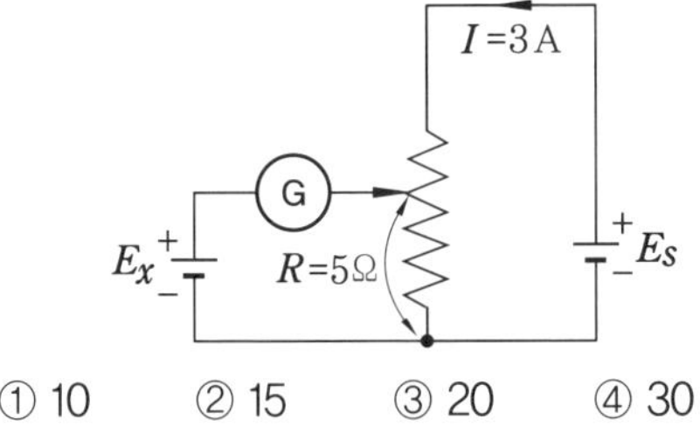


① 10　② 15　③ 20　④ 30

**해설** $V=IR=3\text{A}\times5\,\Omega=15\text{V}$

**13.** 최대 사용 전압이 220V인 3상 유도 전동기가 있다. 이것의 절연내력 시험 전압은 몇 V로 하여야 하는가?

① 330　② 500　③ 750　④ 1050

**해설** 회전기의 절연내력 시험 전압(최대 사용 전압이 7kV 이하인 경우)
㉠ 최대 사용 전압의 1.5배의 전압
㉡ 500V 미만으로 되는 경우에는 500V

**14.** 열전대의 특징이 아닌 것은?

① 제베크 효과를 이용한다.
② 열저항을 측정하여 온도를 알 수 있다.
③ 기준 접점에 대한 온도와 열기전력을 이용하여 온도를 측정한다.
④ B형은 온도 변화에 대한 열기전력이 매우 작다.

**해설** 열전대(thermocouple) : 제베크 효과라고 불리우는 것으로, 재질이 다른 두 금속을 연결하고 양접점 간에 온도차를 부여하면 그 사이에 열기전력이 발생하여 회로 내에 열전류가 흐르는 물질로 보상 도선이 필요하다. 열기전력은 두 종류의 금속과 양접점 간의 온도에 따라 정해지며 금속의 형상이나 치수, 도중의 온도 변화에는 영향을 받지 않는다.

**15.** 회전량을 펄스수로 변환하는데 사용되며 기계적인 아날로그 변화량을 디지털량으로 변환하는 것은?

① 서보 모터　② 포토 센서
③ 매트 스위치　④ 로터리 인코더

**해설** 로터리 인코더는 회전 각도를 측정하는 센서이다.

**16.** 전동기의 과부하 보호 장치로 사용되는 계전기는?

① 지락 계전기(GR)
② 열동 계전기(THR)
③ 부족 전압 계전기(UVR)
④ 래칭 릴레이(LR)

**해설** 열동 계전기(THR) : 과부하 발생 시 전동기의 코일 소손 방지 목적

**17.** 전동기 과열의 원인이 아닌 것은?

① 과부하
② 결선 착오
③ 단상 운전
④ 회전자 동봉의 움직임

**해설** 결선 착오가 되면 회전 불능이거나 속도 제어 불능 상태가 된다.

**18.** 미분 시간 3분, 비례 이득 10인 PD 동작의 전달 함수는?

**정답** 12. ②　13. ②　14. ②　15. ④　16. ②　17. ②　18. ④

① 1+3s ② 5+2s
③ 10(1+2s) ④ 10(1+3s)

해설 PD 동작의 전달 함수

$$G(s)=K_p(1+T_D s)$$

여기서, $K_p$ : 비례 이득, $T_D$ : 미분 시간

**19. 다음 중 도체의 저항값에 비례하는 것은?**

① 도체의 길이 ② 도체의 단면적
③ 도체의 색상 ④ 도체의 절연재

**20. 다음 신호 변환기 중 저항 변환 방식과 가장 거리가 먼 것은?**

① 전위차계 ② 가변 저항기
③ 저항 온도계 ④ 스트레인 게이지

## 2과목 용접 및 안전관리

**21. 용접 자세에서 사용되는 기호 중 "F"가 나타내는 것은?**

① 아래보기 자세 ② 수직 자세
③ 위보기 자세 ④ 수평 자세

해설 아래보기 자세(F), 수직자세(V), 위보기 자세(O), 수평 자세(H), 전자세(AP)

**22. 직류와 교류 아크 용접기를 비교한 것으로 틀린 것은?**

① 아크 안정 : 직류 용접기가 교류 용접기보다 우수하다.
② 전격의 위험 : 직류 용접기가 교류 용접기보다 많다.
③ 구조 : 직류 용접기가 교류 용접기보다 복잡하다.
④ 역률 : 직류 용접기가 교류 용접기보다 매우 양호하다.

해설 전격은 직류 용접기가 교류 용접기에 비해 한정적이다.

**23. 고장력강용 피복 아크 용접봉 중 피복제의 계통이 특수계에 해당되는 것은?**

① E 5000 ② E 5001
③ E 5003 ④ E 5026

해설 고장력강용 피복 아크 용접봉 : 5001(일미나이트계), 5003(라임티타니아계), 5026(철분저수소계), 5000과 8000(특수계)

**24. TIG 용접의 용접 조건으로서 틀린 것은?**

① 원격 전류 조정기 또는 용접기 본체 전면 패널의 전류 조정기에 의해 조정할 수 있다.
② 용접 속도는 일반적으로 수동 용접의 경우 5~100 cm/min 정도의 범위에서 움직이는 것이 안정된 아크의 상태를 유지할 수 있다.
③ 용접 속도가 지나치게 빠르면 모재의 언더컷이 발생하는 경우가 있다.
④ 아크 길이를 길게 하면 아크의 크기가 커져 높은 전압을 필요로 한다.

해설 용접 속도는 일반적으로 수동 용접의 경우 5~50 cm/min 정도의 범위에서 움직이는 것이 다른 용접에 비해 안정된 아크의 상태를 유지할 수 있다.

**25. MIG 용접 시 용접 전류가 적은 경우 용융 금속의 이행 형식은?**

① 스프레이형 ② 글로뷸러형
③ 단락 이행형 ④ 핀치 효과형

해설 MIG 용접 시에 전극 용융 금속의 이행 형식은 주로 스프레이형(사용할 경우

정답 19. ① 20. ① 21. ① 22. ② 23. ① 24. ② 25. ②

는 깊은 용입을 얻어 동일한 강도에서 작은 크기의 필릿 용접이 가능하다)으로 아름다운 비드가 얻어지나 용접 전류가 낮으면 구적 이행(globular transfer)이 되어 비드 표면이 매우 거칠다.

**26.** **$CO_2$ 용접기의 토치를 조립하는 것 중 틀린 것은?**

① 노즐에 부착된 스패터를 제거하며 부착 방지를 위하여 노즐 클리너를 사용한다.
② 오리피스는 스패터의 내부 침입을 막아 주고 가스 유량을 균일하게 한다.
③ 토치 케이블은 가능한 직선으로 펴서 사용하고 구부려 사용하면 R200 이상이 되도록 한다.
④ 와이어 직경에 적합한 팁을 끼운다.

**해설** 토치 케이블은 가능한 직선으로 펴서 사용하며 구부려 사용하면 와이어 송급이 일정하지 않으므로 부득이하게 구부려 사용할 경우는 반경이 R300 이상이 되도록 해야 한다.

**27.** **아크의 열적 핀치 효과를 이용한 용접법은?**

① 불활성 가스 아크 용접
② 전자 빔 용접
③ 레이저 용접
④ 플라스마 아크 용접

**해설** 플라스마 아크 용접은 열적 핀치 효과를 이용한 용접법이다.

**28.** **용접 이음을 설계할 때 주의사항으로 옳은 것은?**

① 용접 길이는 되도록 길게 하고, 용착 금속도 많게 한다.
② 용접 이음을 한 군데로 집중시켜 작업의 편리성을 도모한다.
③ 결함이 적게 발생되는 아래보기 자세를 선택한다.
④ 강도가 강한 필릿 용접을 주로 선택한다.

**해설** 용접 이음을 설계할 때에는 아래보기 용접을 많이 하도록 한다. 필릿 용접을 가능한 피하고 맞대기 용접을 하며, 용접부에 잔류 응력과 열 응력이 한 곳에 집중하는 것을 피하고, 용접 이음부가 한 곳에 집중되지 않도록 한다.

**29.** **용접 준비사항 중 용접 변형 방지를 위해 사용하는 것은?**

① 터닝 롤러(turning roller)
② 매니퓰레이트(manipulator)
③ 스트롱 백(strong back)
④ 엔빌(anvil)

**해설** 용접 작업 중 각 변형 방지법으로 스트롱 백을 사용하는 방법이 있다.

**30.** **용접 결함 중 언더컷이 발생했을 때 보수 방법은?**

① 예열한다.
② 후열한다.
③ 언더컷 부분을 연삭한다.
④ 언더컷 부분을 가는 용접봉으로 용접 후 연삭한다.

**31.** **초음파 검사에서 주파수가 증가하면 동일 탐촉자에 대한 빔(beam)의 분산각은 어떻게 변하는가?**

① 증가한다.
② 감소한다.
③ 변화가 없다.

**정답** 26. ③ 27. ④ 28. ③ 29. ③ 30. ④ 31. ②

④ 균일하게 증가하거나 감소한다.

해설 주파수가 증가하면 분산각은 감소한다.

**32.** **자분 탐상 시험에서 영향을 미치는 자분의 성질로 가장 거리가 먼 것은?**

① 자분의 색조와 휘도
② 자분의 전기적 성질
③ 자분의 입도
④ 자분의 비중

해설 자분 탐상 시험은 자기적 성질을 이용한 것이다.

**33.** **다음 중 물질에 대한 투과력이 가장 큰 것은?**

① $\alpha$입자 ② $\beta$입자
③ $\gamma$선 ④ 가시광선

해설 투과력의 크기 : $\alpha<\beta<X<\gamma$

**34.** **프레스에서 가장 많이 존재하는 대표적인 위험 요소는?**

① 협착점 ② 접선 물림점
③ 물림점 ④ 회전 말림점

해설 협착점은 프레스의 상하 금형 사이, 전단기 날과 베드 사이와 같이 왕복 운동을 하는 운동부와 고정부 사이에 형성되는 위험점이다.

**35.** **아세틸렌 용접 장치의 안전에 관한 것 중 틀린 것은?**

① 출입구의 문은 두께 1.5mm 이상의 철판이나 그 이상의 강도를 가진 구조로 해야 한다.
② 발생기실은 화기를 사용하는 설비로부터 1.5m를 초과하는 장소에 설치하여야 한다.
③ 옥외에 발생기실을 설치할 경우 그 개구부는 다른 건축물로부터 1.5m를 초과하는 장소에 설치하여야 한다.
④ 용접 작업 시 게이지 압력이 127kPa을 초과하는 압력의 아세틸렌을 발생시켜 사용해서는 안 된다.

해설 ㉠ 아세틸렌 용접 장치를 사용하여 금속의 용접·용단 또는 가열 작업을 하는 경우에는 게이지 압력이 127kPa을 초과하는 압력의 아세틸렌을 발생시키지 않아야 한다.
㉡ 발생기실은 건물의 최상층에 위치하여야 하며, 화기를 사용하는 설비로부터 3m를 초과하는 장소에 설치하여야 한다.
㉢ 발생기실을 옥외에 설치한 경우에는 그 개구부를 다른 건축물로부터 1.5m 이상 떨어지도록 하여야 한다.
㉣ 발생기실의 출입구의 문은 불연성 재료로 하고 두께 1.5mm 이상의 철판이나 그 밖에 그 이상의 강도를 가진 구조로 하여야 한다.

**36.** **다음은 중량품을 운반할 때 주의할 점이다. 잘못 설명한 것은?**

① 운반기구를 사용한다.
② 다리와 허리에 힘을 주어 물체를 들어 움직인다.
③ 운반차를 이용한다.
④ 운반차는 바퀴가 3개 이상인 것이 안전하다.

해설 중량품은 사람이 운반하지 않는 것이 원칙이다.

**37.** **체열의 방산에 영향을 주는 4가지 외적 조건이 아닌 것은?**

① 기온 ② 습도 ③ 채광 ④ 기류

해설 온열 조건 : 기온, 습도, 기류, 복사열

정답 32. ② 33. ③ 34. ① 35. ② 36. ② 37. ③

**38.** 다음 중 안전모 성능 시험의 종류에 해당하지 않는 것은?

① 외관　② 내전압성
③ 난연성　④ 내수성

**해설** 안전모 재료 구비 조건 : 내부식성, 내전압성, 피부에 무해, 내열, 내한, 내수성, 강도 유지, 밝고 선명할 것(흰색은 빛의 반사율이 매우 좋으나 청결 유지에 문제점이 있어 황색 선호), 충격 흡수 라이너 및 착장체의 무게 0.44kgf를 초과하지 않을 것

**39.** 사업장의 근로자 산업재해 발생 건수, 재해율 등을 공표하여야 하는 사업장에 해당하지 않는 것은?

① 사망 재해자가 연간 2명 발생한 사업장
② 중대 재해 발생률이 규모별 같은 업종의 평균 발생률 이상인 사업장
③ 산업재해의 발생에 관한 보고를 최근 3년 이내 2회 하지 않은 사업장
④ 산업재해 발생 사실을 은폐한 사업장

**해설** 공표 대상 사업장
㉠ 사망 재해자가 연간 2명 이상 발생한 사업장
㉡ 사망만인율(死亡萬人率 : 연간 상시근로자 1만 명당 발생하는 사망 재해자 수의 비율)이 규모별 같은 업종의 평균 사망만인율 이상인 사업장
㉢ 중대 산업사고가 발생한 사업장
㉣ 산업재해 발생 사실을 은폐한 사업장
㉤ 산업재해의 발생에 관한 보고를 최근 3년 이내 2회 이상 하지 않은 사업장

**40.** 추락 등의 위험을 방지하기 위하여 안전 난간을 설치하는 경우 상부 난간대는 바닥면 · 발판 또는 경사로의 표면으로부터 몇 cm 이상의 지점에 설치하는가?

① 30cm　② 60cm
③ 90cm　④ 120cm

**해설** 안전 난간의 구조 및 설치 요건
㉠ 상부 난간대, 중간 난간대, 발끝막이판 및 난간 기둥으로 구성할 것(단, 중간 난간대, 발끝막이판 및 난간 기둥은 이와 비슷한 구조와 성능을 가진 것으로 대체할 수 있다)
㉡ 상부 난간대는 바닥면 · 발판 또는 경사로의 표면(이하 "바닥면등"이라 한다)으로부터 90cm 이상 지점에 설치하고, 상부 난간대를 120cm 이하에 설치하는 경우에는 중간 난간대는 상부 난간대와 바닥면등의 중간에 설치하여야 하며, 120cm 이상 지점에 설치하는 경우에는 중간 난간대를 2단 이상으로 균등하게 설치하고 난간의 상하 간격은 60cm 이하가 되도록 할 것(단, 계단의 개방된 측면에 설치된 난간 기둥 간의 간격이 25cm 이하인 경우에는 중간 난간대를 설치하지 않을 수 있다)
㉢ 발끝막이판은 바닥면등으로부터 10cm 이상의 높이를 유지할 것(단, 물체가 떨어지거나 날아올 위험이 없거나 그 위험을 방지할 수 있는 망을 설치하는 등 필요한 예방 조치를 한 장소는 제외)
㉣ 난간 기둥은 상부 난간대와 중간 난간대를 견고하게 떠받칠 수 있도록 적정한 간격을 유지할 것
㉤ 상부 난간대와 중간 난간대는 난간 길이 전체에 걸쳐 바닥면등과 평행을 유지할 것
㉥ 난간대는 지름 2.7cm 이상의 금속제 파이프나 그 이상의 강도가 있는 재료일 것

**정답** 38. ①　39. ②　40. ③

ⓢ 안전 난간은 구조적으로 가장 취약한 지점에서 가장 취약한 방향으로 작용하는 100kgf 이상의 하중에 견딜 수 있는 튼튼한 구조일 것

## 3과목 기계 설비 일반

**41.** 어떤 구멍의 치수 $\phi 20^{+0.041}_{+0.025}$에 대한 설명으로 틀린 것은?

① 구멍의 기준 치수는 ϕ20이다.
② 구멍의 위 치수 허용차는 +0.041이다.
③ 최대 허용 한계 치수는 ϕ20.041이다.
④ 구멍의 공차는 0.066이다.

해설 공차=0.041−0.025=0.016

**42.** 다음 도면의 기하 공차가 지시하는 공차역의 위치는?

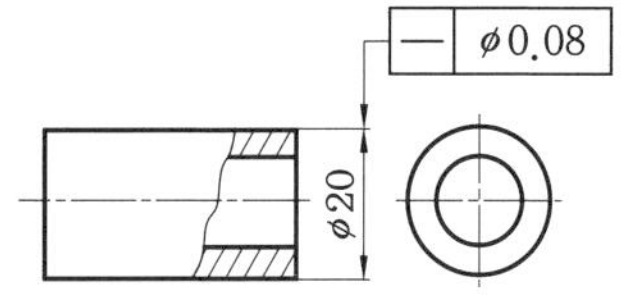


① 0.08mm 떨어진 두 평면
② 지름 0.08mm의 원통
③ 0.08mm만큼 떨어져 있는 동축 원통 사이
④ 0.08mm만큼 떨어져 있는 동심원 사이

해설 진직도 공차 지름 0.08mm의 원통

**43.** 다음 그림과 같이 기하 공차를 적용할 때 알맞은 기하 공차 기호는?

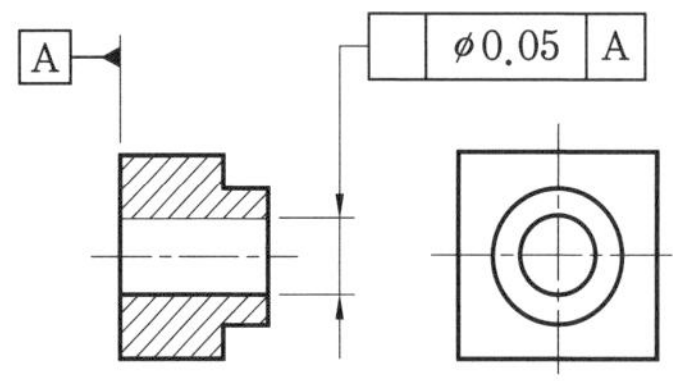


① ◎　② //
③ ⌭　④ ⊥

해설 ① : 동축 또는 동심도, ② : 평행도, ③ : 원통도, ④ : 직각도

**44.** 다음 중에서 길이 측정기가 아닌 것은?

① 마이크로미터　② 내경 퍼스
③ 버니어 캘리퍼스　④ 서피스 게이지

해설 서피스 게이지는 금긋기, 선반 작업 중 공작물 중심 맞추기용이다.

**45.** 외측 마이크로미터 측정 시 기차(기기 오차)를 확인하기 위해서 사용하는 측정기는?

① 게이지 블록
② 다이얼 게이지
③ 높이 마이크로미터
④ 3차원 측정기

해설 외측 마이크로미터 0점 조정은 게이지 블록으로 실시한다.

**46.** 다음 중 연삭 가공법의 종류에 해당되지 않는 것은?

① 호닝(honing)　② 버핑(buffing)
③ 래핑(lapping)　④ 보링(boring)

해설 보링(boring) : 드릴링된 구멍을 보링바(boring bar)에 의해 좀 더 크고 정밀하게 가공하는 방법으로, 여기에 사용하는 기계를 보링 머신이라 한다.

**47.** 다음 중 밀링 머신으로 절삭(가공)하기 곤란한 것은?

① 총형 절삭　② 곡면 절삭
③ 널링 절삭　④ 키홈 절삭

해설 널링 절삭은 선반 가공에서 이루어진다.

정답 41. ④　42. ②　43. ④　44. ④　45. ①　46. ④　47. ③

**48.** 보전 현장에서 주로 쓰는 공구 중 수기 가공 공구가 아닌 것은?

① 스크레이퍼
② 다축 드릴링 머신
③ 바이스
④ 컴퍼스

해설 수기 가공 : 공작기계를 사용하지 않고 수공구를 사용하는 가공 작업으로 손다듬질이라고도 한다.

**49.** 금속의 공통적 특성이 아닌 것은?

① 비중이 크다.
② 탄성 변형성이 있어 가공이 용이하다.
③ 열과 전기의 양도체이다.
④ 금속 고유의 광택이 있다.

해설 금속의 공통적 특성
㉠ 상온에서 고체 상태(단, 수은은 액체)이다.
㉡ 열과 전기의 양도체이다.
㉢ 비중이 크고 광택이 있다.
㉣ 소성 변형성이 있어 가공이 용이하다.
㉤ 이온화하면 양(+)이온이 된다.

**50.** 격자 상수란 무엇인가?

① 단위 세포 한 모서리의 길이
② 단위 세포 한 대각선의 길이
③ 단위 세포 전체의 체적
④ 단위 세포 전체의 면적

해설 격자 상수는 단위 세포 한 모서리의 길이를 말한다.

**51.** 길이가 50mm인 표준 시험편으로 인장 시험하여 늘어난 길이가 65mm이었다. 이 시험편의 연신율은?

① 20% ② 25% ③ 30% ④ 35%

해설 연신율

$$=\frac{l-l_0}{l_0}\times 100=\frac{65-50}{50}\times 100=30\%$$

**52.** 다음의 탄소강 조직 중 담금질 효과를 가장 기대할 수 없는 조직은?

① 오스테나이트 ② 마텐자이트
③ 펄라이트 ④ 페라이트

해설 페라이트 조직은 탄소 함량이 거의 없기 때문에 열처리에 의하여 경화가 되지 않는다.

**53.** 풀림을 하는 목적을 설명한 것 중 틀린 사항은?

① 점성 제거
② 가공 중 응력 제거
③ 가공 후 변형 제거
④ 재료 내부에 생긴 변형 제거

해설 풀림(annealing : 소둔)의 목적
㉠ 가공 및 열처리로 인하여 발생된 내부 응력 제거
㉡ 재질을 연하고 균일하게 함

**54.** 스퍼 기어의 제도 시 항목표 기입사항이 아닌 것은?

① 압력각 ② 표면 거칠기
③ 잇수 ④ 치형

해설 요목표라고도 하며 압력각, 잇수, 치형, 모듈, 피치원 지름, 정밀도 등을 기입한다.

**55.** 다음 중 스프링의 도시 방법으로 틀린 것은?

① 그림 안에 기입하기 힘든 사항은 표에 일괄하여 표시한다.

정답 48. ② 49. ② 50. ① 51. ③ 52. ④ 53. ① 54. ② 55. ④

② 코일 스프링, 벌류트 스프링은 일반적으로 무하중 상태에서 그린다.
③ 겹판 스프링은 일반적으로 스프링 판이 수평인 상태에서 그린다.
④ 그림에서 단서가 없는 코일 스프링이나 벌류트 스프링은 모두 왼쪽으로 감은 것으로 나타낸다.

해설 그림에서 단서가 없는 코일 스프링이나 벌류트 스프링은 모두 오른쪽으로 감은 것으로 나타낸다.

**56.** 호칭 치수 3/8인치, 1인치 사이에 24산의 유니파이 보통 나사의 표시법으로 올바른 것은?

① UNC3/8 산 24
② 3/8−24UNC
③ UNC−24−3/8
④ 3/8−UNC−24

해설 나사의 표시법
㉠ 미터 나사(가는 나사) : 나사의 종류, 나사의 지름×피치(예 M 30×15)
㉡ 유니파이 나사 : 나사의 지름을 표시하는 숫자 또는 번호, 산의 수, 나사의 종류를 표시하는 기호(예 1/3−13UNC, NO.8−36UNF)

**57.** 다음 레이디얼 볼 베어링의 안지름이 20mm인 것은?

① 6204 ② 624
③ 6220 ④ 6310

해설 구름 베어링의 호칭
㉠ 형식 번호(첫 번째 숫자)
- 1 : 복열 자동 조심형
- 2−3 : 복열 자동 조심형(큰 너비)
- 6 : 단열 홈형
- 7 : 단열 앵귤러 콘택트형
- N : 원통 롤러형

㉡ 지름 기호(두 번째 숫자)
- 0−1 : 특별 경하중형
- 2 : 경하중형
- 3 : 중간 하중형
- 4 : 중하중형

㉢ 안지름 기호(세 번째, 네 번째 기호)
- 00 : 10mm • 01 : 12mm
- 02 : 15mm • 03 : 17mm
- 04 : 안지름=번호×5

㉣ 등급 기호(다섯 번째 이후의 기호)
- 무기호 : 보통급
- H : 상급
- P : 정밀급
- SP : 초정밀급

**58.** 기어에서 발생하는 진동에 대한 설명이다. 이 중 옳지 않은 것은?

① 기어 진동은 두 기어가 맞물릴 때 발생하며 잇수가 많을수록 진동 주파수는 높다.
② 두 기어의 축에서 축 정렬 불량이 발생하면 2배, 혹은 3배의 기어 맞물림 주파수가 발생한다.
③ 기어 맞물림 주파수가 기어의 고유 진동수와 일치하면 높은 양의 진동이 발생한다.
④ 기어의 이빨이 파손되었을 경우에는 정현파의 높은 진동이 발생한다.

해설 기어의 이빨이 파손되었을 경우에는 충격파의 높은 진동이 발생한다.

**59.** 모듈 5, 잇수 47인 표준 스퍼 기어의 바깥지름은 얼마인가?

① 69mm ② 96mm
③ 90mm ④ 245mm

해설 $De=(Z+2)M=(47+2)\times 5=245\text{mm}$

정답 56. ② 57. ① 58. ④ 59. ④

**60.** 다음 중 유도 전동기의 보호 방식에 속하지 않는 것은?

① 전개형 ② 보호형
③ 방수형 ④ 방진형

**해설** ㉠ 보호형(protected type) : 회전 부분 및 도전 부분에 대하여 이물이 우연히 접촉되지 않도록 보호된 구조
㉡ 방수형(water proof type) : 외피에 주입하는 물이 내부에 침입하지 않는 구조
㉢ 방진형(dust proof type) : 도전부, 베어링부 등에 먼지가 침입할 수 없는 구조

## 4과목 설비 진단 및 관리

**61.** 간이 진단 기술이 아닌 것은?

① 점검원이 수행하는 점검 기술
② 운전자에 의한 설비 감시 기술
③ 설비의 결함 진전을 예측하는 예측 기술
④ 사람 접근이 가능한 설비를 대상으로 하는 점검 기술

**해설** 간이 진단 기술이란 설비의 1차 진단 기술을 의미하며, 정밀 진단 기술은 전문 부서에서 열화 상태를 검출하여 해석하는 정량화 기술을 의미한다.

**62.** 교류 신호에서 반복 파형의 한 주기 사이에서 어느 순간 지점의 위치를 나타내는 것은?

① 위상 ② 주기
③ 진폭 ④ 주파수

**해설** 사인파에서 파동은 한 주기마다 같은 모양을 반복하며 진행하므로 파동의 진행을 회전하는 원 운동에 대응시켜서 나타낸 것을 위상(phase)이라고 한다.

**63.** 회전기계의 이상을 판단하기 위해 실시하는 주파수 분석 중 포락선(envelope) 처리에 관한 설명으로 옳은 것은?

① 베어링의 결함 등을 검출할 때 사용한다.
② 시간에 묻혀 잘 나타나지 않는 주기 신호의 존재 확인에 사용한다.
③ 자기 상관 함수와 상호 상관 함수가 있다.
④ 회전기기의 불균일을 검출하기 위한 신호 처리이다.

**해설** 포락선 처리는 베어링의 결함 등을 검출할 때 사용된다.

**64.** 음압의 단위로 옳은 것은?

① N ② kgf
③ $m/s^2$ ④ $N/m^2$

**해설** 음압(sound pressure) : 소밀파의 압력 변화의 크기를 음압이라 하며, 그 표시 기호는 $P$, 단위는 $N/m^2$(=Pa)이다.

**65.** 생산의 3요소가 아닌 것은?

① 사람 ② 설비
③ 재료 ④ 생산성

**해설** 생산의 3요소 : 사람, 재료, 설비

**66.** 공정별 배치에서 동일 기종이 모여 있는 시스템은?

① 갱 시스템(gang system)
② 라인 시스템(line system)
③ 혼합형 시스템(combination system)
④ 제품 고정형 시스템(fixed position system)

**정답** 60. ① 61. ③ 62. ① 63. ① 64. ④ 65. ④ 66. ①

해설 기능별 배치(process layout, functional layout) : 일명 공정별 배치라고도 하며, 동일 기종이 모여진 경우를 갱 시스템(gang system)이라고 한다.

**67.** 원자재의 양, 질, 비용, 납기 등의 확보가 곤란할 경우 원자재를 자사생산(自社生産)으로 바꾸어 기업 방위를 도모하는 투자를 무엇이라 하는가?

① 후생 투자
② 합리적 투자
③ 공격적 투자
④ 방위적 투자

해설 방위적 투자 : 원자재의 양, 질, 비용, 납기 등의 확보가 곤란할 경우 원자재를 자사생산으로 바꾸어 기업 방위를 도모하는 것

**68.** 설비의 효율을 높여 관리하기 위한 활동인 오버홀(overhaul)은 어떤 보전 활동에 포함되는가?

① 일상 보전 활동
② 사후 보전 활동
③ 예방 보전 활동
④ 개량 보전 활동

해설 오버홀은 설비의 효율을 높이기 위하여 관리하는데 매우 중요한 예방 보전 활동이다.

**69.** 휴지 공사 계획 시 필요 없는 대기를 없애고 공사의 진행 관리를 쉽도록 하기 위해 가장 경제적인 일정 계획을 세울 때 사용하는 순수 작업 기법은?

① TPM　　② PERT
③ MTBT　　④ MTTR

해설 PERT 기법 : 어떤 목표를 예정 시간대로 달성하기 위한 계획 · 관리 · 통제의 새로운 수법으로 네트워크 공정표를 이용하여 공정 상황을 한눈에 보기 쉽게 그리는 기법

**70.** 다음은 계측 관리 공정 명세표 기호이다. 기호의 설명으로 맞는 것은?

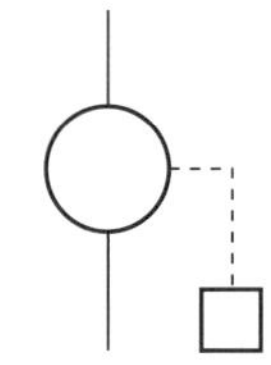

① 작업 후의 계측
② 작업 전의 계측
③ 작업 중의 계측
④ 작업 전후 계측

해설

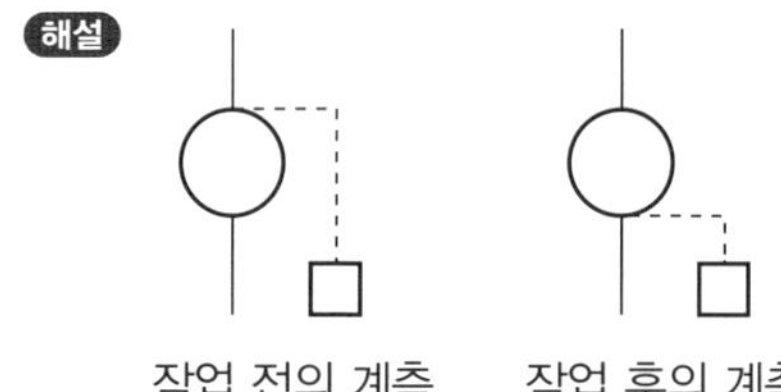


**71.** 치공구를 설계하기 위한 방법으로 틀린 것은?

① 지그와 고정구 구성 부품의 표준화를 적극적으로 고려할 것
② 복잡한 구조로 불균형한 형상을 가질 수 있도록 할 것
③ 피공작물의 부착과 해체가 용이하고 공작 작업이 쉬운 구조일 것
④ 작업 시에 안전성, 신뢰성을 줄 수 있는 구조와 형상일 것

해설 구조는 될 수 있는 한 단순하면서 균형이 갖추어진 형상으로 해야 한다.

정답 67. ④　68. ③　69. ②　70. ③　71. ②

**72.** TPM 관리와 전통적 관리를 비교했을 때 다음 중 TPM 관리의 내용과 가장 거리가 먼 것은?

① output 지향
② 원인 추구 시스템
③ 사전 활동(예방 활동)
④ 개선을 위한 자기 동기 부여

해설 TPM은 input 지향이다.

**73.** 가공 및 조립형 설비 6대 로스 중 돌발적 또는 만성적으로 발생하는 고장에 의하여 발생되는 시간 로스는?

① 고장 로스
② 속도 저하 로스
③ 수율 저하 로스
④ 순간 정지 로스

해설 고장 로스 : 돌발적 또는 만성적으로 발생하는 고장에 의하여 발생, 효율화를 저해하는 최대 요인

**74.** 윤활은 설비 관리상 기본 요건의 하나로 중요시 되고 있다. 윤활의 4원칙에 포함되지 않는 것은?

① 적유　② 적량
③ 적기　④ 적온

해설 윤활의 4원칙은 적유, 적량, 적기, 적법이다.

**75.** 그리스 선정 시 고려해야 할 사항으로 가장 거리가 먼 것은?

① 그리스 제조법 및 급지 방법
② 증주제의 종류 및 베이스 오일의 점도
③ 윤활 개소의 운전 조건인 회전수 및 하중
④ 윤활 개소의 운전 온도 범위 및 물, 약품 등의 접촉 유무와 관련된 환경

해설 그리스 제조법은 그리스 선정 조건에 해당되지 않는다.

**76.** 다음 중 그리스 윤활의 특징으로 틀린 것은?

① 유동성이 나쁘기 때문에 누설이 적다.
② 초기 회전 시 회전저항이 크고 급유량 조절이 어렵다.
③ 유막이 장기간 유지되므로 녹이나 부식이 방지된다.
④ 흡착력이 약하고, 온도 상승 제어가 쉬워 초고속에 적합하다.

해설 그리스는 온도 상승 제어가 어려우며 저, 중속에 적합하다.

**77.** 유체 윤활에 기본적으로 중요하게 쓰이는 것이 레이놀즈(Reynolds) 방정식이다. 이 방정식에 대한 가정으로 거리가 먼 것은?

① 유체 관성은 무시한다.
② 윤활유는 뉴턴 유체이다.
③ 유막 내의 유동은 층류이다.
④ 점성은 유막w 내에서 일정하지 않다.

해설 윤활유는 뉴턴 유체로 전단 응력은 진단율 변화에 비례한다.

**78.** 윤활유의 적정 점도를 선정하려고 할 때 고려사항으로 가장 거리가 먼 것은?

① 운전 속도
② 운전 온도
③ 운전 하중
④ 윤활유의 수명

해설 적정 점도 선정 시 운전 3대 조건은 온도, 속도, 하중이다.

정답 72. ① 73. ① 74. ④ 75. ① 76. ④ 77. ④ 78. ④

**79.** 다음 그리스의 시험 중 그리스가 물과 접촉된 경우의 저항성을 알고자 할 때 이용되는 것은?

① 항유화도 시험
② 산화 안정도 시험
③ 혼화 안정도 시험
④ 수세 내수도 시험

**해설** 수세 내수도(water washout character) : 그리스와 물이 접촉된 경우 물에 씻겨 내리지 않는 저항성을 평가하는 시험으로 증류수를 38℃ 또는 79℃로 가열하고 분사관으로 분사하여 600rpm으로 1시간 회전한 후 건조시켜 감실량으로 나타낸다.

**80.** 유압 펌프에서 유압 작동유가 토출되지 않는 원인으로 틀린 것은?

① 오일 점도가 낮다.
② 오일 흡입 라인의 누설이 있다.
③ 펌프(베인 펌프) 회전 속도가 낮다.
④ 오일 탱크 내의 유량이 부족하다.

**해설** 오일 점도가 낮을 경우 토출 유량이 적어질 수 있으나 펌핑은 가능하다.

**정답** 79. ④ 80. ①

**2025 설비보전기사 필기**
**과년도 출제문제**

2023년 1월 15일 1판 1쇄
2024년 2월 15일 2판 1쇄
2025년 3월 20일 3판 1쇄
(완전개정)

저자 : 설비보전시험연구회
펴낸이 : 이정일

펴낸곳 : 도서출판 **일진사**
www.iljinsa.com

(우) 04317 서울시 용산구 효창원로 64길 6
대표전화 : 704-1616, 팩스 : 715-3536
이메일 : webmaster@iljinsa.com
등록번호 : 제1979-000009호(1979.4.2)

**값 20,000원**

ISBN : 978-89-429-2002-0